凤凰文库
PHOENIX LIBRARY

凤凰出版传媒集团
PHOENIX PUBLISHING & MEDIA GROUP

凤凰文库·公共管理系列

主　　编　张康之
副 主 编　张乾友
项目总监　徐　海
项目执行　陈　茜

行政伦理的观念与视野

张康之 著

江苏人民出版社

图书在版编目(CIP)数据

行政伦理的观念与视野/张康之著.—南京:江苏人民出版社,2017.10
ISBN 978-7-214-21315-0
(凤凰文库·公共管理系列)

Ⅰ.①行… Ⅱ.①张… Ⅲ.①行政学-伦理学-研究 Ⅳ.①B82-051

中国版本图书馆CIP数据核字(2017)第241924号

书　　　名	行政伦理的观念与视野
著　　　者	张康之
责 任 编 辑	陈　茜　王　旭
装 帧 设 计	陈　婕
出 版 发 行	江苏人民出版社
出版社地址	南京市湖南路1号A楼,邮编:210009
出版社网址	http://www.jspph.com
照　　　排	江苏凤凰制版有限公司
印　　　刷	江苏凤凰通达印刷有限公司
开　　　本	652毫米×960毫米　1/16
印　　　张	32　插页4
字　　　数	186千字
版　　　次	2018年7月第1版　2018年7月第1次印刷
标 准 书 号	ISBN 978-7-214-21315-0
定　　　价	58.00元

(江苏人民出版社图书凡印装错误可向承印厂调换)

出版说明

要支撑起一个强大的现代化国家,除了经济、政治、社会、制度等力量之外,还需要先进的、强有力的文化力量。凤凰文库的出版宗旨是:忠实记载当代国内外尤其是中国改革开放以来的学术、思想和理论成果,促进中外文化的交流,为推动我国先进文化建设和中国特色社会主义建设,提供丰富的实践总结、珍贵的价值理念、有益的学术参考和创新的思想理论资源。

凤凰文库将致力于人类文化的高端和前沿,放眼世界,具有全球胸怀和国际视野。经济全球化的背后是不同文化的冲撞与交融,是不同思想的激荡与扬弃,是不同文明的竞争和共存。从历史进化的角度来看,交融、扬弃、共存是大趋势,一个民族、一个国家总是在坚持自我特质的同时,向其他民族、其他国家吸取异质文化的养分,从而与时俱进,发展壮大。文库将积极采撷当今世界优秀文化成果,成为中外文化交流的桥梁。

凤凰文库将致力于中国特色社会主义和现代化的建设,面向全国,具有时代精神和中国气派。中国工业化、城市化、市场化、国际化的背后是国民素质的现代化,是现代文明的培育,是先进文化的发展。在建设中国特色社会主义的伟大进程中,中华民族必将展示新的实践,产生新的经验,形成新的学术、思想和理论成果。文库将展现中国现代化的新实践和新总结,成为中国学术界、思想界和理论界创新平台。

凤凰文库的基本特征是:围绕建设中国特色社会主义,实现社会主义现代化这个中心,立足传播新知识,介绍新思潮,树立新观念,建设新学科,着力出版当代国内外社会科学、人文学科的最新成果,同时也注重推出以新的形式、新的观念呈现我国传统思想文化和历史的优秀作品,从而把引进吸收和自主创新结合起来,并促进传统优秀文化的现代转型。

凤凰文库努力实现知识学术传播和思想理论创新的融合,以若干主题系列的形式呈现,并且是一个开放式的结构。它将围绕马克思主义研究及其中国化、政治学、哲学、宗教、人文与社会、海外中国研究、当代思想前沿、教育理论、艺术理论等领域设计规划主题系列,并不断在内容上加以充实;同时,文库还将围绕社会科学、人文学科、科学文化领域的新问题、新动向,分批设计规划出新的主题系列,增强文库思想的活力和学术的丰富性。

从中国由农业文明向工业文明转型、由传统社会走向现代社会这样一个大视角出发,从中国现代化在世界现代化浪潮中的独特性出发,中国已经并将更加鲜明地表现自己特有的实践、经验和路径,形成独特的学术和创新的思想、理论,这是我们出版凤凰文库的信心之所在。因此,我们相信,在全国学术界、思想界、理论界的支持和参与下,在广大读者的帮助和关心下,凤凰文库一定会成为深为社会各界欢迎的大型丛书,在中国经济建设、政治建设、文化建设、社会建设中,实现凤凰出版人的历史责任和使命。

目　录

导　论 *1*
  一、行政伦理研究的兴起 *2*
  二、公共服务的依据或路径 *9*
  三、行政伦理研究的过渡性 *15*

第一章　作为学科的行政伦理 *22*
  第一节　行政伦理研究的理论追求 *22*
    一、时代呼唤中的行政伦理学 *22*
    二、行政学研究中的伦理支持 *25*
    三、行政伦理研究中的一般性课题 *28*
    四、行政伦理研究中的继承与创新 *33*
  第二节　行政学研究中的学术自觉 *37*
    一、中国行政学研究的历史前提 *37*
    二、中国行政学理论视角的转变 *40*
    三、中国行政学研究方法的创新 *43*
    四、立足于现实的行政学研究 *48*
    五、专业化背景下的学者责任 *51*
  第三节　行政伦理学的话语重构 *53*
    一、摒弃整体主义与个人主义的思维范式 *53*

二、超越整体主义与个人主义的理论取向　57
　　　三、打破实证主义方法的"神话"　61
　第四节　行政伦理学科建构的关节点　65
　　　一、以学科为契入点的研究　65
　　　二、理性直觉的思维方式　69
　　　三、从现实出发进行"完整性"建构　74

第二章　行政发展中的行政伦理　79
　第一节　行政发展的历史脉络　79
　　　一、统治行政与管理行政　79
　　　二、有限政府与管理行政　85
　　　三、管理行政的职能变革　88
　　　四、走向合作治理　91
　第二节　社会治理体系"返魅"的路径　93
　　　一、"解构"中的价值"返魅"　93
　　　二、指向道德的价值"返魅"　97
　　　三、道德"返魅"的路径　102
　第三节　行政发展中的行政道德　107
　　　一、20世纪完善官僚制的努力　107
　　　二、否定官僚制效率取向的逻辑　111
　　　三、从行政人员入手寻求出路　117
　第四节　公共行政的价值取向　122
　　　一、近代社会的价值失落　122
　　　二、价值重建的动力源　126
　　　三、相向而立的两种理论视角　129
　　　四、面向后工业社会的实践取向　132

第三章　行政道德的来源与功用　135
　第一节　领域分化后的道德寓所　135
　　　一、农业社会的"权制"和"权治"　135
　　　二、工业社会的领域分化　139
　　　三、领域分化中的道德阈限　142
　　　四、领域融合中的道德普遍化　145

第二节　道德的来源及其实现　149
一、寻求确定性的和共通的道德基础　149
二、道德教育途径的有限性　154
三、道德实现的主客观路径　159

第三节　道德与行政人员的自由　163
一、作为人的本性的自由　163
二、作为人的理性的自由　167
三、根源于道德的自由　171
四、行政人员如何获得自由　174

第四章　公共行政中的公正与公平　178

第一节　平等、公正的历史演进　178
一、和谐社会追求中的社会公正　178
二、等级社会没有社会公正　181
三、形式平等无助于社会公正　183
四、平等、公正的价值　186

第二节　"效率导向"与"公正导向"　190
一、公共行政的"效率导向"　190
二、公共行政的"公正导向"　194

第三节　公平与效率的关系　199
一、公平与效率矛盾的矫枉过正　199
二、公平与效率矛盾中的政府角色　203
三、公平与效率的辩证关系　205

第四节　实现社会公正的基本路径　209
一、人类对公正的追求　209
二、社会公正的实质　213
三、在历史转型中看公正　217

第五节　实现社会公平的制度安排　221
一、市场经济与社会公平　221
二、结构失衡与社会公平　223
三、发现"德制"建设的机遇　226
四、在"德制"安排中实现社会公平　229

第五章　公共行政中的信任　232
第一节　历史坐标中的信任　232
一、习俗型信任　232
二、契约型信任　236
三、合作型信任　240
四、基于信任的合作　244
第二节　历史脉动中的合作与信任　247
一、合作与信任受到普遍关注　247
二、同一性与开放性的需求　249
三、罗尔斯对社会合作前提的设定　253
第三节　"信任"、"信赖"与"承诺"　257
一、"信任"不同于"信赖"　257
二、信任是对承诺的超越　261
三、有信任才会有合作　263
第四节　诚信生活与行政人员的行为选择　266
一、诚信是一种生活形态　266
二、诚信生活的重建　271
第五节　政府诚信及其社会信用建设　275
一、以政府诚信回应时代的要求　275
二、信用秩序建设中的政府责任　280
三、信用秩序建设的法律制度途径　284

第六章　构建以信任为基础的组织　289
第一节　"非中心化"进程中的信任与合作　289
一、官僚制的"中心—边缘"结构　289
二、组织结构非中心化的意义　293
三、信任与合作的出场　298
第二节　组织管理中的信任与合作　302
一、组织管理中的信任重建　302
二、在社会背景中看组织　305
三、信任与合作的同构　310
第三节　组织整合机制中的信任　314
一、权威整合、价格整合与信任整合　314

        二、组织行为的同一性　318
    第四节　后工业化进程中的组织变革　322
        一、后工业化给予组织的压力　322
        二、"危机管理"中的组织变革要求　326
        三、合作制组织的构想　331

第七章　后工业化与民主困境　337
    第一节　后工业化进程中的结构危机　337
        一、复杂性与不确定性　337
        二、合法性的危机　341
        三、合理性的丧失　344
        四、基于"反思"的建构　347
    第二节　民主困境中的治理变革　350
        一、民主受到了冲击　350
        二、谋求治理体系的变革　355
        三、建构合作治理的体系　359
    第三节　对"参与治理"理论的质疑　363
        一、参与治理理论的滥觞　363
        二、参与治理的理论设计　367
        三、参与治理结构上的非民主性　370
        四、参与治理的不可能性　373
    第四节　后工业化背景下的"德制"构想　377
        一、后工业化中的制度变革要求　377
        二、基于现实的德制构想　380
        三、德制构想的思想借鉴　383
        四、基于"否定之否定"的德制构想　386

第八章　合作的社会治理　390
    第一节　走向合作治理的历史进程　390
        一、合作治理的历史契机　390
        二、基于公共利益的合作治理　394
        三、多元社会中的合作治理　397
        四、合作治理中的信任　401

第二节 "协作"与"合作"之辨异 404
　　一、对协作与合作的历史性理解 404
　　二、对协作与合作前提的实质性梳理 408
　　三、对协作与合作图式的差异比较 413
第三节 行政人员的道德自主性 418
　　一、研究行政人员自主性的意义 418
　　二、行政人员自主性的获得 421
　　三、行政人员自主性的历史前提 424
　　四、基于道德自主性的合作 427
第四节 构建合作的意识形态 430
　　一、意识形态重建的任务 430
　　二、合作关系的生成 434
　　三、作为信任文化的合作意识形态 437

第九章 全球化与后国家主义 442

第一节 全球化中的合作与和谐 442
　　一、后工业化背景下的全球化 442
　　二、全球化与民族国家 445
　　三、中心—边缘模式的解构 448
第二节 全球化与共同体建构 452
　　一、全球化不是征服运动 452
　　二、全球化不是同质化 455
　　三、"脱域化"与合作共同体 459
　　四、自主性基础上的合作秩序 464
第三节 "后国家主义"时代 467
　　一、后国家主义的出现 467
　　二、新社会自治运动 472
　　三、后国家主义时代的社会治理特征 477

主要参考资料 484

后　记 488

导　论

历史是由人创造的。马克思说:"整个所谓世界历史不外是人通过人的劳动而诞生的过程。"①他还说:"人就是人的世界,就是国家、社会。"②因此,"国家的职能和活动是人的职能……国家的职能等等只不过是人的社会特质的存在和活动的方式。"③而社会也无非是人的存在形态。马克思认为"人的根本就是人本身","人是人的最高本质。"④作为社会发展的轨迹,人的历史无非是一部人类进行社会治理的历史,是人通过社会治理而推动人类发展的进程。政府是社会治理的最为基本的主体,社会治理的过程,在此前的历史中,也就是我们常常所说的行政,即行政管理。

行政是政府的行为和过程。作为行为,行政主要是指一种行为模式;作为过程,行政是解决问题和达到某些目的的过程。存在于政府中的行为模式在何种意义上不同于一般的社会行为,只能在搞清决定这些行为的原因的情况下才能得到更好的了解,才有可能去自觉地建构这种行为模式。政府过程之所以具有自身的特殊性,是需要从社会对政府的

---

① 《马克思恩格斯全集》,42卷,131页,北京:人民出版社,1979。
② 《马克思恩格斯选集》,1卷,1页,北京:人民出版社,1995。
③ 《马克思恩格斯全集》,1卷,270页,北京:人民出版社,1956。
④ 《马克思恩格斯选集》,1卷,9页,北京:人民出版社,1995。

要求以及政府自身所确立的社会目标上去进行把握的。如果我们能够自觉地去这样做的话,也就能够找到改革政府的方向了。

政府的发展史大致走过了这样一个历程:在农业社会,权力是人们关注的重心;在工业社会,体制是努力建构的着力点;到了20世纪后期,在政府中开展行政管理活动的行政人员及其行为,则更多地成了人们谈论的话题。这一点是一个重要的迹象,它意味着人们对政府以及由它领导的社会治理过程的关注重心发生了变化。其实,对行政体系的把握是需要从人出发的,具体地说,就是从行政人员出发。就行政管理是行政人员的职业活动来说,他从事这一活动,也就是他的本质的证明,虽然这只能看作是他作为人的部分本质。但是,就他作为行政人员来说,则是他的全部本质。如果行政体系把发现人的本质和致力于实现人的本质作为目标的话,那么行政人员这一职业群体的本质首先就应当成为观照的对象;如果政府过程是依据人的本质展开的,如果行政行为是根据人的本质实现而开展的社会治理过程,那么关于人的思考就是一切关于社会治理的科学研究的出发点。什么样的学科能够承担起这一任务呢?可能行政伦理学会是一门首先被人们提起的学科。

行政伦理学是在人类社会治理发展到一个新的历史阶段而出现的一门科学,它是在人类社会治理历史的经验和教训中产生出来的,它承载着人们关于探索改善社会治理之努力方向的使命。也就是说,关于行政伦理学,需要在历史、现实和未来三个维度上来加以定位,它的研究也需要沿着这三个维度进行。就它对现实的关注而言,所要解决的是如何在伦理向度上去重建人类社会治理的体系和刷新社会治理过程的问题。因而,它需要确立起一系列新的观念,需要有更为广阔的视野。

一、行政伦理研究的兴起

公共行政学是一门实践性很强的学科,行政伦理学是公共行政学的一门分支学科,行政伦理研究是直接指向公共行政实践的。从学科的角度看,行政伦理的研究是出于完善公共行政学的学科体系的需要;而从公共行政的实践来看,行政伦理的研究则是出于健全行政体系和规范行政行为的需要。因而,行政伦理研究的兴起需要在公共行政的实践中来加以理解,进而,也需要在公共行政实践的演进逻辑中来规划行政伦理研究的课题和确立行政伦理学发展的方向。

在人文社会科学的学科体系中,公共行政学是一门较为年轻的学科,它的历史仅有100多年,是以威尔逊的著名论文《行政之研究》为学科产生的标志的。在公共行政学的学科体系中,行政伦理学则是一门更为年轻的分支学科,即使把行政伦理研究也算作是行政伦理学的源头的话,也仅有不到30年的历史。行政伦理专门性研究的较早一批文献,可以追溯到"新公共行政运动"发生的时刻。无疑,在"新公共行政运动"的理论倾向中,包含着对行政伦理加以研究的逻辑必然性,因为,这一运动所要寻求的就是公共行政的价值支持,希望公共行政的实践能够拥有价值导向,而且,在作为这场运动的实践方案之典型体现的"民主行政"设想中,所包含着的公共行政政治取向与伦理取向也是混合在一起的。但是,我们并不能说行政伦理研究是"新公共行政运动"的"专属区",在"新公共行政运动"发生的前后,行政伦理研究成为一个学术热点是整个行政学界的事情。也就是说,不仅"新公共行政运动"的代表人物们关注行政伦理的研究,而且,那些并不属于这场运动的参与者的学者们,也对这一问题表现出了很高的学术热情。这说明,行政伦理研究以及行政伦理学这门学科的出现,是历史的产物。是因为公共行政实践中新出现的许多问题在原有的理论框架和学术解释体系中已经无法找到令人满意的答案了,才迫使人们不得不开辟行政伦理研究这个新的领域。更为根本的是,公共行政实践的发展,需要得到行政伦理研究的支持。比如,像"水门事件"以及迅速暴露出来的与日俱增的行政权力腐败,都把人们引向了对行政伦理研究的关注。

近些年来,无论是在学术界还是在公共行政的实践中,人们对行政伦理研究的兴趣都越来越浓厚,而且,可以相信,在未来的一段时间内,行政伦理研究将成为推动整个公共行政学科及其理论发展的一个新的"动力源"。如果进行深层追问的话,究竟是什么原因造成了行政伦理研究的繁荣?又是因为什么原因决定了行政伦理研究将会推动整个公共行政学的发展呢?其根据就是历史转型的现实,是由于人类历史进入了一个新的转型期,正像从14世纪开始西方社会进入了从农业社会向工业社会的转型一样,当前正在发生的是一场从工业社会向后工业社会的转型;也正像在从农业社会向工业社会的转型过程中科学技术成了撬动"地球"的杠杆一样,在当前正在发生的这次历史转型中,伦理和价值的因素将会成为规范社会和正确地引导社会前行的基本力量。公共行政作为社会这一大系统的一个构成部分,也同样需要得到伦理和价值因素的洗礼。因此,行政伦理学将会成为公共行政学学科体系中最为重要的分支学科,行政伦理研究将会为整个公共行政学科提供全新的理论支持,并会通过促进公共行政学理论范式的变革去作用于公共行政的实践,重塑公共行政的体系、制度、行为模式,以及为公共行政的实践确立起一个全新的方向。

事实上,自20世纪后期以来,公共行政实践中的各种各样新的迹象都一再地向我们展示行政伦理研究的意义,不仅提出了行政伦理研究的迫切性,而且把公共行政学的学科再造和实践走向,都交由了行政伦理研究。具体地说,在近些年来的公共行政实践中,我们可以举出这样几个新的迹象:

第一,从控制导向向服务导向的转化。统治行政为了秩序的目标而实施对整个社会的控制,因而,统治行政是"完全的"控制导向的行政。其实,不仅统治行政是控制导向的,管理行政也是控制导向的,只不过管理行政发展出了一套科学的、严密的控制技巧。特别是管理行政发展到公共行政阶段,有了专门的科学即公共行政学来对其进行设计和规划,使它无论在行政体系内部还是外部,都达到了极高的控制水平。当然,管理行政不像统治行政那样需要经常性地依赖于权术和权谋,需要在道德的外衣下经营不道德的江山社稷。但是,管理行政所依赖的是科学的规划和技术性的操作,因而,也是与伦理无涉的。当公共行政走出控制导向的时候,即用服务导向取代控制导向的时候,它虽然还需要得到科学和技术的支持,也就是说,从属于公共行政的科学化、技术化所需要的研究虽然还是必要的,而伦理化的问题则被提了出来。所以,公共行政从控制导向向服务导向的转化,实际上是从科学化、技术化转向了伦理化。正是这样,公共行政通过自身的发展而逻辑地提出了行政伦理研究的要求。也正是如此,在公共行政向服务导向转化的过程中的一切积极的理论建构,也都需要通过行政伦理研究去拓展空间。

第二,从效率导向向公正导向转化。管理行政基本上是一种效率导向的行政。虽然在管理行政生成的早期阶段,由于政治构架上的"三权分立与制衡"包含着要求行使行政权的部门兼顾公平与效率两个方面,但是,在管理行政的后期发展中,即从19世纪80年代开始公共行政成为管理行政的主流以来,效率的问题渐渐掩盖了公平的问题。在整个20世纪中,公平与效率并提以及思考公平与效率的矛盾问题,已经只是学术界的事情了,只有行政学家们才会把它们联系起来考虑。而在实践上,公共行政的运行则是从属于效率导向的。在此,我们也发现公平与效率的领域分化的现象,公平往往变成了政治问题,而效率则完全成了公共行政的问题,政治家考虑公平,而政府官员只考虑效率。近一个时期以来,公共行政的公平责任又被人们提了出来,这在一定程度上是对公共行政形式化的矫正,是希望公共行政能够恢复其公共性的本质。但是,对公共行政提出的这一要求并不意味着它会向早期启蒙思想家的方案回归,也就是说,并不是仅仅要求公共行政在政治的意义上担负公平责任,而是要求公共行政同时也要在伦理的意义上担负公正责任。这样一来,行政伦理研究就肩负起了重新解读公共行政的公正责任的使命,需要通过行政伦理的研究,寻找实现社会公正的途径,从而超越公平与效率的矛盾。

第三,在工具研究中引入价值的视角。20世纪的公共行政学沿着科学化、技术化的方向发展,突出了工具研究的意义。因为,为了控制的目的,必然会注重控制的技术和技巧。特别是在公共政策的研究方面,我们发现,学者们干预公共行政实践的方式就是不断地提出各种各样的模型,对一切问题的分析都追求定量化,以为只有定量化才是具有可操作性,才是科学的。在 20 世纪后期,这种状况发生了改变,人们越来越注意在研究工作中引入价值的视角。其实,20 世纪公共行政的实践也证明了,仅仅提出各种各样的模型和追求定量化,表面看来是科学的,实际上并不科学,因为它往往使公共行政失去方向。社会科学与自然科学的不同之处,就在于它必须考虑人的因素,而公共行政的作用对象是由人所构成的社会,公共行政的主体也是行政人员,他们的思想观念、认识能力和道德素质等,都是公共行政实践中的重要影响因素,甚至是决定性的因素,离开了这些因素,一味地追求科学化、定量化,实际上是不能在解决现实问题上发挥切实有效的作用的,而且在本质上是不科学的,只有能够在公共行政的研究中引入价值视角,才是真正的科学化的方向。20 世纪后期以来的公共行政研究已经开启了这个进程。正是由于价值视角的引入,突出了行政伦理研究的意义。因为,这种价值视角不仅要由政治学来提供,而且对于公共行政的主体和客体来说,在日常活动中发挥基本的和主导性作用的价值因素是属于道德方面的因素,对这些因素的把握,只有在行政伦理研究中才能做到。

第四,确立合作和信任的整合机制。合作和信任这两个概念是近些年来人们使用频率很高的概念,无论是在国际政治上,还是在国内的政治事务处理中,人们都试图用合作和信任的理念来解决矛盾和分歧,去自觉营建和谐的社会生活氛围。在这种背景下,公共行政也需要把合作和信任的理念引入到公共行政中来,事实上,公共行政自觉地确立合作和信任的整合机制已经成为它的发展趋势。公共行政的基本功能就在于实现对社会的优化整合,一方面它要实现对自身体系的优化整合,而且,通过这种自身的优化整合去实现对整个社会的有机整合。但是,如上所说,统治行政和管理行政基本上都是通过控制的方式来整合社会的,这种控制的方式大致又可以分为两种类型:其一,以命令和指挥为手段的整合;其二,以合同契约为手段的整合。在相当长一段时间内,命令和指挥是最基本的整合手段。在近代,合同契约的手段不断地得到加强,特别是到了新公共管理运动这里,合同契约的整合手段被提升到了制度化的高度。但是,公共行政完全可以拥有另一种自身整合以及整合社会的方式,那就是合作和信任的整合方式。近些年来,这种理念已经逐渐确立起来,但是,在实践中如何作出安排,还需要认真地探讨,而行政伦理研究恰恰是要落脚在探讨如何确立起公共行政的合作和信任的整合机制上来。

第五,在治理方式上谋求德治与法治的结合。在政治生活中倡导法治与德治的统一是中国共产党的贡献,但是,就公共行政的发展来说,甚至在全球范围内,都已经出现了这一前进趋势。阅读登哈特关于"新公共服务"的著作以及弗雷德里克森呼唤"公共行政的精神"的著作,都不难发现,字里行间包含着一种可以被称作为思考公共行政"德治"问题的努力。应当承认,在法治的框架下建立和完善公共行政的体系和行为,是近代工业文明的伟大成就之一,但是,在从工业社会向后工业社会转型的过程中,囿于法治的公共行政越来越暴露出自身的不足,它需要得到德治的补充,甚至可能在不远的将来被德治所替代。这将是公共行政的重大转变,如何保证这一转变顺利地进行,如何把德治的愿望变成公共行政实践的现实,需要行政伦理研究来提供切实可行的方案。

第六,用行政程序的灵活性取代合理性。在法制的框架下和法治的追求中,行政程序的合理性既是规范行政行为的要求,也是公共行政获得合法性的根据。虽然在公共行政行为的层面上会经常性地出现行政官员把行政程序的合理性看作是一种束缚手脚的设置这样一种现象,但是,从总体上看,对行政程序合理性的追求,不仅在社会要求中能够获得外部动力,而且,在公共行政体系内部,也存在着把行政程序的合理性视作公共行政体系稳定、和谐和正常运行的"生命"这样一种动力机制。可以说,任何一位行政官员都不愿看到由于行政程序合理性的缺失而造成的行政行为的混乱。的确,行政程序的合理性让公共行政的体系能够以一个整体的形式出现,能够拥有较高的行政能力。可是,到了20世纪后期,随着向后工业社会转型的历史进程开始启动,社会的复杂性和不确定性与日俱增,在这种情况下,行政程序的合理性不仅不能提高其行政能力,反而经常性地置其于被动的局面,总是处于一种面对复杂的社会问题而力不从心的境况中,行政官员无论在主观上有着多么良好的愿望,如果恪守行政程序的合理性原则的话,都会事与愿违。因而,行政程序的合理性已经真正成了束缚行政人员手脚的制度设置。在这种情况下,用行政程序的灵活性来取代行政程序的合理性已经势在必行。但是,这里所说的行政程序灵活性决不是对统治行政那种权力行使任意性的回复,更不意味着倡导权术、权谋的应用,而是应当在道德化的向度上彰显行政程序灵活性的积极功能,抑制其消极影响。做到这一点,同样需要行政伦理研究去开辟方向,特别是对于那些因行政程序的灵活性而带来的行政自由裁量权的加强,更是需要得到道德规范的制约。

第七,用前瞻性取代回应性。我们发现,迄今为止,一切政府都是回应性的政府,所要解决的都是如何回应社会要求的问题,好的政府无非是能够及时地回应社会要求的政府。但是,政府面对的是一个复杂的社会,社会要求的多样性和复杂性总会把政府置于回应不足的局面,即使政府沿着科学化、技术化的路线不断地对自己加以改造和完善,也总会在回应社会要求方面难以达到让社会满意的地步。事实上,政府在回应社会要求方面往往会在某一方面表现出了较强的能力,而在其他方面则表现出了极端的"弱能",总会存在着"顾了东就顾不了西"的问题,总会在较好地解决了某一方面的问题的时候也造成了很大的消极效应,引发了一些更大的、更难于解决的问题。比如,政府在推动经济发展方面表现出了较强的能力,却在这同时制造出了社会公平的问题,产生了环境恶化、生态破坏等问题;当它着手解决社会公平的问题以及进行环境和生态保护时,社会发展却又陷入了停滞状态……在从工业社会向后工业社会转型的时刻,由于社会复杂性和不确定性的增长,政府要想对社会需要作出回应也变得更加困难了。在某种意义上,当前的"风险社会"特征以及危机事件的频发,都是由于政府囿于"回应性"思路而造成的,是因为政府处于回应性的地位,不能有效地预测并解决那些有可能导致危机的事件,才造成了危机的爆发。基于这种情况,惟一的出路就是用前瞻性代替回应性。也就是说,已有的科学方法都只有在问题出来之后才能发挥出解决问题的优势,都属于回应性的科学,而政府的前瞻性则需要有新的科学思路,这一思路也应当由行政伦理研究来提供。

二、公共服务的依据或路径

关于政府存在的价值,需要在它与社会的关系中来理解,特别是对于近代以来的政府来说,更是如此。因为,在农业社会,江山社稷是属于某一家的,统治者只要能够维系其统治,就达到了目标,然而,近代以来,政府朝着其公共性增长的方向运动,政府的存在必须通过自己为社会所提供的公共服务去获得合法性。易言之,政府在何种程度上拥有了公共性,也就需要在同等程度上提高公共服务的水平和改善公共服务的质量。但是,政府提供公共服务的理论依据或路径是怎样的?在近代以来的不同时期,是不同的。大致说来,政府已经尝试过三种提供公共服务的依据或路径,它们分别是"政治的路径"、"科学的路径"和"市场的路径"。在今天,由于新的历史转型的需要,政府需要开辟"伦理的路径"。

近代早期,在理论上所要解决的是政府应当"做什么"以及政府"为什么"要为社会、为公众服务的问题。18世纪的启蒙思想家基本上都把自己的思考重心放在这一问题上了,或者说,他们的思想在逻辑上都是从社会出发来为政府定位的,认为,社会是"本",政府是寄生在社会之上的"枝",正如树的枝叶要把"光合"之后的养分输送给"本"一样,政府需要反哺社会,为社会服务。比如,根据"契约论",政府的出现是人们订约的结果,政府被制造出来,显然就是要维护订约者的利益。就启蒙思想中的理论原点即"天赋人权"观来看,政府的存在也无非是要为这种人权提供保障。归根结底,启蒙思想家关于政府的理论规定可以归结为"人民主权"原则,政府从属于人民主权,为人民主权服务和提供保障。这种思想在近代300多年中已经深入人心,直到今天,我们常常听到的所谓"政府花纳税人的钱,应为纳税人服务"等等,都依然是对人民主权原则的具体表述。

人民主权原则为政府作了准确的定位,即规定了政府存在的价值以及政府行为的方向,为了保证政府不背离其存在的价值和行为方向,启蒙思想家作出了进一步的设计,那就是制定了"三权分立"和"相互制衡"的政治权力结构这一方案,即通过权力的"分立"和"制衡"来保证政府的权力不被滥用,不至于成为侵犯人民主权的因素。也就是说,启蒙思想家所解决的是政府向社会提供公共服务的依据问题,并通过权力结构的确立对此提供保证。我们把这一时期关于政府的理论及行动方案称作为政府提供公共服务的"政治依据"或"政治路径"。当然,在自由市场以及政府恪守"守夜人"角色的情况下,启蒙思想家所作出的这些规定已经能够满足要求,但是,到了19世纪后期,随着市场中垄断因素的出现,特别是这种垄断不断地造成经济危机,要求政府干预社会的动力也就变得越来越强。这时,政治路径的模糊性就暴露了出来,不能为政府及其行为提供切实可行的指导。因而,需要通过政府自身的建设来适应政府干预社会的要求,而政府自身建设的最佳方案就是政府在结构上、运行机制上以及行为上都能够满足科学化、技术化的要求。这就是公共服务"科学依据"或"科学路径"的出现。

19世纪后期,行政学作为一门独立的学科出现了,从而使政府公共服务的科学化、技术化追求有了专门的对应性研究。或者说,行政学这门学科的出现,对政府公共服务的科学化、技术化起到了推动作用。我们知道,1887年威尔逊发表了《行政之研究》的著名论文,提出了把行政学作为一门学科来加以建设的愿望,很快,泰勒的科学管理方法被引入到行政学中来,接着,马克斯·韦伯的官僚制组织理论以及法约尔对一般管理原则所作出的系统规定,都成了行政学成长发育的关键要素。由于这四种思想和理论的结合,使行政学作为一门学科而被确立了起来。

从此,公共行政的实践进入了科学化、技术化的历史进程。应当说,在20世纪的大部分岁月中,行政学的研究与政府的科学化、技术化追求相互推动,取得了惊人的成就。

但是,如上所说,科学路径在理论上实践上都出现了问题。在理论上,它突出了定量化研究,在一定程度上,把定量化与科学性视为一个东西,认为只有那些可以定量化的,才是科学的,才具有可操作性。后来,定量化追求发展成对各种各样数学模型的热衷,特别是在公共政策的研究中,几乎做到了一事一模型,以至于模型泛滥,失去了对实践的指导意义。而且,这样做的时候,也使科学研究失去了解决问题的方向和基本原则,即造成了价值视角的丧失。在实践上,往往就事论事,政治上、道德上和全局性的考虑都不再存在。最为主要的是,行政官员在办事的过程中,往往单纯依照法律和行政规章去做,公事公办,形成了官僚主义的风气。结果,政府不是在科学化、技术化的追求中提高了办事效率和服务质量,反而导致了办事效率和服务质量的全面下降,同时,还造成了机构臃肿、人浮于事等消极效应。

其实,政府自身是社会系统的一个构成部分,沿着科学化、技术化的方向对政府所进行的建构往往忽视了政府作为社会系统的属性,结果就是:时常地陷入困境。实际上,政府作为社会系统的构成部分,在很大程度上要受到人文价值因素的影响,甚至,人文价值的因素往往所发挥的是决定性的影响。特别是政府工作人员,在一定程度上也是一个个独立的具有主体性的个体,他们的理想、信念、思想文化素质以及道德修养状况,都对他们的行为有着不容忽视的影响。他们是否有积极回应社会要求的愿望,以及是否拥有为这种愿望的实现提供稳定支持的因素,都对政府公共服务的状况有着决定性的意义。得不到行政人员理想、信念、思想文化素质和道德修养方面的支持,无论多好的回应社会要求的政策,在执行的过程中都有可能发生变异,无论对行政体系作出多么科学的设计,到了行政人员这里都可能演变成官僚主义……所以,公共服务的科学路径并不是一个理想的路径,并不能把政府的回应性推向及时和充分的境界。

正是由于这个原因,在20世纪的60、70年代,出现了"新公共行政运动"这一"反叛性"思潮,要求恢复公共行政的政治实质,在行政人员及其行为的层面上,则要求强化伦理道德价值。但是,"新公共行政运动"在理论上的批判性特征是大于建构性特征的,而在实践上,它却是较为幼稚的。比如,它的所谓"民主行政"的设计,是很少可操作性的,在工业社会的治理模式和治理结构不发生根本性改变的前提下,"民主行政"将会永远作为一个空想而存在。所以,新公共行政运动除了把人们引向早期的政治路径之外,没有发展出自己独立的路径,也就是说,没有真正属于自己的关于公共服务依据的证明和路径选择方案。也正是由于这个原因,"新公共行政运动"的昙花一现和很快被"新公共管理运动"所取代就是必然的了。

与"新公共行政运动"不同,"新公共管理运动"提出了公共服务新的依据和新的路径,它在改善公共服务方面,把"企业家精神"作为新的依据,把竞争、契约行为等作为新的路径,这一路径可以被概括为"市场的路径"。

根据"新公共管理运动"的主张,政府在公共服务的问题上,不应在政府自身的主观建构中去实现对公共服务的改善,而是应当让社会对政府的公共服务状况作出评价,并把这种评价作为政府改革自身的动力。形象的说法就是,政府把公众当作"顾客",让"顾客"通过"用脚投票"的方式来对政府作出评价,去决定政府是否需要改进以及如何改进自己的公共服务。与"科学路径"相比,"新公共管理运动"所提出的这一"市场路径"更加突出了了公共服务的主题,实际上,它把科学路径中作为整体行政目标的公共服务分解和落实到了政府的每一个部门及其每一项行动中去了。的确,政府的行政体系在结构上、制度上以及权力配置和运行方式上是否科学,不是一个理论的问题,也不取决于主观建构达到了什么样的理想模型;而是一个实践问题,需要在行动中来加以体现,需要让公众来评价它是否做到了积极有效地回应社会以及公众的要求。就此而言,"新公共管理运动"更加突出了公共服务的主题。最为关键的是,它不是像科学路径那样,从政府自身出发来解决政府的公共服务问题,而是把政府放在与社会的互动中来解决这个问题。这无疑是"新公共管理运动"的一项新贡献。

然而,"新公共管理运动"在理论上的一个假设是站不住脚的,甚至这一假设是它的根本性缺陷,正是这一缺陷必将置其于失败的境地。具体地说,它把政府假设为一个企业,希望引入企业家精神来改造政府,希望让政府像企业一样运行。这是根本不可能的,甚至是荒唐的。我们知道,虽然政府也像企业一样,是社会系统的一个构成部分,但是,企业的活动可以还原为一个最为简单的利润指标,而政府则没有企业这样的经营优势,政府工作不仅是复杂多样的,而且政府活动的每一项内容都有着很强的具体性,是不可还原为某个或某些指标的。当然,企业中的许多管理技巧是可以被引入到政府中来的,但是,那些较为原则性的、根本性的管理理念和方式,是不可以引入到政府中来的。比如,绩效管理在企业中是成功的,但是,如果把绩效管理引入到政府中来,就是一个极坏的主意。尽管在某些对政府工作弹性要求较低的部门,绩效管理可能是适应的。但是,对于政府整体来说,绩效管理不仅会造成极大的人力、物力的无谓消耗,而且会使政府陷入为了绩效而绩效的泥淖,使政府放弃对自己存在的基本目标和价值的观照,失去政府活动的目标。所以,把政府改造成企业,或者要求政府像企业那样运行,是一种极其简单化的对待政府的方式。

以上可见,近代以来在公共服务的问题上发展出了三种路径,虽然这三种路径都有着自己的特点和优越之处,但是,总体来说,又都有着一些根本性的缺陷,在如何改善公共服务以及如何为政府定位的问题上,探索的进程并没有停止,还需要去积极地探索新的路径。从20世纪90年代以来,当"新公共管理运动"受到怀疑甚至批评的时候,许多学者已经开始探讨新的路径,试图实现对新公共管理的超越。从"新公共行政运动"的一些代表人物的新作中可以看到,虽然这场运动在"新公共管理运动"风靡全球的时候沉寂了很长一段时间,但是,"新公共管理运动"似乎是为它作了一场洗礼,使它浴火重生。在某种意义上,"新公共行政运动"的积极成果正是在20世纪90年代以后取得的。比如,弗雷德里克森在拒斥"企业家精神"的时候大声呼唤"公共行政的精神",登哈特对公共服务进行了新的解释和定义。在他们的著作中,都贯穿着一个共同的愿望,就是努力发现道德价值,用伦理精神去重新审视政府及其公共服务。尽管他们试图恢复所谓美国的"宪法原则"的做法是可疑的,所谓"参与治理"的设计是不可行的,但其中所包含的伦理化方向是正确的,因为它预示着公共服务的第四条路径的出现,那就是"伦理路径"。

公共行政或公共管理研究中的这一新特点实际上是整个人文社会科学的缩影。在世纪之交的时刻,从20世纪60年代开始存在于哲学研究中的呼唤主体性、倡导价值理性、拒斥科学理性等思想,已经蔓延到了整个人文社会科学的研究中来,在科学研究中形成了一场声势浩大的伦理革命的呼声。与这一科学革命相呼应,在实践的领域中,社会生活道德化的追求吸引了越来越多的追随者,人们越来越倾向于用道德原则来解决那些原来需要通过法律手段去解决甚至通过法律手段不能有效解决的问题;在公共行政的运行中,道德化的呼声也不断高涨;同样,在国际政治生活中,人们也试图通过确立合作的理念来解决国际冲突,而且,许许多多国际合作组织正在涌现。在这种背景下,公共服务伦理路径的确立已经成为一个不可怀疑的历史趋势,其中,行政伦理研究的使命也就变得非常清晰了。

在宏观的历史视野中,人类历史已经经历了两次伟大的启蒙运动,第一次启蒙是农业社会的启蒙运动,大致发生在中国的春秋战国时期和欧洲的古希腊时期,它基本上属于一场"哲学的启蒙",是由一些善于哲学思考的思想家们发动起来的。第二次启蒙是工业社会的启蒙运动,发生在欧洲的18世纪,基本上属于一场"法学的启蒙",是由一些迷恋于自然和人类社会运行法则的思想家们发动的。在新的历史转型时期,即从工业社会向后工业社会的转型过程中,人类社会同样需要一场启蒙,而这场启蒙将是一场"伦理的启蒙",它的基本任务是思考如何在复杂性、不确定性和风险性成为常态现象的社会中去规范社会的问题。就这场即将发生的启蒙运动而言,将会从社会治理的领域启程,而公共行政正是它的"起跑线"。由此看来,行政伦理的研究,有着更为普遍的历史意义。易言之,首先,需要通过行政伦理的研究去开辟和完善公共服务的伦理路径;然后,以这一路径为"主通道",不断地拓展开来,建立健全基于伦理精神的道德化社会治理体系;再后,通过这一治理体系去推动整个社会的伦理规范系统的形成。其中,公共行政能否实现道德化是第一步,同时也是决定性的前提。这样一来,自然而然地就凸显了行政伦理研究的实践意义。

总的说来,我们所讲的这四条路径分别具有不同的特征:在政治路径中,关于如何保证和改善公共服务的问题是由权力结构所决定的,因而,人们往往较多地关注权力结构的状况;在科学路径中,组织结构及其运行机制则是人们关注的重心,至于管理的方法和技巧,都是以组织为依托的;在市场路径中,企业家精神是最为根本的决定性因素,只有拥有了这一精神,才可能使"契约合同的"、"顾客导向的"等各种各样的行政行为成为有利于公共服务的因素;在伦理路径中,伦理精神将会成为政府乃至整个社会治理体系的灵魂,服务型政府的设计、道德制度的确立、道德化治理方式的建构、政府合作整合机制的完善等等,都只有在伦理精神的意义上,才能够得到理解。

三、行政伦理研究的过渡性

行政伦理研究的学科基础是行政伦理学,但是,行政伦理学将是一门过渡性的学科,就行政伦理研究以及行政伦理学这门学科的发展方向而言,它将会为一门更新的学科——公共管理伦理学所替代。因为,作为广义的公共行政(不是指政府内部运作意义上的)将会为公共管理这一新的社会治理模式所代替,相应地,作为公共行政学分支学科的行政伦理学也将会发展和演变成公共管理伦理学。由于这个替代过程将是一个历史过程,所以,行政伦理研究是具有过渡性的。行政伦理研究的过渡性,决定了这一研究必须把关注现实的对策性设计与瞻望未来的战略性规划结合起来。

行政伦理研究的学科目标是建构公共管理伦理学。公共管理伦理学首先是关于后工业社会中社会治理的基础性科学,它通过对后工业社会治理模式和治理方式特征的把握,通过对后工业社会制度体系设计的构想,提出整个后工业社会的生活原则和理念。当然,在社会治理职业活动的意义上,公共管理伦理学又是一门关于后工业社会公共管理的职业伦理学,探讨公共管理职业活动中的服务理念和合作机制。也就是说,它将在公共管理这个概念之下去思考公共管理关系和行为的规范问题,通过揭示公共管理中的伦理关系,实现公共管理制度的伦理化。同时,唤醒公共管理者的伦理精神,使他们怀着道德信念投入到公共管理的活动中来。

公共管理伦理学与行政伦理学的不同之处在于:行政伦理学主要集中在或把理论目标指向公共行政人员职业道德方面的研究,而公共管理伦理学既是公共管理的职业伦理学又是伦理学的一种新的形态。一方面,公共管理伦理学在社会治理的普遍意义上思考伦理社会到来的历史必然性,试图发现伦理社会所应拥有的全新的社会伦理结构,探讨社会治理制度伦理化的基础和基本原则,这不同于行政伦理学的职业伦理学定位;另一方面,公共管理伦理学又把重心放在公共管理者的职业道德研究上,研究公共管理者职业道德生成的基础和前提,因而对行政伦理学又有着继承关系。

公共管理伦理学的研究服务于公共管理体系的建立和完善,同时,也担负着对公共管理这一特殊领域加以理论认识的任务。在微观的层面上,公共管理伦理学通过研究公共管理与一般管理、行政管理的联系与区别,把握公共管理活动中的伦理关系,思考公共管理制度伦理化的可能性;在宏观的层面上,公共管理伦理学揭示从统治型社会治理模式到管理型社会治理模式再到服务型社会治理模式的客观历史必然性,把公共管理这种新型的社会治理模式放在人类社会治理结构发展的总的历史进程中来加以考察,揭示公共管理作为服务型社会治理模式的基本特征、性质和内容。

我们知道,公共管理是一种特殊的职业,公共管理的目的是为了公共利益的实现。在一切社会职业活动中,公共管理是最直接地服务于公共利益实现的目的的,公共管理主体的道德素养也是一切职业活动中最具现实意义的因素,无论直接地针对于公共利益的实现,还是针对于社会生活的示范性影响,都能够发挥极其重要的作用。与以往任何一种社会治理模式都不同,公共管理的出现,表明人类的社会治理第一次建立在伦理关系的基础上了。公共管理属于一种以道德为轴心的管理模式,公共管理的职业活动必须接受道德的规范,公共管理的特殊性也要求担负着这种管理活动的社会治理者必须具有较高的道德素养。所以,公共管理伦理学将主要研究公共管理者如何在公共管理的过程中自觉地接受道德规范、使公共管理活动贯穿着伦理精神等问题。

在某种意义上,公共管理伦理学是一门具有普遍意义的伦理学,它把整个后工业社会的社会生活都纳入到自己的视野中来,从而成为后工业社会人文社会科学体系中的一门基础性学科。伦理学有着继承与创新的问题,一门职业伦理学必然要研究其特殊的职业伦理关系,并反映着其职业的特殊伦理需要。但是,任何一门职业伦理学都必然"分有"着一般伦理学的基本原则和理念。同样,每一个时代的伦理学也是这样,不是对人类文明中的伦理学成就的推翻重建,而是继承中的再造。公共管理伦理学在职业道德要求中创造性地弘扬一般伦理学的现代理念,一方面,它遵循一般伦理学中的一切有益于现代社会生活的基本原则;另一方面,它敏锐地捕捉时代伦理关系的新内容、积极地发现时代进步中呈现出来的新的道德观念和要求,自觉地加强和巩固公共管理赖以确立的伦理基础。

以往的职业活动都或多或少地与个体意义上的私人生活相分离,做人有做人的道德,从业有从业的道德。虽然伦理学希望把它们统一起来,但是,一旦需要对具体的职业道德作出专门表述的时候,就不得不突出职业道德的特殊性,以至于职业道德成为特殊的道德规范系统,职业伦理学也因而有着具体的研究对象和内容。公共管理伦理学要求公共管理者把"做人"与"从业"统一起来,把个人生活与职业活动统一起来。这样一来,公共管理伦理学作为一门职业伦理学就有着不同于以往职业伦理学的特定内涵。传统的职业伦理学,实际上就是关于职业的伦理学,是对职业的道德规定,至于职业活动之外的因素,是不在其研究对象之中的。公共管理伦理学所关注的恰恰是公共管理从业者的作为整体的人,而不是作为被抽象掉了生活内容的职业活动者。即便公共管理伦理学谈论的是公共管理者个体,也是把他作为一个整体的人来看待的,即把他看作为他的职业活动与他的全部社会生活和个人生活统一在一起的整体。在公共管理者整体的意义上,是把他们作为一个特殊的职业群体来认识的,即把他们看作为从事公共管理职业活动的人群,在他们之间,由于公共管理这一职业的原因而生成了伦理关系,关于他们行为的规范,无非是由这些伦理关系所决定的。

公共管理伦理关系是贯穿于公共管理者个人之间、个人与公共管理主体之间、公共管理主体与客体之间的关系,而公共管理活动的道德规范则主要是关于公共管理者个人的行为规范。在这一点上,它不同于法律规范和公共政策规范。因为,后者是关于公共管理主体的整体规范,虽然在现实的管理实践中,要通过公共管理者的个人来实施法律规范和公共政策规范,但个人在这些规范面前,是作为整体的一部分而存在的,是具有总体性的存在。

公共管理中的道德规范是伦理关系的体现。反过来,伦理关系是通过道德规范来加以维持和不断矫正的。也就是说,伦理关系中的那些有利于公共管理活动顺利开展的积极方面能够通过公共管理者的道德觉识而转化为道德规范,从而作为一种行为准则而存在。所以,公共管理中的道德规范在公共管理这一特定的职业活动领域之内,是对这种特殊的具体的伦理关系认识的结果。当然,公共管理活动也是社会活动的一种类型,它也会从社会的一般道德规范中汲取那些对该领域有价值的行为准则。即便如此,那些移植进来的道德规范也与公共管理伦理关系之间有着极大的亲和性,是适应和反映了公共管理伦理关系的要求的。

这样一来,在公共管理的领域中,就有着一个伦理关系如何向道德规范转化的问题。社会运行的客观性证明:只要一个合乎历史发展必然性的领域生成了,那么这个领域就会有着强大的"自然"成长的力量,推动着它走向成熟。公共管理就是这样一个合乎历史发展必然性的领域,因而,公共管理中的伦理关系向道德规范的转化,是有着客观必然性的。科学的功能就在于努力把社会发展中的自然进程转化为自觉的过程。公共管理伦理学正是希望通过自觉地认识公共管理中的伦理关系,以及伦理关系向道德规范转化的机制,推动公共管理道德规范体系的健全。

关于公共管理伦理学的研究是为公共管理服务的,它是通过对公共管理伦理关系的研究,探讨这一职业活动的道德规范生成机制,虽然它并不准备提出道德规范,但科学的研究结果可以使公共管理者获得公共管理伦理知识的武装。对于公共管理者来说,将从公共管理学的科学知识体系中认识自我,认识公共管理的职能,认识他同公共管理对象之间的关系,他是在知识体系的逻辑中领悟出自己的行为准则,这与对他实施的职业道德强化教育有着根本性质的不同的。公共管理伦理学研究公共管理伦理关系时,把设计合乎这种关系客观需要的公共管理伦理制度作为自己的最高追求。

对于公共管理学的学科体系建设来说,公共管理伦理学的研究是一项基础性的工作。因为,公共管理的服务性质决定了公共管理伦理学与以往的那些从属于统治和管理秩序的学问不同,公共管理伦理学的首要任务是阐述公共管理的服务理念和活动原则,是在服务宗旨下探讨其实现所需要的制度保障手段及其可行性等等问题。服务理念是公共管理的精髓,而对这一精髓的解读,恰恰是由公共管理伦理学来承担的。其实,公共管理伦理学的基本任务就在于揭示公共管理这种新型社会治理模式的服务理念,思考这种服务理念转化为制度设计和制度安排的可能性,发现公共管理者在公共管理活动中贯彻和落实这种服务理念的现实途径。也就是说,对于公共管理学的学科体系建设,公共管理伦理学的研究担负着为整个学科体系确立基本原则和指导思想的任务。公共管理伦理学并不着意于对传统管理学科的批判,然而,当它准确地把握了公共管理的特征,深入地探讨了公共管理中的伦理关系,就可以实现对人类以往的知识体系的扬弃。总之,行政伦理研究在当前需要担负起双重任务,一方面,它应当根据现实的需要去积极建构行政伦理学,为公共行政的现实提供理论指导和操作性方案;另一方面,它又需要从历史发展的必然趋势出发,在公共管理这一新型社会治理模式生成和发展的过程中去规划公共管理伦理学,为公共管理的实践提供先导性的理论准备和实践安排。

  行政伦理的研究不限于学科建构的目标,它需要把更多的精力集中在现实的实践上。马克思说:"人是全部人类活动和全部人类关系的本质、基础……历史什么事情也没有做,它并不拥有任何无限的丰富性,历史并没有在任何战斗中作战!创造这一切并为这一切而斗争的,不是'历史',而正是人,现实的活生生的人。'历史'并不是把人当做自己目的的工具来利用的某种特殊人格。历史不过是追求着自己目的的人的活动而已。"[1]历史是人的历史,是人的发展的足迹。政府以及以政府为标志的社会治理体系正是组织人们创造历史的基本力量,在人类社会的不同历史阶段,这一基本力量发挥作用的途径、方式是不同的,在我们所生活于其中的这个时代,人们对政府寄托着比以往任何时候都更高、更多的期望,不仅要求政府的行政是科学的、合理的和有效率的,而且要求它更加公正、更具有可信任性。客观上讲,人类社会已经基本结束了工业化的进程,表现出一种后工业化的迹象,这是人类又一次伟大的历史转型,它对政府提出了新的挑战、构成了新的压力,而且已经在社会生活的

---

[1]《马克思恩格斯全集》,2卷,118~119页,北京:人民出版社,1960。

各个领域中表现出一种现实的压力。同时,与后工业化一道启动的是一个全球化的过程,全球化对原先人类的族阈边界造成了冲击。如果说工业化进程冲破了"物理空间"意义上的地域边界,那么全球化的进程将要冲击的是人类社会心理空间意义上的族阈边界。所有这些,都意味着一个全新的世界将展现在我们面前。在这种情况下,人类将如何刷新社会治理,都是行政伦理研究必须思考甚至回答的问题。

第一章　作为学科的行政伦理

在人文社会科学的发展史上,行政伦理是一门新近出现的新学科,尽管人类对行政管理的伦理思考有着悠久的历史。科学的发展根源于实践的需要,行政伦理学作为一门学科出现的学科之林中,意味着行政管理的实践已经出现了严重的问题,而且在原有的学科框架下无法解决这些问题,才对行政伦理提出了要求。在行政伦理学这门学科的产生过程中,中国学者作出了特有的贡献,这是中国行政学研究一种学术自觉的表现。在中国学者的行政伦理研究中,包含着行政学研究学术创新的追求,即使对于伦理学和公共行政学这两个学科的发展来说,中国学者的行政伦理研究也包含了话语重构和思维方式创新的内涵。

第一节　行政伦理研究的理论追求

一、时代呼唤中的行政伦理学

从20世纪后期开始,几乎全球都处在一种急剧变革和纷扰不安的时代,科学技术的迅猛发展,不仅使生产率得到了快速增长,使经济发展水平得到了不断提高,而且也导致了全球文化的日益普遍化和理性化。所有这些,既对人类社会的进步具有重要的促进作用,也对人类社会的发展造成了许多不良的影响。面对社会出现的种种变化,现代政府已经无法再用过去的管理模式来控制局势和解决问题。因为已有的公共行政理论是实证科学的产物,是在工业社会这个特定的历史阶段中产生的,当工业社会自身走向一个不确定的前景时,这一公共行政理论也自然而然地表现出无法指导行政管理实践的状况,即无法应对现代科学技术的发展所造成的各种各样的社会危机。正是在这种情况下,行政伦理研究引起了人们的广泛关注,成了公共行政学的一个理论和学术热点。由于行政伦理研究是一个新的学术现象,所以,它需要在研究方法、立场以及理论目标上都有新的追求,特别是就行政伦理学作为一门新的学科而言,它需要建立起自己的学科意识,并根据实践的需求去探索创造性地解决现实问题的出路。

在中国,自80年代中期恢复和重建行政管理学以来,在行政学的研究上取得了巨大成就,在行政改革和健全社会治理体系的过程中发挥了巨大的作用。对于中国行政学所取得的成就,是任何人都不会视而不见的。无论是从学科研究的整体以及各个分支的研究状况、研究机构的设置和研究队伍的扩大,还是就研究的广度和深度以及研究结果产生的理论和社会影响而言,其成绩都是可圈可点的。可以毫不夸张地说,在整个近代行政学的研究历史上,我国近些年来在教学和研究方面所表现出的学科繁荣也是少见的,不仅我们在这个阶段中大量引进了"西学",而且结合中国实际作出了许多独立思考和探索。特别在后一方面,取得了大量独创性的成果,提出了服务型政府建设的理论构想。我们知道,改革开放以来,中国进入了一个新的历史时期,中国这一时期的"实际"是人类历史上从未出现过的,也是任何一个国家都从未经历过的,这是一种极其特殊的"中国实际"。中国行政学研究中的一切有价值的成果,都是根源于这一"实际"的。这是中国学者的创新所在,也是中国学者对人类行政管理史所作出的贡献。

我们也应看到,在当今人文社会科学的研究中,从话语体系重建的角度来认识和规划人类发展进程的成果还是很少的。反而,更多的学者是在整体主义或者个人主义的话语体系中来重新解释20世纪后期以来的新的社会发展现实的,试图把这些新的历史现象要么纳入个人主义的话语体系中,要么纳入到整体主义的话语体系中。行政伦理学是一门新近出现的学科,而且,在人文社会科学体系中,这是一门极小的应用性学科,它是作为公共行政学或者伦理学的一个分支学科出现的,本来,它是无权解决牵涉到整个人文社会科学体系的话语冲突的问题的。但是,这一问题如果得不到解决的话,又会严重地制约着行政伦理的研究,束缚着这一学科对公共行政以及整个公共领域进行重新规划的任何一项建设性方案的提出。所以,我们在行政伦理研究中,又不得不对如何解决近代人文社会科学话语冲突的问题发表一些意见。当前,行政伦理学研究正在追寻一种"合作治理"的形态,而整体主义与个人主义的话语无法表达这种合作形态。所以,如果不是仅仅停留在行为的层面,而是希望深入到对人们之间合作关系的把握以及对整个社会的合作形态的认识和理解,还需要拥有属于合作社会的话语。但是,在这种话语尚未建立起来的时候,我们只有力求做到:在旧的话语系统中进行理论探索时,尽可能地避免整体主义或个人主义意识形态的干扰。

从中国行政学的发展来看,80年代中期,中国开始恢复和重建行政学,到了90年代中期,行政伦理的研究问题被提了出来。很快,行政伦理研究就成了人们普遍关注的一个学术热点。在一定程度上,行政伦理的研究是被作为一个学科提出来的,即被作为行政学的一个分支学科,或者说,作为行政学与伦理学的交叉学科而引起了人们的重视的。经过了10多年的发展,行政伦理学在中国已经取得了很大的成就,不仅取得了丰硕的研究成果,而且,行政伦理学的话题已经进入了大学讲坛,越来越多的大学已经开设或正在准备开设行政伦理学的课程。

行政伦理学之所以能够得到迅猛的发展,是由于三个方面的原因决定的:其一,当中国恢复和重建行政学的时候,发现西方国家的行政学研究正在进入一个"范式转型"的时期,20世纪初根据工具理性建构起来的行政体系正在受到广泛的诟病,学者们更多地要求用价值理性来重构行政体系,而且,这时的行政伦理研究也引起了人们的广泛重视;其二,20世纪后期以来全球性的行政改革浪潮对片面的效率观提出了质疑,要求更多地关注公平、正义和公共利益的问题,因而,对行政伦理提出了理论上的需求;其三,中国在社会主义市场经济的建设中出现了较为严重的腐败问题,而且这一问题的出现恰恰是在法治建设迅速增强的条件下,它意味着法治并不是解决这一问题的惟一途径,还需要得到行政伦理的支持。由于这些原因,中国的行政伦理学获得了生成和发展的动力。

二、行政学研究中的伦理支持

行政伦理学作为一门学科是近些年来才被确立起来的。我们在追溯行政伦理学这门学科的源头时,往往导向"新公共行政运动"以及美国70年代以来公共行政发展的现实,认为"新公共行政运动"的理论中包含着行政伦理学的生长空间。而且,美国70年代以来的公共行政实践也存在着强烈的对开展行政伦理研究的要求。但是,就行政伦理学作为一门学科而言,它是中国学者的创造性贡献。我们知道,在西方国家,特别是在美国,20世纪后期出现了学科意识弱化而理论意识增强的趋势。这是由于两个方面的原因决定的:第一,科学在自身发展过程中由于交叉性、边缘性课题大量涌现,从而在科学界开始形成了打破学科界限的共识,科学家、学者们不再囿于具体的学科而去开展自己的研究,逐渐地走向对理论建构的关注而不甚考虑这种理论建构应当被放置在哪一门学科中去;第二,是出于解决现实问题的需要,因为,一切现实问题都具有综合性的特征,它需要调动多学科的知识和方法去加以认识和思考,单纯地从某一学科出发去形成解决现实问题的方案,必然是片面的,这也使学者们尽力去淡化学科边界。所以,就科学的发展而言,在西方国家,已经超越了凡事多从"形而上"的角度去思考的学术研究阶段,而是越来越注重直接地去寻求解决现实问题的方案。

在中国改革开放的过程中,我们大量移译了西方国家的学术著作,在这样做的时候,往往简单地译制为某某"学",实际上,认真地阅读这些著作,可以发现,作者们往往不是出于学科建构和完善的动机而写作的,反而恰恰包含着的是服务于理论叙述的目的。所以,对于20世纪后期以来西方国家的学术作品,我们也应尽可能少地从学科的角度去阅读,而是应当尽可能多地从理论探索的角度去理解。行政伦理学也是这样,在西方国家,很难说存在着严格意义上的作为学科的行政伦理学,关于这方面的学术作品,大都属于行政伦理方面的、边缘模糊的理论研究成果。当然,中国在科学领域中还处于后发展的历史阶段,在一个较长的时期内,中国学者的学科意识还会表现出比理论意识强的状况。也正是由于这个原因,我国的行政伦理学研究一开始就是从学科建构入手的。而且,就中国当前的学术氛围来看,学科建构由于具有形式化的特征,往往价值关涉较弱,所以能够得到学术界的认同,而理论建构往往价值关涉较强,总会受到来自各个方面的以及各种各样的批评和限制。可见,中国行政伦理研究一开始就走上了学科建构的方向,也是由这一学术环境所决定的。这在某种意义上也说明,中国的社会科学发展还处于西方国家较早时期的那一学科建构阶段。

但是,行政伦理学是被作为公共行政学的一个分支学科而提出来的,是从属于公共行政学的学科体系和作为它的一个构成部分而存在的。这又说明,行政伦理研究是出于矫正公共行政学的形式化、效率导向、控制导向等片面性的需要的。因为,人类正处在一个从工业文明向后工业文明转变的过程中,这样一次历史性的转型也必然会反映在科学发展上,会要求科学发生一场根本性质的改变。其中,社会科学的几乎一切门类都转向寻找伦理支持就是一个日益凸显出来的科学发展趋势。这样一来,行政伦理学这门学科的提出又契合了20世纪后期以来整个社会科学发展的基本趋势。

我们知道,20世纪的经济学可能是最少伦理关怀的一个社会科学门类,然而,从阿马蒂亚·森的研究工作中可以看出,即便是对工业文明条件下的社会生活所进行的经济学考察,也需要得到伦理学的支持。我们知道,工业文明在其起点上,用科学排斥了道德,用法律取代了伦理。然而,这种文明向其制高点的攀爬,却达到了这样一个顶点,只有引进伦理的视角,才能发现人类前进的正确方向。正如阿马蒂亚·森所揭示的,不仅对于当代发达国家,而且对于欠发达国家和地区,财富的增长都不应视为社会发展的惟一目标,相反,恰恰需要包括伦理在内的其他指标来标识人类的进步。虽然在直接的意义上,我们可以把森的思想看作是罗尔斯《正义论》的摹本,但对于经济学这门学科来说,所反映的则是一个新的倾向。总之,森的贡献向我们证明,在走向后工业文明的时代,即使像经济学这样一个20世纪中无条件崇尚科学的社会科学门类,都开始思考社会的伦理结构了。事实上,20世纪后期以来,在社会科学的每一个领域中,一切有见地的新贡献,都表现出了与森的工作所具有的共同倾向。恰恰是这一点,反映了人类进入一个伦理思考的新时代。正是这一类型的思考,所要打开的是通向合作社会的大门,而公共行政学作为专门研究政府这一领导社会发展力量的学问,发现了伦理向度并切实地实现对自身的改造,是有着极其重大的现实意义的。

社会发展会改变学科的性质,比如,早期的政治学、经济学等,都可以被看作为伦理学的分支,可以称作为伦理政治学和伦理经济学。在亚里士多德那里,政治学作为伦理学的分支或一部分是显而易见的,直到亚当·斯密开始研究经济学的时候,经济学一直是伦理学借以展开的一个途径,无论是在《道德情操论》还是在《国富论》中,都可以看到,斯密完全是从伦理学的视角出发来探讨经济学问题的。可是,后来,伦理学与政治学、经济学等学科的关系颠倒了过来,关于政治活动的伦理思考被称作为政治伦理学,同样,对经济活动的伦理审视,则被看作为经济伦理学的研究。也就是说,政治伦理学成了政治学的分支学科,而经济伦理研究则成了经济学学科体系的一个组成部分。然而,在公共行政学的研究中,伦理向度却被完全地封堵了起来,由于马克斯·韦伯出于"形式合理性"的要求而对一切价值因素的"祛魅",使伦理以及道德的因素游离出了公共行政的过程。这是公共行政学这门学科的抽象化、片面化以及进而导致公共行政实践畸形化的根本原因之所在。

在从工业社会向后工业社会的历史转型过程中去考察现代公共行政学的研究思路,可以看到,行政组织与社会之间的关系有两条可能性的途径来连结:一条是行政组织与社会之间直接的协作关系的建立,属于这条思路的对策性建言总是要求政府更多地接受公众的参与,而政府自身则被要求根据服务价值来重塑自我,在行为上增强服务导向;另一条思路是在政府自我中心主义的传统框架下来对政府作出补充性的修正,要求政府在运行机制上增强对社会需求的"回应性",为了使这种"回应性"表现得更为积极,政府自身又需要拥有更多的"灵活性"。其实,前一个思路虽然表现出积极建构的愿望,但是,如何付诸实施?则是一个需要重点研究的问题,从现实的实践选择来看,更多地陷入到工业社会传统的窠臼中去了。至于后一种思路,显然是较为保守的,是在社会转型压力下作出的被动反应。恰恰是后一条思路,依然顽强地支配着公共行政实践的现实。所以,在人类走向后工业社会的过程中,社会治理模式及其制度设计如果不突破传统框架,是很难满足社会需求的;如果不扬弃那种在传统框架下所提出的增强"回应性"、"灵活性"的方案和措施,我们的政府可能就会失去正确引导社会去实现从工业社会向后工业社会过渡的能力;如果不是通过伦理思考来重建服务型的社会治理模式,而是把服务型政府作为一种宣传性或宣示性的内容提出来,就很难成为解决后工业化过程中实际问题的有效途径。所以,公共行政学这门学科需要得到行政伦理研究的改造和重建,需要在行政伦理的研究中去发现政府引导社会走向未来的正确路径。

三、行政伦理研究中的一般性课题

在公共行政学的学科体系中,行政伦理学属于规范研究的范畴。一般说来,规范研究往往较为突出"应当是什么"的学术指向,但是,它必须以事实为起点,完全无视"事实是怎样"的所谓规范研究,是没有什么意义的。所以,既存的事实是研究的出发点。从既有的事实出发,又不囿于事实,这是一切积极的理论探索活动的共同特点。从这个意义上看,一切积极的理论探讨,都可以归入所谓规范研究的类别。但是,行政伦理学的研究必须从历史以及当前的现实出发,去把解决公共行政学长期以来无法解决的问题作为学科建设的目标。

近代以来,作为市场经济的意识形态表现,政治观中一切关于人类行为层面的认识,都指向人们之间的矛盾、冲突和竞争行为,行政学虽然是脱胎于政治学的,但行政学的观念取向却是谋求协作,这是政治学与行政学的学科分野所在。虽然行政学所要谋求的是一个社会中人们之间的协作,但在一切最为基本的理论问题上,行政学并没有作出独立的探索,或者说行政学放弃了深层理论探索的追求,因而又不得不把政治学中关于人类行为层面的考察中所获得的基本结论作为理论前提而接受了下来,或者说,是以政治学关于人类行为的解读作为参照而进行公共行政体系建构的。以至于公共行政的制度模式展现给我们的是外在于行政人员的客观结构,不仅在行政人员之间所获得的是结构性的形式上的协作,而且通过行政过程而实现的社会协作也属于形式上的协作,内在于人的实质性合作则被排挤和压缩到社会生活的极其边缘的领域和极其有限的空间中去了。行政伦理研究是在20世纪后期市民社会再度中兴的历史背景下展开的,它需要把探求社会合作的基本路径和现实方法作为自己的理论目标,超越工业社会固有的协作模式,即把工业社会的协作提升到合作的层次上来。也就是说,行政学研究政府如何通过有效控制社会而促进社会协作的传统应当得到根本性的改变,取而代之的是要求在合作体系中来重建政府。行政伦理研究的这一理论取向是对政府定位的根本转变,它所要否定的是政府在社会中的中心位置,即把政府作为整个社会体系以及社会治理体系中的一个构成部分来看待。

在启蒙思想家"天赋人权"原则的深层,包含着这样一重意蕴:近代社会是基于一系列假设建构起来的,当科学研究以近代社会为对象时,发现了近代社会具有各种各样可以证明假设的特征。的确,"假设"本身就是建构近代社会的砖石,在近代社会中发现它能够证明假设的特征是再自然不过的了。近代以来的社会科学研究,往往把这些特征看作是科学重建的"客观基础",并进一步地去提出能够与这些"客观基础"一致的社会建构方案。结果,整个社会在科学的理解中变成了一个合理性的体系,一切不具有合理性的因素,都被要求坚决地剔除。社会科学成了合理性的理论体系,社会成了合理性的作品,如果这一作品中存在着某种反人类的因素的话,也是一个必须无情地加以接受的"合理性错误"。但是,基于科学的合理性体系,是不能预知这些"合理性错误"的,只是当这种错误带来了恶果的时候,才被发现,接下来,要么根据合理性的原则,寻找解决方案,弥补合理性错误的损失;要么根据合理性原则对人加以重塑,让人接受合理性错误的现实,把错误的当作正确的。事实上,错误的也确实变成正确的了,因为,人本身已经被合理性错误所改变和重塑了。行政伦理研究在行政学这个学科阈限内应当解决这个"合理性错误"的问题,它将紧紧地把握人类从工业社会向后工业社会转型的现实,并从这个现实出发去认识政府需要通过什么样的变革才能满足社会发展的要求。

工业社会是人类发展史上的一个必经阶段,在这个阶段中,人类社会所取得的进步是令人惊叹的。但是,在人自身的存在与生活方面,也产生了各种各样的负面影响。工业社会"不仅在政治上,而且在文化上也受到这种分裂的影响。由于它还产生了有史以来极端向钱看,拚命赚钱,精于计算的商业化的文明。……人与人之间的关系、家庭血缘、爱情、友谊、乡亲和社会关系,统统都受到商业性个人利益的玷污和腐蚀。"[1]托夫勒总结说,工业社会"把生产者与消费者一劈为二,同时还产生了多重人格。同一个人,作为生产者,他被家庭、学校和老板教育成要节欲,对报酬要满足,要安分守己,忠诚驯服,讲纪律听指挥,做集体中的螺丝钉。作为消费者,同一个人又被熏陶成要多挣钱,永不满足,讲享受,不受约束,成为追求个人自由安逸的人,总之要成为与生产者完全不

---

[1] [美]阿尔温·托夫勒:《第三次浪潮》,39页,北京,新华出版社,1997。

同类型的人。"①在这个历史阶段中成长起来的管理行政体系陷入了科学化、技术化的追求中。由于丧失了价值的考量,在一切关涉到人的存在与生活的问题上,都显得格格不入。行政伦理研究所面对的正是这一根本性的问题,它必须把对这一问题的解决作为自己的理论目标。具体地说,它不仅要向政府提出一些对策性的方案,而且,要思考如何把政府改造成能够满足解决这一问题需要的政府。

传统的公共行政由于治理主体的单一性而无法直接处理社会中的复杂问题,因而,它往往习惯于走在"普遍与特殊"、"一般与个别"的哲学思维路径上,在面对复杂问题时总是努力抓住那些具有普遍意义的一般性问题加以解决之。这种做法在公共行政的实践中取得了极大的成功,但这种成功背后却包含着严重的负面影响,以至于公共行政在任何时候都会表现出部分满足社会需求的状况,任何时候都总会面对来自各个方面的抱怨和批评。比如,在现有的制度框架下去对福利政策作出调整显然就无助于从根本上解决问题,"从一种规范的观点来看,人类福利的改善是与制度设计与运转的改善紧密地联系在一起的。"②而且,从社会公正实现的目标出发,需要进行根本性的制度变革,需要对工业社会长期以来所拥有的制度作出根本性的反思,并提出全新的制度建构方案。所以,当前公共行政中的许多基本性问题的解决,都需要通过全新的制度设计方案的提出去开拓空间,而现有的行政学各种理论都在这一方面无能为力,从而要求行政伦理的研究来弥补这一不足。

行政伦理研究以社会平等为规范化视角。罗尔斯在其《正义论》一书中指出:"公正(justice)"是政府的中心组织原则,为此,他还进一步提出了实现社会平等(equity)所应遵循的一整套具体的标准。因而,"平等"的问题成为公共行政学研究的一个重要主题。但是,官僚制在组织体系以及政府结构上是否认任何平等实现的追求的,而且,在政府的外

---

① [美]阿尔温·托夫勒:《第三次浪潮》,40页,北京,新华出版社,1997。
② [美]V·奥斯特罗姆等:《制度分析与发展的反思——问题与抉择》,127页,北京:商务印书馆,1992。

部社会管理中,由于垄断着社会管理的基本职能,由于政府处于社会的中心位置,也由于政府把内部管理的方式、方法应用于外部社会管理之中,所以,在整个社会中也是在一切与政府相关联的事务上,都是否认平等的。然而,20世纪的政府行为是渗透到整个社会生活的一切方面的,整个社会都表现出了"行政国家"的特征。政府在平等的政治目标追求中却总是用自己的行为破坏了平等。这就是政治与行政的实质性矛盾。要解决这个矛盾,即不能从政治的角度来寻求方案,也无法通过现有行政模式的点滴变革去谋求解决的途径,而是需要在行政伦理这一全新的视角中去发现新的方案。

我们看到,受到工业社会生产模式的影响,谋求标准化是一切领域的主导性目标。但是,对标准化的追求即使在工业社会的许多领域中也仅仅是作为一种理念而存在的,一旦付诸实施,就会遇到各种各样的困难。在向后工业社会转型的过程中,社会复杂性的增长向标准化追求的思维取向提出了致命的挑战,不仅使标准化显得越来越苍白笨拙,而且简直成了人们无法忍受的单调乏味。在新的历史条件下,人们追求的是个性化和多样性,越是具有个性的因素就越有生命力,越是具有多样性的领域就越充满活力。这种历史变迁的迹象也必然会反映到社会治理的领域中来,反映在政府的存在形态、模式、制度、结构等各个方面。所以,在理解和重建政府的时候,告别传统的标准化追求,用多样化的思维取向取而代之,也是必要的历史性选择。其中,关于公共行政的价值思考是最为根本的出路。在关于公共行政的价值思考中,我们就必然会突出强调公共利益的问题,甚至主张确立公共利益至上性的信仰。其实,如果我们不满足于公共利益形式上的实现的话,是不能够寄托于公共行政单方面的行动的,只有当公共行政被纳入到一个合作治理体系之中时,公共利益才在实质上的实现方面踏入正确的道路。所以,如何建构普遍的社会合作体系,就是行政伦理研究的宏观社会目标。

如果仔细地阅读,不难发现,近代早期的社会科学往往更多地思考秩序的问题,而从20世纪中后期开始,关于社会主体的自主性和能动性则更多地引起学者们的关注,即使思考秩序的问题,也会在社会主体的能动性、自主性与社会行动的情境、结构等的联系中来考虑,能够在社会的总体性观照中进行积极的理论建构。也就是说,对早期的与当代的社会科学主题进行比较,可以看到,有一个从关注秩序到关注行动的转变。在近代早期,突出了秩序的主题,是从社会整体出发来考察行动、规范行动的;而在当代,则突出了行动的主题,它从行动出发去考察影响行动和制约行动的各种因素及其系统,进而去理解行动在社会总体化中的建构意义。发生在理论探讨和学术研究中的这些悄悄的变化,反映了社会发展的要求,预示着历史转型过程的启动。行政伦理研究正是要根据历史转型的要求,去发现创造性地解决行政学一般问题的基本途径。

四、行政伦理研究中的继承与创新

一种理论的产生,总是与它所处的特定历史背景联系在一起的,如果我们能够在既定的历史背景中来认识理论,就能够较为准确地理解理论的实质性内涵。比如,在行政学研究中,人们谈论最多的莫过于威尔逊要求政治与行政分开的思想,却很少有人考虑到,威尔逊在提出这个建议时,是要让行政尽可能少地受到"政党分赃"政治的影响,从而避免行政管理的临时性和非连续性。试想,如果当时所盛行的不是"政党分赃制",如果政治对行政所产生的不是消极干扰而是积极领导,威尔逊会提出政治与行政分开的建议吗?所以,任何理论都不应被神圣化,只有针对现实的思考,才是有价值的。理论的发展也是这样,一方面,理论的发展是根源于社会发展实际的要求;另一方面,理论的发展又作用于现实。在历史上,我们总会看到,由于理论的发展带来了观念上的变化,从而使那些以往认为不可能的事变得被认为是可能的了。在亚里士多德那里,甚至在19世纪以前的整个历史时期中,人们都坚信:"上帝也无法改变过去",然而,爱因斯坦的相对论却把一些科学家(最起码是把一些科幻思想家)引向了"过去是可选择的"探讨或想象方向上去了。从今天来看,虽然是否应当改变过去的探讨没有直接的实践意义,但是,这种观念,特别是这种观念中所包含的逻辑,突出了人在创造和型塑未来上的主体性和能动性。所以,如果我们的行政伦理研究能够从现实出发,提出新的观念,也就会用新的观念去重塑未来。

但是,人们往往会有这样的印象:老人总爱回顾过去,中年人较重现实,而年轻人则常常瞻望未来。在这种印象中,究竟瞻望未来是一种幼稚的表现还是青春活力的躁动,却是一个说不清的问题。不过,也有另一种可能属于表达一种职业印象的说法:哲学家爱看历史,科学家只重现实,占卜者才推测未来。根据这种印象,也许一切谈论未来的人都不应进入哲学家和科学家之列,或者说,谈论未来的人属于喜爱"巫术"或"灵示预言"的人。但是,未来是有魅力的,它是一种美,一种类似于康德所说的"崇高"。事实上,未来并不单纯是可供欣赏的"崇高",它同时也具有康德所谓"创造"的特征,是一帧可以成为艺术的作品。也就是说,未来并不是不得不加以接受的"命运",而是可以缔造的。如果我们能做出适当而合理的描绘,也就能够依靠这种描绘去进行建构。然而,对未来的描绘又需要在对历史的反省中去进行。这就是历史与未来之间割扯不断的联系。

行政伦理学作为一门应用伦理学,也会在道德的层面展开自己的思考内容。但是,道德会因领域的不同而有不同的标准以及对道德主体有着不同的要求,如果放在历史发展的历程中的话,它随着时代的变迁而变迁的特征就更为明显了。所以,它决不像伏尔泰所说的那样:"世上一切都已变化,惟有道德万古不易。道德犹如太阳的光辉,……它永远纯净,永远不变。"①当然,会有一些感觉上不变的因素被保留下来。但是,当一个历史阶段被另一个历史阶段所取代之后,这些不变的因素往往会呈现出边缘化的趋势,在社会生活中所发挥的作用会表现出大不如前的情况。人们在一些历史转型的时期所谈论的"道德滑坡"问题,其实就是对这一边缘化的某些道德因素式微过程的感性表述。在从农业社会向

---

① [法]伏尔泰:《风俗论》,174~175 页,北京:商务印书馆,1995。

工业社会的转变过程中,精神现象中最为典型的表现就是,农业社会中那些规范人们社会生活的基本的道德因素随着社会的领域分化而更多地被包含在日常生活的领域中了。在私人领域中,出现了与市场经济相适应的道德规范体系。在公共领域中,农业社会等级条件下的道德原则和规范则受到了彻底的冲击,一种在人的平等、自由理念下确立起来的道德体系得到了人们的接受。

正如费孝通所说:"社会变迁常是发生在旧有社会结构不能应付新环境的时候。新的环境发生了,人们最初遭遇到的是旧方法不能获得有效的结果,生活上发生了困难。人们不会在没有发觉旧方法不适用之前就把它放弃的。旧的生活方法有习惯的惰性。但是如果它已不能答复人们的需要,终于会失去人们对它的信仰,守住一个没有效力的工具是没有意义的,会引起生活上的不便,甚至蒙受损失。另一方面,新的方法却又不是现存的,必须有人发明,或是有人向别种文化去学习,输入,此外,还得经过试验,才能被人接受,完成社会变迁的过程。在新旧交替之际,不免有一个惶惑、无所适从的时期,在这个时期,心理充满着紧张、犹豫和不安。"[①] 其实,要解决所有这些问题,惟一的办法就是通过理论思维去鉴知历史和展望未来。

历史是一笔宝贵的遗产。毛泽东说过:"从孔夫子到孙中山,我们应当给以总结,继承这份珍贵的遗产。"[②] 因而,在中国社会发展的每一个新的阶段中,人们总会回顾中国社会的历史。比如,当构建和谐社会的目标提出后,人们立即就从儒家学说那里寻找理论根据。但是,我们也必须指出,儒家学说属于农业社会的思想体系,在一切农业社会的思想体系中,儒家思想最精深地把握了等级社会的实质,因而在一切存在着等级的地方,都显示出了顽强的生命力。或者说,它能够把一切与等级关系相适应的因素都纳入到自己所能够把握和驾驭的思想体系中来。特

---

① 费孝通:《乡土中国:生育制度》,77 页,北京:北京大学出版社,1999。
②《毛泽东选集》,2 卷,534 页,北京:人民出版社,1991。

别是以道德哲学的形式出现的时候,就具有了普适性的特征。比如,儒家思想中的仁爱差序原则或亲亲优先原则,都是基于血缘家庭关系而确立起来的秩序,所以才会在道德的社会目标上把"泛爱众"设定为行为标准,认为只要能够做到"博施济众",则"必也圣乎!"[①]在整个农业社会的治理实践中,儒家思想表现出了极强的包容性和融合性,能够把其他文化体系中的因素吸收进来以丰富自己。正是由于这个原因,直到今天,人们还会经常性地谈起儒家文化的现代价值问题。其实,如果仔细地分析当代社会的话,就可以发现:形式化了的工业社会结构中存在着实质性的不平等,而儒家文化与社会等级关系的关联性决定了它在一切存在着等级的地方都有着普适的价值。如果人类社会的发展不仅在形式上规定了等级关系的不合理性,而且在实质上消除了等级关系存在的现实基础的话,那么,儒家文化也就会最后失去以体系的形式延续下来的可能性了。不过,一个思想体系在历史上消亡了,它的许多东西却会转化为纯形式的存在物而被继承下来。这就是一个国家、一个民族总是不能割断历史"脐带"的秘密。正是由于这个原因,行政伦理研究不能无视中国儒家思想的宝贵遗产。

当然,我们也发现,许多"原儒"提出的概念、范畴等,在历史演进过程中已经发生了实质性的变化。以"忠"这个概念为例,在等级社会的条件下,"忠"的内容主要是针对人的那种诚实和仆从状态,这种状态是发生和存在于不同等级之间的,同一个等级中的人们之间是无所谓"忠"的问题的。但是,随着社会等级关系的弱化以及等级结构受到冲击的时候,忠的内涵就开始发生了变化,比如,那种专指对"人"的忠诚或忠心,开始出现在"事"上了,转化成对一个共同事业的忠诚或忠心。但是,这个时候,对事的忠诚或忠心还往往会在与人联系在一起的意义来加以把握和理解,因为,现实中还存在着等级关系的残余形态,人们的思想意识中还受到等级文化的影响。到了等级关系的影响被彻底消除的时候,

---

① 《论语·雍也》。

"忠"这个概念针对于人的内涵也就会完全消失。到那个时候,忠完全是一种对事的忠诚或忠心,是与责任、义务等联系在一起的,以至于这个概念中的等级制残余也完全消失了。或者说,它是责任、义务的一种心理状态,也可以称作为责任感或义务意识。

总之,继承与创新是密切联系在一起的,是一个过程的两个方面。哈耶克指出,"我们的价值和制度不单是由既往的原因所决定,而且也是一种结构或模式不自觉进行自我组织的过程之一部分。"①在某种意义上,积极的建构更为主要,传统的影响只是作为被吸收、被借鉴的因素而被纳入到我们的积极建构中来的。在传统中,我们撷取什么和舍弃什么,不是由传统自身决定的,而是我们选择的结果。当然,一个民族、一个国家总会显示出传统的影响力依然顽强地规约现在的情况。其实,在早期人类社会的发展过程中,传统的影响是很大的,但是,到了现代社会,一切传统因素都是需要在现实中来加以检验并被选择的。我们并不担心传统的因素会阻碍社会的进步,妨碍我们在制度建构中创新。反而,我们所担心的是,更多的在创新名义下的盲目行动会把传统中的积极因素破坏殆尽。所以,我们在当下的社会建构活动中,更多地需要理论探索的支持,需要在理论上搞清我们应当建构的目标、哪些传统因素是合乎当下建构需求的和应当加以吸收、借鉴的。行政伦理研究正是以此为原则去解决继承与创新的问题的。

第二节 行政学研究中的学术自觉

一、中国行政学研究的历史前提

行政伦理学是行政学的一门分支学科,行政伦理研究是在行政学的学科背景下展开的,是行政学的学科延展。因而,行政伦理研究需要在行政学的发展中去进行规划研究方案和课题。

---

① [英]F·A·哈耶克:《致命的自负》,4页,北京:中国社会科学出版社,2000。

中国行政管理学学科的恢复和重建是发生在一个非常特殊的背景下的,也就是说,改革开放后的中国处在一个非常特殊的历史时期,不仅中国有着自己特殊的文化传统和特殊的国情,而且,中国的改革开放也是处在双重历史转型的过程中的:一方面,中国社会需要补足西方近代以来工业化、城市化的课程,即需要大力推进中国社会迅速实现工业化和城市化;另一方面,在中国致力于工业化和城市化的同时,世界又进入了一个走向后工业社会的进程,也由于当今世界正在发生着全球化的历史运动,以至于中国无法游离于后工业化进程之外,必须与世界一道解决后工业化的课题。这样一来,中国就必须把工业化进程与后工业化进程合并到一起了。这是一个极其复杂的现实,所以,中国的行政学研究必须立足于这个现实去进行独立的探索。但是,这种探索又不是脱离人类社会治理文明大道的"起始性"研究活动,相反,恰恰需要在西方公共行政学已经取得的成就的基础上作出新的探索。

进入 21 世纪以后,国际局势发生新的深刻变化,世界多极化和经济全球化的趋势继续在曲折中发展,科技进步日新月异,综合国力竞争日趋激烈,各种思想文化相互激荡,各种矛盾错综复杂。我国的改革进程也进入了一个关键时期,社会利益关系更为复杂,新情况、新问题层出不穷。可以说,进入新世纪以后,经过长期改革开放以后的中华民族正在和平崛起,正处于民族复兴的伟大事业的新阶段。在这种情况下,就行政学作为社会治理的一个前沿性学科而言,它应当是有所作为的。甚至,中国的行政学更应在整个人文社会科学的研究中作出表率,自觉地去研究中国政府以及整个社会治理的现实,提出更多的积极性的思考和对策性的方案。同时,还应有更具前瞻性的目标,那就是根据人类历史发展以及社会治理的历史发展的一般性规律,去前瞻性地探讨人类未来社会治理的可能性,并自觉地去作出积极的建构性理论探讨,为整个人类社会治理的未来作出贡献。

同时,全球化将会使地域性的习俗风尚受到冲击,但同时也会使那些地域性文化的一些具有普遍意义的核心价值观念得到进一步的张扬。

这样一来,行政学的研究是不能够简单地去谈论对传统文化的继承问题的,或者说,我们不能够简单地要求对中国传统文化作完整的继承,而是要根据全球化的条件,根据人类社会治理发展的未来趋势去梳理中国传统文化,去发现那些具有生命力的核心价值观念。我们常说的所谓继承,正是对这些核心价值的继承。我们看到,近代以来的整个人文社会科学体系都是属于一种西方中心主义表述的集成,在新的历史条件下,我们如果用一种"亚洲中心主义"去取代"西方中心主义"的话,决不是一种好的做法。在全球化的历史条件下,我们需要站在世界的高度去看问题,需要用博大的全球性胸怀去探索人类社会治理模式的建构方向。只有这样,我们的研究成果才不仅仅是属于地域性的、民族性的,而且也同时具有世界性。

也就是说,中国的行政学研究要求学者有一个开放的心态,这种开放的心态需要在两个向度上展开:其一,是对西方国家已经取得的科学研究成就的开放;其二,是对中国现实的开放。只有同时在这两个方面采取开放的态度,我们才有可能取得创新性的成果。就行政管理的现实而言,虽然断言世界各国会走向"趋同"还为时过早,但是,在全球化的大趋势下,世界各国相互学习和借鉴则会变得越来越经常化,特别是在方法和技术的层面上,可以说,完整的借鉴都是有意义的。在这种条件下,只有采取一种开放的心态,才能跟上现实、服务于现实和满足现实的需要。否则,就会变成一种学术游戏,游离于行政管理的现实要求之外。

科学研究是需要学者拥有学术良心的,同时,就科学研究是一项自由的创造性活动而言,又需要得到关于科学研究活动的体制和环境的支持。然而,当前中国科学研究的环境具有两个主要特征:一方面,它接受了工业社会的管理方式,把科学研究工作作为一门职业来对待,对这一职业活动的绩效加以考评;另一方面,它又没有适合于这一职业活动的标准,因而在绩效考评的过程中只能从量上出发而不能考虑质的问题,以至于科学研究者往往重量而不重质,它对提高学术研究成果质量所带来的消极影响是每个学者都无法回避的。中国的行政学研究也是发生在这一学术环境中的。然而,正是这一学术研究环境在考验着研究工作者的学术道德,更需要科学研究者拥有学术良心,用一种"以天下为己任"的忧患意识去从事科研活动,把自己的研究使命放在努力解决现实问题上。哪怕是解决一个极其微小的问题,也是自己所作出的一份独立的贡献。

二、中国行政学理论视角的转变

中国的行政学研究需要正确处理理论视角的问题。我们知道,近代以来西方国家处于主流的人文社会科学研究都是从个人主义的视角出发的,行政学的研究在这一总体框架下也是根据个人主义的精神去进行制度设计和提出治理体系建构的方案的。所以,在整个西方近代以来的人文社会科学体系中,个人主义都是一个基本原则和研究视角,整个社会治理体系也是在个人的原点上展开的,是基于个人权利保障的需要。针对这种情况,提出从整体主义的视角出发去进行理论和实践的建构可能是积极的,但却是简单化的。所以,中国行政学的研究即使在个人主义的或整体主义的人文社会科学学术环境没有发生根本性变化的条件下,也需要自己作出探索,去努力追求理论视角的创新。

根据学者们的文献研究,"个人主义"这一概念是由法国思想家托克维尔首先使用的,由于它较为准确地反映了工业社会的思想方法特征,很快就流行了起来。不过,"个人主义"这个概念也是一个极其不确定的概念,不同的学者对它的内涵都有不同的解读。在托克维尔那里,个人主义还主要是指一种比较温和的自我中心意识,即个人只关心其家庭或身边的朋友圈子。托克维尔使用这个概念也主要是基于一种经验事实,是他在对北美新移民的生活观察中所看到的一种现象。但是,当学界普遍地接受了这个概念之后,其含义也就变得广泛地多了,而且当它被用来指称现实的时候,是指一种个人对他人、对社会的立场或态度;当它被用来考察某一学说、理论时,则是指一种从原子化的个人出发和服务于对原子化个人加以证明的方法。因而,个人主义可以按照这样的顺序依次展开:第一,在对整个世界的理解中要求以人为中心,在考察社会以及群体生活时,则要求从个人出发;第二,个人是一切社会的活动的目的,也是改造社会以及作用于自然的终极目的;第三,作为上述两点得以实现的保证,一切人在政治上都平等的。不过,这个第三点上的平等在现实的设定中也仅仅能够理解成政治上的平等,是一种抽象的、形式化了的平等,至于在经济上以及其他社会生活中是否平等,是一个不应追求的目标。

根据个人主义的立场,每个人都是其自身利益实现的行为原点,而且,他也被假定为知道以及如何促进他自身利益的最佳判断者。所以,在理论上,个人被要求拥有选择其自身目标和实现这些目标的手段上的最大自由。在此前提下,由于作出了人人平等这一补充性的规定,社会也就能够成为有效的个人集合体,从而使每个人都成为自我包容和自足的实体,在个人利益实现的过程中,也能够最大可能地促进社会利益的增进。至于个人对社会提出什么要求,无疑就表现为对"权利"的确认了。也正是从这一点中,可以看到,权利的观念无非是个人主义的另一面相,在个人主义的立场和方法尚未确立起来的时候,也就不可能存在着权利的问题,超出工业社会去考察农业社会的权利或后工业社会的权利,显然都是错误的。

总体上看,个人主义这个概念所指的是工业社会这个历史阶段中的基本社会价值形态,是与整体主义相对立的一种价值形态。也就是说,在工业社会,存在着两种价值形态:一种是个人主义的,另一种是整体主义的。个人主义价值形态在工业社会这个历史阶段是得到了证实和反映在制度、社会治理模式以及行为模式等所有方面的,而整体主义价值形态则主要是作为一种理想和批判精神而存在的。应当指出,个人主义和整体主义这两种价值形态仅仅适应于工业社会这个特定的历史阶段,如果超出这个历史阶段去谈论所谓个人主义或整体主义,虽然也可以找到一些能够穿凿附会的现象,但对于科学地理解对象来说,是不具有实质性意义的。

而且,在西方人文社会科学发展的现实中,也可以看到,个人主义的理论视角往往走向极端化。事实上,正是极端化的个人主义在社会治理的制度设计和程序建构中发挥了强势作用。如果对极端个人主义进行理论分析的话,就会发现,从极端个人主义的立场出发,必然会认为个人自身的自然生命就是他的生命的全部,也就会得出诺齐克的结论:"他的生命是他拥有的唯一生命的事实,我们中的一个生命被其他生命如此凌驾,以达到一种更全面的社会利益的事情,决不是合乎道德的,我们中的一些人要为其他人做出牺牲,也决不能得到证明。"①其实,人是社会历史的产物,人的生命也具有两重性,一种是自然的生命;另一种则是社会的生命。只有人拥有了这两种生命的时候,才可以被看作是完整的生命体。如果看不到人的社会生命的话,就无法理解人,也就根本无法去谈论人的权利、道德等一切与人的社会生活相关的问题。由此看来,近代以来的所有思想家们,在这个问题上都犯了一个基本性的理论前提错误,他们的一切从人的自然生命出发而展开的关于人的社会状况的论述以及规定,都因为这个前提性的错误而缺乏真理的价值。

其实,后现代主义已经深刻地批判了现代主义对个人主义中心地位的强调,认为个人主义的绝对化会使它走向自己的反面。因而,后现代主义更为关注的是个人与社会的关系,以及人应该如何更好地适应正在迅速变化的信息化和商品化的高科技社会。针对现代主义的线性认识论模式,后现代主义更多地强调人的创造性;为了与现代主义的二元论相对立,后现代主义突出了"多元性"的解释价值;同样,因应摒弃现代主义的"同一性"追求,后现代主义强调"差异性"的社会现实。所以,后现代主义的基本精神可以概括为对世界的"多元性"和"差异性"的承认以及对人的创造性的肯定。事实上,在后工业化的过程中,我们也的确看到差异性、不确定性越来越成为突出的社会特征,根据形式理性的普遍性原则,已经无法对世界作出合理的理解和把握。把后现代主义运用到

---

① [美]罗伯特·诺齐克:《无政府、国家与乌托邦》,1页,北京:中国社会科学出版社,1991。

社会治理模式的研究中,显然就会提出这样的要求:不是用同一性的、普适性的治理方式去应对复杂多样的公共性问题,而是应当更多地根据多元性、差异性的现实去作出治理行为选择,而且,面对这种多元性和差异性,又要求社会治理行为的承载者学会尊重差异并用宽容的心态去处理复杂的公共性问题。就此而言,后现代主义是积极的,最起码它对个人主义的理论视角作出了颠覆性的批判,这为我们寻找新的理论视角作出了"清理地基"的准备。

包括行政学在内的整个人文社会科学的正确理论视角都应当是人类的共生关系。从这个角度看,人类的共生关系是从一种"弱共生关系"向"强共生关系"的不断转化的过程。在农业社会,一方面存在着身份制、等级制下的依赖关系,另一方面,由于自给自足的经济形式,也决定了人们的共生关系是较弱的,人在自我的努力中是能够获得最低质量的生存保障和必需品的。到了工业社会,由于生产的社会化,决定了人们只有在社会中才能获得生存的必需品,这时,人们之间的共生关系就表现得较强了。再进一步,到了后工业社会,人们之间的共生关系会变得更强,而且这种强共生关系在范围上也必然会得到进一步扩展。其实,在今天,我们已经迎来了一个全球化的共生体系。行政学作为进行社会治理制度以及体系设计和建构的前沿性学科,应当从这一理论视角出发去作出深入的研究,并提出积极的建构性方案。

三、中国行政学研究方法的创新

人文社会科学与自然科学的不同就在于:它不是一类可以为了学术而学术的科学,而是需要考虑研究对象的客观处境和主观形态的科学。研究者只有置身于研究对象的处境中,保持与研究对象共通的主观形态,才能达致科学的结论。否则,以科学的名义而把研究对象置于一种自然客观性的位置上,其研究成果肯定是无意义、无价值和不科学的。以政治为例,诚如达尔所说:在现代社会,"无论一个人是否喜欢,实际上都不能完全置身于某种政治体系之外。……处处都会碰到政治。"①行政学也是这样。在行政学的研究中要求学者们不具有政治立场而保持价值中立,是不可能的。如果我们读过《开放社会及其敌人》《历史决定论的贫困》《历史的终结》《大失败》《不战而胜》《文明冲突论》等等这些西方学者的著作,就会发现,西方学者的"价值中立"并不是一些中国学者所想象的那样。现在,有一些中国学者提出要像西方学者那样价值中立,究竟是学习哪些西方学者呢? 归根到底,社会科学是关于人的科学,只要是人在研究这类科学,研究者就没有资格把自己置于"非人"的位置上,无论他如何宣布自己是怎样从属于科学的目的,也不管他宣称自己使用了什么样的所谓科学方法,他都不应忘记自己也是人类中的一定人群中的一员,事实上,他想忘记自己是属于父母所生的和在某种类型的家庭中成长起来的人这一事实,也是做不到的。只要社会科学的研究者不是一个机器人或在实验室里创造出来的某种更高级形态的人,他就不应当用科学的名义去排斥人文关怀。

可以说,近些年来,一些人对西方实证科学存在着严重的误读,以为这种所谓科学方法具有纯科学的性质。其实,恰恰相反,即使实证方法具有了充分的工具理性特征,也是从属于工业社会的存在和治理这一整体需要的。而且,由于实证方法对工具理性的过分张扬而已经受到了人们的怀疑和批评。在这种情况下,如果我们不去考虑这一方法在社会科学发展中的消极性,盲目地对其加以顶礼膜拜,那只能是一种无知的表现。在西方中心主义的语境下,中国的人文社会科学研究往往运用的是西方的方法和使用西方的学术、思想标准,把中国的理论探讨和学术研究放置在西学的框架中加以品评。这是阻碍中国学者科学探讨的一个致命障碍。行政学的研究在这方面表现得尤其明显。所以,我们的研究工作首先要打破西方中心主义的话语垄断,让一切研究工作都从现实的需要出发,不带任何框框。也许只有这样,我们的研究工作才能真正取

---

① [美]罗伯特·A·达尔:《现代政治分析》,1页,上海:上海译文出版社,1987。

得创新性的成果。

应当看到,实证主义的精神和原则在总体上支配并主导着近现代各门自然科学和社会科学,公共行政学作为现代社会科学体系的一个构成部分,打上了实证主义的印记是自然而然的。但是,如上指出,20世纪50年代开始,特别是随着出现的后现代主义文化思潮,对实证主义作出了颠覆性的批判。甚至更早一些,在后现代主义思潮兴起之前,由哲学家胡塞尔首创并在社会学领域为舒茨所继承的现象学就对实证主义科学方法提出了质疑,并直接开启了后现代知识论的思路。他们主要针对实证主义所谓的科学方法的"惟一性"和"客观性"提出了质疑,认为客观事物有许多种不同的构成方式。在他们看来,以物理学方法为代表的、研究客观世界的"科学方法"只能是认识世界的方法之一。在后现代思想家中,伽达默尔的解释学最为直接地接受了胡塞尔思想的影响。他更为明确地宣布"一切理解都包含着某种成见"。伽达默尔认为,我们的全部经验能力具有"最初直接性",我们所遭遇的东西才称作对我们相关的东西,我们所谓的世界只是我们所认识到的世界。

库恩在1962年出版的《科学革命的结构》一书也向实证主义所信奉的有关科学的真理性提出了挑战。他指出,科学知识并不是从自然中简单地"读取"出来的,而是以历史上特定的、具有一定文化背景的范式作为中介,理论或范式会污染观察和实验。库恩所提出的"范式"概念就是指科学研究者原先所持有的世界观和方法论,也可以看作为伽达默尔所谓的"成见"。库恩的范式论认为,客观事实和科学知识都只能在一定的范式下成立,范式决定着什么是科学知识,什么不是科学知识。这样一来,科学的普遍知识也就不再存在了,所谓知识,都无非是"科学家"这一文化共同体内部社会交往过程的特定结果而已。所以说,科学研究中的"价值中立"、"客观的"、"普遍有效的真理"等,就是非常值得怀疑的了。最为根本的是,后现代主义对近代以来科学认识上的线性思维提出了怀疑,认为现代主义把世界划分为"主客二元"是没有根据的,关于客观世界和精神世界的划分也都只不过是社会建构和语言建构的结果,是站不住脚的。在后现代主义看来,知识和所谓的真理都仅仅是社会互动的结果。

实证主义的研究方法是从属于工具理性的,而工具理性的特点就是注重过程、注重手段、注重方法、注重技术、注重实证、注重量化,反映在社会生活中,制度和体制成为其关注的对象。总之,工具理性着重手段达成目的的可能性,这就是罗素所说的:工具"'理性'有一种极为清楚和准确的含义。它代表着选择正确的手段以实现你意欲达到的目的,它与目的选择无关,不管这种目的是什么。"[1]我们也看到,在西方人文社会科学的发展历程中,大致形成了"价值中立"和"价值关联"两种对立的观点。其实,抽象地谈论"价值中立"和"价值关联"都是没有意义的,一切人文社会科学的研究,都必须是立足于现实的和欲求解决某一现实问题的。因而,一切价值都是与具体的现实问题联系在一起的,没有脱离现实的抽象的和普遍的价值问题。所以,关键的问题并不是应当在价值的问题上保持中立还是向一方倾斜,而是要看科学研究服务于什么样的对象。就人社会科学而言,因服务的对象不同而有所不同。行政学作为人文社会科学体系中的一个构成部分也必然遵从这一方法论原则。

马克思在思考经济学的研究方法时指出:"在研究经济范畴的发展时,正如在研究任何历史科学、社会科学时一样,应当时刻把握住:无论在现实中或在头脑中,主体——这里是现代资产阶级社会——都是既定的;因而范畴表现这个一定社会即这个主体的存在形式、存在的规定,常常只是个别的侧面;因此,这个一定社会在科学上也决不是去把它当作这样一个社会来谈论的时候才开始存在的。"[2]我们现在所面对的"主体"也是一个从历史中走出来的,它必然带有历史的痕迹,或者说,它是历史发展的结果。所以,历史是割不断的。但是,历史并不在任何一个时刻驻足,它不停歇地前行,与之相对应,范畴也有一个不断受到扬弃的过

---

[1] [英]伯特兰·罗素:《伦理学与政治学中的人类社会》,25 页,北京:中国社会科学出版社,1992。
[2] 《马克思恩格斯选集》,2 卷,24 页,北京:人民出版社,1995。

程，它的内容会发生变化。一般说来，一个范畴、一个概念，一旦生成就会有着很强的生命力，不会轻易地被学者们放弃，学者们往往是不断地赋予它以新的内容，只是到了新的历史现象已经无法被纳入到旧的范畴或概念中去了的时候，人们才会寻求概念的创新，即提出新的概念。

当前，政府以及整个社会治理体系都面对着"复杂性"和"不确定性"迅速增长的现实，我们所处的这个社会正在变成一个极其复杂的系统。正如麦克雷格所指出的，"复杂系统具有某些特征，而这些特征使系统成为一个自相关的系统。由于这些系统又是非线性的，所以在系统中一个小的变化可以使系统在其它部分发生非常巨大的变化。"[1]在我们当前生活于其中的这个最大的复杂社会系统中，可能一个小小的、只有在高倍显微镜下才能加以识别的病毒，就会引起一场"禽流感"的恐慌。而现代社会却向我们展示出越来越多的这种"小的变化"，特别是社会节奏变得越来越快，一个小的变化一旦在社会中造成"巨大的变化"时，往往是造成了不可挽回的损失，甚至有可能造成人类再也无法承受的灾变。在这种情况下，依据官僚制而建立起来的政府之僵化就愈显突出了。所以，我们越来越感受到，我们迫切需要一个灵活的、能够在"小的变化"出现的时候就能够及时发现它的治理体系。如何去建构这样的治理体系呢？显然需要行政学的研究去作出积极的探索。

实证主义的研究方法强调量化和可操作性，这在微观领域中是可能的，而对于政府所面对的复杂社会系统而言，直觉的思维可能更具优势。甚至在自然科学的研究中，直觉思维也是必要的。正如爱因斯坦所指出的："物理学家的最高使命是要得到那些普遍的基本规律，……要通向这些规律，并没有逻辑的道路，只有通过那种以对经验的共鸣的理解为依据的直觉，才能得到这些规律。"[2]可见，即使是有着明确研究目标和对象的科学研究，也需要直觉的支持，更不用说人的社会性存在形态了。道

---

[1] 转引自周焰、王浣尘："复杂性"，载《科学学与科学技术管理》，21卷，4期，2000。
[2] 《爱因斯坦文集》，1卷，102页，北京：商务印书馆，1976。

德存在是人的社会性存在,虽然它在形式上可以归结到具体的人,但在内容上则是社会理性、群体理性和职业理性,个人的道德存在的获得,是个人通过直觉的方式而达成的与这些理性的契合。人文社会科学研究首先面对的就是人的道德存在,而行政学的研究则更需要根据人的道德存在去进行社会治理的制度设计以及程序和管理方法的安排。所以,直觉的思维在这里显得更加重要。在一定程度上,科学发展观在落实到具体的方法论层面上的时候,正是一种反实证主义的方法,是对实证主义方法片面性的扬弃。

四、立足于现实的行政学研究

1847年,马克思和恩格斯在《共产党宣言》中指出:大工业"首次开创了世界历史,因为它使每个文明国家以及这个国家中的每一个人的需要的满足都依赖于整个世界,因为它消灭了以往自然形成的各国的孤立状态。"[①]因此,"过去那种地方的民族的自给自足和封闭自守状态,被各民族的各方面的相互往来的互相依赖所代替了。物质的生产如此,精神的生产也是如此。"[②]一个半世纪的历史大趋势已经证明了马克思、恩格斯这一总体预见的正确性。时至今日,世界各民族的联系日益密切,世界各国之间的相互依赖明显增加。可以说,当今世界已经没有一个国家能够孤立于世界经济体系之外,并能在孤立状态下取得经济的发展与文化的繁荣。世界各国的发展道路虽然各不相同,但明显可见的是,那些孤立、封闭的国家和地区,连生存都会产生问题,何来发展与繁荣?特别是发生在20世纪后期的全球化运动,开始把世界各国联系为一个整体,虽然全球化在当前还更多地表现在经济领域,但其中所潜含着的政治一体化的趋势也是非常明显的。在这种情况下,学习和借鉴国外的研究成果是必要的。

---

① 《马克思恩格斯选集》,1卷,254页,北京:人民出版社,1972。
② 《马克思恩格斯选集》,1卷,255页,北京:人民出版社,1972。

但是,在行政学的研究中,应当杜绝两种错误倾向:一种是盲目照搬西方的公共行政理论及其具体方案;另一种是以中国行政管理现实的特殊性而排斥对西方公共行政理论的借鉴。西方国家在行政管理特别是公共行政的研究中所取得的成就是人类文明的一个构成部分,这些成果一旦被宣示出来,就属于全人类所有,它并不能被简单地看作是西方国家的,我们学习和借鉴是理所当然的。事实上,西方国家在公共行政的实证性研究方面所作出的有益探讨是有普遍价值的,它关于公共行政的运行机制、操作性方案的普遍原则和实施技巧的研究,是可以直接地用来指导和改善我们的行政管理工作的。我们反对实证主义思维方式的霸权,但我们并不排除这一方法的积极意义。同时,我们也应看到,西方国家在这一领域的研究中由于受到视界的限制,在基本理论、出发点和文化价值方面有着不适应中国现实的因素,对于这些,我们需要作出具体的分析,加以有选择的借鉴。

在我们的行政学研究中,面对着两个方面的理论资源:其一,是学习和借鉴西方的实践经验和理论成果;其二,是对中国传统的继承。在思考继承的问题时,我们必须指出,历史文本都是僵化的存在,无论这种文本是以理论的形式出现还是以经验事实的形式存在,都是"死"了的东西。如何才能够从中读出积极的具有生命力的因素,完全取决于行政学研究者基于现代语境的解读与诠释。这里可能包含着一个中国人常说的"我注六经"还是"六经注我"的问题,但是,在我们的实际研究活动中,"我注六经"和"六经注我"都是不准确的,因而也都是不科学的态度。其实,我们的研究工作所要解决的是一个继承与创新的问题。在继承的时候,并不是"我注六经",而是赋予"六经"以生命力,让它们活起来;而在创新的时候,也不是"六经注我",而是借用已有的概念、范畴去表述新发现和新建构的内容。

在走向后工业社会的过程中,政府活动的内容正在迅速发生变化,行政管理的对象也出现了根本性的改变,但是,政府组织模式却没有发生改变。虽然政府不断地发动一场又一场行政改革运动,却仅仅停留在原有组织规模的增减,运行机制的调整,而在组织结构以及职能实现方式等属于政府组织模式基本内容的方面,却没有发生根本性的变化。这时,即使有新的思想提出,也会迅速地湮没在根据原有思维习惯加以诠释的汪洋大海之中。比如,服务型政府这个概念在思考中国行政改革方向时被提了出来,但是,当这个概念开始流行的时候,却完全失去了它作为一种新型行政模式的内涵,生生地被纳入到近代资产阶级的政府理念之中去了,一些学者往往把服务型政府与责任政府、有限政府等等并列起来。毫无疑问,服务型政府是包含着责任政府、有限政府的内容的,但是,它却不能够归结为后两者中的任何一个。同样,服务型政府的理论也不完全把视线的焦点集中在公务员的行为上,虽然它也突出公务员的行为基于道德存在的要求,但并不像登哈特夫妇那样希望公务员成为新世纪的救世主,①而是更加注重在政府结构、制度和运行机制等方面提出新的设计理念。在我们看来,强调公务员的个人价值观、伦理精神和行为崇高性,是有着积极的现实意义的,但是,如果把政府的整体运行以及行政模式的变革寄托于此,还只是近代哲学个人主义思路的修正再版,在一定程度上,与早期基督教布道中的精神也有着很大的相似性。

再例如,我们也看到,20世纪后期涌现出来的新市民社会也模糊了公共领域与私人领域的界限,因而,用公共性还是私人性来考察非政府组织就很难作出准确的定位。这些新涌现出来的非政府组织即有公共性的特征又有私人性的运作方式,所以,有着归类的困难。这说明,非政府组织提供的服务即不完全属于公共服务的范畴也不属于私人服务的范畴,而是一种全新的服务类型。可见,新市民社会已经超越了近代以来公共领域与私人领域分离的定在,而是一种全新的现象。对它的理解,也需要从公共领域与私人领域的重新融合的视角出发。

所有这些都说明,在新的历史条件下,我们的行政学研究需要拥有

---

① [美]珍妮·V·登哈特,罗伯特·B·登哈特:《新公共服务:服务,而不是掌舵》,前言,北京:中国人民大学出版社,2004。

一种基于现实的学术自觉,即把我们的研究工作完全奠立在从现实出发这一原则上。也许人们会说,"从现实出发"是一条"老掉了牙"的人文社会科学研究原则。但是,现实是发展变化着的,因而,只有从现实出发,理论才会常新。当然,从现实出发并不是对现实的直接摹写,而是需要创造性思维去对现实加以概括和提升的。

五、专业化背景下的学者责任

行政学的研究需要从现实出发,但是,它决不应当是一种直观的现实经验描述,它需要理论思维的支持,行政管理的研究者需要具有科学抽象的能力,需要从现实的经验中概括出一般性的理论。恩格斯说过:"每一时代的理论思维,从而我们时代的理论思维,都是一种历史的产物,在不同的时代具有非常不同的形式,并因而具有非常不同的内容。"[1]我们这个时代理论思维的内容在最高的层面上是根据后工业化的需要去探索社会治理的转型的问题,在更为直接的层面上是建构社会主义市场经济条件下的社会治理模式的问题。历史在这两个维度上被接受和吸纳,而且这个历史不仅是中国的历史,同时也是世界的历史。它对学者的要求是:应拥有面向世界、面向历史和面向未来的整体观,应拥有纵深地把握现实的自觉追求并加以理论提升,应拥有主动打破学科界限而综合性地运用多学科的知识和方法去解决现实问题的学术自觉。特别是在学术自觉的问题上,更显重要。

我们知道,森在《伦理学与经济学》一书中指出:"随着现代经济学与伦理学之间隔阂的不断加深,现代经济学已经出现了严重的贫困化现象。""经济学研究与伦理学和政治哲学的分离,使它失去了用武之地。"[2]这是科学研究专业化的结果,由于在科学研究上也出现了学科分工,每一学科都确立了自己的研究对象和明确的研究领域,从而使世界被肢解

---

[1]《马克思恩格斯选集》,3卷,465页,北京:人民出版社,1972。
[2][印度]阿马蒂亚·森:《伦理学与经济学》,10~13,北京:商务印书馆,2000。

成不同的片段。特别是当科学研究使各门学科有了自身的独立发展路径的时候,远离客观完整的世界就会越来越远。结果,就不可能形成具有总体性的关于世界的知识体系,如果根据一些特定的知识去提出社会建构的方案,就会更显脱离现实。这就是人们总感到社会科学的理论与实践不一致的根本原因。所以,在科学研究专业化的条件下,学术自觉是决定一个学者能否取得突破性成就的关键。

对于中国的行政学研究来说,学术自觉也是一个迫切的问题。或者说,对于中国的行政学研究来说,学术自觉是一个必须面对的深层次问题。从当前的情况看,存在着大量的用西方理论和方法来裁剪中国现实的做法,在很大程度上,所表现出来的不是为了解决现实问题,而是把中国现实作为证明西方理论的工具,往往是首先举出某一西方理论,然后引证一些中国现实中的案例。这种做法显然是缺乏学术自觉的表现。所以,对于中国的行政学研究来说,学术自觉甚至是一个任重而道远的工作。在这里,我们所说的学术自觉是根源于中国现实的研究,真正出于解决中国现实问题的目的,真正在对中国现实的研究中去提升理论的做法。上述可见,我们并不排斥对西方理论和学术的引进,但是,这种引进必须是从中国现实出发的。

虽然我们并不希望把学术自觉与学者的民族尊严联系在一起,但是,对于那种亦步亦趋地紧随西方学者的做法,特别是对那些信奉惟有西方学者才掌握真理以及惟有西方话语才合乎"金律"的人,我们是不能不取鄙视的态度的。更让人瞧不起的是那样一类轻蔑中国学者学术贡献的人。所以,我们说,如果把学术自觉与民族尊严联系在一起,也许有唱高调之嫌,但是,我们要求把学术自觉与学者自己的人格尊严联系在一起,是决不为过的。一个学者,只有看得起自己,相信自己的创造力,才有可能在科学研究中取得独立的成就。如果"惟西学是举"并因此而瞧不起自己的"同类",那实际上也是瞧不起自己的表现,是缺乏独立人格的表现,因而在学术品格上也就更不堪评论了。中国的行政发展需要这样的行政学研究者:他是自尊自信的,在各种复杂的矛盾和多种诱惑面前能冷静自持,不随流俗,能够从现实出发,能够以中国的行政改革和社会治理模式的完善为己任,敢于坚持自己的独立见解,同时又对他人的思想观点抱持宽容的态度。只有这样的学者,才会对中国的行政改革提出建设性的意见,才能前瞻性地提出中国行政管理学科的理论建构方案。

在走向后工业社会的过程中,学者应像康德那样意识到自己的责任。康德说:"一个人确实可以为了他本人并且也只是在一段时间之内,推迟对自己有义务加以认识的事物的启蒙;然而迳行放弃它,那就无论是对他本人,而更其是对于后代,都可以说是违反而且践踏人类的神圣权利了。"① 当前,现实中呈现出了那么多根据工业社会的治理模式无法加以解决的问题,我们没有理由耽于前人思想的成果中而做既有理论的奴隶,惟有关注现实并努力去解决现实问题,才不枉做了一回学者。这就是学者的学术自觉与人格自我实现的统一。

第三节 行政伦理学的话语重构

一、摒弃整体主义与个人主义的思维范式

在上述对行政学理论视角和研究方法的考察中,我们已经看到,近代社会的分化,表现在人文社会科学的研究中,是两种话语体系的出现:一种是在个人主义的立场上建立起的话语体系;另一种则是在整体主义的立场上建立起来的话语体系。这两种话语体系在世界观、方法论、社会改造的途径以及制度设计的方案上,都走上了对立的方向,进而造成意识形态的冲突甚至行动的冲突。近代以来的社会在人类文明进步方面所取得的成就是令人惊叹的,然而在工业社会发展过程中出现的各种各样的问题中,由于两种对立的话语体系所造成的冲突也是一个必须予以正视的方面。当前,人类社会正在从工业社会向后工业社会转变,在

---

① [德]康德:《历史理性批判文集》,27~28 页,北京:商务印书馆,1996。

这样一个新的历史阶段开始的时候,存在于工业社会的话语冲突也应终止,我们应当去积极地探讨重构话语体系的问题。事实上,从 20 世纪 80 年代开始,在政治实践以及经济发展过程中,全球性的积极合作已经作为一个显著的行为取向出现了,而且这种行为取向表现出了强大的生命力,越来越得到人们的广泛认同,甚至有着发展为一种主导性行为取向的迹象。社会发展现实中的这种新的趋势,正在改变着人们的意识形态。

托夫勒认为,在新的历史转型条件下,社会治理策略的选择,"需要摈弃那些吓人和谬误的观念,即差异性将会自动增加今后社会中的紧张和冲突。实际情况可能恰好相反。社会中的冲突不仅不可避免,在一定限度内,而且是合乎需要的。如果一百个人都想拚命获得同一发财机会,他们可能不得不为此而大打出手。另一方面,如果这一百人中每人都有一个不同的目标,那么他们做交易,进行合作和构成共生关系,就会给他们带来更多的好处。如果有适当的措施,差异有助于缔造一个安全而稳定的文明。"①关键问题是:"进行合作和构成共生关系"的环境如何获得? 进一步地说,关于人类社会的科学探讨在这个过程中应当确立什么样的理论取向? 又应当如何在正确的理论取向中去作出制度安排和行为模式的建构? 这些问题把我们导向对近代以来人文社会科学研究理论取向的重新审视,并发现近代以来的人文社会科学的研究实际上是在整体主义和个人主义的两种理论取向上展开的,它根据这两种不同的理论取向,提出了完全不同的制度方案和行为模式建构方案。总的说来,整体主义的理论取向在实践中表现得不是很成功,而个人主义理论取向在制度设计和行为模式建构上都取得了巨大成就。因而,整个世界的几乎全部人类社会生活都被置于一种竞争的行为模式之中,我们现在所拥有的制度框架也无非是出于服务于竞争和规范竞争的需要的。

只要人的行为模式是属于竞争的,人们就会倾向于把他人作为竞争

---

① [美]阿尔温·托夫勒:《第三次浪潮》,469 页,北京:新华出版社,1997。

目标的工具来看待。无论是整体主义还是个人主义的观念,都根源于和服务于竞争的行为模式。当然,有许多学者试图到人类社会的早期阶段中去发现整体主义观念的历史来源。其实,在农业社会,人类的社会观念尚未分化,是不存在着近代社会中的那种整体主义或个人主义的观念的。整体主义与个人主义都是近代社会中观念分化后的产物,是与竞争的社会一道成长起来的。所以,当整体主义或个人主义的观念被运用到社会制度的设计上来,都无法摆脱使人成为工具的命运。整体主义强调社会整体的价值而把个体作为整体的工具自不待言,个人主义虽然强调人的制度原点价值,但在制度方案中并不能提供切实可行的保证,虽然它做出了努力,只是仅仅在形式上抬高了人,而在实质上,人依然沦落为工具。因为,个人主义和整体主义在制度设计上的区别仅仅体现在制度结构上,而在社会结构上却是一致的。它们都没有能够通过制度而从根本上改变社会结构。

我们知道,正是由于机器的发明把人类引领进了工业社会,在工业社会中,技术合理性的原则和思维方式则要求把一切社会构成因素都改造成机器。因而,工业社会的组织模式就是以社会机器的形式存在的。特别是作为工业社会典型组织形式的官僚制组织,要求用合理的分工、技术性很强的运行机制、可控制的行为模式和具有操作性的命令—服从机制等来组织社会管理机构,进而组织起整个社会。虽然工业社会的政治制度极力维护个人平等自由的权利,但官僚制组织却用技术合理性的"金字塔"结构嘲弄着近代一切政治的和意识形态的原则,用事实上的等级制度颠覆一切平等的理念。如果说官僚制认可近代以来的政治原则的话,那也只是把这种政治原则作为置而不论的"神话"来看待的,认为它在现实生活中没有任何意义。官僚制用合理的、机械的结构整合出一个强有力的组织体系,去推动社会的发展。然而,当社会的复杂性迅速增长的时候,这个组织体系的推动力失去了着力点,它有合理性的分工,反而造成了混乱。

特别需要指出的是,近代社会个人主义意识形态的原子化状态在演进过程中逻辑地走向"团粒"结构的形态,即由个体集结起来而构成更大的个体。近些年来,社群团体的大量涌现就是历史发展的逻辑结果。不过,这种发展又向我们展现了一种新的现象,那就是个体形式的竞争为团体竞争所取代,多样化的社群团体共生,造就了新的利益平衡格局和政治稳定形态,众多的社群团体在偏好上的多向性之间构成了制约和互动的机制,以至于在对政治和社会治理发生影响时,没有一个社群团体的偏好能够完全影响现实决策,多元冲突与博弈使公共决策处于价值中立的地位。短时间看来,这种局面对于社会公正的获得不失为一个理想模型,但是,长期看来,其结果必然导向零和博弈的历史终局。所以,多元社群团体的出现如果被纳入个人主义的理论范式中的话,如果仅仅是作为原子化社会的新形态的话,或者说,如果仅仅是近代社会发展的一个新阶段的话,那么,在逻辑上,其实只不过是从个体竞争到集中控制再到团体竞争的"三段论"的顶点。但是,如果摒弃了个人主义或整体主义的思维范式,对新近出现的这种多元社群团体共生的现象则可以有另一种理解,那就是组织化的个人开始具有了否定原子化的性质,人与人关系中的合作性因素开始迅速成长,团体竞争则朝着演化成组织间的合作互动的方向发展。这样一来,就会首先产生出合作制组织,进而造就出合作的社会。如果历史能够朝着这一方向前进的话,就会首先要求人们实现根本性的观念转变,传统的一切证明原子化社会合理性或否定原子化社会合理性的哲学,都需要被连根拔起。

在从工业社会向后工业社会转型的过程中,社会网络结构开始出现。社会网络结构的出现又为人们从思想上告别一切整体主义的和个人主义的思维范式提供了契机。网络社会首先为我们展示了一种全新的社会结构,因而,它也需要有新的制度结构与之相适应。这就意味着以往根据整体主义和个人主义原则而设计出来的制度方案及其所建构起来的制度结构,都不再适用。新的制度结构必须是支持网络式社会结构的制度模式,它需要充分重视每一个体的人作为网络结构中的独立节点的价值。尽管网络结构中的每一个"节点"上都还是人,但决不是个体意义上的人,它既不是整体意义上的人,也不是个体意义上的人,就他作为一个"节"是属于网络结构的而言,需要在整体的意义上来认识他,但他在整体中又是一个有着充分独立性和自主性的存在;就他是网络结构中的一个"节点"而言,他又是一个实在的人,但他与个人主义所理解的个体的人有着根本性的不同,社会制度的设计决不能从他作为个体的人的意义上出发的。在网络结构中,社会关系无非是每一个独立"节点"交往与合作而形成的关系。就每一个人都是网络结构中的一个独立"节点"而言,他完全摆脱了作为社会和历史工具的命运,反而,整个社会及其网络结构只不过是他实现交往与合作的工具,制度也是这样,应当成为人的工具。当然,这是就形式而言的,在实质上,网络结构充分地实现了人与社会的共生共融,用实实在在的共在关系取代了以往一切整体主义哲学需要极力加以证明的论题。或者说,以往的整体主义哲学之所以要极力证明人与社会的一体化,那是因为在现实中并不存在着这种一体化,也是它无法通过制度设计而达到的一体化。整体主义对人与社会一体化的证明或宣示,无非是对制度方案实质性缺陷的意识形态补救,是一种试图通过意识形态的所谓人与社会的一体性观念来模糊制度结构中的人与社会相分离、相对立的感受的做法。网络结构充分实现了人与社会的共在共融,因而使一切关于人与社会的一体性证明和宣示都失去意义。

二、超越整体主义与个人主义的理论取向

近代社会意识形态上的个人主义取向必然会导致突出个人权利,进而强调个体的意愿和价值追求。事实上,在18世纪的启蒙运动那里,近代社会的"个人权利至上论"的基本原则已经在所谓"天赋人权"的设定中表露无遗。也就是说,社会结构成了原子化个人的编织物,是把每一个个人有序地安排在特定位置上的框架,为了保证社会的有序性不受破坏,就需要确立一个最为基本的原则,这个原则就是个人的权利。由于突出了个人的权利,在实践上又会产生各种各样的社会问题,个人有可能变成不安于社会结构安排的躁动因素,所以,需要用管理的方式来加以矫正。就此而言,公共组织的等级控制体系及其权力集中化的配置方式,都无非是出于矫正原子化的个人偏好和离心倾向的需要而进行的建构。然而,由于矫正与被矫正之间的系统平衡经常性地受到破坏,所以,又派生了整体主义的理论创设。在此意义上,可以看到,整体主义理论无非是个人主义意识形态的矫枉过正。如果历史的进步能够超越个人主义的意识形态的话,特别是,如果人的社会存在能够告别原子化状态的时候,人的行为动机就可以不再出于个人利益最大化的目标,人们之间的社会关系也就会由竞争而走向合作。这个时候,个人主义与整体主义在理论取向和话语陈述中的矛盾和冲突,就可能得到根本性的消解,制度安排也就会把促进社会和谐而不是强化社会秩序作为价值追求的目标。

近代社会的人文社会科学发展史表明,如果人们在静态的研究中去提出解释框架或作出制度的、组织的以及生活模式的设计,就必然会堕入要么整体主义要么个人主义的窠臼。其实,对社会的考察,特别是出于制度、组织或生活模式建构的目的而进行的考察,必须针对具体的领域作出,在宏观的层面上,应当针对公共领域与私人领域的不同而作出。而且,要根据人类历史所处的特定阶段来思考社会建构的原则。在工业社会中,私人领域的建构原则必须被放置在个人主义的基点上,需要根据个人主义的精神进行制度和组织模式设计;公共领域则恰恰相反,需要沿着整体主义的思路去谋求一切问题的解决方案。当工业社会开始进入自我否定、自我放逐的历史进程的时候,私人领域与公共领域之间的原有界线开始变得模糊起来,因而,个人主义和整体主义的原则也出现了向边缘化方向运动的倾向。这个时候,就需要寻求新的社会建构原则的支持。当然,在整个后工业化的过程中,公共领域与私人领域的分界并不会完全消失,私人领域的一切自我建构活动都还需要以捍卫和遵从个人主义原则为前提,而公共领域则会成为迈向新的历史时代的先锋领域,它将率先自觉地扬弃工业社会的自我建构原则,把整体主义看作一个可以加以超越的传统原则。瞻望后工业化的前进趋势，公共领域将会根据合作理念去自觉增强社会构成的有机性。这样一来，当我们去对公共领域的制度、体制和组织模式进行设计和建构时，所看到的既不是个体的人的行动，也不是整体的人的行动，而是它们之间的合作互动。对于行动意义上的合作互动，从个体的意义和整体的意义上都不能作出合理的元解释，只有在行动的规范意义上才能理解合作互动的行为赖以发生的基础。所以，考察正在公共领域中迅速生成的行为模式，不应从个人主义或整体主义的任何一个视角出发，而应从规范主义的视角出发。

个人权利的张扬，在理论上必然会把人们导向个体利益追求与社会利益实现之间的矛盾之中，近代以来的社会科学在这方面进行了浓墨重彩的书写，其中，所包含的基本思路是这样的：个体利益追求的实现，取决于个体利益与社会利益相统一的情况，或者说，个体利益追求的合理性实现，都是由个体利益与社会利益之间的同一性所决定的，个体利益追求的直接实现是不可能在个体利益与社会利益的矛盾性中获得理解的。如果说个体利益与社会利益之间的矛盾性具有什么解释意义的话，也只在社会利益形成和发展的过程中。这样一来，个体利益与社会利益的矛盾和统一就转化为个人行为与社会规范的矛盾和统一，个体利益实现的直接决定因素就可以被理解为个人在利益追求中的行为合规范性。至于规范的生成，近代以来的分歧只在于：早期的自由主义思想家们认为，在自由竞争的社会体系中，所有人都从个体利益出发，却能够在结果上生成一种普适的规范和自由的秩序。当代思想家不同的地方是更注重规范和秩序的自觉建构，即便是那些明确声称持有自由主义立场的人，也表现出明显的建构主义倾向。所以，在理论证明中，个体的人的行为倾向被理解成是由那些包含在他的行为中的相对稳定的因素所决定的，而这些因素相对于个体的客观形式，就是组织的规范，即以组织结构、目标和制度等为内容的规范。当组织规范体现在个体的人的行为之中并作为行为倾向而存在的时候，意味着行为者已经把客观存在形式的规范内化为他的主观存在,并注入到了其行为之中。所以,组织成员的个体行为倾向无非是已经发挥作用了的组织规范。这就是管理主义赖以确立的理论基础。

在行政伦理学关于合作治理以及普遍性社会合作实践的追求中,需要首先摒弃整体与个体二分思维,即超越传统的思维框架。行政伦理研究在社会治理体系中所看到的是:从事社会治理活动的人作为价值主体既不能被简单地理解为社会治理者整体,也不能被简单地归结为社会治理者个人,而是需要从社会治理体系中的制度、体制的总体性中来加以把握。也就是说,他是整体与个体的统一体,这个统一体会以整体和个体两种形式存在。作为整体,它不是个体的简单总和,而是制度系统中的个体的总和;同样,作为个体,也不是一般社会意义上的个人,更不是自然个体,而是整体的构成要素,是以个体形式存在的整体,社会治理体系的制度内容、服务精神等,都会在作为个人的个体身上有着完整的体现。所以,在行政伦理学的视野中,无论是整体主义的还是个人主义的原则,在社会治理者这里,都不再具有实质性的意义。从事社会治理职业的人,无论是在存在形态上还是在行为选择上,都试图超越整体主义或个人主义的原则。社会治理者所秉承的是一种在服务精神统摄下的创造性原则,他在具体的社会治理活动中,创造性地选择最佳的服务途径和方式,在一切可以根据整体主义或个人主义原则进行诠释的行为中,都包含着指向公共利益的基本目标。

正如在个人主义的理论取向中去观察人的时候会自然而然地发现人的"自利"本性一样,在合作治理的思维建构中,则会对人的本性作出完全不同的判断。但是,行政伦理学的合作社会理论决不从人的本性出发,否则,它必然会陷入几千年来人性善恶的窠臼。关于合作社会的理论建构,应当直接地从人们之间的交往关系出发去观察社会的结构和人的行为模式,然后,在此基础上去探索不断改进和完善合作制度的途径。就近代社会的人的行为模式而言,整体主义的理念的确可以促进合作,而且,出于维护集体存在需要的各种规范也的确能够提供一种实现整体利益所需的合作形式。但是,这只是在个体与整体矛盾和冲突着的社会中才会以合作的形式出现,也就是说,整体主义的理念和原则只有在与个人主义的理念和原则的比较中才表现出自己的价值,即在促进合作中发挥作用。其实,在整个工业社会的话语环境中,人们所谈论的合作在实质上只是一种协作,是分工与协作体系的一个面相。这种协作并不是人类应有的自由自觉的合作形态,至多也只是合作的极其低级的形态。行政伦理学所要建构的合作治理体系中的合作,是指一种包含着更高文明价值的合作,它是一种超越了整体与个体任何一种立场的行为取向,它既不能被理解成一种基于个人主义的协作,也不能被看作为根源于整体主义的互助。这种合作,在哲学的意义上,是直接根源于社会的总体性的。一方面,合作行为是社会及其人的总体化的过程和途径;另一方面,社会的总体性也正是存在于合作体系之中的合作的基本内涵。

三、打破实证主义方法的"神话"

"在认识自然现象的过程中,总要从处于较低发展阶段的不甚复杂、发育不甚充分的自然客体所伴随的比较简单的现象入手,去解释那些处于更高发展阶段的更为复杂、发育程度更高的自然客体有关的更为复杂的现象。"①但是,当我们认识社会现象的时候,马克思所提供的"人体解剖是猴体解剖的钥匙"这一方法就是我们把握历史的基本方法,我们只有从历史发展在当代的成就中去回观历史的时候,才能看得更加清楚。这是由于社会与自然的不同所决定的,自然虽然是社会生活须臾不可离异的环境,甚至是社会生活中的一部分内容,但是,自然在严格意义上只是一个现象,我们认识自然时,恰恰认识的是自然这个现象,我们把自然一层层地剥离,是要一层层地深入去认识更深层的现象。也就是说,自然是无质的。社会则不同,社会是由形式和实质两个方面构成的,只有

---

① [苏]凯德洛夫:"自然科学发展中的带头学科问题",载《社会发展与科技预测译文集》,25页,北京:科学出版社,1981。

实现了对它的实质的方面的认识,才能更好地把握它的形式。认识对象的不同,决定了认识方法上的不同。然而,在当今社会科学研究中,那种在研究自然现象中表现非常优异的实证方法也被运用于研究社会了。特别是在实证方法获得了话语霸权的时候,社会科学实际上是走向了没落。如果说将萤火虫说成大灯笼还是建立在客观根据的前提下的话,那么在当今人文社会科学的许多貌似科学的论断中,有很大一部分是凭空臆造的。恰恰是实证方法在一些虚拟假设的前提下寻找例证,才在制造了社会科学虚假繁荣的背后使理论与实际相分离,成为在一切重大历史运动中都毫无用处的东西。

我们知道,发生在人文学科中的争论属于只有律师没有法官的诉讼,在这个领域,如果有人想扮演法官的话,他肯定是最缺乏人文教养的人。也就是说,人文学科的发展是在纯粹的争论中行进的,在这里,不可能也没有必要辩出个惟一性的结论。在实证方法基础上建构起来的社会科学却不同,它要求有明确具体的答案,关于某一问题的答案可能是完全错误的,但在某一个特定时期,也必须被接受,只要形成这个答案的推理或实验过程具有科学的合理性。这样做的结果是,社会科学失去了人文精神,成了远离人的实质而似乎与人无关的科学。在实证方法的支配下,关于人以及人的生活环境的科学走向了反人性的方面,这就是近代以来社会科学的基本特征。不用说与马克思在《1844年经济学哲学手稿》中所设想的"关于自然的科学与关于人的科学将成为一门科学"的理想越离越远,而且人文科学与社会科学也背向而行,社会科学与人文科学究竟还有多大的联系,可能无论作出多么低的评价也还会有言不尽意之感。

也就是说,"现代实证科学强大的精神霸权和语言霸权……导致并日益加强着现代人理性认识的偏执性,这种偏执性的结果就是人类精神生活的全面危机、道德的崩溃和内心平衡的丧失。"[①]人们不难感受到,西

[①] 孙志海:《自组织的社会进化理论:方法和模型》,14页,北京:中国社会科学出版社,2004。

方政治生活以及意识形态中的民主原则和自由理念对于矫正实证科学的偏执狂发挥着重要作用，也许正是这种矫正作用而没有使实证科学的偏执狂演变成泯灭人的创造本能的"恶霸"。但是，当实证科学的方法传到中国来了之后，我们发现，崇尚实证科学的风气正在集权文化、专制理念等这些根深蒂固的中国封建意识的催化作用下发生变化，朝着实证科学"异种"的方向演化，即演化成扼杀中国人的创造力和破坏中华民族生命力的毒素。在当前中国的科学界，如果有"学霸"的话，那么这些人大都是"言必称西方科学"的人，他们崇尚西方的实证科学，但从未体悟出民主和自由的含义，即使在他们大谈所谓西方的"民主"、"自由"时，也摆出一副把中国人当作"孩子"一样训斥的口气，他们所谈，就是不容怀疑更不允挑战的霸权。试想，专制君主在圣令臣民们必须自由时是一种什么样的景象，用精神霸权和话语霸权来"倡导"科学探索又会有什么样的结果。在中华民族近现代史上，如果说有耻辱的一页的话，鸦片战争、甲午海战、华北失陷等都还在其次，最大的悲哀可能是成了实证科学精神的奴仆。因为，这意味着丧失了自己的灵魂。对于生命而言，还有比丧失灵魂更悲哀的事吗？

在这种情况下，行政伦理学提出对实证方法的怀疑是积极的。其实，在西方学者那里，近些年来也出现了越来越多的对实证方法的批评。正如托夫勒所说："今天，我们相信我们已处在一个新的综合时代的边缘。在所有的知识领域里，从严谨的自然科学到社会学、心理学以及经济学……我们将看到广泛思考和全面理论的恢复，看到重新将各个部分再度综合起来。因为我们逐渐开始懂得，由于一再强调数量上的细节，而不重视它们之间的相互关系，以及一再强调对于越来越小的问题的越来越精确的测量，使我们对越来越小的事物知道得越来越多。"[①]

美国学者列奥·施特劳斯也认为，近代社会成长起来的社会科学，"在所有第二等重要的事情上都可以说是聪明的，或者可以变得聪明起

[①] [美]阿尔温·托夫勒：《第三次浪潮》，140 页，北京：新华出版社，1997。

来,可是在头等重要的事情上,我们就得退回到全然无知的地步。我们对于我们据以作出选择的最终原则、对于它们是否健全一无所知;我们最终的原则除却我们任意而盲目地喜好之外并无别的根据可言。我们落到了这样的地位:在小事上理智而冷静,在面对大事时却像个疯子在赌博;我们零售的是理智,批发的是疯狂。"① 也就是说,按照实证方法,我们学会了各种各样实用的技巧,却仅限于应对鸡毛蒜皮的事务,在关涉到人类生存与前景的问题上,无所适从;我们学会了竞争和谋算,却不知人类如何构建一种和谐的共在形态,不知道如何在根本利益上开展实质性的合作。

新公共行政的代表人物之一登哈特作为公共行政学这门工具性和实用性很强学科中的研究者,也对实证方法提出了批评性的意见,他说:"实证科学方法运用到公共组织研究上是不完整的。理想模式的解释能力不仅有限,而且其解释并不是我们想从理论中得到的全部东西。我们还会去寻找那些能够帮助我们理解人类行动意义的理论,那些能够使我们更熟练、更清晰地追求个人与社会目标的理论。"②

在既有观念的统摄下,无论实证方法被运用得多么精纯,也不会带来实质性的创新成就。人类社会的发展,每一次具有实质性意义进步的历史运动,都是根源于观念的转变,特别是在社会治理领域中,观念的转变实际上赋予治理体系以不同的性质。"在以前,公共交通投资被界定为'基础性资本投资,就是指投资于有形的道路或有形的设施……'其投资建设往往以'作为公共交通系统本身具有的因素'为标准,如包括'高速公路建设的里程数、机场建设的数量和交通路网拓展的地理范围等'。……在新的公共管理思维里,这些投资项目则被看作是'一项服务而不是一项设施……这一简单的转变即刻促使我们以动词的语式而不是名词的语式来描述、解释公共交通系统。这时,我们必须思考:这个系

---

① [美]列奥·施特劳斯:《自然权利与历史》,4 页,北京:三联书店,2003。
② [美]罗伯特·B·登哈特:《公共组织理论》,180 页,北京:中国人民大学出版社,2003。

统要做什么？而不是这个系统是由什么构成的？这个系统应该怎样运行？而不是这个系统呈现什么形状？……于是,这些思考会不可抗逆地引导我们回答更加关键的问题,那就是,公共交通系统应该为谁而建造？'"①

概而言之,工业社会的科学,往往由于对科学原则和方法的极度推崇而在现实中不能证明自己是科学的。比如,经济学是公认为社会科学中最具科学性的学科,而且,经济学的发展越来越突出展现一种现象：那些专门学习经济学的科班出身的人往往很难成为经济学家,那些学习数学的人往往成为最优秀的经济学家。这大大增强了经济学的科学性特征。结果怎样呢？对于社会经济生活的理解,对于经济形势的认识,对于经济发展前景的预测,经济学家却不如算命术士,一些远不著名的算命先生,往往言简意赅地说出与经济学家长篇论文分析结果相反的判断。常常令人惊诧的是：算命先生对了,而经济学家错了。也许我们这么说会触犯众怒,会有很多人从感情出发而不同意我们这样评价科学。但是,需要指出,科学决不应满足于形式上的追求,定量化并不是科学成为科学的充分条件。由此看来,行政伦理研究必须打破实证方法的神话,必须在人类社会发展的总体进程中去审视社会治理的演进趋势,并提出建构先进性的社会治理体系的设想。其中,科学理论的建构是肯定需要先行的,寻求先进性的话语支持系统也就变得更为迫切了。

第四节 行政伦理学科建构的关节点

一、以学科为契入点的研究

观察一个学科的成长、存在和发展,可以看到,学科是由系统化的知识点构成的,它是由知识点的逻辑整合而形成的知识体系,一门学科的出现必然是长期的理论积累的结果,需要在理论研究中先形成许多学

---

① [美]约翰·克莱顿·托马斯：《公共决策中的公民参与：公共管理者的新技能与新策略》,19～20页,北京:中国人民大学出版社,2005。

说、许多学派,然后,在这些学说学派的充分论辩、讨论中找到一些最基本的知识点,并在这些知识点之上建构起知识体系。当一些必要的知识点能够系统化为知识体系的时候,在这些知识点之上就会形成一些普遍性的原则、研究者们高认同度的范畴,从而形成学科。或者说,一门学科必然是诸多学说、理论之间的一个"平均值",是诸多学说、理论中的那些具有共性性的知识、原则和范畴结构化的整体。理论或学说是多元化和多样性的,学科则是统一的,它包容一个研究领域中的多种理论和学说,并为它们提供共同的话语和知识背景。就这些方面来看,中国现在来建构行政伦理学这门学科是不具有条件的,因为我们尚未出现多元化和多样性的理论及学说。但是,毕竟我们已经提出了这个学科建设的问题,而且现实的行政实践也对行政伦理学寄托着很高的期望。在这种情况下,我们就需要拥有学科意识,并自觉地在这一学科意识的引导下开展学术争鸣和理论探索,积极地去创立学说。以此为途径去尽快地把行政伦理学现在还较为空洞的框架充实起来。

　　对于中国来说,在行政伦理的研究中,从学科出发是有益的,它可以使我们避免理论研究中经常出现的那种成为西方话语奴隶的情况。从学科出发而不是从理论出发,能够使一个学科更为清醒地看到不同理论中所包含的合理价值,而不是形成对某一理论的迷信。在某种意义上,我们说中国的行政伦理研究从学科出发使我们避免了其他一些学科中的那种"言必称西方"的"新教条主义",使学者们更多地关注了中国的现实以及关注这项研究对解决中国实际问题的作用。这些都是积极的。理论及学说是狭隘的,尽管从事理论研究和学说创设的人总会声明怀着科学的态度去开展研究工作,但是,一切理论、一切学说都必然有着明确的立场,都存在着一个"为什么人说话"的问题,所以,这就不可避免使理论、学说表现出狭隘性。也就是说,一种理论或一个学说总会既属于特定的历史时代又属于特定的人群,而且,理论、学说在表明立场时,往往会采用过激的言词来振荡读者的视听。学科不同,它必须具有包容各种理论和学说的能力,否则,它就不能被视作为一个学科。可见,一般说来,学科不考虑为特定的人群说话的问题,它应当属于人类历史上某一个历史时期中人们的共有成果,从形式上看,学科也要求更具有平稳、"中道"的特征。

但是,从学科出发的科学研究工作也需要关注现实。我们知道,在人文社会科学的学科体系中,存在着一个从哲学到具体学科的等级结构,所以,哲学家可以更多地去关注和思考间接性的现实,可以表现出一种为了学术而学术的状况,这就是亚里士多德所说的:"我们认取哲学为唯一的自由学术而深加探索,这正是为学术自身而成立的唯一学术。"①黑格尔也表达了同样的意见,他说:"哲学的出现属于自由的意识,在哲学业已起始的民族里必以这自由原则作为它的根据","思想必须独立,必须达到自由的存在,必须从自然事物里摆脱出来,并且必须从感性直观里超拔出来。思想既是自由的,则它必须深入自身,因而达到自由的意识。"②然而,对于以特定社会领域或问题为对象的具体性学科来说,就不应像哲学那样依据第二手的现实去思考,而是需要直接地关注"本原性"的现实,在现实中发现问题,并努力地去解决现实中的问题,提出具体的解决方案。这是具体性的社会科学门类不同于哲学之处,在这里,学者的自由意识就需要更多地受到现实的制约。

就伦理学的研究而言,它受到了工业社会层级结构的影响而区分出了规范伦理学和应用伦理学,其实,这是对伦理学的实践理性的蔑视。原则上讲,伦理学本身就是研究直接与实践相关的道德问题的学问,它的每一个构成部分都需要直接地指向实践,脱离了实践的一切伦理探索都是无意义的,如果陷入了认识论的思维模式中去进行所谓哲学伦理学的研究,即使构建起了自足的伦理学体系,也是远离实践的学术游戏。虽然我们在现有的伦理学学术语境中也把行政伦理学、公共管理伦理学等作为应用伦理学来看待,但是,在伦理学发展的前景中,我们认为,社

---

① [古希腊]亚里士多德:《形而上学》,5 页,北京:商务印书馆,1959。
② [德]黑格尔:《哲学史讲演录》,1 卷,93~94 页,北京:商务印书馆,1959。

会治理将把全部伦理研究和思考都整合到应用的目标中去。

行政伦理的研究必须避免染上体系构建的幼稚病,对于这样一门具体性的和实践性很强的学科来说,它必须着力于解决问题,即深入地思考问题和严肃地提出解决问题的方案和原则,而不是从某一或某些既有的理论出发去综合出一个理论体系,更不是从某些概念出发去制作出一个逻辑严密的理论体系。行政伦理学在它的成熟形态中会有一个完整的体系,但是,这个体系必须是由系统化的问题以及解决问题的思想所结成的,当行政伦理学能够作为一个完整的解决公共行政中的那些与伦理以及道德相关的问题的总体性方案时,它就会自然而然地拥有体系的特征了,在解决问题的具体性思考之间,就会拥有一个严密的逻辑。但是,这必须是一种真正出于解决问题的需要而作出研究的结果,而不是预制出一个体系的框架。

一个学科框架下的研究必然要求有着共通的概念,行政伦理学的研究也需要拥有一系列共通的概念。但是,诚如列宁所说:"概念并不是不流动的,而是永恒流动的……否则它就不能反映活生生的生活。"[①]人文社会科学研究中所使用的概念,有些是从日常语言中转用而来的,有些是由开辟了某一领域或某一问题研究的学者们创造出来的。无论是出于什么情况而产生的,都是对特定"定在"的反映,当人们承认了它作为特定概念而存在的地位的时候,它就会得以流行并被广泛地使用。然而,现实是在变动中的,作为概念反映对象的定在可能在形式上继续被保留了下来,而在实质上已经发生了变化,此一定在已经不再是彼一定在。这个时候,概念继续被使用的时候,其内涵也已经发生了变化。或者说,在一个概念的每一次再使用的时候,都存在着一个再认识的过程,在这种再认识的过程中,它的意旨发生了变化。同样的道理,一个概念在东西方也是存在着内涵上的差异的,我们在行政伦理研究中借用西方已有的概念时,也需要注意内涵上的差异,需要根据中国的具体情况来

[①]《列宁全集》,38卷,277页,北京:人民出版社,1979。

准确地使用概念。

二、理性直觉的思维方式

鉴于近代以来人文社会科学发展的经验和教训,行政伦理研究需要在思维方式方面作出自己独立的建构。如上所说,近代的人文社会科学在思维方式方面发展到了 20 世纪是以逻辑实证主义的形式出现的。逻辑实证主义反对谈论人的直觉思维,认为人的直觉缺乏主体间的可证明性,具有浓重的主观独断的色彩,认为人的直觉思维"有一个严重缺陷,即,人们对于'什么行为是应当采取的'这一点没有普遍一致的意见,而且,这一理论没有提供什么方法能决定在不一致的意见中哪一方是正确的。因而这一理论……就变成了一种'自我中心'的学说"。[①] 仔细思考的话,可以看到,这一对直觉思维的否定性意见是站在原子主义的立场上作出的,因为,从原子主义的立场上出发去考察作为原子集合的群体,就必然会要求原子化的个人在共通性的因素上能够被纳入到逻辑分析的框架中去。

实证的思维方式在现代科学研究中表现出强大的优势,它能够把许多社会现象的理解纳入到科学分析的框架之中去。然而,我们也看到,有许多社会现象甚至自然现象是无法被纳入到科学解释的框架中去的。比如,关于道德是如何影响自然的问题,可能根据分析的方法就是无法定位的。因为,无法将其准确地对应起来并给予量化的描述。但是,一些历史事实往往又倾向于把我们引向其直觉的联系中去。我们知道,20 世纪 60~70 年代,在西方尤其是美国掀起了"性革命"和"新道德"的浪潮,但是,到了 70 年代,就爆发了疱疹这一很难治愈的慢性性病,到了 80 年代,则出现了艾滋病的流行。这些疾病是由"新道德"带来的还是一种历史性的巧合呢?通过实证的科学分析是无法给出答案的。但是,人们又隐约感觉到它们之间似乎存在着某种联系,而这种联系如果被引入到

[①]《罗素文集》,498 页,北京:改革出版社,1996。

神秘主义的解释方向上去,也是不应当的。

如前所述,实证的思维方式是近代认识论发展的必然结果,这种认识论哲学走过了近代几百年的发展历程之后,最终以实证主义的思维方式确定了下来。然而,认识论对真理的追求与官僚制中沿着官僚阶梯追逐权力是极其一致的,在很多情况下,真理的权威与权力的权威是重合的,某些政治制度倾向于制造"权力就是真理"的氛围,而另一些政治制度则断定"真理就是权力",它们的共同点就是认为真理与权力有着相似的甚至共同的基础。的确,真理与权力有着共同的基础,那就是服务于秩序的需要,真理确立科学的秩序,权力则确立社会生活的秩序。但是,正如波普尔所看到的,真理无权宣布上帝的虚假,而权力也不应压抑人们创新的自由。工业社会是把真理与权力放置在同一基础上的,在认识论的精神感召下进行科学体系建构的时候,我们看到,它允许对真理进行怀疑和理性考察的;在政治民主原则下作出制度安排的时候,我们看到,留下了制约权力和定期更换权力执掌者的规则。其实,认识论并不是永远合理的,民主制度也不是普遍适用的,在后工业社会普遍创新精神张扬的时代,通过宣布认识论的终结,就会明确地指示民主制度的大限。因为,在这个创造的时代,科学的秩序并不需要真理来提供,社会生活的秩序也不依赖于权力。如果我们在迄今为止的社会秩序清单中发现了习俗、道德、真理、权力、法律等各种各样的秩序供给途径的话,那么,对于后工业社会来说,并不是要在这些曾经的秩序供给方式中进行选择,而是要基于创造时代的理念,作出综合性创新,找到一种全新的秩序供给方式。在合作秩序的理念中,就包含着对这种创新秩序供给方式的搜寻。基于这一判断,在今天,我们的行政伦理学研究就需要寻找走出认识论习以为常的把握世界的思维方式。

我们说认识论的思维方式是与近代工业社会联系在一起的,主要是指作为一种思维方式的认识论,而不是像在古希腊那里作为哲学构成部分的认识论,这种作为思维方式的认识论,只能被理解成是在工业社会的背景和要求中产生出来的。这一认识论的思维方式一经产生,就反过来作用于工业社会,它把工业社会塑造成一个"符号化"的社会,让这个社会能够满足实证地分析和把握的要求。就工业社会的现实来看,其"符号化"特征决定了它被看作为仅仅从属于一个规律,那就是统计学的规律,人们以为,一切社会问题及其解决方案都可以通过统计学而得到认识和发现。从现实中的做法来看,有了统计学,也就可以把各项工作转化成预先确定的指标。比如,给火葬场也就可以确定每年必须火化多少人的指标。面对这些指标,人如何能够拥有自主和自由呢?同样,对于确定这些指标的人来说,在统计规律面前,他又何尝拥有了自主和自由呢?关于统计规律是如何深深地渗透在我们的社会中的,德国经济学家A·瓦格纳向人们讲述了这样一个故事:有这么一个国家,在这个国家里,每年都要预先决定多少男女应当结婚,其中,多少青年女子与老年男子,多少青年男子与老年女子结婚的数目都预先确定了。还预先决定多少婚姻将由法庭宣判解除。每年的善事、恶事的数量也是确定的,总之,居民的所有行为都以指令的形式,用抽签的办法(以使每个居民觉得公平)确定下来,并加以执行。如果有哪条命令没有完全按指令进行(发生了某种偏差),那么,这个偏差就会被编入来年的预算中,就像我们的财政预算一样……A·瓦格纳接着说,人们一定会以为这类描述是荒诞无稽的,然而,真实存在的国家和人民不就是处在这样的情境中吗?差别仅仅在于,对于个人乃至国家来说,自然规律的执行不能像指令的形式、抽签的办法那样被人所感觉到而已。

正如法兰克福学派的思想家们所指出的那样,科学活动中所包含着的那种相信规律、相信必然性的信念是属于意识形态范畴的东西,或者说,它是一种科学观。罗素也说,"它可以被认为是科学为之奋斗的一种理想,但是,它既不能被认为是肯定正确的,也不能被认为是肯定错误的,除非是根据某个先验的理由这么说。"①在工业社会这样一个复杂度较低的社会中,这种理想是必要的,事实上也正是这一理想在科学成就

---

① [英]罗素:《宗教与科学》,79页,北京:商务印书馆,2000。

的取得上表现出了非凡的价值。或者说,这种理想反映了工业社会低复杂性条件下的挑战性和现实性的统一。在农业社会,自然界是复杂的,但可以归于神秘性的解释,而社会则是较为简单的,在这种简单的社会结构中,有了权力的支配已经能够满足共同体存续的要求了。但是,到了工业社会,社会变得越来越复杂了,它要求人们透过复杂性的表面去更深入地了解它。同时,人们也不满足于对自然现象的神秘性解释了。因而,开始形成"决定论"的信念和理想,并在这种理想的引领下去从事科学研究。可是,这种理想仅仅在科学研究对象的复杂性较低的情况下才反映出自身的价值。工业社会就是复杂性程度还比较低的社会。

当科学的发展实现了对低复杂度世界的"科学理解"之后,研究对象开始深入到高复杂度的领域,同时,人类社会也从近代工业社会这样一个低复杂度的社会转向后工业社会这样一个高复杂度的社会。在这种情况下,工业社会的以"决定论"形式出现的理想就很难再发挥引领科学发展的作用了。我们知道,人在成长过程中的每一个时期都会有着属于这个特定时期的理想,人在幼年时期的理想可能是:"不吃饭光吃冰淇"、"不喝水只喝可乐"、"拥有满屋子的玩具";到了青年的时候,可能会有了新的理想,比如,"要娶全国最漂亮的那个女明星作妻"、"要成为人类最伟大的科学家"等等;一般认为,人过中年会变得现实了,不再谈论理想了,实际上,这个时期的理想更多地建立在实现的可能性上了,他放弃了"娶全国最漂亮的那个女明星"的理想,选择与他身边那个熟识的贤淑女子结婚,只是他的另一个理想的实现形态。社会的发展也是这样,人类在不同的历史阶段,会出现不同形式的理想,在人类社会发展到一个高复杂度的社会时,作为科学活动理想的"决定论"会作为一个历史记忆而被保存起来,代之以新的理想的出现。因为,高复杂度的社会决定了人们必须务实地去干好每一件具体的事情,必须根据活动的范围及其具体情况去确定行动的方案。务实地干好每一件事,就是复杂性条件下的理想。科学活动也是这样,它必须更多地把视线集中在具体研究对象的特殊性上,尽可能少地受到普遍性、必然性信念的干扰。

决定论的思维是包含着预成论的图式的,在达尔文那里,我们最清楚地看到了这一点。他说:"认为生命及其若干能力原来被注入到少数类型或一个类型中的,而且认为在这个行星按照引力的既定法则继续运行的时候,最美丽的和最奇异的类型从如此简单的始端起,过去、曾经而且还在进化着;这种生命观是极其壮丽的。"①一切现存的世界都是从一个始基性的存在中发展出来的,这对于解释世界是有意义的,但对于实践地作用于世界来说,所给予的就是诸多限制,最直接的就是限制了人的创造性,限制了人的自由想象空间。

的确,近代以来的认识论传统起到了"去伪解蔽"的作用,它的所谓求真的追求使人从蒙昧和教条中解放了出来。这些都是积极的。但是,它的求真追求由于限制了达致真理的方式和途径,所以,所获得的只是一种自足的真理,虽然在解释世界方面能够达到令人信服的目的,却不是对世界的总体性认识,至多也只是恩格斯所说的"相对真理"。这种相对真理虽然也是具有客观性内容的,是对世界的部分认识,但是,与总体性的认识相差甚远。因而,在重新作用于世界的时候,在诸如生产性技术等一些较为简单的事务方面,还能够表现出真理性,而一旦作用于复杂的社会事务的时候,它的真理性就不再存在了。也正是由于这个原因,社会科学的科学性往往受到怀疑。

伦理学必须研究人的道德存在的问题,就人的道德存在的基质而言,具有属于人的天然性,是每一个人都先天具有的,是在人类历史过程中所实现的一种"获得性"遗传因素,是人的先天禀赋。但是,作为一种先天禀赋,还仅仅是人的道德存在的基质,正如人具有一种先天的认识能力一样,这一先天禀赋也是人所独具的不同于动物的因素。不过,这种先天性的道德存在基质如果以现实的道德存在的形式出现的话,那是需要与社会理性、群体理性或职业理性相契合的。这种契合只能是直觉的,而不是逻辑分析视角中的认识。认识有一个循序渐进的过程,可以

---

① [英]达尔文:《物种起源》,557页,北京:商务印书馆,1995。

由浅入深地一步一步地展开,而道德存在的实现却表现出"顿悟"的状况,是一下子完成的。也就是说,在个体的人之间,道德存在的基质也是他们的共通性因素,但这种共通性因素却不同于认识基质的那种共通性因素,它是不能够被纳入到原子化个体分析框架的。因为,认识基质作为个体的人之间的共通性因素,是经由认识对象的现象而再行深入下去的,而道德存在的基质,则是直接以社会存在的实质性因素为对象的。所以,在道德存在转化为实存形态的过程中,没有一个从现象开始一步一步地深入下去的过程。这就是伦理思维,它是一种特殊的直觉性思维,而且是理性的直觉性思维。行政伦理研究需要致力于这种思维方式的建构,需要通过搞清行政人员的道德存在如何从可能性转化为现实性的全部机制,并以此为起点,展开对行政人员的行为以及行为空间、环境、规范途径和内容的叙述。

三、从现实出发进行"完整性"建构

行政伦理学需要处理好理想与现实之间的关系。我们看到,在伦理学的研究中,虽然康德关于道德的"绝对命令"受到了人们一再地重申,但是,它对于矫正近代以来这个社会的工具理性几乎没有发挥什么作用。这也证明,工具理性是与这个社会密切联系在一起的,没有了工具理性,近代以来的整个历史阶段的理性基础也就没有了。所以,仅仅从理论上证明工具理性的片面性是没有实质性意义的,必须思考的问题应当是如何通过对近代社会的超越而实现对工具理性的超越。处理好理想与现实的关系,落脚点应当放在现实的人之上。马克思在《德意志意识形态》中说:"我们的出发点是从事实际活动的人……(我们是)现实的、有生命的个人本身出发。"[1]恩格斯也指出:"对抽象人的崇拜……必须由关于现实的人及其历史发展的科学来代替。"[2]

---

[1]《马克思恩格斯全集》,3 卷,30 页,北京:人民出版社,1960。
[2]《马克思恩格斯选集》,4 卷,237 页,北京:人民出版社,1972。

然而，近代以来的社会设置却在每一个具体的领域把人变成了抽象的人，特别是官僚制把行政人员变成了抽象的工具，这无疑是人的完整性的丧失。站在人的立场上，就不能不要求对行政体系进行改革，让它成为一个能够保持和维护人的完整性的体系。维护人的完整性是行政体系的外部功能，而保持人的完整性则是针对于行政人员来说的，只有它首先能够把行政人员作为一个完整的人来看待，并使行政人员能够以一个完整的人的形式去从事职业活动，它才能实现其外部功能。这样一来，就需要把行政体系改造成行政人员的完整性得以保持的空间。所以，行政伦理学应当从现实的从事行政管理职业活动的行政人员出发，在职业以及生活的完整性中来认识和定义完整的行政人员。只有这样，才能在解决现实问题方面提出真正有价值的对策性建议。在某种意义上，行政伦理的研究目的就在于把行政人员作为完整的从事行政管理职业活动的人来加以把握，行政伦理研究的"完整性"建构，就在于改变以往一切对行政人员进行抽象理解的做法，就在于从完整的行政人员出发去对行政体系、过程等进行完整性的理解和建构。

在社会的整体分化成了一个个的相对孤立的系统的情况下，"每一系统构成了人类本性的一个方面基础之上的活动模式，但它在社会语境中以不同的方式发展，以满足社会的某种目标。"①工业社会就是这样一个分化了的社会，它在每一个层面上都分化为不同的领域和部分，即分化为一个个不同的相对孤立的系统。所以，在不同的系统中，人的行为是有着不同的特征的，更为主要的是，决定人的行为特征的同一性基础是不存在的，至于外在的法律和规则体系，只塑就了人的行为的外在同一性，属于一种格式化了的行为，而那些能够决定人的行为的多样性的内在的因素，则是不存在的。也就是说，工业社会一方面使人的行为在不同的系统中表现出不同的特征；另一方面，又用统一的法律和规则把人的行为格式化为同样的工具性行为。所以，仅仅在现象学的视野中，

---

① ［德］韦尔海姆·狄尔泰：《人文科学导论》，50 页，北京：华夏出版社，2004。

工业社会中人的行为才能够得以理解,才是"将一种意志的外在联结直接转化为普遍有效的秩序,通过它,力量的个人空间就可以通过在与其他个人、事物的世界及集体的意志的关系中得到说明"。① 如果我们不满足于现象学的理解,而是希望深入人的行为的实质性层面去探求它的决定性因素的话,就变得非常困难了。这也说明,关于人的行为及其模式的问题,不只是一个如何理解和如何说明的问题,而是一个如何建构的问题,在今天,就是一个如何根据后工业社会必然到来的历史趋势去加以建构的问题。根据这一认识,我们的任务就必然会被引向人的行为发生的内在动力及其机制的方面,即从人的道德存在出发去考虑人的行为的多样性、具体性和灵活性的特征,然而,具有这些特征的行为模式,恰恰是在复杂性和不确定性迅速增长这一走向后工业社会的进程中惟一具有应对能力的行为模式。

行政伦理研究需要为行政人员以及全部的社会治理者指示一条自我超越的路径。但是,如詹奇所说:"自我超越意味着超出了自己存在的界限。当一个处于自组织中的系统超出了它本身的界限时,就成为有创造力的。这个自组织范式中所有层次上的进化,都是自我超越的结果。"②无论是微观的自组织状态还是宏观的自组织状态,都需要在自我超越中才能得到发展。就进化的含义而言,是自组织受到环境因素的刺激而出现了自我超越。在人这里,人在社会生活之中实现自我超越的动因会变得复杂起来,可能是生活环境因素迫使他去实现自我超越,也可能是由于主观追求驱动他自我超越。但是,到了社会,自我超越的动因又趋于简单化,更多地是由于外部的以及内部的环境因素迫使它去开展自我超越的运动。因而,社会的发展总会表现出一种客观的历史过程。

当然,在人类历史的不同阶段,社会在自我超越问题上的表现还是存在着区别的,历史越是靠近我们,社会被动自我超越的色彩就越趋淡

---

① [德]韦尔海姆·狄尔泰:《人文科学导论》,53页,北京:华夏出版社,2004。
② [美]埃里克·詹奇:《自组织的宇宙观》,205页,北京:中国社会科学出版社,1992。

化。如果以我们为分界点的话，历史就会在未来表现出主动自我超越的趋势。根据詹奇的看法，自我超越"是向全新结构的进化"。①"在自我超越的每一个临界值上，为塑造未来都要求有一个新的自由度起作用。复杂性在时间中发展，它反映出以往有过的经历，又创造性地奔向未来。随着结构的进化，它们的进化机构也将进一步进化。"②"进化根本上是开放的，它决定着自身的动力学和发展方向，这个动力学特别在主要以宏观系统和微观系统共同进化为特征的系统之网中展开。"③这样一来，在我们前后瞻望的时候，就会发现，当历史向我们逼近的时候，旧结构正在解体；当未来向前伸展的时候，新结构正在生成。进化的开放性是无尽地指向未来的，就其客观性而言，是系统与环境的互动和共进，是共同进化；同时，也是系统与其要素的共同进化。在每一个层面上，都是结构的变革、新旧结构的替代过程。既然人类历史越来越走向自觉，这种客观过程也就需要实现主观化，需要主观创造因素的介入，去自觉地推动新旧结构的替代过程。当人们这样做的时候，要有宏观的规划，而行动则需要从微观着手。从微观入手，也就意味着从人的内在的动力机制入手，人的能力可能是动力之一，但人的能力并不必然带来有益于社会的和推动社会进步的结果，人的能力必须与人的道德一道出场，才是有益于社会的。至于人的道德，如果再从社会中去寻找解释性前提的话，就会陷入循环论证中去。为了避免这种循环论证，我们也应当承认人的道德存在。

  在达尔文的进化论看来，在生物界，变异是普遍存在的，但变异的方向是随机的，是自然选择保存了有利的变异，并逐渐形成适应度，所以说，是自然选择最终影响了演变的历程。其实，一直到 20 世纪的中期，人类社会的发展也一直表现为这种情况，就社会达尔文主义所提出的社会建构图式来说，我们说它是残酷的，是不能同意的，特别是当社会达尔

---

① [美]埃里克·詹奇:《自组织的宇宙观》,205 页,北京:中国社会科学出版社,1992。
② [美]埃里克·詹奇:《自组织的宇宙观》,205～206 页,北京:中国社会科学出版社,1992。
③ [美]埃里克·詹奇:《自组织的宇宙观》,206 页,北京:中国社会科学出版社,1992。

文主义可以明显地被用来为"西方中心主义"的扩张、征服模式辩护的时候，就犯了众怒。但是，就社会达尔文主义所依据的进化图式而言，可以说一直都是历史的真实情况。然而，大致从20世纪70年代开始，人类社会的发展不断地证明环境选择的力量开始朝着弱化的方向变化，人的主动性和创造性开始越来越强地展现出对社会发展的作用力。我们的行政伦理研究就是发生在这样一个新的历史背景下的，我们需要更多地关注行政人员的主动性和创造性。

  人的主动性和创造性决不是人的抽象能力，不是在科学学习、知识增长甚至职业训练中能够达到的，而是人的本质的外显，是行政人员作为职业活动者的完整的人的本质的实现。所以，行政伦理研究特别关注人的道德存在的问题。行政伦理的研究发现，人的道德存在不仅是一个客观事实，而且也是通过理论追问所必须承认的客观事实。道德存在是在理解人的道德行为时必须承认的动因，也是人能够根据它去推动社会发展并在这种发展中实现自我超越的根据。所以，道德存在本身就是人的完整性的存在，至少，道德存在赋予了人以完整性。行政人员在自己的道德存在中获得自己作为人的完整性，同时也获得作为行政管理职业从业者的完整性，他作为人的完整性是与作为行政管理职业从业者的完整性一致的。有了这种完整性，它就能够根据行政过程中的任何具体问题而作出灵活性的道德行为选择。

第二章 行政发展中的行政伦理

从根本上说,行政伦理研究是出于社会治理体系重建的需要。就人类的行政发展史而言,经历了一个从统治行政到管理行政的演进过程,现在,人类社会正在走向后工业社会,行政发展的逻辑把服务行政推展到我们面前。服务行政是合作治理体系中政府一切公务活动的总和,需要基于伦理精神而加以建构。事实上,近代以来,特别是20世纪对公共行政科学性的追求已经走向了自我否定的阶段,对公共行政的价值关照已经成为科学研究的重心。在公共行政的前进方向上,对道德价值的张扬将会成为理论和实践的主流。

第一节 行政发展的历史脉络

一、统治行政与管理行政

在我们的语汇中,"进化"与"发展"是两个词义相近的词语,当我们使用"进化"这个词的时候,往往是指自然演进的过程;当我们使用"发展"这个词的时候,往往是指人类社会以及它的某一个方面的演进过程。前者是没有人的涉入的,即使有了人的涉入,其行为也是不自觉的,后者则是由人的有计划的行动所造成的结果,是在历史的线索中依序延展下来的。一般说来，人的有计划的行动是在微观层面上展开的，也就是说，在历史的宏观层面上，人的有计划的行动并不表现出自觉地进行安排的情况。但是，这个历史毕竟是人的活动的历史。所以，人们更倾向于用"发展"一词来指称这个历史演进的过程。行政的发展是人类社会发展史中的一个重要组成部分，在很大程度上，可以被称作为人类文明史的这一整个时期的社会发展，都是在行政发展的推动下展开的。其实，打开任何一本历史书籍，我们都可以看到两个方面的叙述：一方面是社会自身的发展，另一方面，则是行政的发展。而且更多的文字被用来描述行政与社会之间的关系，即行政是怎样地推动了社会的发展，以及社会的发展对行政提出了什么样的要求。

  人类的行政有着悠久的历史，当人类有了社会治理活动的时候，就出现了行政。实际上，行政是根源于人类社会生活的秩序要求，虽然人类进入农业社会以后，过着一种地域性的社会生活，无论地域界限所划定的范围多小，都属于社会生活的范畴。只要是社会生活，秩序的要求就会被提出来，因而也就会有管理的问题，就会有作为社会治理的行政这一管理形式。行政是与社会的发展同步的，在整个农业社会，社会发展的节奏较为缓慢，行政也表现了同样的特征，在工业社会中，社会发展的节奏不断地加快，行政的发展也进入了一个快节奏的时期，而且自觉的行政改革运动也越来越多。就行政发展的总的历程来看，经历了从统治行政到管理行政的发展过程，整个农业社会的行政属于统治行政的范畴。近代以来，管理行政作为一种行政模式逐渐地成长了起来，到了20世纪，管理行政基本上已经发展到了自己的典型形态，并以公共行政的形式出现。在20世纪后期中国的行政改革过程中，还进一步地提出了建立服务行政的要求，虽然它尚未完全展现出自己的全部特征，但是，作为行政发展的方向却是明确的，它将是一种超越了管理行政的全新的行政模式。当我们提出服务行政建设的理论追求时，实际上已经意味着行政发展史开始进入一个全新的历史阶段。

  统治行政与管理行政是行政发展史上的两种历史形态，它们分别对应于农业社会和工业社会两个历史阶段,它们之间的区别即反映了这两个历史阶段的特征,也反映了两个历史阶段对社会治理要求上的差异。

统治行政以统治意志为中心,一切行政行为及其制度安排都是从属于贯彻统治意志的要求的。因而,统治行政是一种强制性的行政,统治者总是把强制性的压迫施加于被统治者,至于被统治者的愿望和利益要求,是不可能直接反映在行政行为中的,即使行政行为有时可以使被统治者的愿望和利益要求得以实现,也依然是从属于维护统治的目的的。管理行政与统治行政的根本区别就在于它以制度为中心,强调制度的科学化和行政体系结构的合理性,认为健全的法律制度是行政行为公正、高效的前提。所以,管理行政要求在权力的设置和行使上都应有明确的边界或有效的钳制,以防止集权和专制。也就是说,管理行政是一种科学行政,它侧重于向外追求,在行政组织上强调行政组织的物理建构,如规模、形式、地域、结构等。

统治行政的最大贡献是确立了秩序意识,而且统治行政的全部目的都旨在维护秩序,在统治者看来,有了秩序就有了一切,失去秩序也失去了一切。管理行政理所当然地承袭了统治行政的秩序意识,但管理行政不满足于仅仅担当维持秩序的角色,它要求在确保秩序的前提下去对社会生活的公共部分进行管理,以求使之优化。也就是说,管理行政也与统治行政一样,都有一套权威的控制机制,所不同的是统治行政给予这种控制机制更多的灵活性,而管理行政则追求控制机制的确定性、稳定性,不因人而异。统治行政着眼于目标,不甚计较手段如何,认为目标的善及其实现是一个终极标准。管理行政虽然在理论上是非常重视目标的,而在实践中往往由于重视实现目标的手段而冲淡了目标的重要性。因为,管理行政非常注重行政的科学性,要求制度结构合理,行为统一规范,因而管理行政越是发展,越是现代化,就越形式化和越僵化。

统治行政以传统的价值观念为前提,中国的农业社会是统治行政发展得较为典型的形态,因而它的代表性特征也就反映在:对官吏的要求是通过修齐治平而获得忠君事主的素质。所以,统治行政对人的德性提出较高要求,这一点在中西方都是一样的。虽然在西方国家的历史上不像中国古代那样形成了典型化的统治型社会治理方式,但是思想家们对这种社会治理方式下的统治者的思考还是很多的。在阿奎那那里,我们就看到这样的论述:"就像一个人总是受到他的理性灵魂的支配一样,一个社会也总是会受到某个人的智慧的统治。而这就是君主的职责。因此,一位君主应该认识到:他对他的国家所承担的职责,实际上就类似于灵魂对于肉体、上帝对于宇宙所承担的那种职责。如果他对这一点能有充分的认识,他就会一方面感到自己是被指派以上帝的名义对他的国家实施仁政,从而激发他的为政以德的热诚,另一方面又会在品行上日益敦厚,把受其统治的人们看做是他自己身体的各个部分。"①"关于一个城市或是一个国家的统治权力的正当安排,首先应该注意的是,每一个人都应该以某种方式参与到管理之中,因为这种政体的形式可以保障人们之间的和平安宁,把社会交付给所有的人,并且由所有的人来保卫社会。"②

管理行政重视人的能力,即适应行政体系结构的岗位要求的能力,健全的制度安排是用以防止背离公共利益的行为。所以,管理行政是一种倾向于造就管理精英的行政。管理行政中的管理精英在现实中受到两个方面的制约:第一,管理精英,不管是某个人还是某个集团,不可能垄断一个社会的所有资源。在一个经济现代化、社会多样化的国度中,这种垄断更是不可能的。所以,人们总是有机会获取一定的资源。这就是管理的不周延性,而不周延的管理就是有漏洞的管理,也就是管理的缺陷所在。第二,管理精英由于存在着个人利益,个人追求和个人旨趣方面的原因,相互之间存在着竞争以及由竞争引起的矛盾,行政体系的结构将管理精英纠合在一起,而行政体制中的竞争机制又把他们放在对立的位置上,所以,客观上的貌合神离是不可避免的。当然,管理精英在

---

① 《阿奎那政治著作选》,135 页,北京:商务印书馆,1982。
② 《阿奎那政治著作选》,134 页,北京:商务印书馆,1982。

维持他们对社会的管理方面有某种共同利益,但是社会发展也会引起管理精英的高度分化,管理精英的内部竞争往往会帮助某一外部社会力量赢得胜利,但对管理而言,却由于出现"内耗"而造成成本的增加。因为内耗的出现,必然要求建立限制内耗的机制和增设相应的机构,如此发展下去也就造成了行政扩张。

实际上,管理行政的出现是以国家的行政职能迅速膨胀为标志的,在一定程度上,管理行政也必然会在无意识中走向"行政国家"的结局。特别是由于市场的失灵,社会中出现了要求政府干预的需求时,"行政国家"就获得了发展的动力。其实,我们也可以提出这样一个假设,那就是行政学家们在"行政国家"出现之前就已经预见到了它的必然出现,也提出了"行政国家"的出现将会导致"政府失灵"的问题,但是,却无益于抑制管理行政的效率导向。从历史发展的实际进程看,是由于凯恩斯主义的运用,才在20世纪中期造就了"行政国家",而在这之前,由于马克斯·韦伯的官僚制理论的提出,由于把人们的视线引入到对行政组织结构和功能的技术合理性的关注,就已经把政府塑造成一个效率导向的政府了。

就性质而言,统治行政是为民作主的行政,官吏向上对最高统治者负责,向下则为民作主。管理行政则是平等的行政,管理活动是一种职业活动,管理者是职业化的公务人员,他与被管理者的关系只是分工的不同。所以,管理行政需要寄予宪法的终极权威,在这一权威之外,它是找不到更好的可供选择的因素的。这样一来,"既然宪法是社会结构的基础,并且是用来调整和控制其他制度的最高层次的规范体系,那么每个人便都有同样的途径进入宪法所建立的政治程序中。当参与原则被满足时,所有人就都具有平等公民的相同地位。"[1]我们也看到,当"新公共行政运动"的代表人物,如弗雷德里克森、登哈特等人在20世纪90年代重现学术界的时候大谈宪法精神,也就是自然而然的事情了。这说

---

[1] [美]约翰·罗尔斯:《正义论》,217页,北京:中国社会科学出版社,1988。

明,即使在他们意识到道德之于公共行政以及广泛的社会治理的重要性的时候,也要为这种道德找到一个坚实的支点。但是,他们跳不出公共领域与私人领域分离的现实,不敢超出公共领域去发现这个支点,因而,就只能求助于宪法。

总的说来,统治行政中的伦理是把整体作为目标而把个人作为出发点的。或者说,它在个人关系方面的道德建构是服务于社会整体秩序的目标的。比如,在"忠"的问题上,无疑是具体的个体性的"臣"对具体的作为个体的"君"的忠,但是,这种忠作指向的目标则是统治秩序,即"天下"的稳定。所以,当麦金太尔从古希腊开始梳理伦理思想史时,提出"德性论"的主张,这是有着历史根据的。但是,以个人为思考原点的"德性论"并不是全部伦理史的惟一特征,到了工业社会,如果对社会进行伦理考察的话,虽然它不可能确立起系统的伦理系统,但是,各种各样的社会问题却包含着只有在道德制度确立的情况下才能得以根本性解决的可能性。就此而言,麦金太尔试图用"德性论"来批评所谓"制度伦理"的构想,是没有找到要害部位的。当然,在工业社会的背景下来谈论"制度伦理",无论提出什么样的正义原则和设置,也都属于空想的范畴,只能徒增论证的复杂性。在罗尔斯那里,我们看到的就是这种情况,他的所谓"无知之幕"、"代表性"、"自由公平的正义原则"等一系列概念,除了作为思维训练工具和现实解释框架之外,是不可能转化为切实可行的解决现实问题的方案的。所以,麦金太尔的"德性论"给我们展示的是农业社会的历史,而罗尔斯的"正义论"则是作为面对现实的空想而存在的。至于道德制度的确立,则需要在从工业社会向后工业社会转型的历史进程中去发现实现的途径。也就是说,统治行政强调道德,也在一定程度上具有伦理特征。对于管理行政,如果像罗尔斯那样去做出伦理思考,则是没有什么意义的。所以,麦金太尔的"德性论"主张有历史价值,可以用来解释农业社会的统治行政,却没有多大现实意义,无法用来考察工业社会的管理行政以及行政人员的行为。同样,罗尔斯关于"制度伦理"的构想,在管理行政中也是没有实现基础的。只有当人类社会走向后工业社会的时候,罗尔斯的制度伦理构想才会具有参与价值,遗憾的是,罗尔斯并没有面向未来去思考制度伦理的方案,而是退回到近代早期的启蒙语境中去思考制度伦理。

二、有限政府与管理行政

近代以来,随着统治行政的日益式微,管理行政渐渐地成长起来,政府成了专门行使行政职权的机构,它的存在依据就是行政职能。虽然在近代社会的不同国家中以及同一国家中的不同发展时期,政府承担的行政职能范围不一,其机构设置也不尽相同。但是,机构的设置,必须依职能的性质、履行职能的要求等来加以科学安排。同时,又需要根据政治需要而进行合理设立。科学合理地设置机构,还包括科学合理地安排机构间的结构,即按各机构承担职能所覆盖的范围及影响,去对管理层次与管理宽度间的关系、行政责任大小等因素进行全面安排,合理地厘定机构间的层级隶属关系,以保证行政执行的同一性和行政信息传递的畅通。

在整个近代社会,长期居于西方正统政治学理论中心的是自由主义理论,它一直把"有限政府"作为其具体制度设计的一般指向,要求政府权力的设置和行使都应有明确的边界或受到有效的箝制。在启蒙时期,自由主义的政治理论试图以天赋人权和自由宪政原则来对政府权能进行约束,试图通过以个人与社会为一方而以政府为另一方的二元分立和对抗形式来柔化和弱化集权,从而构筑起有限政府。

显然,有限政府的政治学前提是天赋人权的设定,其中,最为基本的是财产权。我们看到,西方自由主义传统一直在两个意义上谈论财产权:其一,是把财产权与自由、效率乃至个性的独立发展联系到一起。按照这种观念,私有财产权的范围越宽泛越好,越少受外在的干扰越好。个人积聚财产的自由度越大,个人自由选择的程度就越高,从而个人自由也越大。"这种思路源于约翰·洛克关于物质财产是个人自由的延伸的概念,即私人财产是拓宽人们行动范围的工具";①其二,是把财产权保护与政府目的联系到一起,进而把创造财产安全与创造财产自由发展和高效积聚的外部环境,作为政府的唯一目的。据此,它要求政府对财产权的非保护性干扰越少越好,并把这看成是政府权能扩展与收缩的底线。正是在这种自由财产权主张的基础上,形成了有限政府,并被认为这是一种可以使政府的行动和主张有效地受到财产持有人监督和控制的政府,能够达到类似于自己服从自己、保护自己的效能。

从天赋人权的理论设定出发,不证自明的结论就是:个人是社会与政府的基础,个人的天赋人权构成了对政府权能界定的道德约束,从天赋人权中引申出来的价值主张则构成了立法与制度创新的基本原则。"一切政治结合的目的都在于保护人的天赋的和不可侵犯的权利;这些权利是:自由、财产、安全以及反抗压迫。"②虽然在权利的问题上,正如马克思所指出的,这种权利实质上就是个人的权利,而"这种个人不是历史的结果,而是历史的起点,因为,按照他们关于人类天性的看法,合乎自然的个人并不是从历史中产生的,而是自然造成的。"③但是,在个人权利的设定中以及从个人权利出发,却走上了建构管理型政府及其管理行政的方向。正是政治学意义上的有限政府,在管理上才表现出了管理行政的面相。

有限政府是出于天赋人权既不受侵犯又得到维护的要求,从属于法的原则。所以,有限政府的理念一方面提出限制政府的要求,另一方面又认为政府的存在是必要的。而且,根据有限政府的观念,也同样看到这样一个基本事实,"没有一个国家不是在明智政府的积极刺激下取得经济进步的,……政府的失败既可能是由于它们做得太少,也可能是由于它们做得太多。"④但是,当有限政府以管理行政的形式出现的时候,就

---

① [美]阿瑟·奥肯:《平等与效率——重大的权衡》,50 页,成都:四川人民出版社,1988。
② [美]潘恩:《潘恩选集》,183 页,北京:商务印书馆,1981。
③ 《马克思恩格斯选集》,2 卷,87 页,北京:人民出版社,1975。
④ [美]刘易斯:《经济增长理论》,475 页,上海:上海三联书店,1990。

包含了扩张的动力,而政府的有限性则往往受到了忽视。当然,就现实的历史进程来看,管理行政的扩张是在市场失灵那里获得了动力。具体表现在凯恩斯以后的主流经济学那里,它们积极主张在市场失灵的情况下由政府发挥作用去加以弥补。即使是20世纪80年代曾一度流行的"新自由主义",也并不完全否认政府发挥作用的必要,只不过认为政府发挥作用的范围应当严格地加以约束,因为政府也会失灵,需要在两种失灵之间进行权衡。

卢梭认为,在由政府承担的社会治理中,必然会出现这样一种情况:"随着层次的繁多,行政负担也就越来越重:因为首先每个城市都有自己的行政,这是人民所需要负担的;每个州又有它自己的行政,又是人民所要负担的;再则是每个省,然后是大区政府、巡政府、总督府;总是愈往上则所必须负担的也就愈大……。如此大量的超额负担,都在不断地消耗着臣民。"①也就是说,只要政府试图包揽社会治理事务,就必然导致政府机构和人员的膨胀。正是基于这种认识,早期的自由主义思想家们根据有限政府的理念,大都要求政府定位在"守夜人"的角色上,不去过多地干预社会及其经济运行,尽可能地让社会实现自我治理,让经济运行接受"看不见的手"的调节。但是,大致从19世纪中期开始,产生于早期自由资本主义条件下的社会自治力量往往在一些破坏社会健康运行的"恶势力"面前显得非常弱小,同样,市场经济的自由交易环境也被垄断所冲垮,从而使整个资本主义世界频繁地陷入危机状态。这种状况无疑强烈地呼吁着政府介入到社会及其经济的运行中来。到了20世纪30年代,这种来自于社会的要求开始正式地得到了回应,这就是基于凯恩斯主义的政府干预模式的出现。由于政府干预,卢梭从理论上推断出来的情况也就真正地反映到实践中来了,出现了"行政国家"的局面,政府机构和人员的膨胀甚至导致了政府的失灵。在20世纪后期以来的行政改革中,有过各种各样的解决卢梭所提出的这一问题的尝试,虽然都不是非

---

① [法]卢梭:《社会契约论》,63页,北京:商务印书馆,1980。

常成功的,但是,它们却共同推动了社会治理过程朝着社会自治力量重新崛起的方向发展。表面看来,这可能会表现为一种向早期的社会自治回归的现象,实际上,这是社会治理模式的一场深刻的变革,预示着一种新型的合作治理模式的出现。

三、管理行政的职能变革

政府职能是指政府在一定时期内,根据国家和社会发展的需要而承担的职责和功能。它反映了政府的基本方向、根本任务和主要作用。政府职能是一种历史现象,它随着历史发展而不断变换其内涵,改变其配置方式,转变其运动方向。作为管理行政的政府职能包括两个方面,一个方面是就政府系统相对于和作用于其他社会系统、经济系统等时所具备的功能,或称为政府体制的"外功能",它所涉及的是政府与市场或国家与社会之间的关系问题;另一个方面是政府维系自身正常运转的功能,或称为体制"内功能",它针对的是政府系统自身。就政府体制外功能而论,政府是国家职能的执行者,它决定国家的政治、经济、教育、科技、文化、卫生、民政、军事、外交等重大事项,具有管理社会事务的功能。政府应当"管什么"和"不管什么",采取何种方式何种手段来管,以及管到什么程度,都会因不同的国情、不同的社会制度而有所不同,但总的来说,目前已经有越来越多的国家认识到,社会系统有其自身的运行规律,政府必须尊重这些规律。就政治层面而言,政府应当保持社会生活一定的自主性,保持社会政治力量的活力,加强和扩大政治参与,使广大人民享有充分的政治权利,创造一种生动活泼的政治局面,并做出相应的制度安排,这就是政治民主。就经济层面而言,政府不能直接具体地控制经济运行,而应当承认市场自身的运行机制,使生产经营者有经济上拥有独立自主性,使政府对经济的干预在尊重经济规律和以法治理的前提下进行,即从过去主要是依靠行政手段转变为主要依靠经济和法律手段。

总的说来,政府体制外功能既是必要的也是有限的,政府既管理社会，又受制于社会，政府不能垄断所有的公共事务管理，而是要与社会自治力量一道合作治理社会。就政府的体制内功能而言，政府是一个具有高度自组织能力的系统，具有自我管理，自我节制的功能，这是政府履行体制外功能的前提和基础。但是，政府履行体制内功能与履行体制外功能的方式是不同的，即政府管理社会和管理自身的方式是有区别的。政府系统作为一个官僚制的行政组织体系，其内部管理从规范上讲，必然是行政命令式的，是一个"命令—服从"的运行模式，会把效率置于首位，没有民主和平衡可言，也不需要讨价还价，权力必须是集中统一的。如果用履行体制外功能的方式来执行体制内功能，就必然导致政府功能的紊乱，破坏政府系统的有效整合。

政府职能的发展本质上是一种适应性的变化，是随着行政生态的变化而有意识地对其自身结构和内容不断进行调整的过程。因为，环境的变化，必然要求政府职能的发展，社会生产力的发展、科学技术的进步、人们思想观念的革新等，都会要求政府职能作出适时更新，并有可能演进为新的形态，以期谋取它与环境之间的动态平衡，保证自己在经济增长和社会发展中能够发挥领导作用。政府职能变革的一般性路径表现为分层次地进行。任何一个复杂的系统，都是有一定层次性的。政府职能系统内部结构上的层次性，决定了它内部结构不同部分变化上的差异性，即环境对政府职能的不同部分的作用，并不是一个同时同样受力的过程，而是有强有弱和有大有小的。所以，政府职能的变化和发展也是分层次演进的。具体地说，政府职能的发展，可能是职能性质的彻底变化，从而导致政府职能从性质到内容的全面发展；也可能是内部结构重心的变化，从某个职能转向另外一个职能，如从"重政治统治"职能逐渐发展为"重社会管理"职能；还可能是实现方式的调整，如从直接的行政手段的运用为主转向以间接的法律和经济手段的运用为主；或者，职能系统某一方面内涵发展变化了。政府职能的发展分部分、分层次演进的过程，在总体上也就表现为一个循序渐进的过程，表现为随着社会政治、经济的渐进发展而逐步推进，表现为不断地适应环境的变化而调整的过程。

我们知道,作为管理行政的一些政府职能是相对独立的,单个机构就能独立完成,运行中不会产生较多、较大的矛盾;但那些需要分工合作完成的职能,运行之中则不可避免地会产生这样或那样的矛盾。因此,要从制度上确定好这些机构彼此的边界衔接关系,包括主次关系、先后关系、协作关系、制衡关系等等,以确保运行畅通,高效履行各项行政职能。一旦出现了行政机构运行不畅、彼此间联系不清、履行职责的独立性较差、上级或上司控制较紧、机构间无健全的协调机制、缺乏主动沟通协作的精神、推诿扯皮现象较多、领导人个人说了算、工作效率低下、职责不清、协调不力等等问题的时候,就必须进行改革。改革是行政发展的基本途径,而在行政的进一步发展中,又会提出新的改革要求。管理行政就是按照这种模式发展的,到了20世纪,政府的"回应性"表现形式成了判断是否需要进行行政改革的标志。由于社会的发展出现了加速的状况,政府又总表现出"回应性"不足的情况,以至于20世纪后期以来,政府进入了一个持续不断的改革进程之中。

但是,这种改革不应只停留在政府内部,而是应当在政府所处的社会系统中进行。因而,社会自治力量的出现,就成了行政改革的一个新的契机。这不是说社会自治力量的出现和成长能够代替行政改革,而是说社会自治力量的出现把政府置于一个新的社会治理体系中了,不再是政府垄断社会治理,而是由多元社会治理主体通过广泛的合作而进行协同治理。这样一来,就为政府提供了一个按照合作治理的要求去变革自身的方向。以往的行政改革是根据社会的要求去作出变革自身的行为选择,是一种回应社会要求的变革,即通过自身的变革去适应解决社会某一或某些方面的问题的需要。在今天,行政改革则是在社会自治力量的出现和迅速发展的历史背景下进行的,是在有了竞争对手和合作伙伴条件下所进行的改革。所以,它的直接的、具体的目标可能是不清的,即不知道为了解决什么问题而去进行改革。

四、走向合作治理

政府职能是政府行使权力的过程和效能,政府职能的强弱取决于行政权力的大小。因而,政府职能的变化必然会导致行政权力的变化。但是,由转变政府职能而导致的行政权力的变化是非常复杂的,从形式上看,有的权力需要重新划分和定位,如中央与地方政府、部门与部门、政府与企事业单位的权力关系等等,都要随政府职能的转变而作出适当的调整;有的权力需要强化,如在市场失灵的领域则需要政府配置相应的权力予以干预;有的可能需要削减,如职能目标消失的事项,其行政权力也就不复存在;再如,由于社会治理的职能转移到非政府组织那里去了,那些原先由政府把持的支持这些社会治理职能的权力消失了。也就是说,由于职能转变和转移引起了权力变化,权力可能减弱了,也可能增强了。现在,人类正处在一个从工业社会向后工业社会转变的过程中,这一历史性的转型过程决定了政府职能的变革不同于工业社会这一历史时期中的一切变革,新的政府职能变革将会走向政府与社会一道进行合作治理的方向。

现在已经可以明显地看到,20世纪后期以来,人类进入一个"全球风险社会"(贝克语),危机事件频繁地发生,在这种情况下,政府也许会领悟出设立相应的机构去应对危机事件。但是,在如何根据所谓"风险社会"去进行行政改革,可能就会不得要领。因为,风险并不是固定的风险,不会在一个固定的地方表现出危机。所以,它没有明确地向政府提出具体的变革要求。对于新的历史条件下的行政改革来说,战略性的、总体性的目标却是明确的,那就是根据人类社会后工业化这一根本性的历史转型要求去重建政府。比如,在危机事件频繁发生这一问题上,我们看到的是后工业化的历史转型所带来的各种各样新的社会因素,这些因素由于已有的政府及其管理模式不能觉察到它们,不能及时地加以引导,从而以危机事件的形式表现了出来,甚至有很多以自然的形式表现出来的危机,也是由于人的因素而引起的。

在这种情况下,政府需要增强自身社会治理的灵活性,需要赋予行政人员以更多的自主性,这些都是确定无疑;再如,随着社会自治力量的出现,政府需要努力去与社会自治力量谋求共识,共同地去建构合作治理的体系。所以,在行政改革的问题上,政府应当通过怎样的变革去解决哪些具体的社会问题,已经不再是一个非常重要的问题了,反而属于较为次要的问题了。易言之,对于行政改革来说,根据后工业化的重大历史变革去重建自身,才是最为重要的事情。

就社会发展的现实表现来看,随着经济的发展和社会的进步,社会成员的文化素质在不断提高,物质生活和业余时间也越来越充裕,能够也有能力更多地参与到社会活动中去,这对于推动社会自治来说,是一个重要的前提。由于社会自治力量迅速地成长了起来,政府已经没有必要再更多地依赖于少数人操纵的"看得见的手"了。事实上,就20世纪后期以来的西方国家行政改革来看,在很大程度上都反映出对综合协调机构的加强,并努力去促进非政府组织的成长,一方面,为非政府组织的成长提供政策支持和环境条件;另一方面,让非政府组织承担更多的社会治理职能,努力营造社会自治的气氛。在这个过程中,政府则朝着加强宏观调控的方向发展,尽可能把微观层面的社会治理事务交由非政府组织去承担。

结果,在政府与社会的关系方面形成了两条线索:第一条线索是,政府把非政府组织作为政府与社会之间的中介,也正是由于这个原因,人们往往也把非政府组织称作为中介组织。在这条线索中,社会组织替代政府而进行直接管理,政府由直接管理改为间接管理,尽可能多地把社会管理职能交由非政府组织承担。第二条线索是,政府与非政府组织同时作为社会治理主体而存在,虽然在不同的社会治理领域中表现出分工的情况,但在总的社会治理过程中则是一种合作关系,形成一种合作治理的局面。就目前的社会治理情况而言,前一条线索属于主线,后一条线索还不甚明朗。所以,我们更多地看到,由于大政府组织的出现而表现出了政府社会治理职能的转让,即政府从微观管理的领域中退出来,同时引导非政府组织进入这些领域。不过,还是不难发现,在那些由于社会的发展而出现的新的社会治理领域中,以及在那些由于社会的发展和科学技术的进步而引入了新的治理工具的领域中,政府与非政府组织的合作治理则表现得较为明显。这也说明,政府与非政府组织的合作治理是社会治理的一个发展方向。

非政府组织作为一种社会自治力量,是存在于政府之外的社会治理主体,它的出现,本身就意味着政府垄断公共事务管理局面的结束,它作为一种社会性的力量,与政府之间也有着管理与被管理的关系。但是,在社会治理方面,它又是作为一种与政府平等的社会治理主体出现的。所以,一方面,它与政府之间有着管理关系;另一方面,它又在社会治理中与政府有着合作关系。这样一来,政府对社会的行政命令甚至行政指导都失去了合理性,从而转化为社会治理过程中的协商和合作互动。即使就政府与社会自治力量之间的管理关系而言,也不同于传统的那种政府对社会的管理,属于引导型的管理关系而不是控制型的管理关系,表现为政府的引导型职能。在引导型政府职能模式转化为政府行为的时候,必然是不同于干预型政府职能模式实现过程中所表现的那样,为了管理的目的去压制、抑制某些因素;同样,也不会像自由放任型政府职能模式那样,自由主义地对待各种社会因素。引导型政府职能模式在实现过程中所采取的是鼓励差异、促进合作、追求和谐的原则。

第二节 社会治理体系"返魅"的路径

一、"解构"中的价值"返魅"

在人类社会的每一个历史时期,都会有着与它相适应的基本的社会治理类型。这就是我们一再指出的,在农业社会,存在着统治型的社会治理,这种治理的目标是获得稳定的统治秩序。为了达致这一目标,社会治理的过程就表现为根据社会等级关系的要求去不断地强化权力支配方式,并在这种对权力的强化过程中生成了权力制度。同时,农业社会的治理过程也需要得到治理者个人道德因素的支持或补充,由于尚未出现治理活动的职业化,治理者的角色更多地是由其身份和地位决定的,而且,他的治理活动与他所拥有的特定身份、地位上的生活是一致的或密切联系在一起的。

工业社会的治理模式属于一种管理型的社会治理模式。这种治理模式虽然把公平与效率作为其基本目标,但是,自觉地去获取社会秩序也依然是它的目标之一。它与统治型社会治理模式的共同点在于它也是控制导向的,都通过社会控制的方式去达致自身的目标。但是,就它属于工业社会的治理模式而言,与统治型的社会治理模式有着根本性的不同:第一,它在社会控制的过程中不是单纯地寄托于权力控制,而是追求控制体系的科学性,控制过程的合理性,控制方式、方法的多样性;第二、它在工业社会及其市场经济的契约原则和契约精神的基础上确立起了法制和民主的治理体系框架,因而,它的制度类型属于法律的制度;第三,它继承了统治型社会治理体系的权力支配方式,但是,把权力支配行为严格地限制在政府组织的内部,在政府作用于社会的时候,权力必须转化为规则、规范才能发挥作用,或者,是作为规则、规范背后的支持力量而存在的;第四,它注重在治理体系及其运行机制的建设中去解决一切问题,或者说,它把社会治理过程中出现的一切问题都归结为某种或某些客观性的原因,然后通过建立和改进客观性设置的路径去解决一切被视作为"客观性"的问题或由客观性原因引起的问题;第五,虽然整个社会治理过程和一切治理活动都是由人承载的,但是,作为治理者的人在这里被要求排除了自身的人格、情感等所有价值因素,从而作为理性的、抽象的、满足"机械性"治理要求的"工具人"而存在;第六,它在一切被纳入到治理过程中的"人"、"物"、"事"中去着力发现"同一性"的因素,并根据所获得的同一性理解而制定具有普遍性的治理方案和作出具有普遍性的行为选择,尽力不去考虑甚至防范那些来自于社会的具体性要求。归结起来,这些特征表明,工业社会的管理型社会治理模式就是我们常常用来表征的几个关键词:"工具理性"、"形式合理性"、"机械性"、"形式化"、"科学化"、"非人格化"。总之,这是一个不考虑人的价值因素和把"实质理性"当作"巫魅"而加以祛除的治理体系。

20世纪的80年代以来,人类社会开始走向后工业社会,因而,也提出了社会治理体系变革的要求。从这一时期世界各国纷纷进行行政改革来看,社会治理体系变革的进程已经启动,只是世界各国在进行行政改革的时候,更多地受到现实问题的直接性引导,而没有明确地意识到根据后工业社会的要求去重建社会治理体系的要求,因而,缺乏明确的建构后工业社会治理体系的自觉意识。但是,一些学者意识到了这一点,他们基于对工业社会及其治理体系的认识而把重建的过程称作为"返魅",一方面,是对工业社会治理体系的"解构",另一方面,又是治理体系重建中的实质理性的"返魅"。这是一个准确的描述,而且确实反映了后工业社会及其治理体系重建过程的基本特征。

关于"解构",大致可以从两个层面上来作出理解:其一,是对工业社会进行结构性分析,即通过分析工业社会的结构并从中发现结构性的不协调因素;其二,是对工业社会结构的批判,要求从结构上否定它,而不是在功能上修补它。总之,解构的对象是工业社会,而且是这个社会的整体,解构包括它的一切领域,其中最为主要的是它的治理体系。当然,鉴于语言往往更能够反映这个社会的基本特征,所以,20世纪的后现代主义更多地关注语言学的研究。这一点也与文艺复兴运动一样,在那个历史时期,"神"是最基本和最本原性的存在,所以,文艺复兴运动把批判的对象确定在"神"的问题上。其实,文艺复兴运动与后现代主义在本质上都属于对社会治理模式的解构,所要否定的是旧的和已经作为传统的治理模式。我们拿后现代主义与文艺复兴进行比较,实际上包含了我们的一个基本判断:在工业社会的启蒙运动发生前出现了文艺复兴运动,做出了一系列必要的地基清理工作,使工业社会的启蒙运动得以顺利地去建设工业文明的大厦。与此相似,在后工业社会的启蒙运动开始之前,由后现代主义对工业社会进行一场深刻的解构运动也是必要的,也是一场清理地基的工作。它所作出的准备,为后工业社会启蒙运动的顺利开展来说,是了不起的贡献。也就是说,后现代主义被赋予了这样的使命,那就是宣布工业社会的启蒙运动所开辟的工具理性时代的终结和后工业社会启蒙运动的开始,而后工业社会的启蒙运动所要解决的第一项任务就是"返魅"的问题。

齐格蒙特·鲍曼说:"后现代对世界的'返魅'带来了坦率地面对毫无遮掩的、无毁誉的人类道德能力的机会。后现代对世界的'返魅'也将道德能力从其现代流放中接纳回人类世界,重新恢复它的权利和尊严,抹平被诽谤的记忆和由于现代的不信任而留下的屈辱。并不是这个世界必然会变得更加美好和更加热情,而是这个世界仍有与人类的坚忍和开朗的性情达成协议的机会,这个机会可以从此开始。……世界更加人道的希望将变得更加现实"。[①] 当然,就"返魅"这个词所指的是后工业社会治理体系重建过程的特征来说,应当在更大和更为深刻的层面上来加以理解,它是指对工业社会理论以及现实设置的片面性的否定并还给世界以完整性,它所要求的是重新用道德的视角来认识世界并在关于世界的再建构中重新确认道德因素的不可缺少性,它所要达到的目标是要还世界以应有的面目。

"返魅"是一场革命,应当是一场首先进行了充分的理论探讨和行动方案设计的革命,因而,在社会治理体系的变革过程中将会表现出非暴力的、渐进的和自觉推进的特征。就工业化进程中的社会革命来看,虽然出现了暂时性的旧势力复辟的现象,但是,社会发展的步伐并未停息过,只不过不再以革命的形式出现。这就是萨拜因所指出的:"影响更大的无疑是,随着商业和工业资产阶级的地位和影响变得更加巩固,他们的观点也自然而然地发生了变化","这个阶级的社会地位使得它在世界观和方法论上逐渐失去它的革命性。……随着时间的推移,开明政治改革越来越超出意识形态的领域,过渡到体制重建的领域。行政的现代

[①] [英]齐格蒙特·鲍曼:《后现代伦理学》,39 页,南京:江苏人民出版社,2003。

化、法制程序的改进、法院的改组、卫生法规和工厂检查制度的创建,所有这些具有开明特征的改革,都不是以革命热情而是靠艰苦的、从实际出发的研究,并且仔细地起草立法来实现的。自由主义的理想是革命时代的后果,但是它的成就却大部分是高水平的务实的才智应用于具体问题的产物。它的理论仍然是理性主义的,但这一理性主义却受到理想必须对大量具体事件起作用这种认识的限制。非常自然,它的哲学逐渐变为功利主义的,而不是革命的了。"①正是经由这样一个不断改革的过程,工业社会走向了自己的顶点,用自己积累起来的社会治理的和科学技术的成果,为人类走向后工业社会开辟道路。在从工业社会向后工业社会的转变过程中,以"返魅"为形式的革命是一场广义上的"革命",它采用和平的方式,而不是像法国"大革命"那样采用暴烈的方式。但是,相信这场革命将会更为深刻,即使在行进的过程中出现工业社会治理方式的复辟,也将会转瞬即逝。

二、指向道德的价值"返魅"

在社会治理过程中,进行价值考量是无法回避的。即使在社会治理与管理相重合的情况下,正如西蒙所揭示的那样,"管理就是决策"。进而,对于作为一个相对独立的行政部门的政府来说,它的行政相对于政治的独立性,如果仅仅表现在它是对政治部门决策的执行的话,那么,这种执行是从属于西蒙所揭示的管理规律的,它必然是以再决策的形式而得以执行的。只要这种决策存在于整个行政过程中,在每一次再决策中就都必然会把具体的特殊的价值带入其中。事实上,行政过程从来也未成为行政人员简单的、直接的和被动的执行法律和政策的过程,它在政治与行政二分原则被申述得最激烈的时刻,也一直表现为一种积极主动和创造性地执行法律和政策的过程,是一个持续的决策过程。事实上,如果丧失了价值的考量,就会像密尔所说的,政府"这种行政机器愈是构

---

① [美]乔治·霍兰·萨拜因:《政治学说史》,743页,北京:商务印书馆,1986。

造得有效率和科学化,网罗最有资格的能手来操纵这个机器的办法愈是巧妙,为患就愈大。"①当然,密尔所强调的是对个人自由的尊重问题,如果把"个人自由"置换成"公共利益",密尔的话也是同样适用的。

从20世纪后期的情况看,一些资产阶级学者试图把"返魅"的过程统一到民主价值观上去,这是"解构"精神不彻底的表现。实际上,到了20世纪,民主价值观本身就已经变得极其模糊含混了,不具有在根本上统一社会和达成共识的功能。假定在一个国家中存在着清晰的民主价值观,也不可避免地会存在着认同上的差异和分歧,也不会达致共同拥有的境地。况且,民主价值观自身在具体定义的时候(比如涉及到权利的问题),就出现了悖论,就必然会要求人们拥有不同意民主价值观的权利。所以,资产阶级学者希望把社会统一到民主价值观之上的想法是经不起推敲的。而且,民主在实际的运行中也表现出了不允许人们反对民主的专横。在现实中我们尤其看到,那些讲民主的人可能恰恰是不道德的,而不道德的行为是侵害自由的主要因素,正是因为存在着不道德的人及其行为,才造成了自由经常性地受到侵害的问题。

对于这一点,较早时期的资产阶级思想家给予了充分的关注,只是后来的学者们忽视了这一点。比如,约翰·密尔在《论自由》一书中对不道德的人及其行为作出了这样的谴责:"一个人表现鲁莽、刚愎、自高自大,不能在适中的生活资料下生活,不能约束自己免于有害的放纵,追求兽性的快乐而牺牲情感上和智慧上的快乐——这样的人只能指望被人看低,只能指望人们对他有较少的良好观感;而他对于这点是没有权利来抱怨的,除非他以特殊优越的社会关系赢得他们的好感,从而具备资格博取他们的有益效劳,而不受他自身缺点的影响。"②

在密尔看来,最无法容忍的不道德行为是那些直接对人的权利的侵害。"侵蚀他人的权利,在自己的权利上没有正当理由而横加他人以损

---

① [英]约翰·密尔:《论自由》,120页,北京:商务印书馆,1982。
② [英]约翰·密尔:《论自由》,84页,北京:商务印书馆,1982。

失或损害,以虚伪或两面的手段对付他人,不公平地或者不厚道地以优势凌人,以至自私地不肯保护他人免于损害——所有这些都是道德谴责的恰当对象,在严重的情事中也可成为道德报复和道德惩罚的对象。不仅这些行动是如此,就是导向这些行动的性情正当性说来也是不道德的,也应当是人们不表赞同或进而表示憎恶的东西。性情的残忍、狠毒和乖张——这些是所有各种情绪中最反社会性的和最惹人憎恶的东西——妒忌,作伪和不诚实,无充足原因而易暴怒,不称于刺激的愤慨,好压在他人头上,多占分外便宜的欲望,借压低他人来满足的自傲,以'我'及'我'所关的东西为重于一切、并专从对己有利的打算来决定一切可疑问题的唯我主义——所有这一切乃是道德上的邪恶,构成了一个恶劣而令人憎恶的道德性格。"①所以,如果仅仅重申民主的价值观而不考虑道德的因素的话,并不是"返魅"的正确做法。

在更广泛的政治意义上,我们发现,早在古希腊,亚里士多德提出"人在本性上是一个政治动物"。"人类自然是趋向于城邦生活的动物(人类在本性上,也正是一个政治动物)。""每一个隔离的个人都不足以自给其生活,必须共同集合于城邦这个整体"。这就需要社会与国家,需要社会组织,需要形成比其他群居动物所结合的团体"更高的政治组织。"②马克思在评价亚里士多德的这一论断时也指出:"人是最名副其实的政治动物,不仅是一种合群的动物,而且是只有在社会中才能独立的动物。"③

当然,政治是人类群体生活的一种形式,除此之外,一个社会还可以其他形式把人们组织起来。但是,无论以什么样的形式去把人们组织起来,都有一个如何治理的问题,或者说,通过把人们组织起来而治理社会,也可以说,通过把人们组织起来而实现对他们的治理,概而言之,达到社会治理的目的。在如何治理社会的问题上,亚里士多德所推崇的是

---

① [英]约翰·密尔:《论自由》,85页,北京:商务印书馆,1982。
② [古希腊]亚里士多德:《政治学》,7~9页,北京:商务印书馆,1965。
③ 《马克思恩格斯全集》,46卷,上册,21页,北京:人民出版社,1979。

城邦政治,他认为,城邦政治"主要的目的就在于谋取优良的生活。但人类仅仅为了求得生存,就已有合群而组成并维持政治团体的必要了。"①城邦政治所提供的不仅是一个"组成并维持政治团体"的目标,而是要追求"优良的生活",即追求"至善"。亚里士多德认为,"只有具备了最优良的政体的城邦,才能有最优良的治理;而治理最为优良的城邦,才有获致幸福的最大希望。"②

今天看来,在历史上曾经出现并被认为是"优良的政体"的,都是暂时的。每一个时期,人们都会努力去追求一个优良政体的建立,然而,却从来也没有真正建立起令人满意的优良政体,因而也从来没有真正实现优良的治理。农业社会中的权力制度是暂时的,工业社会的法律制度也显然是暂时的,即使我们所向往的道德制度,也将处于一个不断完善和发展的过程中。人类社会的发展,在很大程度上就是由于对"优良的政体"以及"优良的治理"的追求所推动的,只要人们能够根据自己所处的历史条件去思考建立优良的政体的问题,就是推动历史发展的举动。就学者而言,每一个时代的学者都只能解决他所处时代的问题,必须依据他所处时代的现实要求去探索建立优良政体以及优良治理模式的可能性,不顾现实而去空想臆造所谓社会治理的新方案是不可取的。但是,固守在历史上可能是优良的某一政体或某一治理模式也是不可取的。所以,我们所要追求的是后工业社会的"优良政体",而不是把"返魅"定位在对工业社会的政体、政治以及治理体系的改进,不要以为在已有的框架中加入价值的、"实质理性"的因素就完成了任务。而且,仅仅谈论价值和"实质理性"也是较为空泛的,因为,可以把这些价值、"实质理性"理解为民主的价值观、"优良的政体"以及农业社会曾经发挥过很大作用的习俗、习惯等等。其实,在考虑社会治理体系的重建问题时,我们需要对作为"返魅"之内容的价值和"实质理性"作出更明确的宣示,需要指出

---

① [古希腊]亚里士多德:《政治学》,130 页,北京:商务印书馆,1965。
② [古希腊]亚里士多德:《政治学》,132 页,北京:商务印书馆,1965。

这些价值和"实质理性"究竟是一些什么东西。

在思考"返魅"的问题时,当代学者往往到农业社会的历史中去搜寻可资借鉴的因素,认为在农业社会的完整性的生活以及社会治理形态中是包含着某种价值因素的,并试图把这些价值因素确立为"返魅"的内容。其实,当代学者在农业社会的文化体系中所发现的所谓价值,大都是一种作为感性存在形式出现的习俗,或者是被农业社会的思想家们系统化了的习俗体系。这些习俗,往往是在一个较长的历史演进过程中生成的,表现为一定的群体生活习惯的积淀过程,也是一个可以被称作为"自然"的过程。所以,习俗之中往往包含着一定的价值定势,正是这种价值定势使它显得具有很强的规范性、稳定性和历史惯性。对个人的价值观念、道德意识的形成具有多方面的作用,潜移默化的熏陶就是其突出的一面。人从出生开始,就不能不受到习俗环境的影响和熏陶。突出反映在:"如果一个人生活在埃及、巴基斯坦或印度尼西亚的穆斯林家庭,那么他很可能成为一名穆斯林;如果一个人生活在西藏、斯里兰卡或日本的佛教徒家庭,那么他就很可能成为一名佛教徒;如果一个人生活在印度教徒家庭,那么他很可能成为一名印度教徒;如果一个人生活在墨西哥、波兰或意大利的基督教徒家庭,那么他很可能成为一名天主教徒。"①习俗又不是永恒不变的,虽然人为的移风易俗往往落于失败,但习俗随着历史进步节奏的加快而变化得更为迅速也是一个事实。所以,在建构后工业社会治理体系的时候,如果我们把对习俗的恢复作为"返魅"的内容,更是不能接受的。

在我们看来,社会治理体系重建中的价值"返魅"是应明确地定位在指向道德的方向上的。或者说,如果这一"返魅"的过程将把价值和"实质理性"作为一个系统的集合而引入到社会治理体系中来的话,那么道德将是这个系统集合中的核心价值,其他的价值因素都是围绕着道德因

---

① [英]约翰·希克:《信仰的彩虹——与宗教多元主义批评者的对话》,9页,南京:江苏人民出版社,2000。

素展开的,体现和融合了道德价值。我们指出这一点,即使在工业社会的现实中也是有着客观依据的。我们知道,在工业社会出现了公共领域、私人领域和日常生活领域的分化,结果,在公共领域中道德价值丧失了,因而,公共领域从属于工具理性;在私人领域中,情况变得复杂了起来,虽然从属于利益谋划的工具理性处处得到张扬,但是,由于亚当·斯密所说的那只"看不见的手"的作用,在结果上又会走向有道德的结局;至于日常生活领域,道德价值时时处处都在发挥着不可替代的作用。在一定程度上,我们可以断言,整个工业社会的历史是在日常生活领域的引领下前进的,正是日常生活领域最先产生出新的生活要求和观念,然后通过私人领域去加以实现,在这一实现过程中出现的新的问题才又反映到公共领域中去,对公共领域提出新的要求并推动公共领域的发展。到了20世纪后期,当大众传媒、消费主义主宰了整个社会的时候,日常生活领域依然显示出"生活之树常青"的状况。一切较为深入的认识都可以发现,生活的世界是最有生命力的世界,任何时候,它都表现出了人类走向未来的强大驱动力,存在于日常生活领域中的道德也因而成为"最有前景的"走向未来的因素。特别是在后工业化的过程中,公共领域、私人领域与日常生活领域走向融合的时候,作为道德"大本营"的日常生活领域更加表现出直接在社会治理过程中发挥作用的功能。

三、道德"返魅"的路径

不同的社会必然会需要不同类型的技术。在农业社会,技术是整体性的而不是局部性的专门技术,因而,这种技术所追求的是"道",即追求"道"的境界,"理"只不过是包含于"道"之中的,是达到"道"的途径。在工业社会,技术合乎"理"就是最高的境界了,它不去追求"道",而且会把"道"看作无益于技术的东西。所以,工业社会的"技术意味着将生活打碎成一系列的问题,将自我打碎成一个产生问题的多面体,每一个问题都要求单独的技术和单独的大量专门知识。破碎的工作做完后,剩下的就是不同的需要,每一种需要被对特殊的货物和服务的需求所压制;将会被依次克服的不同的内部或者外部压制、某一时刻的压制——因此导致的偶尔这个或者那个的郁闷能够得到减轻或者去除。在发誓追求普遍的快乐和所有欲望公开合法性的仁慈政体中,需求可能转变成权利和约束,这些权利和约束被宣布为对不公平的表露。然而,一个政体不论多么仁慈、多么人道、多么宽容、多么自由,它都不会允许对成碎片的自我这一神圣实体进行挑战。"①总的说来,当社会被作为整体性把握的对象时,就会产生从中求"道"的思想追求,然而,当社会被打成碎片化的个体的时候,就必然会要求在这些"碎片"之间发现"理"。由此,就可以理解工业社会的管理特征了,工业社会的政体,无非是管理"碎片化个体"的固定技术模式,它对碎片化个体及其权利的尊重,无非是使管理的制度安排有"理"可循。

通过上述分析,可以看到,农业社会的技术是"道"的技术,工业社会的技术是"理"的技术,这两种技术都意味着"道"与"理"的分离。在后工业社会,技术中"道"与"理"的分离将是不允许的,这个社会的技术将把对"道"的追求和对"理"的追求整合到一起,实现"道"与"理"的共存、共在,在任何一项具体的技术中,"道"与"理"都相互包容、相互补充,从而使技术能够实现从"整体性"向"总体性"形态的提升。整体性是可以分解的,所以农业社会的整体性技术是可以被工业社会碎片化的专门性技术所取代的;总体是不可分解的,所以,后工业社会的总体性技术是农业社会整体性技术和工业社会专门性技术思维成就的提升,它在整体性技术和专门性技术的统一中完善这两种技术,使它们都拥有总体性的特征。

但是,在思考社会治理体系建构的问题时,技术只是一个向度,更为根本的还是透过技术而分析人。比如,在资产阶级的文艺复兴运动和工业社会的启蒙运动中,就因为发现了"人",从而突出了人的权利,而人的权利则需要在人与人之间的关系中来加以实现。所以,才建立起合乎

---

① [英]齐格蒙特·鲍曼:《后现代伦理学》,232 页,南京,江苏人民出版社,2003。

"理"的法律制度以及整个工具理性的社会治理模式。但是,在人与人的关系方面,整个近代社会并没有作出完整的科学建构。也就是说,近代以来的思想家们都停留在现象界的层面上去把握人们之间的关系,所以更多地看到的是人的竞争关系,基于这种竞争关系而提出的社会整合方案也只能满足于协作的要求,对人们之间的合作关系,则没有实质性的把握。在后工业社会治理体系建构中,所要指向的是人与人之间的合作关系,需要在合作行动的图式中去考虑价值"返魅"的问题。

吉登斯认为,现代性之所以造成了人的孤独的事实,使每一个人都处于孤立的状态,是由于道德的缺失。他说:"'生存的孤立'并不是个体与他人的分离,而是与实践一种圆满惬意的存在经验所必须的道德源泉的分离"。① 也就是说,人与人的分离是一种现象,而其实质则是在人的生活中失去了道德。回顾历史,我们的确看到,当人成为社会的存在物的时候,他的自然感性的一面甚至会表现出比动物还要更强的那种对群体的破坏力。弗兰克对这一点作出了谴责,他说:"不由自主的自发意愿也不仅限于他的自然需要,像天然的动物那样。相反,这些意愿会无限扩展,从简单的生理上必需的动机变为无度的有害的欲望。在这方面,说来奇怪,动物似乎比人更有理性,确切些说,更通情达理。在各种动物中,惟有人享有一种可悲的特权:在他身上自我保存的本能可以变为狂傲的利己主义,对事物的需求可以变为贪食无度,性本能可以变为野蛮的贪婪的情欲或者永无餍足的貌似雅致的淫荡,对他人痛苦的单纯的动物性的冷漠可以变为以残忍取乐的暴虐狂。换句话说,在这里人的意愿的自生性已经不是他的内心生活的自然动态的显露,而是在他的精神存在中变为作为某种自足的原素的纯粹的、无限的潜在性的动态。"②

就此而言,人的社会性在一定程度上使人的自然性的一面免除了自然法则的制约,从而使人自然的一面表现出"恶"。但是,就"恶"而言,依

---

① [英]安东尼·吉登斯:《现代性与自我认同》,8 页,北京:三联书店,1998。
② [俄]弗兰克:《实在与人:人的存在的形而上学》,217~218 页,杭州:浙江人民出版社,2000。

然是在社会的立场上所作出的判断,人的社会性支持了这种恶,又斥责这种恶。所以,人的恶与善都是属于社会的,如果把人的恶归结为人的自然本性,是没有道理的。也正是因为人的恶是属于社会的,所以也是可以通过社会的健全来加以克服的。即通过社会自身的改善来克服人的恶的一面。恰恰是在这个问题上,近代工业社会没有作出较好的处理。也就是说,近代社会由于根据霍布斯的理解,简单地把人的恶看作为一种自然本性,以为一切社会设置都是有助于克服人的这一自然本性的。也正是由于这一简单化的做法,在用社会设置去克服人的恶的一面的时候,同时也把人的善的一面祛除掉了。官僚制就是这一简单化做法的典型表现。如果我们把人的恶与善都看作为人的社会存在,就不再会采取这种简单化的做法了,我们就会努力用人的社会性的善去克服人的社会性的恶。

长期以来,人们寄希望于个人道德水平的普遍提高而达致社会的道德化,其实,关于个人道德与社会道德化之间的关系上的这一思路恰恰需要颠倒过来,需要社会有了道德制度,才能够促使有道德的人越来越多。"随着法治国家机构稳定性、功能及可信度的改进,道德市场的框架条件也同时得到改善。更稳定、更有效及更可信的法治国家机构也在开放社会关系的稳定性、有效性的社会控制体制及更好地保护人们免受权力任意和权力滥用方面得到更高程度的体现。如果道德市场的框架条件得到改善,就会出现更多的道德人士。"①只是首先有了这个环节,个人道德水平影响社会道德化的过程才会成为现实。这个时候,"社会中越多的成员积极关注公共产品,则他们在条件相同的情况下取得的成功也就越大,相应地道德市场的框架条件及'道德生产率'也会进一步改善——作为后果,社会中拥有道德完整性的人士的比例继续上升。"②这样一来,在社会治理体系建构中提升道德资源的途径就非常清楚了,那

---

① [德]米歇尔·鲍曼:《道德的市场》,561~562页,北京:中国社会科学出版社,2003。
② [德]米歇尔·鲍曼:《道德的市场》,562页,北京:中国社会科学出版社,2003。

就是首先需要致力于公共组织的道德制度建设,用这种制度为组织中有道德的组织成员提供保障,使他们获得更多的道德利益。进而促使有道德的组织成员在公共组织中的比例达到绝对优势。只有这样,社会治理体系才能成为有着明显道德特征的组织,才能够显示出在提供公共产品方面的不可替代功能。

在道德制度的建设中,行政伦理的研究是可以有所作为的。关于伦理学的功用,麦金太尔认为,伦理学"告诉我们,什么样的生活方式和形式是幸福所必需的。"[1]而西季威克则说:"伦理学的研究和政治学的研究都不同于实证科学的研究,因为它们的特殊而基本的目标都是确定应当如何行为。"[2]应当看到,对伦理学功用的这些理解都是从观照个人的角度出发所看到的,是关于个人如何在道德行为中获得幸福以及个人如何根据道德的原则行事。这是缺乏对社会进行道德建构抱负的表现。其实,就道德在人类社会生活中的意义以及伦理关系在人类社会关系中的地位而言,伦理学是完全可以在对社会进行道德建构的过程中发挥作用的。也只有在这个意义上,伦理学才能既是一门知识的科学也是一门实践的科学。它通过认识一个社会中人的道德存在的状态,然后根据人的道德存在去进行社会建构。否则,伦理学就会陷入分裂:要么为个人的行为颁布道德规范;要么成为要求认识所谓道德规律的科学游戏。

涂尔干说:"毫无疑问,上帝仍然在道德中扮演着重要角色。只有上帝,才能保证人们尊重道德,压制违反道德的行为。违反道德就是冒犯上帝。不过,上帝被归纳为保护人的角色。道德纪律不是为了上帝的利益而制定的,而是为了人的利益而制定的。上帝的介入,只是为了使道德纪律行之有效。"[3]但是,在尼采宣布"上帝死了"这样一个时代,上帝的这一道德保障功能显然已经变得极其微弱了,而且,从人类社会的演进来看,上帝的这一保障功能只能变得越来越弱。在这种条件下,再求助

---

[1] [美]麦金太尔:《伦理学简史》,92页,北京:商务印书馆,2003。
[2] [英]亨利·西季威克:《伦理学方法》,25页,北京:中国社会科学出版社,1993。
[3] [法]涂尔干:《道德教育》,10页,上海:上海人民出版社,2001。

于上帝提供道德保障的功能，显然是不现实的。所以，我们只有现实地去考虑道德保障的世俗建构问题。在这一方面，近代以来的制度建设思路是可取的。所以，我们所提出的道德制度建设也属于制度建设的范畴。但是，这种制度建设不再是工业社会的形式化、抽象化，而是实实在在的道德"返魅"。

第三节 行政发展中的行政道德

一、20世纪完善官僚制的努力

近些年来，在政府引导社会发展的问题上，出现了导向上的转变。它意味着中国的改革开放进入一个新的阶段。在改革开放的早期，鉴于当时的国民经济发展水平以及人们的生活状况，政府的第一要务就是引导中国社会尽快解决人民群众的生存问题，这一问题也被称作为"温饱"问题。所以，确立了效率导向的目标。现在，中国社会的"温饱"问题基本上得到了解决，即使在一些地区和一定人群中这一问题依然是需要重视的问题，但对于整个社会而言，它已经开始边缘化了。正是在这一条件下，社会公平的问题突出了出来。对于社会来说，所提出的是公平问题；而对于政府来说，则要求公正地对待整个社会。也就是说，政府提供的社会公正任何时候都不应简单地还原成公平地对待每一个社会成员，因为社会成员的构成以及其地位和处境的复杂性决定了公平地对待他们恰恰是最不公平的。公正的问题不是由一些规范性的文本所能统而无遗地包容下来的，因为，法律体系以及官僚制组织体系其实只是一个抽象体系，它所能够包容的只是那些带有普遍性的、一般性的公平，而对于具体条件下的公平问题，既无法预见，也无法提供规范性的意见。所以，在很多情况下，政府欲达公平之时，恰恰造成了极其不公正的结局。这就决定了，公正的实现需要时时处处地取决于行政人员的主观裁量。然而，行政人员的主观裁量怎样才能不成为制造不公正的原因而是公正的保障，就需要到行政人员的道德自觉方面去寻找支持。这样一来，行政道德的问题也就相应地被突出了出来。

应当看到，在社会治理的领域中，人类在20世纪取得的最辉煌成就是官僚制所实现了的理性自觉，马克斯·韦伯在历史考察中发现并提出了理性官僚制的理论。但是，官僚制的工具理性特征以及对形式合理性的追求，又使它在实践中陷入了对科学化、技术化的片面追求中去了。因而，20世纪关于人类社会治理方式的探讨也就更多地集中在如何完善官僚制的问题上了。特别是到了20世纪中期，人们越来越强烈地感受到行政体系中的官僚制与资本主义民主制度的对立，因而不断提出通过改造政府来消除这种对立的要求。在一定程度上，发生在20世纪后期的新公共行政运动和新公共管理运动都是试图冲破官僚制的探索。然而，官僚制却顽固地屹立于政府的社会治理过程之中。

从20世纪后期完善官僚制的努力中可以看到，所谓完善官僚制，无非是在权力支配体制之外寻求政治以及文化范畴的调适。从实践进程来看，20世纪后期的新公共行政运动就属于这一理论逻辑的延展。然而，官僚制一经建立，就仅仅沿着科学合理性的方向去追求自我圆满，所以拒绝任何文化范畴的补充性调适。正是由于这个原因，新公共行政运动成了不结果实的花朵。其实，在新公共行政的视角中，关于公共行政的争论主要是一个管理导向还是政治导向上的分歧。从管理的视角出发，官僚制应得到强化，行政人员需要更多的权力和权威；从政治的视角出发，官僚制是需要受到进一步约束的行政体制，从行政体系到行政人员手中的权力，都需要受到限制。由于存在着政治导向和管理导向的不同，所以在公共行政的对策性思考中表现出观点纷呈的状况，因而有着众多颉颃并存的提法和制度设计方案。我们所应看到的是，工业社会的治理体系本身就是一个政治体系，政治与行政的二分并不意味着行政就可以脱离政治，行政的价值中立任何时候都是一种过激的表述，不用说行政所执行的依然是政治意志，而且行政的运行本身如果离开了政治也是没有意义的。当然，人们强调行政的效率以及技术性是没错的，但是，这种效率和技术性只有在政治的统摄之下,才会有着积极的结果。事实上,整个工业社会都沉浸在政治的海洋之中,在这个社会中,无论一个人是否喜欢,实际上都不能完全置身于某种政治体系之外。

同样,新公共管理的市场化原则,实际上也只是让交换行为侵入到了公共行政的领域中来了。虽然这在增加公共行政的灵活性和提高公共行政的效率方面有着优异的表现,但是,公共权力也因此获得了更多的谋取私利的机会。在短时间内,通过强化监督机制,还不至于使公共权力的消极表现成为突出的问题,而且新公共管理运动的现实表现也证明,一些行政部门的主管人员因为有了更多的行使公共权力的主动性而增强了责任意识。但是,从长期来看,要么公共权力会成为谋取个人私利的工具,要么需要增加监督成本,从而导致整个行政成本的增长。可见,完善甚至"摒弃"官僚制的要求,都没有从根本上解决问题,没有实现造就新型社会治理模式的目标。

在新公共管理受到人们怀疑之后,如前所述,一些新公共行政运动的代表人物重新开始活跃起来,他们根据"民主行政"的理念而进一步作出"参与治理"的路径设计。其实,这也无助于打破官僚制的政府结构。因为,在参与治理的过程中,一般公众即使透过最"民主"的程序,也只能在不同技术专家与官僚的决策方案中去作别无选择的选择,而且,技术专家往往会以自己的专业论辩能力去说服公众作出违背自身利益以及意志的选择。另一方面,参与过程本身也必然意味着有一个主导参与的实体存在,正是这个实体举办参与、接纳参与,这个实体也就是政府以及具体的行政人员。他们在接纳公众参与的时候,会不会存在把公众参与引向一个他所意欲引向的方向上去呢?也就是说,是否会存在着由政府的行政人员来操纵参与过程的问题呢?显然,是不可能排除这种可能性的。

我们知道,在农业社会的权治中,权术和权谋是一种普遍的治理技巧,善于治理的人也就是善于弄权的人。到了工业社会,法制及其合理性程序恰恰是一种防范和杜绝权术、权谋的设置,而且也确实达到了这种效果。现在,参与治理中所包含的权术、权谋化的可能性,不是社会治理在一定意义上向农业社会倒退的做法吗?我们要求政府拥有更多的灵活性,要求行政人员拥有更多的自主性,但是,当行政人员行使权力而开展社会治理活动的时候,却不能允许以权术、权谋的方式来运用这种权力。现实一再地证明,当参与治理表现在决策上的时候,也可以成为决策主体推卸责任的藉口,使行政人员在行政体系中的争功透过发展到他与公众之间:把治理中的成绩归于自己,而把一切错误都归于公众,让公众自己为治理中的一切不良表现承担责任。最为根本的还是,参与治理还是从属于一种工具性的需要的,即把公众的参与作为一种手段。只要公众参与是一种手段,就不可避免地被操纵和被作为治理失败的"苦主"。

官僚制是管理行政的典型表现,而管理行政是发生在近代三权分立的政治生态之中的。在三权分立的政治构架下,立法机构更多地是从普遍利益出发,虽然立法机构的民意代表要把与公众个体的直接接触作为自己日常活动的重要内容,需要藉此去赢得每一张额外的选票。但是,一旦诉诸于立法活动,与民意代表直接接触的公众个体,就只有在抽象的和普遍的意义上才被考虑到。关心公众个体和维护其权利和利益的工作往往交由司法机构负责,即通过处理日常个案的活动去维护个体的权利和利益。然而,司法机构在做这些工作的时候,却是根据对普遍利益和宪政原则的法律诠释而进行的,这是一种从一般性的原则出发去维护个体权利和利益的做法。在普遍利益与公众个体之间,行政机构的角色是最难确定的,因而政府工作时常处于左支右绌的局面。也正是因为这个原因,政府要么受到公众的批评,要么招致立法机构的不满,甚至在具体问题上要接受司法审查。由此看来,行政的困难是由三权分立的构架造成的。而且,由于三权学说准确地界定了立法权和司法权,而对行政权却一直无法进行准确的定义,所以,行政的困难是很难在行政改革中克服的。20世纪的所有行政改革运动,都证明了这一点。要从根本上解决行政的困难,就需要引入全面性的社会治理模式,在治理体系的设计中,用一种机构及其权力的模糊分设以及有机互动的模式取而代之。这种治理体系是一个建立在总体性哲学理念下的合作体系,它以自身的和谐互动为基础去进行充分的社会治理。

现在看来,在工业社会的社会结构和思维框架中,官僚制是不可能得到废弃和超越的,只有在后工业社会的社会结构中,才包含着废弃和超越官僚制的历史前提,只有当属于后工业社会的全新思维框架建立了起来,废除和超越官僚制的理论方案和社会行动才会成为现实。我们知道,官僚制组织要求行政人员处理公共事务时依照既有的程序或先例,这在工业社会的程式化社会生活中是可行的。但是,在后工业社会,面对公共事务的复杂性和组织环境的不确定性时,既有程序和先例中的经验都很难派上用场,这时,需要组织成员以积极态度和创造性精神回应公共事务的要求。所以,后工业社会的合作制组织首先要考虑的不是强化组织运行中的程序,也不是要求组织成员了解处理同类事务的先例,更不能用案例去训练组织成员的程式化思维,而是要在组织的基本原则得到贯彻的前提下激励组织成员的自主创造精神的成长。

二、否定官僚制效率取向的逻辑

正如学者们经常指出的,官僚制是一种从属于效率追求的行政体制。然而,这种效率取向是来源于三个方面的要求的。

第一,从政治上看,根据人民主权原则,政府应当有效地回应社会要求,尽可能多地提供公共物品。然而,就政治自身而言,它是利益表达的领域,必须接受和容纳不同利益集团的不同利益诉求。这样一来,政治就会经常性地陷入纷纭争讼的境地,从而丧失有效回应社会要求的时机和能力。因而,必须在基本的政治框架下保留一个相对独立的执行政治决策的领域,这就是政府。政府为了有效地执行政治决策,或者说,有效地回应公众的要求,就只能选择官僚制,即让官僚制来提供执行和回应的效率。

第二,从现实的社会发展来看,近代以来,由于工业化、城市化的推动,社会发展的速度加快了,社会的复杂性程度也相应地提高了,在这种情况下,必须有一个相对稳定的并能够按照科学原则建构的政府与之适应。官僚制的"非人格化"、"以事为中心"的原则,都是能够满足科学建构的原则,而且,它的等级化又使命令统一成为可能,从而可以更好地实现效率目标。

第三,专业化为效率追求提供了坚实的保障。在早期启蒙思想家的"三权分立"结构中,实际上已经包含了专业化的内涵,但是,这种专业化还是比较模糊的,进一步的专业化是由政治与行政二分原则加以确定的。正是政治与行政的分化,使政府成了专业化的部门,而官僚制更使这一专业化特征在政府这一专业部门中进一步地细化到每一个机构。结果,官僚制在理论上就成了一个可以加以充分证明的效率实体。

其实,任何管理活动都必须高度重视效率的问题,行政管理活动更是如此。可以说,不存在不讲效率的政府。行政效率是行政管理的出发点和落脚点,是行政管理活动追求的最终目标,它贯穿在行政管理的各环节、各层次中,是政管理体系中多种因素的综合反映。尽管从理论上出发能够对官僚制导致一个效率政府提供有力的证明,然而,在实践上,20世纪的公共行政并不能够真正证明这一点。也就是说,官僚制的实践向我们展示的是另一个逻辑:那就是走向了低效率。仔细地观察,可以发现,造成行政机构工作低效率的原因大致是:

其一,行政部门及其官员的制度垄断供给,即缺乏竞争而导致了低效率。由于行政部门提供特殊劳务的垄断性,其他机构难以替代这些行政部门的工作,因而无法判断它们工作效率的高低,即使有人对行政效率提出质疑,也是轻而易举地得到顺理成章的抗辩的;

其二,由于行政部门的活动大多不计成本,这势必导致社会资源浪费,并且行政机构缺乏降低成本的激励机制。更为根本的是,就官僚制的历史性而言,它所强调的指挥统一、层级节制等原则也的确在一定程度上促进了效率,但是,它却面临着发展困境,而且由于社会的急剧变迁,它与实际之间的鸿沟愈来愈大,它无法担负起社会责任,更缺乏适应社会发展的能力,自然也就谈不上能够有效地改善人民群众的生活水平了。

还有一种现实中普遍存在而理论上无法言说的问题,那就是官僚制的层级关系决定了行政人员需要挖空心思地去取悦上司或上级。虽然在管理行政中已经不再有人身依附的情况,但讨好上司或上级的组织文化心理也严重阻碍了独立人格的形成和发展。而且,当人们有着讨好上司或上级的需要时,他对岗位上的任务和责任的关注就会大打折扣。

行政效率是行政管理活动所追求的目标。但是,公共行政不仅仅是执行政策的工具,而且还是对广大民众生活的各个方面都具有决定性影响的重要因素,它担负着广泛的社会责任。当官僚制把效率当作基本价值并强调非人性化和客观化的所谓理性效率时,实际上是促使组织对人与人之间的互动采取机械性的控制,个人只是表现出惯性的服从,并且专注于工作过程,人与人之间变得工具般地相互操纵,以便去有效率地完成组织目标;而个人则失去了自我反思和自我了解的意识,缺乏创造精神和人格的健康发展,甚至造成组织成员与服务对象之间的疏远和隔离,进而失去了组织应该表现出的社会价值和责任。改革开放后中国政府的几次行政体制改革,也都是以提高政府效率、建立现代官僚制为目的的。需要指出的是,在社会问题日益复杂化的今天,面对潜藏着多重危机的社会局势,那种命令—服从式的技术化的官僚制并不能较好地解决政府所面对的问题,而且,过分关注效率而忽视公平,会使社会、经济畸形发展。

关于20世纪的官僚制乃至整个社会治理体系,福山的概括可以作为一个总结性的结论。福山说:"泰勒尝试推荐一套高度专精化的制度,把大规模生产的'法则'形诸条文,刻意避免装配线上劳工展现个人的主动心、判断力,甚至是个人的特殊技艺。装配线的维修和细部调整工作都交由分离的维修部门去负责,至于生产线设计背后所隐藏的控制智慧,则属于白领工程师和规划部门的管辖权;劳工的效率基础完全遵照恩威并施的手段:生产力高的工人薪资就领得多。"①而韦伯则把泰勒的设计原则原封不动地搬到了行政组织的设计中。结果,"一般劳工可以比拟为古典经济主义的'经济人',也就是消极的、理性的、孤立的个人,他们的反应多半是针对自私的利益而发,面临目标就是把工作场所架构得井井有条,对员工的唯一要求就是对上级顺从不二。员工的一切活动,甚至如何在生产线上移动手脚,都由生产工程师指点,规矩多如牛毛,至于其他人类特质如创造力、主动力、革新能力等,都交由企业组织中其他专家去操心;泰勒思想……是低信任度、规则至上的工厂制度的缩影。"②认识到了"泰勒制"的这一根本缺陷,实际上也就找到了组织重建的方向,那就是恢复人类的创造力、主动性和革新能力在组织活动中的作用,把组织变成一个高信任度的场所。但是,工业社会的生产和社会活动决定了这些构想无法付诸实践,因为"泰勒制"正是基于此的设计,只有当社会实现了革命性的转型,即"泰勒制"的社会基础丧失之后,才能出现使恢复人类创造力、主动性和革新能力等这些人类特质的方案获得实施的可能性。

就中国的情况而言,经历了多年的改革开放,随着社会主义市场经济体制的确立,国民经济的持续增长和原有的社会组织格局、文化态势的剧烈变动,既为行政系统带来了发展的生机与活力,也对行政系统形成了新的压力,并使行政系统的外在环境与内在环境处于动态变化之中,各种变数纷纷呈现。政府如何为加快社会经济文化各项事业的建设与发展提供更多的公共产品,如何处理好利益主体多元化与利益分配公平性的关系,从宏观上解决好对经济发展与物质文化需求增长总量上的调控与平衡,如何有效地综合处理好政府部门与社会及其自治力量之间的复杂关系……都是全新的课题。特别需要指出的是,正如罗尔斯在资产阶级思想的框架内所指出的那样,公平或正义也是一种"天赋权利",

---

① [美]福山:《信任:社会道德与繁荣的创造》,245页,呼和浩特:远方出版社,1998。
② [美]福山:《信任:社会道德与繁荣的创造》,245~246页,呼和浩特:远方出版社,1998。

具有神圣的不可侵犯性,而效率本身却并不意味着公平,而且它正是来自于不公平。所以,政府担负着消除一切提供社会公平的责任。

谈到责任的问题,可以把官僚制看作为两种责任体系的合成体。其中,行政责任是科学管理所要解决的问题,法律责任则是由民主制度派生出来的。尽管近代社会的治理体系没有完全解决这两种责任之间的矛盾,但是,由于两者的结合,还是使工业社会的治理体系得以运营了下去,并造就了官僚制这一所谓的效率实体。然而,对于社会治理体系而言,如果它在运行中所确立的责任仅仅属于行政的和法律的责任,就无法有效解决各个部门、各个机构之间的合作问题。因为,合作关系及其行为,是存在于日常的、具体的行动之中的,其中所具有的复杂性,是任何关于行政责任、法律责任的规定和识别系统都无法涵盖的。所以,只有当道德责任介入社会治理过程时,这个治理体系才能够拥有合作的性质。当然,长期以来,虽然没有道德责任的介入,治理体系并没有在公众的不满中崩解。但是,20世纪后期以来,由于治理体系中新的因素迅速繁衍,治理体系多元化已经成为明显的趋势。在这种情况下,如果缺乏道德责任的话,那么治理体系自身就会受到合法性质疑,甚至是公众难以容忍的。道德责任来源于社会公平的要求,也是政府公正行政的基础。

在很大程度上,公正、平等的观念已经成为近代以来人们广泛认同的核心价值。在此问题上,从早期的卢梭、洛克到当代的罗尔斯,他们做了大量的工作。然而,在社会生活的不同领域,如何根据这一普遍的核心价值来确立属于自己这个领域中的具体的核心价值,可以说在各门具体性的社会科学中探讨的还是不足的,特别是在关于公共行政的各学科中,对此探讨的远远不够。所以,才会出现种种争论以及实践上的实用主义倾向。确立公共领域中的核心价值是一项创造性的工作,而且是公共管理这一特殊学科必须解决的问题,这项工作实际上是不能指望哲学家来完成的,它需要公共管理以及公共行政的研究者去进行规划和证明。就公共行政而言,如果说把平等的原则直接引入公共领域中来,那么,对于整个社会治理体系来说,无疑公正就是核心的社会治理价值。但是,社会治理体系又是由多部门构成的,在不同的部门,表现又有所不同,因而,各个部门的核心价值又需要进一步地加以厘清。我们认为,公共行政的核心价值应当体现在公共利益上,是关于公共利益的信念、公共利益至上性的理念以及促进公共利益实现的道德意志等等的总和。所谓公正,只有在公共利益的实现途径中才有意义,才被作为一项基本价值。当公共利益被作为核心价值的时候,实际上也就意味着要对官僚制的效率取向作出否定和扬弃。

就新公共管理运动广泛地运用合同、契约的手段而言,它是对近代早期契约论思想的实践。也就是说,它把政府与社会之间的关系看作一种契约关系,把公众当作政府的"客户",试图通过"顾客导向"来达到摒弃官僚制的目的,并有效地实现社会公平。可以认为,在社会契约论的设计中,近代社会的平等追求是通过契约的形式去实现的。事实上,近代社会也是可以被看作为一个契约化了的社会。然而,在这样一个契约化了的社会中,在人对人的服从的问题上,也提出了要求契约来加以确认的情况。这就造成了一个奇怪的社会现象:服从是等级关系的确证,某人服从某人,本身意味着一方有支配另一方的权力,这是一种支配与被支配的权力关系,在实质上是等级关系。这种等级关系却借助于契约来加以确认,而契约得以成立的前提恰恰是订约者之间的平等。所以,这是一种"悖理"的现象。但是,如果我们遇到这种现象的话,就必须把它放在特定的历史背景、特定的领域或特定的范围中来认识它,它所证明的是契约赖以确立的平等和自由前提、原则在具体应用中的灵活性,在实质上,作为契约的前提和原则的普遍性并未因此而有丝毫损害。

在契约化的社会中,依然会存在着有限的等级现象,并会通过契约来对这种现象加以确证。可是,在根本上,平等和自由的原则也依然是这一社会的实质性存在。当契约确证等级现象时,更多地侧重于对等级关系的限制和规约,以防止它的扩大和蔓延。就此而言,在 20 世纪后期的政府运行中,根据新公共管理运动的设计,出现了行政合同泙堉的情况,在这些存在于政府中的以及以政府为订约者一方的合同中,还是包含着权力因素的。但是,这种权力因素又是包含在合同、协议之中的,或者,是以合同、协议等形式出现的。这时,又必须满足契约原则的要求。结果必然是:在公平、平等的形式中,是包含着不平等、不公平的。

总之,在官僚制的效率追求中丧失了公平,而提出了"摒弃官僚制"要求的新公共管理运动也没有真正实现社会公平的方案。从政府行为的角度来看,这就是政府的不公正。这也说明,如果仅仅从政府的体制和运行机制上去思考解决公平与效率的关系问题的话,是无法真正造就出一个公正的政府的,只有在充分考虑了政府的体制和运行机制的同时,也关注行政人员的道德价值,才是建构负责任的政府和建立公正行政的正确途径。

三、从行政人员入手寻求出路

根据官僚制的要求,一切经法定程序进入行政体系中的行政人员,一俟被放置到行政职务关系之中,就应当履行职务,遵循组织结构以及法律规章所规定的权限,用自己的所有行政行为追求行政目标,对公众以及代表公众的组织和政治部门负责。一句话,切实地履行行政责任。但是,如上分析,官僚制仅仅能够保证行政人员履行行政责任,至于道德责任,它是无力对行政人员提出要求的。如果没有道德责任的支持的话,那么,公共行政就不可能成为公正的行政,它就不能够真正提供公平。可是,公共行政的基本要义恰恰在于要求行政人员拥有公正精神,即要求行政人员必须公正地对待每一行政行为的客体,公正地对待每一当事人,不因其地位、性别、收入等差别而受到区别对待,不为任何私利追求的行为所驱使,更不能受到金钱的收买、利诱,更要排除各种可能造成不平等或偏见的因素。

在道德行为的层面上,道德主体必须是自主的个体,但官僚制的层级节制却不容许组织中存在着这种自主的个体,所以,它造成了组织体系道德缺失的结果。我们讲制度的道德化和程序的道德化,最终都要落实到行政人员个人的道德行为上,这就要求他们首先是作为自主的个体存在的,其次才是作为行政组织中的"组织人"而存在的,制度道德化和程序道德化的基本内涵就在于通过制度和程序的途径把组织成员塑造成自主的个体,赋予他既对组织负责又同时对公众负责的能力和地位。这样的制度和程序既是规范的又是具有灵活性的,它能够使行政人员既拥有必须遵从的规则、原则和理念,又拥有广阔的自主活动空间。即使是在当今依法行政和依法治理的框架下,我们也可以考虑通过制定行政人员"道德行为促进法"的形式来达到为其道德行为发生提供制度和程序空间的目的。但是,这只能是一项暂时的和应对当下之需的工作,它并不能在根本上解决行政人员的道德自主性的问题。因而,也就不能真正地为行政人员履行道德责任提供切实的保障,进而,也就不能够保证行政人员以及整个政府的行为是公正的。

当然,在以官僚制为代表的管理行政体系中,我们相信,也会有许多行政人员依然是有道德的人,他希望在他的职业活动中也像在家庭生活和其他社会生活中一样,能够讲道德,多做合乎道德标准的事。但是,冷冰冰的行政程序不允许他这样做,按章办事排斥了他的道德冲动,行政体系虽然庞大,却没有道德行为存在的空间,行政人员不被要求也不被允许按照道德原则行事,如果你做出道德行为选择,那就只能后果自负。也就是说,你在行政管理职业活动中做出道德行为选择,取得了合乎行政目标的结果,那是行政体系科学化的结果,你不会得到道德荣誉,即使你受到表彰和奖励,也不属于道德荣誉的范畴。因为,你得到表彰、奖励,只是行政组织运行的常规安排,你只不过恰巧成了组织在这一年度的这个时刻加以利用一下的工具。相反,如果你的道德行为选择带来了不合乎行政目标的结果,那就无法逃脱对你的惩罚、制裁。尽管如此,还是不能得出结论说,行政人员全都变得不道德了,事实上,绝大多数行政人员还是属于讲道德的族群。对于这种现象,如何作出解释呢?如果从近代社会的公共领域、私人领域与日常生活领域的分离来看,是可以形成答案的。

行政人员是有多重角色的,这种多重角色是由于社会分化为公共领域、私人领域以及日常生活领域而造成的。也就是说,他在不同的领域,必须扮演不同的角色。但是,在现实的活动中,行政人员往往会无法分辨他在不同领域中的角色,他活动在不同的领域,却可能在不同的领域都出现角色错位。比如,他在公共领域中从事着行政管理活动,却把他在日常生活领域中作为一个家庭成员的角色带了进来,结果,就造成了角色混乱的情况。正是这一点,使学者们也难以分辨。在库珀那里,我们看到的就是这种情况。库珀说:"尽管行政人员为特定的职责承担责任(正是这些职责构成了他们的职业角色),但在某些时候,他们也认为自己不得不采取违背职责的行为。因为和每一个生活在现代社会中的普通人一样,行政人员必须同时在家庭、社区以及社会中承担着不同的角色,每一种角色背后都附带着一系列的义务,夹杂着私人利益。结果就是:各种角色之间发生冲突,将扮演者置于尴尬、矛盾之中,最后,扮演者必须采取某种行动才能和解这场冲突,但对于采取何种行动,扮演者自己有很大的随意性。法规通常只给行政人员提供含义宽泛的倾向性指导,将之精确化是行政人员自己的任务"。①

但是,就行政人员的角色错乱而言,又是有着积极意义的。由于每一个具体的行政人员都是来自于日常生活领域的,他在日常生活领域中成长和获得作为人而拥有的一切社会性,在他的成长过程中,他的道德存在得以与社会理性相契合,从而作为一种实存的社会性存在。当他进入行政体系之中,也就是他的职业生涯开始的时候,他就开始在他的道德存在中不断地注入行政管理这一职业活动中所具有的职业理性。从而使他的道德存在适应于这一职业的要求。行政体系是一个分工—协作的体系,分工可以根据科学的原则作出,但协作除了在控制机制中得以实现之外,还必须得到道德的支持。因而,在行政人员的职业活动中,首先需要获得的,就是协作精神。正是行政人员来源于日常生活领域这

---

① [美]特里·L·库珀:《行政伦理学:实现行政责任的途径》,12 页,北京:中国人民大学出版社,2001。

一简单事实，决定了行政人员即使在官僚制体系不鼓励、不支持甚至压抑他的道德行为的时候，也能够经常性地承担起道德责任，能够凭良心做事，能够主动地与同事们协作。

更应当看到，虽然行政人员的道德来源于日常生活领域，但是，他在公共领域中开展活动的时候，并不是简单地复制日常生活领域中的道德。在现代社会，一个被社会所敬仰的人，必然是一个走出了日常生活领域的人，他往往是在公共领域中实现了自我。这时，他可能是一个"不孝"、"不义"的人，他对他的父母、妻儿以及朋友都有着许多亏欠。但是，不能因为他在孝、义上的不足而断定他是不道德的，反而，他恰恰是一个有道德的人，是一个在很大程度上充分实现了自我的人，虽然表现出了对父母的孝与对公共事业的忠的"不两全"，但他在道德上是无可指责的，是由于公共领域、私人领域以及日常生活领域的分离而造成了他的不能兼顾。公共领域中的道德标准不同于日常生活领域中的道德标准，在日常生活中做一个有道德的人固然是值得敬重的，同样，在私人领域中做一个有道德的人也能够赢得人们广泛的信任。但是，如果排除了官僚制的设置，就可以看到，现代社会更鼓励人们在公共领域中做一个有道德的人，并认为人的自我实现的真正途径恰恰是在这个领域。因为，人只有在这个领域中才获得了最大、最高的去展示他的能力和履行社会责任的舞台。也正是在这个意义上，能够有幸进入政府而成为行政人员的人，本身就已经拥有了比其他人更优越的道德平台，如果这类人在这个领域中没有良好的道德表现，反而堕落成腐败、滥权的人的话，那是极其可惜的。

人的角色是历史地生成的，社会越是发展，人的角色就越是多样化。比如，人在农业社会中的各种角色在工业社会也能得以保留下来，而工业社会的各种社会性的生产和生活又创造出新的角色，人需要把这些角色同时容纳在一起并承担起来。这样一来，人的角色就会变得越来越多样化。在现代社会，人往往处在一个复杂的"角色集"中，他需要同时扮演着不同的角色，从而使人专注于某一具体角色而变得困难。正是由于这个原因,我们在公共行政的职业活动中才会经常看到各种各样角色错位的问题。但是,我们也看到,随着社会的发展,人的理性化程度也在提高,人的角色的复杂化并不意味着人在一切活动中都会遇到角色错乱的问题,只要人能在实践理性的规约下,就会在不同的活动中较好地进行角色选择。道德的实践理性特征决定了人的一切活动,只要是现实的作用于客体的行为,就是包含着道德内涵的,法律、政策、行政命令等,在落实到执行行为中的时候,都必须以道德理性作为其支点。没有道德理性的支持,所有这些行为都会包含着导向执行变异的方向。

在康德看来,道德法则"让我们觉察到我们自己的超感性存在的崇高性,并且从主观方面在人之中产生了对于人自己高级天职的敬重,而这些人同时意识到他们感性的此在,意识到与之连结在一起的对于他们易受本能刺激的本性的依赖性。"① 显然,拥有了道德法则,行政人员就能抵御本能的诱惑,摒弃自利的追求。其实,从义务论的原则出发,自然会提出要求行政人员自觉奉献的要求,不仅康德如此,就连深受实证主义影响的库珀也提出了这样的要求。他说:"行政人员不是简单地为自我实现而工作,而是以增加公共福利的方式为公民服务,他们是公民利益的忠实代表,一切以公众的福利为重。也就是说,不管是谁,只要你选择了公务员这一职业就必须准备为公众利益献身"② 但是,用什么来保证这一点?义务论伦理学并不能给出令人信服的回答。所以,从义务论伦理学出发所提出的任何行动方案,都更多地流于空想。事实上,对于行政人员这一职业活动群体而言,简单地要求他们奉献,可以成为一种现实的呼吁,但不是科学探讨的目标,科学探讨如果指向人们的无私奉献的话,那是科学的诗意化。社会科学的研究所指向的是如何确立正确的社会设置,如何通过制度化的方式去获得一种普遍的行为模式。总之,要求行政人员这一职业群体成为道德群体与要求他们无私奉献是不同的。

---

① [德]康德:《实践理性批判》,96 页,北京,商务印书馆,1999。
② [美]特里·L·库珀:《行政伦理学:实现行政责任的途径》,15 页,北京,中国人民大学出版社,2001。

在科学的路径中,行政人员这一职业群体的道德化,是可以通过制度安排来达到的。也就是说,我们需要建构起一种道德的制度,让这种制度为行政人员的普遍性道德行为提供支持和保证。

弗雷德里克森认为:"现代公共行政是一个各种类型的公共组织纵横联结所构成的网络,包括政府组织、非政府组织、准政府组织、营利组织、非营利组织。"①其实,公共行政岂止是一个纵横交错的组织体系,整个社会也是一个组织体系,在某种程度上,人类社会的发展就是一个组织化程度愈来愈高的进步过程,人文社会科学发展的轨迹也显示出人们对组织也给予越来越多的关注。社会发展日益突出组织问题的主题,科学发展需要围绕这一主题去进行探讨,并在作用于社会的过程中证实组织理论研究的价值。在本质上,组织是模式化的个人行为,它可以是外在于人的,从而把人的行为塑造成与人的本性相矛盾、相对立的异化行为;它也可以是基于人的本性而做出的设计和安排,从而摒除人的非理性、偶发性和随意性行为。公共行政中的独断行为,形式化和程式化的行为,都是根源于官僚制的,正是官僚制的形式理性和工具理性塑造了行政行为的官僚主义特征。相反,如果从行政人员出发并基于人的社会关系本质去做出制度设计和安排,就必然会把人的行为导向到与人的社会性本质相统一的路径上,即按照人的社会关系本质来塑造人的行为,消除人类历史上一切已经与时代要求不相适应的因素在人的行为上留下的印痕。这样一来,行政道德的作用就不会再受到人们的怀疑了。

第四节 公共行政的价值取向

一、近代社会的价值失落

近代以来,随着公共领域与私人领域的边界变得越来越清晰,道德发挥作用的领域也越来越被限制在私人领域。在公共领域,一切活动都

---

① [美]弗雷德里克森:《公共行政的精神》,4页,北京:中国人民大学出版社,2003。

是基于政治的法则和效率的"铁律"而展开的,特别是就公共行政而言,官僚制是它的基本框架,管理原则则是行政行为科学化的标准。但是,从公共行政的实践来看,到了20世纪70年代,一系列丑闻(如水门事件、伊朗门事件、拉链门事件等)开始接连不断地在美国政府中出现,这些事件令美国政府官员的形象大受影响,人们痛感政府道德问题的严重。同时,根据凯恩斯主义建立起来的政府干预模式,也在政府官员的行为中产生了大量腐败问题、官僚主义等问题。正是这些问题,把人们引向了对政府官员行为的关注,要求在原先的政府组织体制和政治的法治环境之外去寻找伦理道德的规范作用。1978年,美国国会通过了《政府伦理法》,卡特总统在签署该法案时表示,它将有助于把美国联邦政府变成一个公开的、诚实的、不为利益冲突困扰的政府。虽然公共行政的现实并没有因为《政府伦理法》的出现而获得根本性的改观,但是,它在理论上的价值是应当予以肯定的。也就是说,它有助于促进行政伦理的理论研究,给那些有志于行政伦理研究的学者以激励。

行政伦理的研究是在对官僚制的否定中而获得了有力的推动。应当看到,对官僚制的否定并不是伦理研究的理论旨趣,而是公共行政的实践首先提出了这个问题。因为,在公共行政的实践中,官僚制所造成的官僚主义以及命令—服从模式的机械化,使政府效率出现了急剧下降的问题,甚至在一定程度上也成为"政府失灵"的原因之一。在这种情况下,无论是"新公共行政运动"还是"新公共管理运动",都把对官僚制的否定作为政府重建的前提。也就是说,对官僚制的否定是新公共行政运动和新公共管理运动共同的批判性实践目标,它们是要通过这一批判性的否定而为政府重建清理地基。但是,这种从属于实践需要的对官僚制的否定,却在理论思索中合乎逻辑地走向了行政伦理的研究。因为,从伦理的视角上去认识官僚制,更能发现其价值理性缺失在理论上和实践上的综合性缺陷。总之,20世纪后期的行政改革实践,为行政伦理研究提供了现实性的契机。

其实,我们已经指出,威尔逊的行政"价值中立"原则是针对当时美国的"政党分肥制"而作出的设置,他的目的是要通过确立行政价值中立的原则而一劳永逸地告别"政党分肥制"的纠缠。他说,"行政管理是一种事务性的领域,它与政治的领域那种混乱和冲突相距甚远。在大多数问题上,它甚至与宪法研究方面那种争议甚多的场面也迥然不同。"①所以,离开了提出行政"价值中立"原则的具体环境而把它作为一项普遍性的教义,显然是不合适的。但是,恰恰是服从于解决"政党分肥制"这一具体问题的"价值中立"原则与韦伯的"官僚制"和泰勒的"科学管理"相结合,产生了20世纪公共行政的科学化、技术化模式,并把道德价值从公共行政的领域中彻底剔除了出去,从而使公共行政成为只具有形式合理性的体系。这就是我们常说的所谓"形式化"的问题。

"形式化"作为一个"祛魅"的过程是与工业化联系在一起的,工业社会的全部发展过程都在政治、社会生活以及艺术方面塑造了形式主义的世界。福柯就指出:"可以肯定,形式主义从总体上说很可能是20世纪欧洲最强大、最多样化的思潮之一。并且,就形式主义而言,我同样相信,应当注意它同社会状况甚至政治运动的经常联系,这种联系每一次既明确又有意思。俄国形式主义和俄国大革命肯定应该放到一起去重新检验。"②我们知道,在前工业社会即农业社会,还不存在形式与实质上的分化,那是一个混沌的世界。比如,在经济生活的领域中,农业社会的自然经济中就包含着时时需要用道德判断去检验的行为,人们对从事经济活动的人,也会作出道德判断。但是,在工业社会,这一切都变得不甚重要了。虽然工业社会中的经济交往也需要得到信任的支持,但这种信任是以形式化的契约型信任出现的。工业社会中所产生的市场经济和计划经济这两种经济类型,都包含着"形式化"的特征,甚至作为工业社会经济类型怪胎而出现的计划经济,在形式主义方面表现得更为突出。

根据马克斯·韦伯的看法,"形式化"是工具理性的体现,因为,工具

---

① 彭和平等编:《国外公共行政理论精选》,14页,北京:中共中央党校出版社,1997。
② 杜小真编:《福柯集》,484~485页,上海:上海远东出版社,1998。

理性在可操作性的追求中,以科学和技术的名义祛除了价值的一切巫魅,从而在一切活动中只注重形式的方面。其实,在此之前,黑格尔就已经发现,是人的自我意识把"我"与"你"区别了开来,使"我"成为主体,"你"成为客体。主体否定客体又通过客体实现自我则是自我意识的升华,也是理性的体现。但是,这种理性实际上已落入了工具理性的窠臼,是以自我为目的的和以他人为工具的理性。黑格尔是一位对近代社会有着深刻体察的哲学家,所以,由他深刻地表述了近代社会的基本精神是自然而然的。

韦伯在描述价值理性的没落时说:"大获全胜的资本主义,依赖于机器的基础,已不再需要这种精神的支持了。"①人们在追求财富的时候,不再需要宗教和伦理了,而是赤裸裸地极力张扬世俗情欲。总之,工业社会的思想家们极力鼓吹自由和平等的现代教义,但在实践中,却制造了一个使人失去自由的"铁笼",把现代人变成了机器上的"齿轮"。结果,工具理性时时处处表现出对常识的蔑视,特别是在所谓科学决策中,在对科学性的片面追求中,往往无视一些常识性的东西,进而无视公众的要求。其实,无论是对于公共行政的一般性行为还是对于决策来说,常识都是一个重要的资源。正如艾耶尔所说:"哲学家没有权利轻视关于常识的信念。如果他轻视常识的信念,这只表明他对于他所进行的探究的真实目的毫无所知。"②本来,公共行政及其行政人员是没有理由轻视常识的,而是应当时时把常识放在比工具理性更为优先的地位上,但公共行政在20世纪的现实,却恰恰证明不应当发生的事发生了。

工具理性最集中地体现在功利主义的理论追求中。恰恰是功利主义取向的理论,往往把效用与快乐、幸福、愿望的实现相等同,忽视了人的内在价值,片面强调工具意义上的人的外在价值。在《伦理学与经济学》和《以自由看待发展》中,森总结了功利主义的三大特点:后果主义,

---

① [德]马克斯·韦伯:《新教伦理与资本主义精神》,142页,北京:三联书店,1992。
② [英]艾耶尔:《语言、逻辑与真理》,53页,上海:上海译文出版社,1981。

福利主义,总量排序。在森看来,功利主义的主要局限性在于,漠视分配;忽视权利、自由和其他非效用因素;存在着适应性和心理调节上的问题。① 森认为,功利主义的弊端在于存在着方法上的单一假定。它假设人与人之间的收入的边际效用平等,每个人有同样的效用功能,无视实际存在着的不平等问题。所以,森指出,那种把人仅仅看成为单纯的"经济人"的做法,"不仅在理论分析中回避了规范分析,而且还忽视了人类复杂多样的伦理考虑,而这些伦理考虑是能够影响人类实际行为的。"② 在森看来:"关于人类行为的描述十分简单,与现代经济学一样抛弃了人类的友善特征。在人类行为的分析中,没有从任何更深层的意义上去关注伦理考虑的重要性。"③

二、价值重建的动力源

近代早期的自由主义者们相信,"自由市场这只看不见的手好像替人们节省了有关伦理价值和公共政策的考虑,因为市场机制显然可以提供一个道德上、政治上可接受的经济成果——促进公共利益——而不需要市场机制的参与者具有明显的道德上的动机或公共认可的社会目标。"④其实,市场经济的发展证明,事情并不是这么简单,没有伦理因素和政府的主动介入,市场失灵的问题是难以避免的。20世纪的政府介入本身是合理的,但是,在政府介入的同时,所缺乏的是伦理因素的同时介入。因而,单纯的政府介入也最终显示出独力难支的情况。所以,在矫正市场经济的不足甚至消极效应的时候,政府应当介入,但政府在介入的过程中为了不至于出现政府失灵的问题,也需要伦理因素的同时介入。只有政府与伦理因素的结合,才能有效地为市场经济的健康发展提供保障。

---

① [印度]阿马蒂亚·森:《以自由看待发展》,52~53页,北京:中国人民大学出版社,2002。
② [印度]阿马蒂亚·森:《经济学与伦理学》,13页,北京:商务印书馆,2000。
③ [印度]阿马蒂亚·森:《经济学与伦理学》,12页,北京:商务印书馆,2000。
④ [美]理查德·布隆克:《质疑市场经济》,118~119页,南京:江苏人民出版社,2000。

同时，我们也看到，在黑格尔之前，康德可能有着比黑格尔更为深刻的对近代社会的认识。因为，他不仅意识到形式化的问题，而且试图去矫正这一问题。我们知道，虽然康德在《判断力批判》中对形式的方面作出了较多的强调，但是，在《实践理性批判》中，他还是告诫人们不要忽视实质性的方面，他说："如果我们把一切质料、即意志的每个对象（作为规定根据）都排除掉，那么在一个法则中，除了一个普遍立法的单纯形式之外，就什么也没有剩下来"。① 现在看来，在社会治理的过程中，纯粹的形式化的法则，是无意义的。但是，近代社会以自身的逻辑走向了对形式方面的重视，而忽视了实质性的方面。这是因为，近代以来的社会，总是追求那些可以普遍化的东西，当它获得了抽离掉了实质性内容的形式时，恰恰能够满足这种对普遍性的追求。结果，造成了社会治理体系中一般法则与具体行为的矛盾和冲突，整个社会也因而在迅速发展的同时积累起了深刻的矛盾，以至于到了工业社会的晚期，经常性地以"危机事件"的形式出现。辩证法要求把形式的方面与实质的方面放在一个同一性的框架中去考虑，这一点在任何时候都是有着方法论意义的。所以，在构建社会治理体系的时候，需要寻找那些既具有具体性的又能够普遍化的基本法则，并将其作为基础和出发点。

事实上，在工业社会的日常生活领域中，是蕴含着大量的与作为形式化典型形态的官僚制格格不入的因素的。虽然在官僚制试图征服日常生活领域的过程中反对官僚制的力量被大大地削弱了，但是，在工业社会的后期，随着官僚制的形式合理性与整个社会的冲突加剧时，随着历史的前进脚步一次次地试图踢开官僚制的工具理性原则时，日常生活领域中反叛官僚制的力量又开始积聚，它的独立自主本性开始日益外显。

当然，对于日常生活领域中那些与官僚制相矛盾的因素，也需要放在历史结构中给它定位。在工业化开始造就工业社会的体系时，日常生

---

① ［德］康德：《实践理性批判》，33～34 页，北京：人民出版社，2003。

活领域是农业社会传统的保留地,是一个保守的领域,它与工业社会的技术的、工具的理性相矛盾和相冲突。在工业社会稳定发展的时期,这个领域不断地被工业文明所改造,但是,这种改造一直不怎么成功,农业社会的传统在这个领域中顽固地坚守阵地,并时常向公共领域输送那些被视为"潜规则"的因素。令人惊奇的是,在工业社会的后期,日常生活领域开始出现另一类与技术理性、工具理性相矛盾的因素,这类因素不是来源于农业社会的传统,而是一种积极的预示后工业社会的因素,这些因素可能是脱胎于农业社会的传统,却拥有了后工业社会的性质。关于这些因素,我们现在还只能看到它的朦胧形态,或者说,我们还只能看到它们所表现出来的个性化的和赋予日常生活独立自主力量的特征。这些因素在今天还很弱小,但却是有生命力的,它对日常生活领域的和谐追求也不断冲击着整个社会,表现出把整个社会改造成和谐社会的雄心。

可以说,在走向后工业社会的过程中,日常生活领域将成为反抗工业文明技术理性、工具理性的另一支力量,自觉地发现这一领域中的进步因素,对于构建后工业社会的治理体系,是有益的。因而,可以认为,日常生活领域中的积极力量大致由构建和谐生活的主动精神、自我表现的激情、自由辩论的氛围和要求自我治理的行动所构成。特别是要求自治的行动,不断展现出对工业社会治理体系的"分而治之"的挑战。现在,我们要求对公共行政进行伦理的把握,恰恰是要寻找这些积极力量施展能量的空间。

学者们也普遍地看到,在 20 世纪后期,社会的多元化色彩变得越来越浓重了,"传统社会同质性及其统一、稳定的文化系统解体了,其中只有极少一部分得到承认或被认为是理所当然的。"[1]面对一个多元化的社会,那种追求形式同一性的治理体系必然会束缚住社会的活力。这样一来,一种灵活的社会治理也就愈益显示出必要性。当社会的多元化反映

---

[1] [美]特里·L·库珀:《行政伦理学:实现行政责任的途径》,39 页,北京:中国人民大学出版社,2001。

在人们的价值观念上的时候,也必然是多元化的,面对多元化的价值观念,政府不仅需要拥有宽容的品质,而且,不宽容也就无法承担社会治理的责任。也就是说,政府必须根据社会多元化的事实而重建自我,也只有通过这种重建,才能在公共服务方面作出优异的表现。

在公共行政的过程中,人们越来越倾向于强调科学决策的问题,科学决策依赖于两个方面,一个是公众的参与;另一个是专家系统的确立。实际上,这两个方面都要求决策者人数的增多,即由多人来决策而不是由单个人来决策。但是,当组织的决策不是由个人作出的而是由群体作出的时候,就开始出现决策组成员之间是否平等,决策过程中的权力因素、科学因素以及其他各种因素之间的关系是否得到了理性的权衡,决策内容对目标群体中的不同人是否公正等等一系列问题。其中,最为关键的问题还是决策组成员之间的平等,这种平等能够避免权力因素对科学因素的排斥,因而,也就能保证一项决策为目标群体提供具有公正性的调节手段。而这些恰恰是层级化的官僚制体系所无法做到的。正如德沃金所指出的,平等的原则"不但会影响到政府的所有基本制度的设计,而且影响到这些制度中的每一个所作出的具体决策。"[①]而平等原则的引入,首先意味着对形式化的、工具理性的公共行政的价值重建。

总之,无论是日常生活领域中的变动,还是社会的多元化,以及公共决策的科学性,都对形式合理性造成了冲击,要求价值因素介入到这个领域中来。在这种情况下,对公共行政仅仅作出科学的把握是不够的,在我们探讨这个领域中的科学建构的同时,还应当对它进行伦理的把握,需要在伦理的向度中去发现健全公共行政体系的合理方案。

三、相向而立的两种理论视角

正如前面已经指出的,一旦提出对公共行政进行伦理把握的问题,

[①] [美]罗纳德·德沃金:《至上的美德:平等的理论与实践》,207页,南京:江苏人民出版社,2003。

人们立即就会陷入集体主义与个人主义的思维窠臼中去。在现实社会生活中,集体与个人、整体与个体的区分是人类自我意识发展到一定阶段的产物,是由于"物"、"我"二分的思维框架推展出来的"你"、"我"二分,正是在这种二分的基础上才进一步形成了集体与个人、整体与个体的对立。如上所说,工业社会是人类社会发展过程中的一个倾向于张扬人以及人的社会生活的形式方面的历史阶段,在这个历史阶段中,全部科学以及人文学科中的各种学说,都满足于对人及其社会生活的形式化理解。集体与个人、整体与个体的概念都明显地具有形式化的特征,是对人的存在形态的形式上的把握。所以,建立在这种形式性概念基础上的伦理学也必然会丧失对人类社会生活实质性内容的把握。

"集体"、"整体"这些概念,所反映的都是人的社会存在形式,并不是对人的社会存在的本质的把握。随着社会的发展,人与人之间在社会存在上的相关性日益增强,人与人之间的相互内化使人的自我意识为社会的"和合"精神所取代,从而使"你""我"之分、集体与个人的区别等形式方面的特征日益式微。这个时候,如果还停留在这种形式性概念的基础上来建构伦理学的话,已经不能适应我们时代的要求了。所以,当前摆在伦理学面前的一个重要任务就是要超越集体主义与个人主义、整体主义与个体主义的思维框架,透过关于人的社会生活的形式化理解而深入到其本质。具体地说,就是在科学研究中从对人们社会生活形式方面的关注转向对价值的研究。

如果说在工业社会这种从人的社会存在的形式方面来把握人的存在是具有一定合理性的话,那么随着工业社会的结束,科学就不再能够满足于这种从形式方面对人的把握了。因此,这个时候,伦理学如果固守集体主义的还是个人主义的学科基础,也会失去历史合理性。所以,伦理学的基本任务就成了时刻准备着去捕捉具有历史意义的时代精神,并将其确立为伦理价值,在一切应用伦理学的研究中,也根据其适应领域的具体特性,去发现那些独特的基本精神。我们的行政伦理研究,目的正是要在公共行政发展的最新特征中去发现它的基本价值和核心价值。

我们知道,在农业社会,也有着社会政治生活和经济生活的制度体系,但这些制度体系是自然生成的。在人类社会的这个历史阶段中,还不存在着自觉的制度设计和制度安排。自觉的制度设计和制度安排是从18世纪开始的,工业社会的启蒙运动是一个标志。由于工业社会有着自觉的制度设计和制度安排,认识社会和理解社会的基本理论视角才成为科学探讨的对象。因为,有着什么样的理论视角,必然会影响到制度设计和制度安排的基本思路甚至具体方案。集体主义与个人主义、整体主义与个体主义的理论设定对于近代的制度设计和制度安排是有着决定性影响的。

如果把伦理学的形式化理论设定与政治意识形态联系在一起,则会发现这样一种现象:集权体制的国家,在意识形态上都必然会突出伦理学的整体主义原则;民主体制的国家在意识形态上则会突出个体主义的伦理学原则。进而,政治实践的现实往往给人以这样的印象:集权体制的国家在社会治理上,如果集权是适度的,社会治理则会表现为低成本高效率;如果集权不足或集权过度,则会走向反面,社会治理的成本则会迅速增长到无法承受的地步。相反,民主体制的国家,社会治理成本总是居高不下,民主体制甚至找不到降低社会治理成本的适度民主形态。所以,在20后期出现的一批"后发展"国家大都选择了适度集权的方式来进行社会治理。但是,后发展国家的现实也证明,当发展达到一定程度的时候,适度集权的体制就受到了冲击和破坏,很难再继续维持下去。似乎民主体制总是这些国家的必然出路。其实,是存在着另一种可能性的,就是超越集权和民主的社会治理模式。如果说在政治领域,民主的理念是神圣的,是一个不允许我们讨论的问题,那么在公共行政等社会治理的层面上,我们主张既超越集权的也超越民主的体制。集权的体制是与整体主义的原则联系在一起的,而民主体制则是与个体主义的原则联系在一起的。我们关于超越集权和民主体制的要求就必然包含着对整体主义和个体主义的原则的超越。它要求我们既不根据整体主义的也不根据个体主义的原则去进行制度设计和制度安排,而是寻求新的制度设计和制度安排的基点。这正是我们对公共行政进行伦理把握的任务。

四、面向后工业社会的实践取向

集体主义与个人主义、整体主义与个体主义的概念所代表的思维方式实际上只是一种解释框架,是近代社会把农业社会的伦理价值体系与工业社会的伦理价值体系进行比较时提出的一个解释框架。我们一再指出,在近代之前,是没有这一解释框架的。近代以来,由于这一解释框架的提出,使学术研究有了依据,也助长了学者们在学术研究中把复杂问题简单化的倾向。要么整体主义,要么个体主义,这是对农业社会文化体系的严重误读。学术界流行的看法把中国文化看作为整体主义文化,把西方文化看作为个体主义文化,如果不加深思,这种看法似乎是可以接受的。实际情况并非如此。在东西方文化中,所谓整体与个体,只是作为价值取向的前提和结果时有所不同,而不是一种互相排斥的关系,即使在某些理论体系中把整体与个体理解成相互排斥的关系,那也不是处于主流的价值取向。

在中国文化中,德就是"外得于人,内得于己"。"内得"成"仁","外得"为"义","仁内也,非外也;义外也,非内也。"[①]但是,无论是"外得"还是"内得",都是立足于个人,是个人价值,是谋求集体功用的个人价值,而不是个人与集体、整体、社会共有的价值。所以,在社会治理过程中,表现为对社会治理者个人的要求,从而走上"希圣"、"希贤"之路。这不正说明中国文化的个体取向吗?其实,一种价值如果能够成为社会治理体系的价值、制度的价值,它就会是集体与个人共有价值,单纯属于集体的价值或个体的价值,一经文字表述,都容易走向教义化的方向。

从对中国传统文化的理解来看,作为中国农业社会文化体系的伦理

[①]《孟子·告子篇》。

价值是发生在具体的人与人之间、具体的人群与人群之间的关系,"忠"、"孝"、"节"、"悌"都是具体的相对人关系,如果把忠君、孝亲理解成整体主义的价值取向是大错特错的。尽管忠君、孝亲可以构成稳定的整体上的等级秩序,而独立、自由、平等又何尝不能构成稳定的整体上的社会秩序呢?君、亲等虽然能够代表整体或导向为整体确立一个核心的方向,那是需要通过制度安排才能达到的目标,君、亲等本身并不是整体,君、亲作为具体的存在,其实也是个体。个体对个体的忠、孝、节、悌,无论在何种意义上,都不是属于整体主义文化的范畴,至于在制度安排中获得整体结构的稳定性,那是另一回事。同样,在西方,从哲学上的"原子"或"单子"的自由意志,到政治学上的独立、自由、平等,再到经济行为中的个体的利己动机和利益追求,也并未造成社会整体上的分崩离析。反而,通过制度安排使整体更加稳定,更加具有广泛的适应性和弹性。由此看来,它又怎能不是一种整体价值取向呢?

可见,整体主义还是个体主义的学理设定并不具有什么真正的理论意义和实践意义。在近代以来相当长的时间内,这一学理设定引发了无数徒劳无功的争论,并且使理论越来越失去影响现实的能力。如果有人希望按照这一学理设定去进行制度设计和制度安排的话,也必然会受到现实社会发展的嘲弄。现实的制度设计和制度安排是无需考虑整体主义还是个体主义的思维取向的,所需要的是从社会发展和历史进步的总的历史趋势中去发现具体的、基本的和有着无限生命力的价值,并用这种价值去统摄每一项行为的选择。

根据这一原理,在服务行政模式中,一切理论活动和人文社会科学的探索,都应当以确立服务价值为旨归。只有当服务价值确立起来了,服务行政的制度设计和制度安排才有了明确的根本依据。当然,从近代社会的情况看,整体主义还是个体主义的学理设定发挥过重要的意识形态功能,在未来一个相当长的历史时期中,这种设定如果未经扬弃的话,也还会继续发挥着意识形态的功能。但是,需要注意的是,应严防它超出意识形态的范畴而成为一般性的思维框架,特别是不应成为指导制度设计和制度安排的思维框架。因为,从道德建设的角度看,整体主义的思路由于为道德穿上了伪善的外衣而糟蹋了道德、破坏了伦理;个体主义思路把人导向褊狭的个人利益至上,使人理直气壮地排斥道德准则和拒绝道德规范。

当然,对社会的考察不能停留在一般性的层面。在社会一般层面上,除了描述社会发展的历史进程是积极的之外,一旦在静态的研究中提出解释框架,或作出制度的、组织的或生活模式的设计,就容易堕入或者集体主义、或者个体主义的窠臼。后工业社会的公共领域将沿着合作理念去自觉增强社会构成的有机性,在对公共领域的制度、体制和组织模式进行设计和建构时,所看到的既不是个体的人的行动,也不是集体的人的行动,而是它们之间的合作互动。对于行动意义上的合作互动,从个体的意义和集体的意义上都不能作出合理的元解释,只有在行动的规范意义上才能理解合作互动的行为赖以发生的基础。所以,瞻望后工业社会的行为模式,特别是正在公共行政中迅速生成的行为模式,不应从个体主义或集体主义的任何一个视角出发,而应从服务精神的价值规范视角出发。

第三章　行政道德的来源与功用

权制(权力制度)及其权治(权力的治理)是农业社会中社会治理的基本依据和基本方式。在工业化的过程中,随着社会领域的分化,提出了法制以及法治的要求。现在,人类正在走向后工业社会,一种领域融合的趋势正在发生,因而,一种超越了法制及其法治的新的社会治理模式也正在生成,这种治理模式在制度上是德制的,在治理方式上是德治的。德制以及德治的道德基础有着古老的历史渊源,但在成为社会治理模式建构的基础的过程中,需要得到实践理性的进一步改造。对于社会治理者来说,一切外在的规范都是一种压迫力量,唯有道德可以赋予他自由。

第一节　领域分化后的道德寓所

一、农业社会的"权制"和"权治"

改革开放后,中国人文社会科学突出了如何建构我们的社会这一宏大主题,可以说,一切人文社会科学的研究成果都试图去直接或间接地提出如何建构我们的社会的建言。中国的先秦"诸子百家"在如何建构中国古代的农业社会问题上所展开的热烈争论,为中国古代发展出一个旷世无比的农业社会作出了准备。同样,正是有了18世纪前后启蒙思想家的探索，才有了西方国家当前所展示出来的那种工业社会的成功模式。当前，中国社会正在发生的这样一场研究和探索活动，将会成为中国建立起一种全新的社会及其治理体系的前奏。

就中国当前的人文社会科学探讨而言，主要包含着两种基本取向：一种取向是注重引进西方近代的社会理论以及实践中的成功经验来匡定中国现实和指引中国未来；另一种取向是要求中国传统在现代社会再次"降生"，表现出对中国农业社会和传统文化的无限怀恋，希望中国的未来能够出现历史上曾经出现过的那种"盛世"，并永恒存续。这两种取向主导了中国人文社会科学全部研究活动，几乎全部表达意见的"话语权"都是在这两种研究取向之间进行分配的，年轻的、试图跻身于中国人文社会科学研究队伍中的人们，只能在这两者之间作出选择，否则是没有生存空间的。其实，这两种取向的共同特点就是：都从某一或某些既有的思想或理论出发去剪裁中国现实，而不是从中国当前的现实出发去思考我们应当学习和借鉴什么。所以，我们必须指出：那些既有的理论、思想发生的背景以及所要解决的问题都是过往不再的，只有这样，才有可能去积极地思考，在我们建构中国社会时，应当拥有什么样的现实取向？正是出于这一愿望，我们需要从人类历史演进中去考察社会生活中最为基本的道德因素的变动，以求揭示道德因素在走向未来的社会建构中所应有的价值。

人类的农业社会历史阶段是以社会等级化为标志的，而社会的等级化又要求在社会治理的过程中必须以权力的行使为基本内容。无论是在东方还是西方，处在农业社会历史阶段中的社会治理都是运用权力的治理。对于这种形态，我们称作为"权治"，它是一种有别于近代社会的那种依据法律进行治理的治理模式。但是，正如福柯所追问的："什么是权力，或者，说得更明确些，权力是如何实施的；当某人对另一个人实施权力的时候，究竟发生了什么？"[1]答案非常明显：那就是权力必然意味着

---

[1] ［法］福柯：《权力的眼睛：福柯访谈录》，27页，上海：上海人民出版社，1997。

压迫、惩罚和服从。即便在社会发展过程中权力的行使变得文明化了，它的根本性质也没有改变，只要权力还在发挥作用，就存在着权力行使者与权力客体之间的压迫和服从的强制性关系，就存在着权力两极之间的社会落差。而且，这种落差在实质上就是社会的不平等。所以，在农业社会，权力又反过来强化了社会的等级秩序。当然，在农业社会也会出现社会平等的理想，却没有实现的基础。因为，社会的平等是以权力的衰落为前提的，只有当权力不再在社会的运行中发挥基础性的支配作用时，才会出现社会平等。

在中国的农业社会中，发展出了典型的权力治理方式，也就是说，正如西方国家近代的法治是发展得最为完善的治理方式一样，中国农业社会的权治也是最为发达的。就中国农业社会是由"父子有亲，君臣有义，夫妇有别，长幼有叙，朋友有信"①五个条目编织起来的治理模式而言，其中，除了第五个条目是一种横向的关系，前四个条目所反映或规范的都是一种纵向的关系，都包含着权力关系的线索。所以，中国农业社会的制度，从结构上看是一种权力制度（权制），在这种制度框架下所发生的社会治理过程，也就因而成为权力的治理（权治）。当然，农业社会等级化的权力制度是以家为原点而展开的，是"家元"伦理关系的社会化和政治化。所以，在"五条目"中，父子关系是第一位的，被列为"五条目"之首。这样一来，"孝"就成了权力制度意识形态的核心内容。正如韦伯所说："世袭制则以孝为基础，孝是元德。""因为对于所有这些人，孝在本质上是一样的。封建的忠，事实上被引申为官僚阶层内部的庇护关系。忠的基本性质是家长制的，而不是封建的，子女对父母的无限的孝，正如一再强调的，绝对居于一切道德之首。""孝是引出其他各种德性的元德，有了孝，就是经受了考验，就能保证履行官僚制最重要的等级义务：履行无条件的纪律。"②

---

① 《孟子·滕文公（上）》。
② ［德］马克斯·韦伯：《儒教与道教》，207～208页，北京：商务印书馆，1995。

正是由于这一原因，人们往往把中国农业社会的治理过程误解为"德治"的，而我们的看法恰好相反。我们认为，中国农业社会的治理是一种完全的"权治"而不是"德治"。因为，在这个社会中，根本不存在普世性的道德，至于那些常常被人们误解为道德的、具有普世性的因素，其实只是一些习俗，是一些还未被提升为道德的社会整合力量。至于道德，在不同的等级中，是有着不同的规定和不同的内涵的。虽然在社会治理的过程中，也要求治理者拥有一定的道德素养，遵从一定的道德规范，但是，这些道德因素并不要求治理对象也同样拥有，因而，治理者与被治理者是分属于不同的道德规范体系的。我们看到，早期儒家每每将君子与小人对立起来，且君子是有德性的，小人则惟利是图。孔子说："君子义以为上。"①"君子义以为质，礼以行之，礼以出之，信以成之。君子哉！"②"君子之于天下也，无适也，无莫也，义之与比。"③荀子说："小人之生固小人，无师无法则唯利之见耳。"④孟子也说："何必曰利，亦有仁义而已矣。"⑤

早期儒家在这方面的基本观点贯穿于中国整个农业社会的历史时期，只要人们在思考社会、思考人的时候，就会提出"君子小人之大辨，人禽之异，义利而已矣。"⑥诚如韦伯所说："'等级制'的儒家哲学却是一种士大夫阶层的道德，受过教育的骄傲是他们的特征。""这种伦理对除了纯粹个人的关系——包括亲族的、学生的或同事的关系——以外的关系的拒斥。"⑦其实，真正的道德制度必须被建立在治理者与被治理者共处于一个统一的伦理体系中；同样，能够被称作为德治的社会治理方式，也是以治理者与被治理者共同拥有统一的道德原则和规范为前提的。更

---

① 《论语·阳货》。
② 《论语·卫灵公》。
③ 《论语·里仁》。
④ 《荀子·荣辱》。
⑤ 《孟子·梁惠王（上）》。
⑥ 王夫之：《读通鉴论·卷十六》。
⑦ ［德］马克斯·韦伯：《儒教与道教》，257、259页，北京，商务印书馆，1995。

何况,在道德制度赖以确立的社会中,治理者与被治理者之间的界限已经打破,治理者同时也是被治理者,治理与自治是整合为一的。

但是,在农业社会的历史条件下,为什么人们总是感受到道德在整合社会、调节人的行为方面要比法律发挥更大的作用呢?这是由于法的精神与权力意志之间的矛盾对立所造成的。法的精神与权力意志一样,都是较为狭隘的,权力意志从属于等级关系,而法的精神则要求平等自由的社会关系作为它得以贯彻的支持因素,权力意志与法的精神之间存在着根本性的对立和冲突,而道德则有所不同,在权力意志发挥作用的等级社会中,存在着与权力意志相适应的等级化的道德,它与权力意志之间不会表现出冲突的情况,反而会表现为权力意志的补充。但是,在仔细的考察中可以看到,到了工业社会,当法的精神取代权力意志而成为社会的主导性精神力量并被转化为现实的制度安排的时候,就开始在一切正式的社会生活领域排斥道德的作用。这时,道德往往在一些传统社会特征保留得比较明显的社会生活领域中才发挥作用。不过,就道德与法的精神的龃龉而言,它注定将成为法的精神的终结者。或者说,将成为法的精神制度安排上的终结者。

二、工业社会的领域分化

农业社会是同质性的社会,而且,也只有在一个同质性的社会中,权力的力量才会得到充分张扬,权治体系以及权力制度才能得以充分的完善。中国的农业社会之所以生成了一个极其稳固的权力制度和拥有一个具有极大张力的权治体系,就在于这个社会的同质性程度极高,它能够有效地扼杀和防止非同质性因素的出现。在西方国家的农业社会历史阶段中,之所以权力制度和权治体系都发展得不够典型,也是因为这个社会存在着大量的非同质性因素,即使在最黑暗的中世纪,"王权"与"教权"之争也从来没有停息过。近代社会不同,社会处于一个迅速分化的发展过程中,社会生活的一切方面,都进入了一个不断分化的历史进程中了。

在近代社会的分化中产生了公共领域与私人领域,在这同时,日常生活领域也开始作为一个相对独立的领域而出现。日常生活领域是传统的保留领域,当公共领域和私人领域批判传统和抛弃传统的时候,日常生活领域则尽可能地把传统聚集和保留起来,如果我们试图去发现现代生活与农业社会有什么相似的地方的话,可能就只能到日常生活领域中去寻找了。这一点是非常重要的,在近代以来的整个工业化的进程中,关于如何对待农业社会传统的问题一直争论不休,在中国改革开放后,也存在着同样的问题,甚至有些学者要求在公共领域中恢复农业社会的传统。这是错误的。我们这个时代与农业社会的关系,如果存在着继承性的话,那是在日常生活领域,在这个领域之外去谈论继承性的问题,是极其有害的。

当然,公共领域、私人领域和日常生活领域实际上是社会生活的三种形态,是无法实体化的。不过,在这三个领域中,又分别存在着一些最具有代表性的实体,它们反映着三个领域的特征。比如,在公共领域中,政府应具有公共性的特征;在私人领域中,公司的私人性是显而易见的;在日常生活领域,家庭则是最具有日常性特征的。所以,在行政改革和政府再造的过程中,如果有人到农业社会的传统中去寻找借鉴的因素,显然是不合适的。如果我们根据后工业化的要求去再造政府以及政府与社会的关系时,根据工业社会的政府建设理念去行动,也是一个严重的方向性错误。同样的道理也适应于公司治理结构及其模式的再造。只有在日常生活领域中,我们可以尽可能地把传统文化甚至习俗方面的一切积极因素都加以保留、加以强化。这就是我们当前各种社会行动的原则。

由于领域的分化,这三个领域也对人提出不同的要求。在日常生活领域中,要求人讲道德,根据习俗和习惯去开展活动,成为日常生活中自然而然的行为承载者。也就是说,在日常生活领域中,如果人的行为表现出一种刻意的追求和谋划,就会被认为是做作的,是破坏和谐的因素。在私人领域中,人的能力被看作为头等重要的因素,虽然这个领域也要求人在交往、交易的过程中讲道德,但是,人的能力总是成功的秘诀,正是因为能力,才使人能够理性地计算和谋划。在公共领域中,人被要求按照这个领域中的基本理念行事,具体表现为应坚持原则,不管这个领域中所制定的各种各样的原则是否是正确的,都应无条件地遵守和坚持,至于这些原则是否需要修订,那不是个人的事情。这就是领域分化而对人所作出的分解,使人在这三个领域中穿行,不断地变换自己的角色。

由于社会的分化,也由于人类分工的发展和科学技术水平的提高,人们之间的交往媒介也在不断地发生变化,直接的、面对面的交往变得越来越少,以至于人们之间的情感也变得疏离,社会也变成了完全陌生化的世界。这个时候,农业社会的那种直接交往过程中的群体整合力量完全被消解了。其结果是:个体在社会生活中不能不转向希望通过制度建设而实现对复杂社会现象的有效控制。因而,抽象系统,无论是符号系统还是专家系统,都被置于社会结构体系中,承担着一种特殊的社会结构功能,并通过这些功能的正常发挥去维护社会整体的秩序与功能。抽象性系统所表达的,实质上是社会结构本身通过其功能对这个社会中所有成员所作出的承诺。非制度性的个人承诺以个人人格为担保,以对他者的经验感觉了解为依据,具有主观不确定性;而制度性承诺则以非人格的制度构架及其客观运作机制为保证,具有客观确定性。制度性承诺使得生活在多元开放社会中的个人获得了某种可以依赖的客观性依据,行为也具有了可预期性,进而拥有了安全感。

尽管斯密认为竞争可以自然地生成秩序,但是,近代历史却证明这是不可能的,至多,竞争是在极低的层次上才会生成暂时性的秩序,在大的社会系统中,在竞争行为结果的积累中,总是产生破坏秩序的力量。或者说,竞争所造就的垄断,更倾向于破坏竞争从而支持经济集权甚至政治集权的秩序。竞争行为如果说能与秩序联系在一起而被人们思考的话,那也是由于竞争之外的因素产生了秩序,比如,道德的因素为竞争的顺利进行提供了秩序。但是,由于竞争总是在人的心理层面破坏道德,直接地攻击道德的基础,所以,寄希望于道德因素去为竞争提供秩序也是不可能的。正是这种不可能性,决定了近代社会从不寄希望于道德,而是选择了法律及其制度。

由此看来,近代社会的法制所代表的秩序并不是来源于竞争本身,而是来自于竞争之外的规范力量。正是有了法制,才使竞争得以正常地进行而不受其自身所产生的恶果所破坏。法制作为一种竞争的秩序,他既限制竞争又鼓励竞争,他在限制竞争中显示出自己提供秩序的能力,而在鼓励竞争中去证明自己存在的必要性。因为,没有了竞争,法制也就会失去存在的价值。总之,法制作为竞争的秩序是与竞争联系在一起的,一旦社会走出竞争的状态,法制存在的合理性也就会受到怀疑。但是,人类在一个相当长的时期都不可能消除竞争,在可预见的未来,竞争依然会作为一种不可缺少的社会发展动力而存在。这也说明,法制的生命力也会持续一个相当长的时期。但是,法制的存在本身,并不意味着人类社会只能容纳竞争这一种行为模式,在法制继续保持生命力的条件下,另一种行为模式即合作的行为模式也应得到探讨和自觉的建构。

三、领域分化中的道德阈限

费尔巴哈指出:"只有把对自己的义务认为是对他人的直接义务,只有承认我对于自己有义务只因为我对他人(对我的家庭、对我的乡村、对我的民族、对我的祖国)有义务时,对自己的义务才具有道德的意义和价值。"[①]费尔巴哈所说的这种义务无疑是人的社会性的基本内容。但是,它并不是作为公共领域的因素而存在的,在很大程度上,它是作为日常生活领域的要素而存在的。当然,费尔巴哈不可能理解公共领域、私人领域以及日常生活领域的不同,它没有看到近代社会的这一分化过程,他试图在一般社会的意义上来谈论义务的问题,所以,并不属于科学理解的结果,而是作为一种想当然的规定提出来的。

---

① 周辅成:《西方伦理学名著选辑》,下卷,474页,北京:商务印书馆,1987。

同样的问题也存在于罗尔斯那里。罗尔斯认为:"一个组织良好的社会的基本结构包括某种形式的家庭"。① 也就是说,家庭是社会的一个构成要素,一个社会在组织良好的情况下,应当包括对家庭存在形式以及社会功能的充分考虑。但是,在家庭定位的问题上,决不能把它划归到现代社会的公共领域或私人领域中去。在这一点上,不仅罗尔斯,而且包括哈贝马斯在内的许多思想家都是不清楚的,他们以为近代社会的公共领域与私人领域的分化把家庭纳入到了私人领域中来了。其实,家庭是传统社会的遗产,虽然家庭也随着社会的发展而出现了一定程度的变革,但是,就家庭自身作为血缘实体而存在这一点来说,它是从很古老的历史中遗传下来的。在农业社会混沌的社会结构中,家庭是构成这个社会的基础性要素,到了工业社会,随着公共领域与私人领域的分化,家庭的社会活动有一部分具有私人领域中的行为特色,但是,就家庭自身以及更多的家庭活动来看,则属于日常生活的范畴。

应当看到,家庭也受到公共领域的规范和调整,比如,"一夫一妻制家庭就是主要的社会制度的实例"。② 但是,家庭决不是公共领域的构成部分。家庭在人的社会过程中发挥着重要作用,比如,人的正义感、道德意识都可能是首先在家庭中生成的,家庭也是培育公民的场所。罗尔斯也看到:"当父母对孩子的爱由于其显明意图而被他认识到时,那个孩子就确信自己具有作为一个人的价值。"③从而在"心中唤起一种价值感,唤起一种要成为某种像父母那样的人的愿望。"④进而,按照父母认同的标准行事。但是,这只是一个社会中的日常生活领域与公共领域以及私人领域互动的表现,并不因为家庭拥有了这些功能也就转化成公共领域或私人领域的构成部分了。一个基本的事实是,在公共领域中,人们特别关注的平等问题,在家庭中就不是那么重要;同样,在私人领域中处处存在

---

① [美]罗尔斯:《正义论》,450页,北京:中国社会科学出版社,1988。
② [美]罗尔斯:《正义论》,5页,北京:中国社会科学出版社,1988。
③ [美]罗尔斯:《正义论》,第451页,北京:中国社会科学出版社,1988。
④ [美]罗尔斯:《正义论》,第453页,北京:中国社会科学出版社,1988。

着的交换关系,而在家庭中,则用赠与关系取而代之了。罗尔斯实际上也已经意识到这个问题,至少他看到了,家庭"在正常情况下以一种明确的等级制度为特征,在这个等级制中每个成员都有一定的权利和义务。"①所以,家庭在一切基本的方面,都是既不同于公共领域也不同于私人领域的,而是社会生活中的一个日常生活领域。遗憾的是,罗尔斯并没有得出这个结论。

因而,罗尔斯的正义理论所能涵盖的也主要是由公共领域和私人领域构成的社会生活领域,对于日常生活领域,他的理论则是缺乏解释力的。其实,从启蒙时期的社会契约论开始,思想家们所关注的都是由公共领域和私人领域所构成的这个世界。在近代伦理思想史上,休谟可以说是最早试图对道德进行区分的思想家,他区分出"自然之德"和"人为之德",认为正义属于"人为之德"的范畴。他说:"自然之德与正义的唯一区别只在于一点,就是:前者所带来的福利,是由每一单独的行为发生的,并且是某种自然情感的对象;至于单独一个人的正义行为,如果就其本身来考虑,则往往可以是违反公益的,只有人们在一个总的行为体系和制度中的协作才是有利的。"②至于"人为之德",就需要在社会整体的意义上来加以理解,它是通过社会行为体系和制度来加以体现的。反过来说,是在制度的框架下才能实现的道德。

然而,在休谟所处的时代,关于公共领域与私人领域分化的问题还没有以理论形式出现,对于日常生活独立于公共领域和私人领域的事实,更没有得到人们的理解。所以,他还没有意识到,"自然之德"实际上是在传统社会中普遍存在的,到了近代社会,随着社会的分化,则主要存在于传统社会因素能够得以保留下来的日常生活领域中。而"人为之德"才是公共领域和私人领域中的最基本的道德价值。与休谟相比,罗尔斯的正义理论显然片面得多了,因为,他没有充分考虑到"自然之德"的问

---

① [美]罗尔斯:《正义论》,第454页,北京:中国社会科学出版社,1988。
② [英]休谟:《人性论》,621页,北京:商务印书馆,1980。

题。即便休谟是以否定的方式来谈论"自然之德"的,但他毕竟认识到这一道德形态的存在。罗尔斯对于这个问题则是采取了回避的态度,特别是当他不愿意对正义理论是否适用于家庭而发表意见时,或者说,当他断言正义理论不应用于理解家庭的时候,他实际上是放弃了对家庭所在的日常生活领域进行研究的工作。

只有在今天,当我们从事行政伦理研究的时候,才真正地把公共领域、私人领域与日常生活领域区分开来。因为,只有在这种区分中,才能准确地把握公共行政的道德特征。否则,在一般的意义上去谈论道德及其功能的问题是无的放矢的。公共行政是公共领域中的一个构成部分,虽然公共行政随时都会作用于私人领域以及日常生活领域,但是,公共行政中的道德原则、道德规范等是与私人领域中的道德原则、道德规范等有所区别的。而且,在目标指向以及功用上,都有所不同。同样,开展公共行政活动的人是一个特定的社会群体,他们是行政人员,手中掌握着公共权力,这也与私人领域和日常生活领域中的人是不同的。在私人领域中,人以掌握自然资源、资本、个人能力、智力等为参与社会活动的条件,而在日常生活领域中,人们在活动中更多地从自己既有的身份出发,在亲情以及比附亲情的关系模式中为自己的行为确定方向。所以,只有在这三个领域的区别中来认识行政道德及其功能,才能清楚地理解行政人员应当做什么和怎样做什么。

四、领域融合中的道德普遍化

不道德的制度必然造就"不道德的社会",近代社会之所以会出现一个"道德的人与不道德的社会"[①]并存的局面,根本原因就在于这个历史阶段中的社会运行作出了不道德的制度选择,用一种形式化了的、完全剔除了道德合理性的制度来规约这个社会,从而也在人们之间的多重社会关系中抽象出了利益关系这一单向度的关系,使人陷入工于计算的利

[①] [美]莱茵霍尔德·尼布尔:《道德的人与不道德的社会》,贵阳:贵州人民出版社,1998。

益谋划之中。尽管在日常生活领域中,传统的道德因素还在调节着人的行为,但是,对于这个社会的结构却没有实质性的影响,而且,日常生活领域中的这些以"道德的人"而存在的人们,所依据的道德也大都是陈旧的、来自于传统社会的和没有得到充分的理论探讨并重建的道德。这就是工业社会中时常出现道德危机的总根源。

近代社会的发展以突出的经济成就而骄人,但是,"一种在经济上高效率的系统决不意味着就是一个好的或有道德的社会,经济也并不就是社会的全部。"①科斯诺夫斯基在历史中清楚地看到,把经济看作为社会中的一个独立系统只是现代的事情,在前现代社会,经济活动与宗教的、家庭的、政治的活动密不可分,只是随着资本主义的到来,经济活动才成为社会的一个独立的有着自身规律的领域。科斯诺夫斯基对这个过程的合理性提出了疑问:这个过程是一个解放的和在道德上可被证明为合理的过程,还是一种使人失去尊严和异化的过程?我们是不是要从马克思对其问题的回答得到一些启发?② 显然,答案是:当经济成为一个相对独立的系统的时候,道德合理性丧失了。所以,直面我们社会的经济生活,需要进行道德反思。但是,也应理解,近代社会的经济成为一个相对独立的领域,也是社会进步的一个必经阶段,从农业社会的社会一体化状态中走出来,让社会生活分化为不同的领域,毕竟是一个现实的历史进程,是已经的事实,对它的任何一方面的合理性提出怀疑都只是服务于追求一个更高的社会形态的目标。也就是说,怀疑历史正是为了走向未来。既然近代历史的社会分化以道德理性的丧失为代价,我们所追寻的未来世界就应当着力于恢复道德理性。

不过,在20世纪,我们看到这样一种现象,随着政治社会化的趋势日益增强,出现了社会公共生活私人化和私人生活公共化的双向运动,公共生活的领域与私人生活的领域的分界开始变得模糊不清,属于私人的

---

① [德]P·科斯洛夫斯基:《资本主义的伦理学》,2页,北京:中国社会科学出版社,1996。
② [德]P·科斯洛夫斯基:《资本主义的伦理学》,2页,北京:中国社会科学出版社,1996。

部分变得越来越少。而属于公共的部分却越来越大,面对着这个迅速膨胀的公共部分,就使近代成长起来的"管理行政"模式陷入了一个尴尬的局面:如果按照既定的方式对公共生活进行管理,就必须通过行政机构及其支出的扩张来实现管理职能,这就意味着行政成本的增加和社会负担的加重;如果限制行政机构的扩张和行政支出的增加,行政管理就会变得越来越低效,从而无法赢得公众的满意。由于这个原因,从20世纪70年代开始,世界各国都积极地通过行政改革去寻找解决这一问题的出路,几乎尝试了各种各样的社会治理路径。在这同时,社会在总体上也出现了新的变动,特别是人类开始从工业社会向后工业社会过渡。因而,由公共领域、私人领域和日常生活领域构成的社会结构开始发生了新的变动趋势。在这个变动趋势中,我们看到的是近代社会分化进程的结束和领域融合趋势的开始。

如果我们能够看到20世纪后期以来公共领域与私人领域重新融合的趋势的话,就可以面对整个社会去寻找并发现道德,而不是像"新公共行政运动"的代表人物那样,从"宪法原则"中去谋求行政道德的支持。在某种意义上,我们应当认识到,近代以来社会治理体系的非道德性恰恰是应当由"宪法原则"来负责任的。既然在宪法框架中已经产生了非道德的治理体系,再从宪法中去发现建构道德化的治理体系的可能性,又有多大的意义呢?所以,在现实的制度安排中,需要直接地根据现实社会中的实践理性去进行制度安排,我们只要去努力发现人类历史的变迁在实践理性方面造就出了什么样的新形式就可以了。如上所说,从20世纪后期开始,人类社会进入了从工业社会向后工业社会转型的历史进程,它向人们展示了实践理性的最新趋势,那就是合作理性开始形成。在这种情况下,我们只要根据合作理性的要求去自觉地进行制度设计和制度安排,就可以获得一个道德的制度。

鲍曼看到,在后现代的条件下,公共空间成为一个公开承认个人秘密和个人隐私的地方。公共空间日益缺乏的是公共问题,它已经无法扮演过去那种作为私人问题和公共问题聚会与对话的地点的角色。"公共空间"被"私人"占领着;"公共关注"被贬低为对公众人物私生活的好奇心;公共生活的艺术也被局限于私人事务以及公众对私人感情承认的公开展示。个体作为一个公民的保护性盔甲在逐渐地被剥除掉,与此同时,个体所具有的公民能力和利益也被剥夺一空。① 鲍曼所描述的是公共领域与私人领域融合趋势的一个方面的具体表现,但是,他并没有真正理解公共领域与私人领域的融合已经是一个行进中的历史进程,而是认为这意味着"个人使得公共空间殖民化"了。② 其实,这是一个误解,它并不是一个"殖民化"的问题,恰恰应当将其理解成工业社会公共领域与私人领域分化的历史走向终结的迹象,表现的是公共领域与私人领域重新融合的历史趋势,用萨特的话说,这是一个"总体化"的过程。沿着这个公共领域与私人领域融合的趋势发展下去,社会就会重新获得总体性的特征,从而使道德作为社会共有的基础而成为可能。

当然,人的基本道德理念是变化着的。比如,在农业社会,贪婪是万恶之首,而到了工业社会,特别是在工业社会的私人领域,尽管还有人用农业社会的道德标准批评贪婪,而在心灵深处已经认可了贪婪,甚至会把贪婪视作为经营资本所必要的美德,鼓励人们在贪婪的驱动下去赚更多的钱,通过倡导、张扬和激励每一个人的贪婪而为社会的发展提供动力。所以,作为工业社会的深邃的代言人,黑格尔倡导人们去研究和认识"恶"。当然,当道德理念以道德规范的形式而存在的时候,会有更大的恒久性,农业社会的道德规范会被带入工业社会。但是,如果把这些道德规范放在其体系中来观察,就可以看到,规范体系的结构发生了变化,一些在农业社会处于道德规范体系核心的基本规范,到了工业社会,开始走向道德规范体系的边缘;同时,一些原先处于道德规范体系边缘的规范和一些新生的规范,开始向道德规范体系的中心运动。道德规范是道德的形式,发生在道德规范体系中的这种运动过程,促动了道德的

---

① [英]齐格蒙特·鲍曼:《流动的现代性》,61 页,上海:上海三联书店,2002。
② [英]齐格蒙特·鲍曼:《个体化社会》,130 页,上海:上海三联书店,2003。

实质部分即道德理念的变化。

正如恩格斯所指出,"我们拒绝想把任何道德教条当作永恒的、终极的、从此不变的伦理规律强加给我们的一切无理要求,这种要求的借口是,道德世界也是凌驾于历史和民族差别之上的不变的原则,相反地,我们断定,一切以往的道德归根到底都是当时的经济状况的产物。"①原则上说,道德受到经济状况的决定和制约,这是没有什么问题的。但是,进一步地考察就会发现,在农业社会,习俗才是道德的温床,可以说,农业社会中的一切道德都是来源于习俗的,是习俗的提升和理性化。工业社会把习俗限制在日常生活领域,因而,只有在这个领域中才能够发现道德发展的秘密。在走向后工业社会的进程中,由于领域的融合,广泛的社会合作成为一个必然趋势,因而,在社会治理过程中,也出现了合作治理的要求。在这种情况下,凸显出合作理性的价值,人文社会科学研究的使命就在于根据合作理性的要求去自觉地建构这一历史阶段中普适的道德,并在这种道德的基础上去建构道德的制度和德治体系。

第二节 道德的来源及其实现

一、寻求确定性的和共通的道德基础

与"人的知识是从哪里来的"相比,关于"人的道德是从哪里来的"是一个更难回答的问题,在某种意义上,我们可以说,它是伦理学中的最大难题,在伦理学史上,它也是思想家们争论最为激烈的问题。其实,道德是发展着的,在人类历史上的不同阶段,道德有着不同的内容、形式和功能。当人类社会被分割为不同的地域和族阈性群体的时候,道德也有着地域和族阈上的差别。但是,总的说来,在农业社会,地域性熟人社会中的道德是来源于习俗和习惯的,是习俗和习惯的体系化。在现代化的过程中,地域界限被打破,不同的道德体系之间进入一个相互冲突、相互学

---

① 《马克思恩格斯选集》,3卷,435页,北京:人民出版社,1995。

习和借鉴的过程中,而且在这一过程中得到了理性的提升。但是,最为根本性的因素是市场经济对世界的征服,从而要求一种能够适应它的存在和发展的道德出现。同时,近代以来的社会也是一个分化成了不同领域的社会,在不同的领域中,道德又有着不同的基础。再者,近代以来的社会虽然冲破了严格的地域界限,但是,全球被划分为不同的族阈共同体也是一个现实,在不同的族阈共同体中,道德的来源和基础也不尽相同。20 世纪 80 年代以来,人类在两个方面表现出新的特征:一方面,人类进入一个全球化的过程,族阈界限开始受到冲击,世界经济、政治、文化一体化的趋势有着强劲的势头;另一方面,社会的复杂性和不确定性迅速增长,原有的社会治理体系、规范体系和规则体系都越来越显得笨拙不堪,难于应对复杂的和不确定的现实,以至于经常性地以危机事件的形式出现。在这种情况下,思考道德的来源和基础,也是出于新型社会治理模式建构的需要。

对于社会生活中的现象,在不同的时代、根据不同的观察视角或在不同的领域中,会有着不同的理解,比如,"贪欲(Pleonexia)在亚里士多德看来是一种罪恶,现在却成了当代生产活动的动力"。[①] 或者说,对贪欲作出道德判断的时候,它是一种"罪恶",然而进行科学考察的时候,它却成了"生产活动的动力";在日常生活领域中,"贪欲"被看作为一种"罪恶",而在私人领域中,它则是一种"生产活动的动力"。造成这种理解上的不同,是由于社会分化的结果,因为近代工业社会分化成不同的领域、不同的部门和不同的世界,所以,对一种社会现象才会出现如此不同的理解。如果社会分化的过程结束了,进而开始走向融合,那么人们对社会现象的理解也就不会表现出多么大的差异,反而共通的理解会为人们广泛地接受。

虽然道德有着历史性和地域性的差别,但是,在人类的一切文化中,道德是最具有普遍性的,正是这种普遍性,可以使不同民族、不同国家的

---

① [美]麦金太尔:《德性之后》,286 页,北京:中国社会科学出版社,1995。

人拥有共同的基本道德知觉,并根据这种知觉去开展共同行动。然而,在西方历史上,思想家们往往不是去寻找道德确定性的基础,而是去努力发现道德不确定性的基础,即寻找反道德的同一性基础。在亚里士多德那里,我们看到:"某一事物被认为是你自己的事物,这在感情上就发生巨大的作用。人人都爱自己,而自爱出于天赋,并不是偶发的冲击。"①的确,在工业社会,当完整的社会被分化为公共领域、私人领域和日常生活领域的时候,在日常生活领域,也会表现出亚里士多德所说的这种情况,甚至在私人领域中,也是这样。但是,在公共领域,就不会表现出这种情况,如果存在着这一现象的话,那也是不合理的,是应当加以斥责的。其实,在农业社会,也不是社会生活的一切方面都表现出了亚里士多德所说的那种情况。比如,人们在过宗教生活的时候,就不会像亚里士多德所说的"人人爱自己",而是人人爱群体共有的"上帝"。但是,亚里士多德的这一观点在近代社会却得到了极其夸张的表述和论证,被作为一个普世性的原则和社会重建的起点。这样一来,公共领域的理性设置就必须贯穿防范意识,即防范"人人爱自己"演化成消极性的行为。也正是这一防范性的设置把公共领域中的人塑造成"私人"和"日常人",使他们愈显出"爱自己"的所谓"本性"。所以,我们说公共领域中的人所表现出来的"自私本性",是由于一种错误的认识、错误的理论所塑就的,实际上却不应当是这样的。如果没有这种错误的认识和错误的理论的话,也许在公共领域、私人领域和日常生活领域的分化过程中并不必然产生出仅仅"爱自己"的行政人员。

面对一个刚刚从中世纪走出来的社会,霍布斯所看到的现象也是真实的:"欲望与嫌恶在人们不同的气质、习惯和学说之中是互不相同的。不同的人非但在味觉、嗅觉、听觉、触觉和视觉的判断中好恶不同,而且对共同生活的行为是否合理的判断也彼此迥异。甚至同一个人在不同的时候也是前后不一样的。在一个时候贬斥而称之为恶的,在另一个时

---

① [古希腊]亚里士多德:《政治学》,55页,北京:商务印书馆,1965。

候就可能赞扬而称之为善"。① 这些都是要证明道德具有不确定性,因而是不可信、不可用和不能作为社会建构的基础的。而且,这已经成了一个普遍的观念,那就是认为道德具有不可操作性,惟有科学和技术化的路径才是可信的和可操作的。如果说思想家们所揭示的这些现象在历史上是一种实存的状况,那么,当人类已经拥有了工业社会在高扬理性的旗帜下所造就的文明时,我们相信,是可以获得形成基本的道德共识的可能性的。也就是说,有了工业文明的成就,人类可以进入一个新的历史阶段,在这个历史阶段中,人们把外在的强制性普适标准转化为人的内在的灵活的具体行为准则,也是完全可能的。

在关于社会的封闭性与开放性的观察视角中,我们可以看到,一个封闭性的社群会拥有一些确定性的道德基础,然而,此一社群与彼一社群之间是不存在确定性的和共通性的道德基础的。福山看到了这一现象,他说:"社群导向社会的平等主义通常只限于文化同质团体,换句话说,他们的社团里不掺杂拥有其他文化的成员。道德社群有明显的圈内人和圈外人之分:圈内人彼此待之以礼,人人平等,但是碰到圈外人就不是这么回事了,事实上,社群内部向心力越高,他们对外人的敌意、漠视、褊狭程度就越严重。"②在迄今为止的社会历史中,福山所揭示的这一现象是真实的,特别是在宗教团体以及近似宗教团体的社会圈子内,表现得尤为突出。但是,我们必须指出,这一既存的文化心理现象并不是永恒的,仅仅是在社会处于封闭状态,或者在社会开放性不足的条件下,才会如此。因为,这种文化心理现象无非是社会封闭性在社群中的映射。或者说,这是熟人社会所具有的普遍特征。

在农业社会的历史阶段中,熟人社会的普遍存在决定了陌生人是这个社会的异物,是不可信任的。在人类进入工业社会之后,熟人社会的这种文化心理特征并未彻底消失,因而会在社群中表现出来。实际上,

---

① [英]霍布斯:《利维坦》,121页,北京:商务印书馆,1985。
② [美]福山:信任:社会道德与繁荣的创造,270页,呼和浩特:远方出版社,1998。

这种文化心理现象对于工业社会来说,已经不再是主导性文化了,在政治生活、经济生活以及生产活动中,这种文化心理现象所发挥的作用已经不再是主导性和支配性的了。所以,它只是工业社会中的一种较为边缘化的文化心理现象,工业社会更多地受到陌生人交往规则的支配。这说明,与农业社会历史阶段中的熟人社会相比,工业社会这一历史阶段中的陌生人社会具有较大的开放性,封闭社群这种熟人圈子仅仅是尚未被工业社会开放性冲破的旧堡垒,即便如此,也已经是残垣断壁了。历史的发展必将冲破一切封闭的领域,因而也会最终消除福山所看到的这种社群内部个体的开放性与社群整体封闭性相矛盾的现象。当社会走向一个全面开放的社会时,共通的和确定性的道德基础必须被发现。

西田几多郎认为:"所谓善就是满足自我的内在要求;而自我的最大要求是意识的根本统一力、亦即人格的要求,所以满足这种要求、即所谓人格的实现,对我们就是绝对的善。但是这种人格的要求一方面是意识的统一力,同时又是实在的根基里面的无限统一力的表现。所谓实现我们的人格就是指这种力量的合一而言。"[①]其实,所谓"实在的根基",惟有在人的道德存在的意义上才能得到理解,如果人不具有道德存在这一重内容,它的人格实现也就是没有根基的。

人的道德存在是从人所具有的一种道德天然性基质中生成的,正如人具有认识基质并通过认识而塑就了人的精神存在一样,在人的道德基质与社会理性、群体理性或职业理性的契合中,也可以生成道德存在。在开放的社会中,人们完全可能拥有共同的社会理性、群体理性或职业理性,而人的道德基质在与这种社会理性、群体理性或职业理性的契合中所生成的道德存在,也就完全可以成为道德的共通基础。正如在科学发现和科学证明中所形成的真知面前可以形成共识一样,在人的道德基质与社会理性、群体理性或职业理性的契合中所生成的道德存在的基础上,人们也可以获得共通的道德感知和道德判断能力。所以说,人的道

[①] [日]西田几多郎:《善的研究》,114 页,北京:商务印书馆,1965。

德存在就是全球化、多样性和多元化世界中的确定性的和共通的道德基础。

二、道德教育途径的有限性

康德把道德的实现寄托于人的意志自律,认为"意志自律是一切道德法则以及合乎这些法则的职责的独一无二的原则"。① 这无疑是正确的。但是,什么因素能够保证这种意志自律不是偶然的和只在那些接受了绝对命令的人那里才会出现呢?康德是给不出答案的。所以,对这一问题的解决,必然把我们导向两个维度的思考:一个维度是对人自身的进一步深入探察,就会发现,人的道德存在是人的意志自律的根据;另一维度是对人的行为空间的研究,结果就把我们导向道德制度的确立。这两个维度又是联系在一起的,道德的制度作为一种设置恰恰是依据人的道德存在而作出的安排,而人的道德存在也不能够在个人的原子性意义上来理解,而是需要在人作为社会历史的结果的意义来认识,即使是一个单独的个人,他也是人类社会历史的总体性的体现,特别是在人的道德存在的现实性意义上,它是个人的道德基质与社会理性、群体理性或职业理性契合的结果,是人的"社会身体"、"社会生命"。甚至就人的道德存在基质来看,他也属于自然的人的构成部分,是人在社会的全部发展史中所获得的一种"获得性遗传"因素。

对于人,需要像马克思那样从社会中来加以认识和理解,特别是作为人的本质性存在的因素,离开了社会,就肯定会陷入一种庸俗的理解。进化论被用来理解人和理解社会的时候,就是犯了这个错误。比如,不仅在达尔文之后出现的社会达尔文主义在对社会的理解上走向了庸俗化的方向,就是在达尔文本人那里,也存在着这种庸俗化的问题。我们知道,达尔文在其晚期著作《人类的由来》中,把人的道德归结为人的本能。这不仅是错误的,而且也是违背了他的进化论的。因为,在进化图

---

① [德]康德:《实践理性批判》,34 页,北京:商务印书馆,1999。

式中,前人类的存在物在道德意识方面已经达到了什么样的状况?显然是无法作出专门性研究的,即使有人试图在对大猩猩的研究中去发现关于道德意识的解释,能否让人普遍信服,可能是永远都会不得而知的。所以,是很难认为人有着像吃、喝、性之类一样的道德本能的,道德只能是社会的,而且仅仅属于社会。但是,相信人具有一种道德基质却是正确的,就人的这种道德基质而言,归根结底也是社会的,是在人类的历史演进中生成的,正如人的认识基质是在历史中生成的一样。

在低度复杂的社会,是可以通过确定性标准的确立去为行动提供依据的,但是,在高度复杂的社会中,一切都会变得具有不确定性,这就使确定性的标准显得难以获得。在这种情况下,如果强行确立确定性的标准,不仅无助于解决实际问题,反而会成为解决问题的障碍。所以,在高度复杂的社会中,寻求外在的、普遍的和确定的标准已经不是一种好的做法。相反,应当把标准的制定转让给每一个实际解决问题的个人,让他凭着自己的道德觉识去为其所解决的问题确立标准。在社会治理的过程中,更是如此,应当让社会治理者、行政人员自己拥有更多的解决问题的自主性。当然,这种社会治理者的自主和自由不是一种随意性的,而是在社会治理体系正确的价值导向下产生的,是由社会治理体系弹性的和灵活的治理框架赋予他的。进一步追问,就会发现,正确的价值导向之所以能够发挥作用,人们之所以会有着合乎社会普遍要求和公共利益的道德觉识,那是因为人们拥有共通的道德存在。可见,道德存在是一种内在于人并赋予人以自主和自由的主体性的因素,同时,又是保证人的主体性具有正向价值的因素。就道德存在的发现来说,则是由于社会的复杂性和不确定性的增长致使外在规范、规则和标准功能式微的情况下被迫达致的新的认识。

在具体的社会生活领域中,人的形态有一个应然与实然的区别。也就是说,存在着这样的情况,人们心目中的具体的人应当是什么样子的,而实际上则是另一个样子的。但是,在社会整体上看人,即作为类的人是没有实然与应然的区别的,尽管历史上常常会产生一些学说去虚构一

155

种应然的人,而实际上,这种应然的人即便被描绘的再完整、再精确,也不可以由人们自己去造就出来,人不可能通过把虚构出来的理论、理念加予人而造就出新人,使人朝着应然的人的方向发展。教育对于赋予人以知识和改善人的行为来说,也许是有用的,但对于造就人来说,则是无能的。教育不能造就出全新的人类来。人的发展是一个历史的和现实的过程,是在社会的全部因素的综合作用下而推动的过程,任何一个时代的人,都属于他所处的时代,是历史以及他所处的时代的综合性结果,正是在人这个存在物中,包含着社会的总体性。总之,人是现实的,只有一个实然的形态,关于人的任何应然形态的虚构都是没有意义的,人文社会科学的工作,只有在改善人的生存环境和提高人的生活质量方面作出研究才有意义,如果对人自身提出什么改造方案的话,那是科学的谵妄。

根据义务论的原则,就会要求"通过我的人格无限地提升我作为理智存在者的价值,在这个人格里面道德法则向我展现了一种独立于动物性,甚至独立于整个感性世界的生命;它至少可以从不受此生的条件和界限的限制,而趋于无限。"[1]其实,在我们生活的世界中,特别是在社会治理的过程中,寄托于人的人格无限提升只能是一种空想,而且,人格的无限提升还是受到环境的作用的。与人格的提升相比,关键的问题在于制度,只有有了道德的制度,社会治理者的人格提升才能够拥有客观保障。这样一来,社会治理者的人格提升就是一个可以归结为制度建设的问题了,而不是教育、教化和个人自觉的问题。

然而,人们总是以为通过教育的手段可以培养起某种道德意识,可以说,在一定的时期和特定的情况下,是可能的。但是,这种道德意识并不是一种被教育对象完全内化了的意识,一旦教育的强化作用开始退潮,这种意识很快就表现出弱化的征候。因为,这种意识是直接与人的被动的关注力相联系的,当对他的教育开始的时候,他的关注力可能会被教

---

[1] [德]康德:《实践理性批判》177~178页,北京:商务印书馆,1999。

育所引导到意欲引导的方向上去,这时,他会表现出形成了加予他的道德意识。但是,一旦这种道德意识所依赖的条件不能够再被进一步强化,他的关注力也就下降了。所以,由教育所引发的关注力是外在于教育对象的,还不能够引起教育对象的自觉的道德行为。一个社会不断地通过教育的强化去持续地引起人的道德关注力是不可能的,不仅是因为这样会造成道德关注力的疲劳甚至逆反,而且,所带来的成本增长也可能会达到一个社会无法承受的地步。我们所讨论的道德是来源于其主体自觉性的道德关注力,是由于这种自觉性的道德关注力而形成的那种完全属于他的内在存在形态的道德意识。当然,这种由个人的道德关注力而引起的道德意识和道德行为也是有条件的,其中,两个方面的条件是最基本和最主要的:其一,是人的道德基质与社会理性等的契合状况,即人是否实现了这种契合,社会理性是否是健康的,能否在与人的道德基质的契合过程中生成健全的道德存在;其二,是人所在的环境的状况,主要指物化了的环境,其中,制度、行为模式等又是最基本的。总的说来,一个社会所应追求的是:通过营建稳定的支持道德主体的道德关注力的环境,特别是建构起一种道德的制度,而不是寄希望于通过一时的教育就去收获道德行为的成果,更不可能通过持续的教育而持续地收获道德行为的成果。

在农业社会,权力所发挥的是普遍性的作用,通过权力的治理也就是治理的全部,但是,到了工业社会,权力的作用被限制在等级制的形式依然发挥作用的组织体系中,而在社会的层面上,法律取代了权力的治理地位。对于近代以来的政府来说,"不再是通过权力,也很少是通过习惯和风尚,而却是通过判断和理由,才成为有效的。……现代世界的原则要求每个人所应承认的东西,对他显示为某种有权得到承认的东西。"[1]的确,法律制度以及按照法律制度的原则办事在理想中能够得到每一个人的承认。但是,就现实来看,在法律制度的框架下所开展的社会治理

---

[1] [德]尤根·哈贝马斯:《公共领域的结构转型》135页,上海:学林出版社,1999。

活动,也造成了不公平、非正义的结果。这样一来,要想谋求每一个人的承认就变得不可能了。所以,要想得到每一个人的承认,社会治理活动就需要迎合每一个人的基本的道德判断能力,只有有道德的社会治理,才有可能得到更为广泛的承认。

有道德内涵的制度是有道德的社会治理赖以展开的空间,而道德制度的基本内容就是正义。诚如罗尔斯所说,"正义是社会制度的首要价值,正像真理是思想体系的首要价值一样"[1]关键的问题是正义是怎样的,在不同的社会中,人们对正义概念的理解是不同的,在农业社会,等级化的身份制是正义的基本内容,所以,权制是包含正义的。在工业社会的历史条件下,个人权利则是正义的基本内容,所以法制又是包含正义的。就此而言,罗尔斯所提出的公平的正义,无非是为了维护法制框架下的个人权利设置。这样看来,关键的问题就不再是简单地提出"正义是社会制度的首要价值"的判断,而是要根据不同社会历史阶段的要求而把现实性的正义原则灌注到制度之中去。这就迫使我们必须回答一个问题,正义来源于何处?是对历史上某一正义规定的移植,还是由某位思想家来确定?

当然,在迄今为止的整个社会历史阶段中,人们都会很容易地发现,"在人类过着共同生活的地方,一定有统一每个人的意识的社会意识。……不管多么出类拔萃的天才,也无法脱离这种社会意识的范围。"[2]但是,在全球化的历史条件下,"社会意识"则表现出极其复杂的情况,多元文化共存和相互作用的过程会使社会意识本身处于一种不定的和迅速发展的过程中,这时,去理解和发现那些影响和决定着人们行为的因素时,就不能够满足于笼统的和模糊的"社会意识"判断,而是需要在更深入的层面上去发现道德价值的功能。具体地说,也就是发现人的道德存在的功能。正是人的道德存在,是正义的确立者,赋予制度以道

---

[1] [美]约翰·罗尔斯:《正义论》,1页,北京:中国社会科学出版社,1988。
[2] [日]西田几多郎:《善的研究》,119页,北京:商务印书馆,1965。

德的内涵,使人的行为合于制度的规范和要求。如果不是从人的道德存在出发,如果求诸于外在的或既定的理念,无论我们怎样强化和刷新教育的路径,也不能给予我们真正合乎时代精神的正义标准,更不要去设想正义的实现问题了。

三、道德实现的主客观路径

从中国的农业社会中可以清楚地看到,当道德进入到社会治理的过程中的时候,它就不再是"道"了,而是一种"术"了。所以,中国传统社会中所讲的所谓"仁政"、"德治",都很少在现实中得到了实现,现实的治理过程在根本上表现为权力的支配过程,它所拥有的制度也是权力的制度。当然,这种情况只表明农业社会在治理过程中表现出了道德稀薄的状况。总的说来,这个社会是有道德的,在很大程度上,权力支配薄弱的地方,道德却显得非常厚实。也就是说,农业社会的等级结构在总体上表现出:在权力支配力较强的地方,道德显得较为稀薄;而在权力支配力量较弱的地方,道德力量反而较强。这一点,与工业社会是不同的,在工业社会,由于公共领域、私人领域以及日常生活领域的分离,公共领域就成了一个丧失了道德的领域,私人领域有道德,却是反映在人的行为后果上的,在人的行为前提中,却不包含道德。只有日常生活领域,才是完整的道德领域。

工业社会在总体上是一个法制社会,它要求法律得到尊重和遵守。然而,法律怎样才能得到尊重和遵守呢?卢梭是这样论述的,他说:"尊重法律是第一条重要的法律;而严厉的惩罚只是一种无效的手段,它是气量狭小的人所发明的,旨在用恐怖来代替他们所无法得到的对法律的尊重。"[①]伯尔曼也指出:"法律必须被信仰,否则它将形同虚设。"[②]这也就是说,法律作为一种外在于人的设定,是一种异己的力量,只有当人们

---

① [法]卢梭:《论政治经济学》,10 页,北京:商务印书馆,1962。
② [美]伯尔曼:《法律与宗教》,28 页,北京:三联书店,1991。

在道德自觉中把法律内化为它的主观构成部分的时候，才会在行动上自觉地遵守它。所以，法律发挥作用必须诉诸于个人的内在自觉，只有内在化了的法律才是我们自己意志的记录，对于一个没有在内心深处认同法律的人来说，法律不过是一纸空文。即便有再多的法律，也不会带来任何好处。并且只有认同了法律，遵守法律才不至于成为负担。在这里，我们实际上看到了法律对道德的依赖，一方面，法律是一种外在于人的客观性的和普遍性的规定和规则；另一方面，它又必须建立在人对它的尊重和遵守上，而人对它的尊重和遵守，尽管也可能是作为强制性的结果出现的，但是，一俟达到自觉地遵守的境界，实际上也就是一种道德的样态了。

我们知道，黑格尔整个哲学体系是由"逻辑学"、"自然哲学"和"精神哲学"三部分构成的。而精神哲学又被分为三部分："主观精神"、"客观精神"和"绝对精神"。黑格尔把客观精神再分为"抽象法"、"道德"和"伦理"三个环节。认为道德是法的真理，是扬弃了抽象法而达到的更高阶段。道德阶段高于抽象法阶段。从抽象法到道德，是人的规定即自由意志从客体转化为主体，从外部转向内部，从低级到高级的发展。显然，与遵纪守法相比，遵守道德更加困难，因为遵守道德是一种更高的要求，法律只是道德的底线。在这个意义上，不是应该追求道德的法律化，而是应该追求法律的道德化，法律道德化的过程就是道德主体化、个体化的过程，是将外在的制度、规范内化为个体自身的道德品性、道德素质的过程。因此，黑格尔说："由于伦理（即风俗礼教）是活生生的法制，同样也就没有独立自存的抽象的法制，而法制必然要与伦理相联系，并且必然洋溢着一个民族的活生生的精神。"[1]法律作为工业文明的成就，它是现实存在着的社会理性，当它与人的道德基质相契合的时候，人的道德存在也就会成为一种现实的实存形态，并会反过来对于社会建构发挥基础性的作用。

---

[1] ［德］黑格尔：《哲学史讲演录》，2卷，249页，北京：商务印书馆，1960。

在道德存在的基础上,人的行为也就会自然而然地合于"中庸"的原则。

我们知道,亚里士多德认为善是一种适度,一种中庸之道,即在各种情况下,能够在"过"与"不及"之间恰如其分地行动。要做到这一点,没有一种普遍的必然的原则可供直接现成地应用,而只能靠行动者对于具体情况的把握。这是处理具体性问题的基本原则,行政人员每日每时所面对的大都是一些具体性的问题,他根据某种明确的程序和规则去行事,就无法在处理具体问题方面表现出有效性。所以,他需要根据道德判断行事。只有道德才能保证行政人员面对一切具体性的问题时准确地把握住行动的分寸。而这个分寸,最为要紧之处就是,如果某一方面的行为能够在某种意义上量化的话,那么,这个适当的量值就是由多方面的因素决定的,如果只从一种因素去看,那就必然会趋于一个极端,或"过"或"不及";而若能够综合地考虑各种因素,便能够把握最为适当的量值,即在某种情况下最为恰当、最为理想的行为分寸。能够将各种因素结合在一起,就可以把握住其中恰如其分的"中道"了。可是,这个量值只是一种比喻性的,是一种直觉形态中的量值,或者说,它是不可以用实证的方法去分析的,没有任何一种数学模型可以反映出哪怕一个最简单的道德行为的全部影响因素。

在现代社会,每一个人都是一个复杂的角色集,是一系列价值观、欲望和利益的"综合体",当他在不同的领域中开展活动的时候,会有着不同的角色。在私人领域,他有着实现自己利益和目标的倾向,以理性经济人方式行事,寻求自身利益的最大化。在日常生活领域中,他以一个自足的个体而承担着家庭的、亲缘的以及其他的社会责任,追求生活的幸福,向往某种比较理想的生活和和谐的人际关系。如果他还是一个公职人员的话,那么,他在公共领域中开展活动的时候,还被要求服务于社会及其公众,维护公共利益和促进公共利益的实现。但是,在现实中,正如我们已经分析了的那样,人们往往不能正确地依据自己所在领域的不同和开展活动的内容以及性质的不同而正确地摆正自己的角色,从而出现了角色错位的问题。尤其明显的是在公共领域中活动的人,往往分不清他的日常生活中的角色与公务活动中的角色之间的不同,受到人情关系等的困扰,甚至有时分不清他与那些在私人领域中开展活动的人的不同,导致对私利的追逐,更有甚者,以权谋私和进行权钱交易。

面对这种情况,马克思为我们指出一条正确的道路。马克思说:"人只有凭借现实的、感性的对象才能表现自己的生命。"①当然,这个生命还是指人的物理性的生命,在很大程度上还是人的自然生命或社会化了的自然生命,对于人的社会生命来说,情况就有所不同了,人的社会生命包含在人追求理想的道路上,是通过人与他人交往活动中的道德行为来展现的。但是,社会生命的发现,正是沿着马克思所指引的方向所取得的理论成果。人的社会生命有着复杂的内涵,但是,人的道德存在是人的社会生命的核心构成部分。只有人的道德存在外显的时候,人才证明了自己的社会生命的价值,并以自己的社会生命唤醒他人的社会生命。

在任何社会及其任何时期,生活于其中的个人都会有着一定的冲动。正如黑格尔所看到的,"冲动和倾向首先是意志的内容,只有反思是超出于它们之上的。但是这种些冲动会驱策自己,相互排挤,彼此妨碍,它们每一个都想得到满足。现在假如我把其他一切冲动搁置一边,而只置身于其中一个,我将处于毁灭性局促状态中,因为这样一来,我抛弃了我的普遍性,即一切冲动的体系。"②针对这种冲动必然发生的状况,黑格尔的要求是:"冲动应该成为意志规定的合理体系。"③其实,"意志规定的合理体系"只能是一个道德的体系,也就是我们所说的德制。权制是一个权力意志的体系,法制是一个工具理性的体系,只有德制才是一个实质理性与道德意志相统一的体系。在德制体系中,个人的冲动会因为受到道德意志的规定而转化为一种合理的冲动,即道德冲动。这样的话,冲动本身就不是恶行的发生,而是有益于群体、社会并同时有益于自身的冲

---

① 《马克思恩格斯全集》,42卷,168页,北京:人民出版社,1979。
② [德]黑格尔:《法哲学原理》,28页,北京:商务印书馆,1996。
③ [德]黑格尔:《法哲学原理》29页,北京:商务印书馆,1996。

动,是合乎中庸原则的冲动。

总的说来,农业社会的道德是基于习俗和习惯的道德,在很大程度上具有感性的色彩。在工业社会中,由于公共领域、私人领域以及日常生活领域的分化,使道德与法律的基础分属于不同的领域,但是,在社会作用过程中,它们之间又处于相互影响和对立统一的矛盾之中。随着社会的复杂性和不确定性的迅速增长,人类社会的绵续和发展对道德提出了更为迫切的要求,也正是由于有了工业文明以及人类历史发展的全部文明成就,人的道德存在才能够以一种实存的形态出现,并为复杂性和不确定性条件下的社会治理提供支持。一方面,从人的道德存在出发,可以建构起一种新型的制度模式,那就是德制;另一方面,道德存在可以赋予人以社会生命,可以为行政人员以及更为广义的社会治理者提供道德冲动的动力,使他们的行为合于中庸的原则。

第三节 道德与行政人员的自由

一、作为人的本性的自由

近代以来,反对民主和法制的思想家是有的,但是,反对主张人的自由的思想家则从未出现过,即使某一思想不主张人的自由,也不会公开地宣称反对主张人的自由。自由的理想甚至可以追溯到更早,可以说,在人类开始思考的时候,就开始有了自由的理想。这也说明,民主和法制作为一种社会性的设置是属于人类历史的特定阶段的,而关于自由的追求则是永恒的,在不同的历史阶段中,人类可以通过不同的社会设置去服务于人类关于自由的追求。历史展现给我们的是这样一幅图景:如果说在中国的春秋战国时期以及西方的古希腊时期这些人类历史上的第一次启蒙运动中,思想家们更多地思考了关于人相对于自然的自由的话,那么,到了18世纪这一人类历史上的第二次启蒙运动之后,思想家们更多地关注人相对于社会的自由。然而,工业社会发展的结果则是,人相对于社会的自由问题并未得到根本性的解决,而人相对于自然的自由也因自然的报复而重新成为不得不思考的问题。在这种情况下,走向后工业社会的启蒙运动将要把这两个方面的问题放到一起进行综合性的考虑。如果说"自由"这个概念迄今还包含着一种诗意的幻想的话,那是因为人类虽然历经多次社会变革,也尚未找到使之实现的可行途径。但是,自由的理想不会消失,它在任何时候,都会成为鼓舞人心、激人奋进的动力。我们这个时代之所以不断地提出社会变革的要求,在终极的意义上,就是由于拥有着自由的理想和追求。所以,在走向后工业社会的历程中,我们依然要举起自由的旗帜,积极地去寻找自由获得的途径。

在人类文明史中,可以说,关于自由的追求在每一个时代都有着丰富的思想表现。但是,在庄子那里,它是以一种空想的形式出现的,属于一种非理性的美学追求;列子"驭风而行"的自由,更多地属于一种源于飞禽感想;即使在老子那里,也是个人合于自然的过程,是无法落实在普遍的人的实践中的。然而,在近代思想家那里,自由却成了一个政治目标。可是,在近代思想家的制度以及行动方案设计中,为了自由能够得以实现,又必须牺牲自由,它是通过牺牲社会自由而获得政治自由的。与政治自由相比,社会自由更贴近人的生活,属于生活自由的范畴,而且,人类所苦苦追求的,也正是这种社会自由,它是需要落实到生活中的,是需要通过生活来实现的。就这种自由是应当作为生活的内容而存在的来说,它必须由人的道德来提供,通过人的道德的社会功能来加以实现。

卢梭认为:"人所共有的自由,乃是人性的产物。""每个人都生而自由、平等"。① 但是,"人是生而自由的,但却无往不在枷锁中。"②人们生活在社会中,如何才能做到保障每个人的自由?卢梭是社会契约论者,他主张通过订立某种社会契约来实现自由。他说:"'要寻找出一种结合形式,使它能以全部共同的力量来卫护和保障每个结合者的人身和财

---

① [法]卢梭:《社会契约论》,9页,北京:商务印书馆,1996。
② [法]卢梭:《社会契约论》,8页,北京:商务印书馆,1996。

富,并且由于这一结合而使每一个与全体相联合的个人又只不过是在服从自己本人,并且仍然像以往一样地自由。'这就是社会契约所要解决的根本问题。"①近代社会可以说是按照卢梭的这一思想中所包含的精神而进行设计的,是通过无处不在的契约把人们连结在一起的,即让契约承担起人们交往的中介,并在契约的基础上和出于契约保障的需要而建立起了法律制度。但是,人的自由追求是否得到了真正实现呢? 在某些方面,得到了实现;在许多方面,可能并没有得到实现;而且,也产生了新的压迫人的因素,造成了新的不自由。在某种意义上,法律制度这一保障人的自由的制度本身,就成了一种外在于人的强制性力量,无时不束缚着人的自由。

其实,卢梭是看到了契约的二重性,他说:"人类由于社会契约而丧失的,乃是他的天然的自由以及对于他所企图的和所能得到的一切东西的那种无限权利;而他所获得的,乃是社会的自由以及对于他所享有的一切东西的所有权。"②就契约使陌生人社会中的人联系起来并能够发生交往而言,它的确是一项积极的发明。但是,用契约来解释人的自由的获得和丧失时,实际上是非常勉强的。因为,本来人就不拥有属于人的所谓天然的自由,人的自由都是社会性的,自由这个概念本身就是人的社会存在的形态。作为一种社会性的存在它不以契约为中介是否可能呢? 我们认为答案应当是肯定的。人可以通过某种中介性的因素而获得自由,但这只能是一种较为低级的自由形态。如果人能够在直接性的社会交往活动中获得自由、拥有自由并证明自由的话,那么,这种自由就是一种较为高级形态的自由。这种自由必然是基于道德的,是一种能够自主性地摆脱外在限制的自由。

总的说来,18 世纪的启蒙思想家是依据"自然状态"来证明人的自由等各项权利的合理性的,认为"自然状态有一种为人人所应遵守的自然

---

① [法]卢梭:《社会契约论》,23 页,北京:商务印书馆 1996。
② [法]卢梭:《社会契约论》30 页,北京:商务印书馆,1996。

法对它起着支配作用;而理性,也就是自然法,教导着有意遵从理性的全人类:人们既然都是平等和独立的,任何人都不得分割他人的生命、健康、自由和财产。"①在今天看来,这种证明已经显得非常幼稚了。关于自然状态的设定虽然表现出了睿智,但那只是一种早期的智慧,当工业社会的哲学以及人文社会科学的发展从这个起点出发而取得了辉煌成就的时候,我们如果还在18世纪启蒙思想关于"自然状态"的设定的原点上去思考问题的话,就不能不说是幼稚的了。所以,我们在思考人的自由的时候,不是把它作为人的本性或人的一项天然性的权利,而是需要更为直接地在人的社会交往中去发现它的价值。

更为主要的是,当自由等被作为一项自然权利提出的时候,它所具有的普遍性恰恰使它无法落实到具体的群体中去,也不能用来指导具体的群体中的活动和行为选择。所以,一旦人们的视线投向一切具体的社会活动领域的时候,就无法对人的职业活动的自由作出合理的证明。比如,一个人在组织中开展活动,组织就不会赋予他自由,反而会一再重申对他提出的组织规范和规则等要求。在政府中,表现得更为典型,政府作为一个严密的官僚制体系,是行政人员行政管理职业活动的场所、框架和空间,这个场所是边缘清晰、功能明确的场所,这个框架是规范和规则都极为严格的框架,这个空间是一个限制性、约束性时时都被突出强调的空间……所以,行政人员这一职业群体的自由不仅在现实的实践中无法得到证明,而且在理论上也是无法得到证明的,如果有人试图在官僚制体系中去证明行政人员的自由的话,他实际上也是在行政人员非职业行为的层面上作出了证明,他的结论也必然是反行政人员行为自由的。

但是,如果我们不是在人的本性的意义上去抽象地谈论作为"人权"的自由,而是把自由看作为人的直接社会交往中的价值的话,就会在每一个具体的领域和具体的交往活动中来认识自由。这个时候,在不同的

---

① [英]洛克:《政府论》,下篇,6页,北京:商务印书馆,1964。

领域和不同的交往活动中,就会有着不同的自由标准。但是,在根本上,这些不同的标准又都是可以归结为人的道德感知的。这样一来,我们就会根据人的具体性的社会活动来考察人的自由,就会在差异性很强的社会活动中发现共同的自由,那就是道德的自由。同样,以行政人员的活动为例,我们知道,对于一个国家的社会治理来说,政府所担负的是最为直接的前沿性的和事务性的社会治理任务,在政府作用于社会以及自我管理的过程中,行政人员每日每时所面对的都是具体的人、具体的事,正如莱布尼茨所说,"世上没有两片相同的树叶",一旦面对具体的人、具体的事的时候,每一人、每一事都是个性化的存在。然而,官僚制为行政人员提供的程序、职权和处理事务的方式方法则是同一的,用一个同一性的设置如何应对差异万千的行政管理事务呢?

由此可见,行政人员因官僚制而失去自由,因失去自由而无法更好地承担起自己的行政管理职能。正是考虑到这一点,我们认为行政人员应当是自由的,只有当他有了自由,他才能更好地担负起行政管理职责,才能更好地在行政管理这一职业活动中实现自我也同时实现良好的治理。问题是,在官僚制不允许他自由的情况下,他怎样才能获得自由呢?显然,只有道德才能赋予他自由,当行政人员是一个有道德的公共管理、公共服务职业活动者的话,他就会拥有自由;反之,他就会丧失自由。所以说,道德使人变得自由。

二、作为人的理性的自由

虽然18世纪的启蒙思想家们高扬理性的旗帜,但是,在那里,理性更多地是作为一种批判性的概念而出现的,是针对于中世纪的"神性"而提出的关于人的本性的假设。所以,在18世纪的启蒙思想家那里,理性的概念还是比较空洞的,还无法对人的自由给出理论证明。只是当德国古典哲学从"自我"与"他我"、"主体"与"客体"的关系中去把握理性的时候,这个概念才被赋予了丰富的内容,才能够作为从理论上证明人的自由的路径而存在。所以说,18世纪英法等国的启蒙思想家提出了人的自由问题,使人的自由从对神以及王权的依附中解放了出来,而且,在这样做的时候,是具有一定独断色彩地把人的自由作为人所应有的一项天赋权利,是人的自然本性。到了德国,思想家们要求对这个问题加以深化,提出了在人的社会关系中对自由进行反思的要求,即要求去证明人的自由是人作为人的社会性实质,是在人的理性的社会关系中才能够获得的一种人的社会"样态"。因而,德国古典哲学在关于自由的证明中也就必然地会走向自由与必然的辩证分析这一理论方向上去。

在费希特那里,我们看到,他的整个思想体系都在于去努力解决"自我"与"他我"在自由问题上的矛盾。他说:"只有假定一切自由存在物都必然抱有同样的目的,这个矛盾才能解决,道德规律的自相一致才能恢复;这样一来,一个自由存在物的合乎目的做法对于所有其他自由存在物就会同时也是合乎目的的,一个自由存在物的解放就会同时也是所有其他自由存在物的解放。"[1]他又说:理性必定是独立的,除了借助于一切个体的形式自由,决不存在任何(实质)独立性。"一切个体的形式自由是全部理性的一切因果性的唯一条件。"[2]所以,费希特尤其强调人的主体能动性,强调行动,反对只说不做。他说:"我寄希望于行动","行动!行动!——这是我们的生存目的。"[3]也就是说,在费希特的思想中存在着这样一个逻辑:自由不仅是人的应然状态,而且是存在于人们之间的关系中的,如果要使人们之间关系中的自由得到显现,就需要拥有同样的目的,就需要围绕着这种同样的目的而开展行动,即通过行动去证明自由和实现自由。如果考虑到康德的实践理性要求一种"自由的""绝对命令"这样一个"自反性"的悖论的话,那么费希特把自由落实在行动上,无疑是一个发展。

黑格尔在历史哲学讲演录中说:"'精神'的实体或'本质'就是'自

---

[1] [德]费希特:《伦理学体系》,232 页,北京:中国社会科学出版社,1995。
[2] [德]费希特:《伦理学体系》,234 页,北京:中国社会科学出版社,1995。
[3] [德]费希特:《论学者的使命》,57 页,北京:商务印书馆,1984。

由'","'精神'的一切属性都从'自由'而得以成立"。①"一切都是为着取得'自由'的手段","一切都是在追求'自由'和产生'自由'","'自由'是'精神'的唯一真理"。"'精神'——人之所以为人的本质——是自由的"。② 黑格尔把历史看作是精神发展的历史,也是自由发展的历史,他视自由为推动历史前进的动力和历史发展的最终目的。他说,"整个世界的最后目的","就是当做那种自由的现实。"③也就是说,在黑格尔看来,费希特把自由寄托于行动显得过于武断,存在着证明力不足的问题。而且,在实践中,行动也是受到各个方面的各种因素的制约的,是很难判断出一定会实现自由或体现自由。所以,黑格尔要求把自由看作是一个历史过程。黑格尔认为,世界历史不过是自由观念的发展。东方人只知一个人(专制君主)是自由的,希腊罗马人只知道少数人是自由的,日耳曼人首先知道,人类之为人类是自由的,人人是自由的。就人类的前景来说,黑格尔断言,自由本身包含有绝对的必然性,因此它必然展现为世界历史,最终实现自己。世界最终实现自己的状态也就是一个终极的理想社会,这个理想社会正是一个人人自由的社会。这就是黑格尔的历史目标。

就其对现实的观察而言,黑格尔更多地受到契约论的影响,因而也在关于人的自由追求问题上提出了现实的解决方案。他指出,人类天性是自由的,但自由并不是无限制、无约束的天然状态,自由需要法律和道德。法律是"精神"的客观性,体现了精神的意志自由,所以,只有服从法律,意志才有自由,而国家则是自由的实现。其实,黑格尔的哲学是一个充满理想和旨在描述未来的体系。但是,他的《法哲学原理》则是在现实观照的原则下写就的。在这里,黑格尔充分地强调了自由与必然的关系。他认为,就现实而言,自由与必然不是绝对对立和排斥的,自由本身包含着必然,自由是对必然的认识,自由要靠知识和意志的无穷训练才

---

① [德]黑格尔:《历史哲学》,55页,北京:三联书店,1956。
② [德]黑格尔:《历史哲学》,56页,北京:三联书店,1956。
③ [德]黑格尔:《历史哲学》,58页,北京:三联书店,1956。

可以找出和获得。的确，在人人自由的境界尚未达到之前，就会受到必然性的制约。自由只是世界历史所追求的目的，而"现代世界是以主观性的自由为其原则的。"①但是，在外在必然性的压力下，在处理自由与必然之间的关系的全部过程中，黑格尔认为，都要坚持自由的原则。他说："自由精神的旗帜"，"就是我们现在所拥护的、我们现在所擎举的。"②

现实社会在自由与必然之间的矛盾性决定了黑格尔在抽象的哲学叙述中必须坚持现实性的原则。黑格尔认为，"人为了作为理念而存在，必须给它的自由一外部的领域，因为人在这种最初还是完全抽象的规定中是绝对无限的意志，所以这个有别于意志的东西，即可以构成它的自由的领域的那个东西，也同样被规定为与意志直接不同而可以与它分离的东西。"③所以，对于现实地在社会中开展活动的人来说，费希特的观点依然是适用的，那就是他的自由并不是在思维中的自足状态，而是需要通过行动来加以证明和实现的。对于职业活动来说，这一点尤其显得重要。

推及行政人员，也就会要求行政人员不能停留在关于自己是否拥有了道德的思考中，而是要反映在行动中，即反应在行政管理的职业活动中。只有当行政人员去从事和开展行政管理的职业活动的时候，他才能证明自己是否是有道德的行政人员，才能检验出自己是否实现了道德的自由。也就是说，如果行政人员在行政管理的职业活动中感到了不自由的话，也就证明了你尚未成为一个有道德的行政人员。当然，就其不是一个有道德的行政人员来说，可能有客观的原因，那就是行政体系没有给他提供让他成为一个有道德的行政人员的空间；也可能有他自己的主观上的原因，那就是他自己没有努力使自己成为一个有道德的行政人员。当然，也存在着另外一种情况，那就是：行政体系没有给他提供让他成为有道德的行政人员的空间，却一再地要求他去做有道德的行政人

---

① ［德］黑格尔:《法哲学原理》,291 页,北京:商务印书馆,1961。
② ［德］黑格尔:《历史哲学》,464 页,北京:三联书店,1956。
③ ［德］黑格尔:《法哲学原理》,50 页,北京:商务印书馆,1961。

员,不仅使用教育的手段,而且通过一系列的"仪式"或"类仪式"的举动去迫使他表态,这个时候,他明知自己不可能成为有道德的行政人员,却不得不声明自己已经是或保证自己将会是有道德的行政人员,显然,他是说了谎,他的谎话与他的真实情况完全相反,因而,他在心灵上已经丧失了自由,他也就不再是和不可能成为有道德的行政人员。由此可见,自由也就成了标准,是一个检验行政人员"是否是一个有道德的行政人员"的标准。

三、根源于道德的自由

人从脱离动物界而成为人的那时起,就具有不同于一般动物的特殊的自觉能动性,获得了最初的一点自由,即获得了相对自然压力的自由。随着生产力的发展,文化的进步,以及人的主体性、自觉性和能动性的不断增强,人的自由也在不断扩大。从某种意义上讲,人类的历史就是不断挣脱自然束缚和社会束缚的历史,就是争自由的历史。但是,当人挣脱自然的压迫而获得自由的同时,也又开始受到了人自己所创造的社会因素的压迫,社会自身不断地造就出压迫人和剥夺人的力量。因而,社会也在人的自由追求中开始进入了变革和发展的进程。人类追求自由的历史,也就是社会自我否定的历史。

马克思认为:"自由是全部精神存在的类的本质。"[①]"人的类特性恰恰就是自由的自觉的活动。"[②]而且,马克思把个人的自由看作是自由社会的前提,认为"每个人的自由发展是一切人的自由发展的条件。"他在《共产党宣言》中所构想的"自由人的联合体",就是建立在每个人的自由发展的基础上的。然而,工业社会的公共领域、私人领域以及日常生活领域的分离,决定了近代社会在自我建构的过程中产生了一种极其深度的潜意识,那就是:日常生活领域应当是一个自由的领域,私人领域应当

---

① 《马克思恩格斯全集》,1卷,67页,北京:人民出版社,1956。
② 《马克思恩格斯全集》,42卷,96页,北京:人民出版社,1979。

是一个部分自由的领域,而公共领域则是一个不应自由的领域。在公共领域作用于私人领域和日常生活领域的时候,会表现出对这些领域中的自由的尊重,但是,就公共领域作用于私人领域和日常生活领域的特征来看,它所发挥的是限制自由的作用,虽然它是为了自由的目的,也不可避免地是通过限制自由而去达成维护自由的目的的。至于公共领域中的一切内部设置,都集中反映了对自由的剥夺,特别是官僚制,是不允许其体制中的人拥有自由的,它通过机械性的设置而把行政人员整合成了政府体系这架机器中的一个个部件。

在德国古典哲学所宗奉的近代认识论模式中,谈论自由的问题就肯定会陷入把自由与必然对应起来加以讨论的"辩证法"之中去。然而,在一切必然性中,自然的必然性是首先遇到的,并决定了哲学思维的进一步展开。所以,自德国古典哲学以来,自然现象的因果必然性也让人想起了人所生活于其中的世界,这个世界就包括社会,即以人的群集的形式出现的社会。在人的群集的形态中,有着各种各样的客观性设置,使人受到了这些"物化"了的客观性设置以及意识形态的客观精神的约束,从而显得不自由。其实,在近代社会以来这一确定性的前提下,当人面对一个宏观的世界和一个微观的世界的时候,是有着不同的境遇的。人在宏观世界面前的确显得无能为力,受到必然性的支配;而在微观世界中,他是能够发挥主动性的,能够在自己的行动中获得自由和体现自由的。之所以人们无处不感到不自由,那是因为人在自己能够获得自由的地方,没有找到正确的道路和运用正确的方法。

一般说来,相对于人的行动来说,宏观世界的客观性更多地带有抽象性的特征,并不是直接影响和作用于人的行动的世界,所以,人面对宏观世界时的受支配性主要是一种观念上的受支配性。微观的世界是更具有具体性的和与人的行动直接相关的世界,人是可以在对这种具体性的把握的基础上获得自主和自由的行动空间的。特别是作为人的行动赖以展开的作为直接性活动空间的微观世界,基本上是不从属于客观必然规律的,它的变动更多地表现出随机性的特征。但是,近代以来的哲学思维在把握微观世界的时候,总是沿着认识论所指示的方向,总是试图去把握微观世界背后的普遍性和必然性,以至于微观世界的表面特征被忽视了。事实上,恰恰是微观世界的表面特征决定了人的行为选择。

当然,对于微观世界表面特征的把握,如果运用认识论的思维模式,是无法形成共识性的结论的,也正是由于这个原因,哲学家们往往视为畏途。如果我们不是把认识论的思维模式作为一种把握世界的金律,情况就会大大不同。也就是说,如果我们把道德作为一种把握世界的路径的话,就会发现,在对微观世界的表面特征的把握上,是完全可以运用道德意识去感知它的,而且是可以实现对它的总体性把握的。一旦人们能够对微观世界的表面特征而作出了直观的和总体性的把握,人的行为也就拥有了自主和自由的基础。考察现实中行动着的人,我们发现,恰恰是在对微观世界的把握上出了问题,他们缺乏对微观世界的道德感知,因而,在微观世界面前,在开展行动的时候,也感到不自主和不自由。

关于自由的考察,还需要在社会关系的坐标中进行。之所以近代以来的各种理论在论述自由的时候总是陷入到自由证明的悖论中去,那是因为它所思考的是一种竞争性的自由,是在竞争关系中去把握自由的。事实上,在竞争性的关系中,我的自由必然是对你的自由的否定。更为主要的是,在竞争关系中,作为手段的自由是与作为目的的自由相分离和相冲突的,当人们要实现作为目的的自由的时候,就必须限制作为手段的自由;反过来,在畅意于作为手段的自由时,又必然会走向作为目的的自由的丧失。如果我们在合作关系中去认识自由,就会得出完全不同的结论。因为,在合作关系中,人们之间的自由是相互包容的,我的自由不仅不是你的自由的否定,反而恰恰是你的自由实现的依据。合作关系所支持的是一种互动互长的自由。因而,合作关系中的自由将是作为手段的自由与作为目的的自由的统一。

合作关系是和谐社会的基础,而和谐社会的多样化、多元性是存在于每一个领域的每一个过程中的,或者说,多样化和多元性本身就是和谐社会得以成立的前提,同一而无差异的社会是无所谓和谐的。多样性和多元化的社会是个人自由的空间，个人在这样的环境下，将会更充分地发挥自己的主动性、能动性和创造性。因为，他在多样性和多元化的社会中能够找到最适合自己发挥所有这些积极地发挥自己能动性的位置，和谐社会也因此而在多样性和多元化之中获得了活力。人只有是自由的，才能够从狭隘的自我中走出来，把自我融入社群和他人之中，使个人的生活像社会那样不是一个中心，而是多个中心。每一个人不仅自爱，而且把爱逐步扩展开来，爱社群，爱社会，使个人的"小我"升华为众生的"大我"，使有限的"小我"融入无限的"大我"，并使之得以延续和扩展。

所以，在社会与个人之间存在着这样的辩证关系，当社会以竞争关系为基本内容的时候，人必然会感到不自由，人的自由追求缺乏加以实现的社会空间。在这种情况下，道德可以使人变得自由，但是，这种自由得不到社会的支持，甚至受到社会的排挤，即使人们因道德而获得了自由的话，对于社会存在的整体而言，也是一种极其边缘化的"样态"。为了谋求自由的社会支持，为了使道德的自由能够拥有广大的社会空间，最为根本的任务无疑是社会的改造，只有当社会以合作关系为其基本内容的时候，道德自由才获得了充分张扬的空间。当然，社会改造是一个应当追求的目标，却不是当下的现实。在这种情况下，个人所应追求的就是如何使自己变得更自由。显然，道德可以使人更自由，而且，如果说社会的改造是从属于自由追求的目的的话，那么，实现对社会的改造也恰恰是蕴含在每个人的自由追求之中的。每个人在道德的途径中获得了自由，也是社会走向自由之路的起点。

四、行政人员如何获得自由

在古希腊，智慧被看作一种美德，的确，智慧能够赋予人以自由。但是，智慧在日常生活领域中表现为生活艺术，在私人领域中表现为经营和管理的艺术，在公共领域中表现为权术，在科学研究中则表现为创造力。对于人的道德实践来说，智慧并不是一个必需的要素。所以，对于行政人员来说，他的道德行为并不存在着缺乏智慧支持的问题，只要他拥有一个正常人的知识素养和思维能力,就已经具有了支持他的道德行为的条件。当然,在官僚制的行政体系中,他欲作出道德行为选择时,是需要得到智慧的支持的,特别是他在如何公正地行政方面,需要拥有较高的智慧。但是,并不能因此而断定智慧之于道德行为的普遍必要性。在某种意义上,智慧属于美学的范畴,应当根据美学的原则去加以认识和理解。也就是说,在今天看来,智慧已经不再是道德的内容了,尽管智慧在一定的情况下可以支持道德,但智慧并不必然使人道德。

在人类历史上,等级化是人类社会中的一个非常漫长的时期,近代社会宣布了等级化在政治上的不合理性,但是,在几乎所有的具体领域中,等级依然是存在的。比如,在政府中,官僚制实质上就是一个等级体系,只是为了把这种等级与农业社会的社会性等级区分开来,我们才用一个"科层"概念来指称它。实际上,就它是理性化的等级而言,它也是最典型的等级。一切存在着等级化的地方,都容易滋生奴性和依附意识。所以,在行政体系中,也是极易滋生奴性和依附意识的。也正是由于这个原因,行政人员的自主意识就更显重要,只有当他有了独立自主的人格时,他才能在自己的行为中拥有更大的自由。所以,对于行政人员来说,自由的获得来源于自主意识的增强。

从胡耀邦对自己的检讨中,我们可以看到自主意识的意义。1988年冬,胡耀邦对当时的湖南省教育厅厅长说,"回顾一生,有两件事难以原谅自己"。一件是1959年庐山会议批彭老总,明知彭老总讲的是对的,心里很矛盾,但因相信上边,也举了手。第二件是在党的八届十二中全会上,知道说少奇同志是"内奸"的材料不可靠,但又抱着"夫复何言"和"不得已"的态度,"勉强举了手"。胡耀邦在分析了"不得不举手"的客观原因之后,又检讨了主观原因:"存在一种奴化意识。在奴隶社会中,大多数是'奴隶',极少数是'奴隶主',也有少数是'奴才'。过去到现在,这种奴化思想都是有的,程度不同而已。"[①]

[①] 见《瞭望周刊》,2000年第25期。

人的自由就意味着做自己想做和愿意做的事，在做事之前，首先需要拥有了自由意志。这样一来，自由意志来源于哪里？就会成为一个重要的问题。伦理学的研究就是要解决这个问题。其实，如果伦理学不是按照"决定论"的思维模式去思考的话，就会自然地把自由意志放置在人的价值观念系统中去，就会在道德那里发现自由意志的动力和方向。总之，人的行为自由就是要打破外在的阻碍和束缚，对于行政人员来说，就是要打破官僚制体系加予它的外在限制。但是，官僚制的外在限制又是客观的，它如何能够既冲破这种限制又同时使自己的行为与行政目标的实现有着一致的方向呢？所需要的就无疑是对行政目标的道德感知，甚至只有这种道德感知才能使他更准确、更全面地把握行政目标，并作出正确的行政行为选择。

其实，做到了这一点，还只是最为基本的行政行为自由。因为，对于行政人员来说，除了官僚制体系加予他的这一确定性的限制之外，还会遇到其他难以预知的各种各样的不利于他的行政行为选择的因素，这些因素会成为他的自由的障碍。面对这种情况，如果他没有被吓倒，并不断地谋划、思索和选择，哪怕他没有获得行为选择的机会，也是实现了自我的意志自由。从而，在行政道德的意义上，达到了自足的状态。而且，这也是一种极具现实性的行政道德要求，是行政人员应当追求的境界。

如果说"万类霜天竞自由"的诗句所反映出的是来自于庄子的理想的话，那么，这是一个追求自由的前提性认识，如果没有这个认识，也就不会去自觉的寻找和发现通向自由的途径。所以，对于行政人员来说，确立自由观念是非常重要的，有了自由的观念，也就会有追求自由的理想，并将其付诸行动。当然，更为根本的是要探索自由实现的途径，迄今为止的一切关于自由实现的途径都是具有历史性的，都是可以超越的。其中，法制和民主的途径作为历史上曾经出现过的各种途径中的一种，也是有着历史局限性的，也是应当加以超越的。也就是说，关于自由的追求是永恒的，但是，关于自由的实现途径都是暂时的。我们的努力只反映在去发现使人更自由而不是使人最自由的途径上。在客观上，我们所要追求的是这样一种社会设置,它予每一个人以实质性的平等,因而,行政人员也是在平等的基础上开展行政管理活动的,并把这种行政管理活动作为他的自由的展现;在主观上,我们需要从自我做起,把对自由的追求落实在道德行为选择上,通过道德的途径去发现自由和实现自由。

第四章 公共行政中的公正与公平

社会公正和公平等是亘古就有的理想,但是,人类从来也没有真正地把它变成现实。今天,在构建和谐社会的目标追求中,进一步地突出了公正和公平的问题。然而,如果将其转化为现实的话,就必须首先实现公共行政从效率导向向公正导向的转变。其实,公正与公平之间的关系是从属于辩证法的理解的,而真正把握它们之间的辩证关系,则需要得到伦理观的支持。至于公正与公平得以实现的最为根本的路径,则是道德制度的建设。

第一节 平等、公正的历史演进

一、和谐社会追求中的社会公正

和谐社会是社会公正实现了的形态,在和谐社会的追求中,我们必须从社会公正入手,只有当我们在实现社会公正的行动中切实地做出了努力,才能为和谐社会的到来创造前提。约翰·罗尔斯在其《正义论》一书中指出,公正是政府的中心组织原则。为此,他进一步提出了实现社会平等所应遵循的一整套具体标准。在逻辑的逆溯中,从和谐社会追寻到社会公正,再从社会公正追寻到社会平等,可以为我们提供一个走向和谐社会的基本思路。尽管在现实的社会生活中和谐、公正与平等是同构的,但是,当我们朝着和谐社会的目标努力的时候,平等、公正与和谐社会的逻辑关系就需要得到遵循。这在一定程度上,也是对人类社会历史发展的逻辑梳理,人类社会正是这样一个逻辑进程,它从等级化的社会走向形式平等和自由,再从形式平等和自由走向实质性平等和自由。

在等级化的条件下,虽然也存在着社会公正的理想,但是,无论在何种意义上,都无法实现。近代社会在政治理念上宣布了等级社会的不合理性,但是,在社会运行的现实中,等级制依然是一个无法回避的问题,人们在政治上、经济上以至于广泛的社会生活上,都存在着不平等。所以,也不可能真正实现社会公正。我们今天所追求的社会公正,是在人类社会意欲扬弃工业社会的制度和生活模式的基础上提出的课题,是与和谐社会的目标联系在一起的。恩格斯的《在大陆上社会改革的进展》一文就曾指出,公正是人类社会的崇高境界,也是社会主义和共产主义的首要价值之所在。在恩格斯看来,"真正的自由和真正的平等只有在共产主义制度下才可能实现;而这样的制度是正义所要求的。"[1]我们在和谐社会的追求中去思考公正的问题,正是在恩格斯所描绘的这个历史进程中展开的。

当然,不存在着一种终极性的公正模式,也不会出现永恒的公正观,在人类历史上的不同时期,人们所理解和要求的公正是不同的。"希腊人和罗马人的公正观认为奴隶制是公正的,1789年资产阶级的公正观则要求废除被宣布为不公正的封建制度……所以关于永恒公正的观念不仅因时因地而变,甚至因人而异。"[2]但是,这并不意味着我们在公正的问题上持有历史的相对主义,对社会公正的判断是可以找到一个标准的,那就是它在和谐社会的实现中能否发挥基本的主导性作用。人类已经走过的历史向我们证明:社会公正的实现往往是一种理论要求和实践愿

---

[1]《马克思恩格斯全集》,1卷,582页,北京:人民出版社,1956。
[2]《马克思恩格斯全集》,18卷,310页,北京:人民出版社,1972。

望,它并没有在任何一个历史时期中得到过真正的实现。这也说明,迄今为止的历史都缺乏社会公正实现的基础。如果我们设想历史上曾经存在过社会公正得以实现的时候的话,那么,也可以断定,这种公正并不能在营建和谐社会的过程中发挥主导性的作用。人们常常津津乐道的历史上的所谓"盛世",都是不能被看作为和谐社会的样板的,那些所谓"盛世",都仅仅是权力秩序的理想形态而已,并不是真正的和谐状态。在今天,当我们探讨社会公正的问题时,正值人类历史开始启动后工业化的进程,我们是把社会公正的问题与后工业社会形态的构建联系在一起思考的,是基于后工业社会拥有社会公正充分实现的条件的信念的。而且,我们也相信,社会公正的充分实现能够为我们带来一个和谐社会的形态。

公正是建立在人际甚至群际平等的基础上的,没有平等,也就没有公正。在近代社会,虽然平等被作为人的一项基本权利而被提了出来,但是,人却无往不受不平等的锁链所束缚,即使近代以来的社会提供了政治上的有限平等,也在很大程度上流于形式,而不是实质上的平等。针对这种状况,德沃金指出:"我们所追求的平等是人格和非人格资源本身的平等,而不是人们用这些资源实现福利的能力的平等。"[①]事实是,在现有的制度框架下,人们往往陷入了对结果平等的追求,因为,起点的不平等在制度安排中实在是难以改变的。虽然政治上权利平等的设定已经存在了几百年,然而,一旦走出了政治的领域,不平等就是随处可见的,甚至在政治的领域中,也从来没有实现过真正的平等。其实,把平等分为起点的平等和结果的平等本身,就是分析主义面对无法解决的现实问题时而作出的无奈解释。作为一种解释框架,也许能够说明一些问题,而在现实的行动方案选择中,除了表现出实践干预上的微不足道的矫正之外,是无关于大局的,即使它在一个时期内作出了优异的表现,过了一

---

① [美]德沃金:《至上的美德——平等的理论与实践》,349~350页,南京:江苏人民出版社,2003。

段时期,问题重新出现了,其价值也就不再存在了。就此而言,德沃金指出了要害之处,要求在人格和非人格资源的整体性上去追求平等。要做到这一点,无疑就是一个全新制度设计和安排的问题了。也就是说,需要用道德制度来替代现有的属于制度范畴的一切。这一项工作,恰恰是需要由政府去做的,只有当政府为了平等而去做出道德的制度安排,而不是满足于在法律制度的框架下提供形式上的平等,才为社会公正的实现打下了坚实的基础。

二、等级社会没有社会公正

应当承认,社会公正是人类亘古以来就有的理想,在古希腊,公正被确立为人的"四主德"之一;在中国古代,也有着丰富的关于公正追求的思想遗产。但是,在整个农业社会,要么公正被作为个人的美德,要么被作为一种统治秩序,至于人们平等基础上的社会公正,却从未被作为行动方针而被提出来。因为,无论是在西方还是在中国,整个农业社会都是处于等级条件下的。在等级关系中,不同等级上的人在权力、地位和控制力上存在着根本性的不同,因而,能够把他们联到一起的主要是利益。但是,等级差别又使利益实现无法去让等级关系系统内的每一个人都满意,所以,就会出现失望和背叛。为了使失望以及由失望引起的背叛最小化,就必须用制度化的利益实现和利益分配途径来提供保障。制度化的利益实现和利益分配机制又往往成为等级关系中把握较高权力的人利益实现的障碍,从而在它们之间产生冲突。事实上,处于等级关系体系高层的人是制度安排的垄断者,他们必然会根据自己的需要和偏好进行制度安排,当他们的需要和偏好受到限制和约束的时候,利益实现和利益分配机制就会显得相对公正。相反,则会出现严重的不公正,以至于出现等级关系体系下层无法容忍的不公正。这就是整个农业社会历史循环演进的根本原因。

等级社会必然会把人定格在一定的身份之上,或者说,等级社会就是一个身份社会,等级社会中的人都是有身份标识的。梅因在描述从古代社会向近代社会转变的过程时指出，这是一个"从身份向契约"的转变。这无疑是把握了从农业社会向工业社会转变的实质。在一切存在着身份的地方，都必然会存在着身份歧视。比如，在中国社会，虽然历经了近30年的改革开放，但是，在身份方面的开放尚未走出农民与城市居民分立的局面。农民被锻造为一个身份群体而不是职业群体的现实，决定了农民无论是在宏观的政策层面还是在微观的行为层面，都受到极大的歧视。即使农民已经进城而成为城市居民的构成部分，但是他的农民身份却无法得到改变，他被称作为"农民工"，城市居民在社会福利上的一切优惠，都对他作出了排除。这也就是说，在中国社会存在着事实上的城市与农村的等级差别，城市是被看作为高于农村一个等级的社会阶层，因而，城市居民在身份上是不同于农民的。

在等级制的条件下，社会公正根本没有实现的基础，因而也就会周期性地导致社会矛盾的激化。只是为了不至于使社会在矛盾激化的过程中走向毁灭，思想家才赋予一些过激的纠正社会不公正行为的"恶"以合理性。比如，阿奎那说："如果存在着迫切而明显的需要，因而对于必要的食粮有着显然迫不得已的要求，——例如，如果一个人面临着迫在眉睫的物质匮乏的危险，而又没有其他办法满足他的需要，——那么，他就可以公开地或者用盗窃的办法从另一个人的财产中取得所需要的东西。严格地说来，这也不算是欺骗或盗窃。"[1]但这只是对于人的生存而言的，即只有在穷人处于生存危机的情况下，道德容许他去取富人的财产。在生存危机得到解除的情况下，这样做则是不允许的。所以，由此是不能证明阿奎那拥有平等思想的，即使说正义的话，也是一种"非常正义"，即在非常情况下的正义主张。不过，在阿奎那那里，我们则看到了道德主张的灵活性，在非常时期，人们作出非常选择是被允许的。而法律就不具有这种灵活性了，因为，法律对人的私有财产的维护并不因面对穷人的生存危机而改变，在任何情况下，穷人强取或偷盗富人的财产，都会被

---

[1]《阿奎那政治著作选》，143页，北京：商务印书馆，1963。

认为是违法的,甚至会被定罪。如果我们的社会一方面存在着身份,另一方面又进行法治的话,那么社会不公正的问题就会加剧。因为,法治不具有道德正义那种调节社会不公正的灵活性,而身份又是产生社会不公正的根源,在法治无法矫正由于身份而造成的社会不公正问题时却又排斥了其他矫正社会不公正的途径。结果是,法治强化了身份,也就同时强化了社会的不公正。从而,陷入一种恶性循环的状态,造成所谓犯罪率的上升以及社会的不安定。

从西方国家的近代史来看,在工业社会的发展历程中,之所以能够限制农业社会"改朝换代"式的历史循环演进规律发挥作用,就在于废除了等级制度,在社会整体的层面上限制和约束了等级关系。也就是说,工业社会在政治上宣布了等级关系的不合理性。但是,在现实的社会生活中,等级关系依然存在,虽然它在性质上已经不同于等级社会条件下的等级关系,却又实实在在地发挥着作用。特别是在组织体系中,等级关系被确定为官僚制的一个基本特征。应当承认,当等级关系退守到组织内部,成为一种组织关系,组织存在的环境以及外部机制能够不断地对组织内部的等级关系进行限制和约束,保证它被控制在有利于组织存在和发展需要的限度之内。尽管如此,每日每时都还会有大量组织由于组织内部等级关系的"失限"而导致组织的解体。对于现代组织而言,官僚制是一种能够保留等级关系而又对等级关系作出适度控制的组织模式。这一点也是官僚制的科学性得到集中体现的方面。也就是说,官僚制的科学化强化了等级而不是削弱了等级。既然如此,在行政改革的过程中,在试图变革官僚制的过程中,要想把政府改变成一个朝着平等方向运动的行政体系,要想弱化官僚制的等级界限,即为了人的平等,我们没有理由在官僚制的科学性上去不懈地做出努力,我们所应做的工作是:突出罗尔斯所说的作为政府核心价值的公正。

三、形式平等无助于社会公正

等级社会之所以能够受到冲击并将最终被平等的社会所取代,是在市场经济的发展中获得动力的。正如马克思所说,商品经济的独立发展完全是以等价交换为原则的,商品是天生的平等派,它根本上否定了血缘、门第、权力、地位、地域、民族、国家、宗教之间的差别,而把社会必要劳动时间作为交换的唯一尺度。一个帝王和一个平民面对同一商品时,起决定作用的是价格而不是身份。同样,生产者之间参与市场竞争的过程是平等的,不管在生产手段与生产能力上有多大差别,在其商品经由市场而接受消费者的选择这点上是铁定一致的。而出售与购买又决非强迫关系,在两者的交换中始终都依循平等自愿的原则。与平等同在的,还有经济人人格独立中包含的自由权利。商品经济显然是与人之需求本能相吻合的经济形式,利益需求成为市场主体追求的主要目标,商品生产者和消费者都试图以精确的计算和最佳的决策而去以最小投入获得最大利益。

近代以来,平等原则已经深入人心。自从启蒙运动以来,平等已经作为一项基本权利而被确立了下来,在几百年的时间内,不仅是学者们,而且政治家们也不断地申述平等的原则。提倡平等、追求平等、防止不平等的扩大和蔓延,一直被作为理论研究和社会发展的目标,特别是在社会治理实践中,是把对不平等的限制作为公共政策的基本价值的。应当说,在这一点上,从早期的卢梭、洛克到当代的罗尔斯,做了大量的工作。然而,关于平等以及平等基础上的公正问题的解决,是不能指望哲学家来完成的,它需要具体学科的研究者去进行规划和证明。

在农业社会的等级制条件下,既没有形式平等也没有实质平等,或者说,等级制就是一个纯粹的不平等的制度。在近代以来的社会发展过程中,平等的理念被提了出来,就此而言,无疑是人类社会进步和文明化的结果。但是,无论是在理论探讨上还是在实践安排上,平等的理念开始分化,分化为形式的平等和实质的平等两个方面。在意识形态上,在政治理论上,平等受到重视,是一个受到极力推荐的社会目标;而在现实中,则处处存在着事实上的不平等,人们时时要求平等,而不平等却无往而不在。对此,马克思主义经典作家给予了深刻的批判。马克思在《资本论》和其它著作中对资本主义作出批判时,指出资本主义使得自由契约走向其反面,即以工资关系为表现的阶级关系,这种关系建立在个人之间的契约基础上,却导致了资本所有制对剩余劳动的占有,在资本主义所谓平等和自由的契约关系中,受压迫者是不幸者。① 在马克思看来,资本主义就是一个不公正的社会制度。在这个社会中,一小群人生活在舒适和奢侈中,而另一些数量不断扩大的人生活在匮乏和贫困中,后者劳动生产的财富被前者所占有。马克思努力揭示资本家剥削工人,即把剩余价值的创造当作资本带来的"无偿劳动"的形式。恩格斯在谈到资本主义的分配关系时指出:"按照资产阶级经济学的规律,产品的绝大部分不是属于生产这些产品的工人。如果我们说:这是不公平的,不应该这样,那么这句话同经济学没有什么直接的关系。"②也就是说,"资产阶级生存和统治的根本条件,是财富在私人手里的积累,是资本的形成和增殖;资本的条件是雇佣劳动。"③

与近代以来的现实相比,早期的启蒙思想家们大都属于浪漫一族。比如,洛克假设存在一个自由平等的自然状态,在这一状态下,"人们既然都是平等和独立的,任何人就不得侵害他人的生命、健康、自由或财产。"④这实际上是对资产阶级理想王国的诗意憧憬。但是,正像洛克找不到一条确保社会平等的道路一样,他关于平等的"自然状态"在整个工业社会也只能流于一种政治上的抽象设定,一遇到现实,关于平等和自由的设定就不得不向不平等妥协了。否则,政治上关于权利的一切设定,就无法得以贯彻。所以,近代社会在平等和自由等普遍权利的前提下,必须容纳人对人的压迫、剥夺、侵害等现实。

20世纪是公共行政最终得以确立的一个历史阶段。我们知道,在农业社会就存在着行政管理的问题,但是,那个时候的行政管理是出于维

---

① 《1844年经济学哲学手稿》,21~23页,北京:人民出版社,1985。
② 《马克思恩格斯选集》,3卷,302页,北京:人民出版社,1995。
③ 《1844年经济学哲学手稿》,59页,北京:人民出版社,1985。
④ [英]洛克:《政府论(下篇)》,6页,北京:商务印书馆,1995。

护等级秩序的要求，是服务于统治的目的，所以，属于统治行政的范畴。近代以来，随着自由市场经济的发展，政府的统治功能逐渐地弱化，而社会管理的功能逐渐增强。因而，朝着管理行政的方向发展。不过，在200多年的历史进程中，政府的统治功能与管理功能是胶合在一起的。虽然早期的启蒙思想家们对公共性的问题多有论述，而现实的行政管理却很少公共性的内容。特别是在"政党分肥制"的条件下，出现了既不是统治的也不是管理的那种不伦不类的政府，或者说，这是一种既是统治的又是管理的政府。直到19世纪的后期，随着"政党分肥制"的结束，才出现了典型形态的管理行政，这种行政要求政府价值中立，从而作为国家与社会之间的一个相对独立的部门而存在。威尔逊用理论的形式把这种要求表述了出来，因而人们往往把威尔逊看作为公共行政的设计者。就公共行政作为一个国家意志的执行部门并从属于价值中立的原则而言，所包含的是突出其公共性的色彩，即平等地对待一切社会群体和个体。

公共行政以及新出现的公共管理体系的核心价值应当体现在公共利益上，是关于公共利益的信念、公共利益至上性的理念以及促进公共利益实现的道德意志等等的总和。只有在公共利益至上性的理念下，公共行政才能成为维护平等和提供公正的行为体系。事实上，这种在20世纪成长起来的公共行政是做不到这一点的。因为，它在实质上是一个把维护私人财产作为最高目标的领域，它在一般性地考虑私人财产权的过程中，所维护的不仅不是平等，反而恰恰是不平等。从中国当前的情况看，也存在着要求政府维护私人财产权的理论诉求，在这背后，所包含的正是按照西方发达国家的政府功能模式去重建中国政府的要求。如果这样做的话，显然是要在形式上的平等之中把实质上的不平等制度化。

四、平等、公正的价值

在对社会公正的追求中，我们需要首先考虑什么样的社会能够保障人们之间的平等以及人的行为自由和思想自由。只有当一个社会能够不仅在形式上而且在实质上予人以平等，这个社会才能在公正的实现方面取得切实的进展。平等是一个有着广泛社会价值的追求,在个体的人的层面上,可以在平等的基础上获得自由;在社会的层面上,既是社会进步的标志,也是推动社会发展的力量,或者说,它可以直接转化为一种推动社会发展的力量。更为根本的是,平等是社会走向公正、和谐的前提和基础,人类当前所面对的许多问题,都需要通过平等以及平等基础上的公正来加以解决。

有了平等,人才会自由;有了平等,人才会自主。自由是人的能力得以张扬的空间,而自主则是人的创造力得以实现的前提。当人的能力和创造力获得了无碍实现的机会的时候,社会公正也就能够得到实现了。阿马蒂亚·森在其经济研究中广泛地探讨了平等、公正等问题,他把人们之间的平等以及这种平等的制度保障看作是人的能力得以发挥的前提。森认为,"合适的'空间'既不是效用(如福利主义者所声称的),也不是基本物品(如罗尔斯所要求的),而应该是一个人选择有理由珍视的生活的实质自由——即可行能力。"[①]森根据罗尔斯的理论来对如何实现平等的问题作出了具体的规划,那就是从生产力上提高人的能力、从生产关系上创造人与人之间的平等。森说:"基本能力的关注点,乃是罗尔斯对基本善之关心的自然扩展,即把注意力从有益事物转向了有益事物对人类会有什么影响。……的确,可以认为,基本能力平等本质上是罗尔斯方法在非拜物教方向上的扩展。"[②]然而,等级制条件下的权力制度显然不能给予人平等和自由,因为权力制度不承认人们之间的平等,总是有意或无意地把权力意志强加于人。在权力意志的支配下,人所获得的只能是实质的不平等和不自由。即便一个人是"天才",当他由于受到权力意志的支配而成为不平等、不自由世界中的一员时,也会变成庸才。

同样,法律制度也不能给予人以实质性的平等和自由,尽管法律是从平等和自由的原则出发的,是奠立在平等和自由等权利的基础上的,是

[①] [印度]阿马蒂亚·森:《以自由看待发展》,62,北京:中国人民大学出版社,2002。
[②] [印度]阿马蒂亚·森:"什么样的平等?",载《世界哲学》2002(2)。

作为保障平等和自由权利的社会设置而存在的。但是，法律所提供给人的以及试图保证的，是人的形式平等和形式自由，对于实质平等和自由，却不加考虑和不予承认。法律在提供形式平等和形式自由的时候，不考虑你是否需要这种平等和自由，即使你不需要，它也要提供给你。比如，穷人在一无所有的时候，你也必须接受法律提供给你的平等和自由，即平等地通过交易的方式去自由地出卖自己的劳动力。也就是说，法律在提供形式平等和形式自由的时候，可能恰恰是对实质平等和实质自由的否定。

  在历史上，权力制度不承认平等和自由，法律制度也只能提供形式上的平等和自由。然而，人的平等和自由是与人的创造性能力联系在一起的，在现实中，我们也时常感受到，一切需要人的创造性能力发挥作用的地方，总要给人以平等和自由。比如，中国大学里的教授，为什么在创造性能力方面表现的较为平庸，主要原因就是由于大学被办成一个行政机构，大学的行政化剥夺了教授们的平等人格和行为自由、同时也剥夺了他们的思想自由，甚至他们怎样讲课以及讲什么内容，都需要行政管理人员教给他们。在这种情况下，他们怎么可能保有自己的创造性能力呢？怎么可能生产出创新性的成果呢？应当看到，历史的进步毕竟以形式平等和形式自由的出现为标志起点的，在西方国家，我们看到所谓拥有"自主知识产权"的科学技术成果不断出现，那是因为它的形式平等和形式自由实现了对不平等、不自由的否定。仅仅是在形式上获得了平等和自由，就已经把人们的创造力展现给了我们，如果人们能够在实质性的意义获得平等和自由的话，那将是一种什么样的情况呢？

  总的说来，近代以来人类之所以能够取得飞速发展的成就，是人的创造性能力的展现，人们之所以会拥有了这种创造性能力，是因为人们拥有了法律制度条件下的形式平等和形式自由。虽然法律制度还不能够予人以实质平等和实质自由，仅仅以形式平等和形式自由就呼唤出了如此巨大的创造性能力，即把权力制度所压抑了的人的创造性能力部分地解放了出来。如果我们能够建立起一种道德制度的话,那么,这种制度将予人以实质平等和实质自由,将会解除一切束缚人的创造性能力的因素,从而使人的创造性能力充分地发挥出来。这样一来,人类在生产力进步方面所能够达到的水平可能是今天无法想象的。由此看来,面对我们社会中所存在的不公正、不平等、不自由的问题,最根本的解决方案还是制度的创新,即创立起能够为人提供公正、平等和自由的道德制度,而不是福利的改进等等。

人与自然关系的和谐,也取决于人类社会自身的公正的和道德的制度安排。我们知道,马尔萨斯在其《人口原理》中表达了对自然法则的无奈:"人口增殖力和土地生产力天然地不平等,而伟大的自然法则却必须不断使它们的作用保持相等,我认为,这便是阻碍社会自我完善的不可克服的巨大困难。"[1]虽然到了20世纪70年代,罗马俱乐部关于"增长的极限"的报告也引起了人们的广泛关注,但是,由于科学技术的发展,"自然法则"表现出了更大的宽容性,给人类留下了更大一些的空间。这说明在"人口增长"与"生活资料增长"之间并不必然存在着铁定的比例关系,人类在未来,也许还能找到进一步改变这种比例关系的途径,从而缓解人口过剩的压力转化为社会灾难的逻辑结果。比如,人的生育技术的改善、生育观念的改变,都可能使人口过剩的方向逆转,从而意味着"自然法则"在人类社会的自我完善上的作用力下降,人口的增长和生活资料的压力不再是由自然法则来决定的了。那么,是什么因素决定着社会的自我完善呢? 显然,是社会法则,是人类社会在自我的发展过程中,是否确立起了合乎社会自我完善要求的制度和行为模式。

我们知道,如果工业化仅仅发生在地球上的一部分地区,那么,"只须支付极少的代价或不付任何代价就可以取得大量的土地,是人们能够克服其他一切障碍而增加人口的一个强有力的因素。"[2]然而,当工业化在

---

[1] [英]马尔萨斯:《人口原理》,48页,北京:商务印书馆,1992。
[2] [英]马尔萨斯:《人口原理》,40页,北京:商务印书馆,1992。

全球范围内展开的时候,通过建立殖民地的方式已经无法为人口的增长提供空间了。这个时候,人类就表现出了对自然界的残暴。所以,从我们当前所面对的环境问题、能源资源问题来看,在最为根本的意义上,并不像表面上所看到的那样,是一个自然承受力的问题,而是工业社会的生产和生活方式、社会的不公正和不平等所带来的,正是由于利益追求的不合理方式,促使人们对自然资源进行破坏性的开采;正是由于社会的不公正和不平等,使人们的消费观念畸形化并破坏了人类的环境。所以,环境的改善、能源资源压力的缓解,更多地取决于人类社会的自我改造。只有当人类社会自身走出工业社会的制度框架和行为模式,建立起合乎社会健全理念的制度和行为模式,才能真正地解决人与自然的关系。正是在这个意义上,我们向往一种道德的制度,并希望通过这种道德制度的确立去首先解决社会公正和平等的问题,造就出普遍的道德化的行为模式。

第二节 "效率导向"与"公正导向"

一、公共行政的"效率导向"

在世纪交替的过程中,世界各国都因应全球化、后工业化等历史转型的要求而进行了行政改革。虽然各国的行政改革在路径选择上有所不同,但是,一般说来,大都是以机构改革为切入点的,即通过机构的调整而对行政体制及其运行模式进行重塑。然而,法国学者皮埃尔·卡蓝默在自己参加治理实践的过程中深深体会到:"仅仅进行机构改革是不够的。必须'改变观点',对当前治理模式的基础本身提出质疑,即使这些基础已经为长期的习惯所肯定。"[①]他提醒我们,在关于治理的研究中,"应从已经显现的因素,即预示着一场治理革命的先兆出发。"[②]在这里,

---

[①] [法]皮埃尔·卡蓝默:《破碎的民主——试论治理的革命》,3~4 页,北京:三联书店,2005。
[②] [法]皮埃尔·卡蓝默:《破碎的民主——试论治理的革命》,4 页,北京:三联书店,2005。

卡蓝默实际上提出了一个大胆的判断,那就是人类的社会治理正处在一场革命的前奏,公共行政也不例外,也处在一场根本性的转型过程中。因而,我们需要拥有全新的观念来对待公共行政的重建问题。其中,公共行政的目标追求则是重建公共行政所必须坚持的方向。与以往任何时候相比,公共行政的公正问题可以说在当前引起了人们更多的关注,这实际上已经暗示了公共行政的重建方向。

应当承认,20世纪是人类行政管理的自觉过程,虽然这个过程是从19世纪80年代开始的,但实质性的进展则发生在20世纪,它以官僚制理论的提出为标志,即在官僚制的组织框架下吸纳了管理学、社会学等多学科的知识、方法和技巧,形成了公共行政科学。而且,也推动了公共行政实践朝着科学化、法制化和契约化的方向迅速前进。虽然在20世纪公共行政理论和实践的发展过程中,不断地有一些标新立异的观点甚至学派出现,但是,总的说来,它们都是在科学化、法制化和契约化的基本框架下开展活动的,一些在行政过程中对官僚制的否定,恰恰表现了官僚制总体实现的结局。所以,无论是"新公共行政运动"还是"新公共管理运动",都只是在技术层面作出了新的探索,而在根本性的问题上,并没有像他们所声称的那样,实现了"摒弃官僚制"的目标,即使"新公共服务",也需要以官僚制为依托和在官僚制的框架下来付诸实施。所以,20世纪的公共行政只不过是人类行政管理发展史上的一个阶段。近些年来,人们过多地看到20世纪公共行政不同理论学派之间的差异,实际上,他们之间的共同点远远超过了他们之间差异的方面。

20世纪的公共行政以官僚制为其典型特征,而且,无论是政府组织,还是企业组织,也无论是在政府治理层面,还是在企业治理层面,官僚制都是占统治地位的管理形式。奥斯特罗姆指出,在整个20世纪,"任何政府内部都有一个权力中心,权力越分散就越不负责任。各个政府制定的政治原则可以不相同,但治理(良好行政)的原则在任何政府体制中都是非常相同的。治理(良好行政)的体制是等级秩序化的,人员分等级,接受政府核心部门首脑的政治领导。"①官僚制是一种能够迅速而又精确、明晰、持续地完成职务工作的组织体系,"是现代文明所内含的维持法律、经济和技术理性的必要条件或者组织手段。行政理性依靠的是等级关系的结构。准确、速度、知识、连续性、灵活、统一、严格服从、摩擦少成本低……"②特别是劳动分工和专职化促进了专业化,同时保证专门的工作通过组织的等级制进行协作,用非人格性的规则和规章保证决策过程中排除个人的偏见,从而使协作得到加强。这样一来,官僚制体系就成了一个效率体系:通过法律化和制度化而使整个公共行政体系拥有同一性的形式;通过层级节制而使命令统一和行动协调;通过专业化而使行为效率与机构效能最大化。

但是,官僚制的效率追求在现实的实践中往往会走向自己的反面。比如,以官僚制为特征的公共行政倾向于垄断信息,从而在回应社会要求的过程中表现出迟钝的情况;再如,官僚制极易造成程式化的运行机制,只对程序确定的社会事务感兴趣,而对每日每时大量生成的新生的和复杂的事务,往往表现出无动于衷的情况。同时,官僚制还会演化成机构重叠、部门交叉、职能不清的机械性官僚组织。从而又把自身导向一个无效率的行为体系。事实也证明了这一点,到了20世纪60年代,官僚制的这些问题都逐渐暴露了出来。因而出现了旨在改进公共行政的"新公共行政运动"。

由于官僚制在制度上和运行机制上追求科学化、客观化,导致了它在对内、对外的服务方面官僚主义作风不断恶化,特别是在对社会服务方面,表现出了严重的回应性不足,即不能够及时地、充分地回应社会要求。因而,新公共行政运动的基本主题就是探讨改善政府的回应性的问题。西方学术界的一般看法是,官僚制理论与新公共行政运动同属于行为主义的学术路线。但是,我国学术界往往把侧重点放在两者之间的区

---

① [美]奥斯特罗姆:《美国公共行政的思想危机》,3页,上海:上海三联书店,1999。
② 顾丽梅:《信息社会的政府治理》,47页,天津:天津人民出版社,2003。

别上。的确,新公共行政运动与官僚制在行动方案上有着不同的出发点和着力点:官僚制着重从制度上、组织结构上和运行机制上去建构公共行政体系,而新公共行政运动则要求从行政体系中的人出发,强调行政体系及其人员的价值观念、道德素养等因素对于优化行政体系的意义。实际上,官僚制理论与新公共行政运动所分别代表的是整个近代的两条并行的思想路线:官僚制理论所代表的是科学的路线,新公共行政运动所代表的是政治的路线,在本质上,它们是相互联系在一起的,是以不同的路径来解决同一个问题。在这里,官僚制的科学化追求集中在行政体系的制度、结构和运行机制的层面上,目的是要提高行政体系的效率,而这种效率也就是回应社会要求的效率。同样,新公共行政运动发现官僚制的科学化追求并不能真正地解决回应社会要求的问题,因而提出要在行政体系中的人身上发现及时和充分回应社会要求的动力。我们知道,在行政学的研究中,往往是着力于把回应性的问题与效率的问题区别开来加以考察,而在行政哲学的层面上,回应不及时以及回应不充分也是一个效率的问题。所以说,表面看来,新公共行政运动是以反官僚制理论的角色扮演者出场的,然而,一旦亮出其理论追求的底牌,立即就暴露出了与官僚制理论的相同之处。

在新公共行政运动之后,新公共管理运动以浓重的管理主义行为特征创造性地改造了近代早期启蒙思想家的契约精神,或者说,使契约精神与管理行为相结合,形成了把契约精神贯彻到日常行政管理活动中来的所谓新公共管理运动。所以说,新公共管理运动在用管理行动诠释契约精神方面,达到了登峰造极的水平。新公共管理运动通过重塑政府而赋予公共服务以灵活性,把管理决策的功能下移到基层,让一线公共服务机构有更多的自主权去回应社会要求。特别是政府通过"合同外包"的形式把公共服务的职能分散到政府外部,使政府处于与社会有机互动的过程之中,形成了一个"多元化"的公共服务体系。这样一来,实际上是把更多的社会和经济组织以及个体动员了起来,投身于公共服务的共同事业中去,甚至能够提供更多的、更有效的和高质量的公共服务。结果,不需要更多的政府工作人员,就能够确保其他的组织提供服务和满足社会的需要。比较而言,官僚制由于组织体系的僵化而不能有效地回应社会要求,新公共行政运动寄托于行政官员的政治信念和道德自觉又无法使公共服务的质量得到切实的和可靠的保障,而新公共管理由于赋予公共服务部门以较大的弹性,在回应社会要求方面表现出较大的优势。同时,新公共管理对政府自身也进行了管理方法上的更新,极力把私人部门的管理经验引入到政府中来,对政府工作进行绩效评估,把效率、效能和效果三个方面结合起来,从而在根本上改变了官僚制的单纯效率观。不过,从行政哲学的层面看,新公共管理所实现的管理创新依然属于路径创新的范畴,即通过改善行政管理以及公共服务的路径和方法去求得回应性的增强,在目标追求上,依然是从属于效率导向的,即属于让政府更加及时、更加充分地回应社会要求的目标。

总之,20世纪的公共行政虽然经历了几个不近相同的发展阶段,在每一个阶段中都有着自己的特色。然而,从根本上说,都属于效率导向的公共行政模式。进入21世纪,在公共行政新的历史转型过程中,合理的和正确的方向应当是走出效率导向的行政模式,用一种公正导向取而代之。

二、公共行政的"公正导向"

反思20世纪的公共行政及其治理,卡蓝默提出了一系列设问,考虑到新公共行政运动和新公共管理运动都对官僚制作出了深入的批判,卡蓝默的设问也可以看作是对新公共管理运动的直接诘难。卡蓝默说:"如果公共服务机构是按短期取得的一目了然的物质成就进行衡量的,这个机构怎么会愿意出资进行长期的公共讨论或建设人际网络?如果预算只给出一年的承诺,这家公共服务机构如何会同意进行长期的合作关系?如果冗长繁复的行政程序设置障碍,它又怎么会进入合作程序?如果一个银行家的成绩是以年内'贷出'的贷款来衡量的,他会愿意对小额贷款进行大量的谈判吗?如果对公务员的评价是按照短期作为做出的,他们可能对长期行动的影响感兴趣吗?如果评价一个国际官员主要根据他的外交灵活性,他怎么会对一个大国的政策做出中肯的判断呢?"①然而,近代以来的治理过程恰恰都是朝着追求这种"短期效应"的方向运动的,结果是,在制度建设不断完善的时候,而治理行动在经由治理者的时候,走向了"失灵"。如果说在20世纪早期的单纯效率导向中还没有明显造成这种短期效应的话,那么,当在效率追求中增加了成本方面的考量时,则使这种短期效应凸显了出来。公共行政在效率追求的道路上无论增加了多少新的参考向量,都不仅不会消弭效率追求的局限性,反而会使它的局限性暴露得更加明显。因而,当我们思考21世纪的公共行政模式建构的问题时,所应追求的是公共行政模式的根本性位移,即把一个效率导向的公共行政改变成公正导向的公共行政。

公共行政如何能够转化为一个公正导向的治理体系,是一个需要通过行政价值观念的根本性转变才能达到的目标。也就是说,它不意味着把政治上的、伦理上的公正价值简单地引入到公共行政过程中来就能够实现公共行政的公正导向,而是一个在公正追求中包含着效率并充分实现效率目标的公共行政重建过程。在某种意义上,可以说,当公共行政从属于效率目标的时候,是不能够达成其目标的,如果超越了效率目标,以公正的目标追求代替之,反而会包含着效率目标的充分实现。这是根据21世纪复杂性、不确定性迅速增长以及人群分化加剧的历史背景去重建公共行政所必须考虑的基本原则。

公正是人类社会中具有永恒价值的基本理念和维系社会秩序的行为准则,也是人类思想史上最早关注的哲学命题。在不同的历史阶段中,思想家们都对公正的问题作出了反映其时代精神的探讨。近代以来,公正的问题成为哲学、伦理学、政治学、社会学以及经济学等多学科普遍关注的问题,几乎一切涉及到如何对待人的学科,都难以避免对公正的问题发表意见。公共行政在社会事务管理过程中,必然会遇到公正地对待

---

① [法]皮埃尔·卡蓝默:《破碎的民主——试论治理的革命》,185页,北京:三联书店,2005。

社会公众的问题,而且需要在制度安排中充分地考虑公正的问题。如上所说,在20世纪关于公共行政的理论研究中,对公正问题的探讨显得非常薄弱。这是因为,20世纪的公共行政研究主要受到科学精神的统摄,以至于公正这一作为本应贯穿于几乎全部人文社会科学的伦理精神却在公共行政学中受到了忽视。进而,公共行政实践丧失了公正追求的理论支持,效率导向掩盖甚至排挤了公正导向,人的社会生活也因政府公正追求的弱化而被异化。正如罗尔斯所说:"一个社会,当它不仅被设计旨在推进它的成员的利益,而且也有效地受着一种公开的正义观管理时,它就是组织良好的社会。也就是说它是一个这样的社会,在那里:(1)每个人都接受、也知道别人接受同样的正义原则;(2)基本的社会制度普遍地满足、也普遍为人所知地满足这些原则。"①20世纪的公共行政没有做到这一点,所以,这个社会不是一个"组织良好的社会"。在21世纪,公共行政需要在20世纪科学技术和物质生产力方面的巨大成就基础上,推进整个社会朝着"组织良好的社会"这一目标前进,因而,需要根据"一种公开的正义观"来实施对社会的管理。这样一来,无疑就把在公共行政中的公正价值突出了出来。

公共行政的效率导向是工业社会大生产文化的具体体现,也是发生在社会复杂性已经引起人们注意但复杂性程度不高的历史条件下的,这是一个社会表现出"低度复杂性"的历史阶段。在这一社会,自然和社会的运行规律都是可以认识的,并且能够根据对事物运行规律的认识而作出科学、合理的安排。科学地把握世界是效率追求的前提,20世纪的公共行政的效率导向完全契合了这一历史条件。当然,由于公共行政对象即社会生活的复杂性程度远远超出了效率导向所能够统摄的临界点,从而使20世纪公共行政的效率追求表现出了不成功的状况。但是,就其效率追求而言,是有着历史合理性的。当人类进入21世纪,社会复杂性程度已经达到了使公共行政固有模式变得无法驾驭的地步,固定的制

---

① [美]约翰·罗尔斯:《正义论》,3页,北京:中国社会科学出版社,1988。

度、形式合理性的程序以及格式化的行为模式等,都在社会生活的复杂性和不确定性面前显得无能为力,以至于社会经常性地陷入危机状态。在这种情况下,公共行政的效率导向就不能不让位于公正导向这一新的目标模式。

公共行政的公正导向并不是对效率导向的排斥,相反,恰恰是在公共行政的公正导向中,包含着效率追求。公正能够生成和促进效率,因为,公共行政的公正导向不仅在行政体系自身中呼唤出有效率的行动,而且能够在它的管理对象那里,即在整个社会中激发出存在于社会成员之中的整合社会秩序、推动社会发展的潜能。也就是说,由于公共行政的公正导向为社会成员提供了平等地参与社会治理以及其他社会生活的机会,使他们在发挥自己的主动性和能动性方面起到激励作用,他们不需要把一切问题都交由政府去处理,而是积极地处理一切他们自己能够处理的问题,即使对于那些自己不能独立处理的问题,也会在组织起来的自治体中先进行解决问题的尝试。这样一来,公共行政的公正导向不仅在整个社会中呼唤出很高的效率,而且也在很大程度上把政府从日常社会事务的管理中解放了出来,使政府的运行成本下降,行政效率大幅度提高。

公共行政的公正导向是获得社会秩序的最佳途径。"对于一个社会来说,最大的潜在的动荡因素是来自社会内部各个阶层之间的隔阂、不信任、抵触和冲突。通过对社会成员基本权利和基本尊严的保证,通过必要的社会调节和调剂,社会各阶层之间的隔阂可以得到最大限度的消除,至少可以缓解,进而可以减少社会潜在的动荡因素。"[①]公正的公共行政能够消弭社会矛盾,增强社会成员的凝聚力,促进社会问题的解决,从而使政府在社会秩序的供给方面表现出很强的行政能力。因为,当公共行政遵循公正的原则时,就可以充分激发各个阶层以及绝大多数社会成员的潜能发挥,使社会成员按照各自具体的贡献得到应得的回报,从而

[①] 吴忠民:《社会公正论》,2页,济南,山东人民出版社,2004。

在总体上促成社会进步的动力机制,进而实现社会力量的有效整合和成员的团结合作。也就是说,公共行政的公正原则是一个保证绝大多数社会成员受益从而实现真正意义上的发展的原则,它可以有效地避免只有少数人受益的"有增长无发展"情形的出现。所以,公共行政"必须将公正观念归并于一种社会基本结构的理想形式,而持续发展的社会过程之积累性结果正是按照这一基本结构来加以限制和调整的。"①

在当今世界,一方面是不断积累起来的财富,而另一方面则是不断积累起来的贫困,这种情况比以往任何时候表现得都更为突出,不仅在国际社会是这样,而且在几乎所有国家,都有不同程度的表现。甚至,贫富的差距和悬殊已经造成了空前激烈的不文明行为的出现。为什么人类历史的发展在文明化的同时却出现了空前不文明的行为呢?这无疑向公共行政提出了一个需要深入反省和认真解决的课题。显然,无论在国际上还是在国内,社会自身越来越失去了自我调节的能力,它不能够在矫正财富分配不均的问题上有更有力的作为。因为,它已经丧失了自我调节的机制,表现出对政府及其公共行政更强的依赖性。在这种情况下,社会公正的获得只有寄托于政府,即通过政府的公共行政活动来提供公正。如果公共行政回避甚至放弃了公正职能的话,那么人类的前景都会变得暗淡下去。

近代以来,政治学家们往往把民主与公正看作为密切联系在一起的社会生活两个面相,以为民主的制度和政治运行机制可以提供社会公正,所以,近些年来,也有一些行政学家们要求在公共行政中贯彻民主的原则,提出民主行政的构想。从理论上看,这是合理的,是近代政治文明发展的逻辑要求。但是,在实践上,还需要进一步的思考。卡蓝默对民主的认识是可以作为公共行政确立公正导向这一追求的参考性意见,他说:"对于一个人或是一个共同体来说,同其观点是否被听取和考虑相比,一项决策是否经过了合法的程序并不那么重要。因此,传统的民主

---

① [美]约翰·罗尔斯:《政治自由主义》,298页,南京:译林出版社,2000。

机制,即可能与多数人的暴政相混淆的机制,并不足以保证治理的正当性。"①也就是说,公共行政应当更多地着眼于实质性的内容方面,如果忽视了其实质性的内容,合法的程序仅是空洞的形式,民主机制在运行中只能徒增非正当和不公正,特别是当民主机制演化为"多数人的暴政"的话,公正也就不存在了。

总之,当21世纪的公共行政确立起公正导向和用公正导向替代效率导向的时候,虽然不能离开人类社会治理文明的大道,但是,以往在政治上和行政管理实践上的做法是不能简单照搬的。确立公正导向不仅是公共行政目标模式的变更,而且是整个公共行政价值基础的改变,也意味着公共行政的制度、运行机制和行为模式的根本性变革。易言之,效率导向的公共行政与公正导向的公共行政之间的区别是其"灵魂"上的区别,前者所贯穿的是效率精神;后者则贯穿着公正的精神。

第三节 公平与效率的关系

一、公平与效率矛盾的矫枉过正

公平与效率的关系问题是公共行政学的基本问题,因而,公平与效率的矛盾问题也是公共行政的经典难题。在自由市场条件下,是无所谓公平与效率的矛盾的,随着市场经济的发展,出现了政府不得不实施干预的因素,因而,公平与效率的矛盾问题也就出现了。只要政府介入到市场经济的运行中来,就必然会面对着如何处理公平与效率的关系问题。我国市场经济的建立和发展是在政府主导下进行的,政府直接地在市场经济的运行中发挥引导作用,因而,在处理公平与效率的矛盾问题上,也就必须采取更加积极的行动。其实,不仅政府干预型的市场经济发展中会存在着公平与效率的矛盾,在一切政府主导经济发展的模式中,都会遇到这一问题。

---

① [法]皮埃尔·卡蓝默:《破碎的民主——试论治理的革命》,93页,北京:三联书店,2005。

在中国社会主义建设的过程中,公平与效率的矛盾也一直是一个挥之不去的梦魇。在改革开放以前,当我国实行计划经济体制的时候,就深深地受到公平与效率之矛盾的困扰。改革开放后,我们确立了"效率优先,兼顾公平"的发展策略。再后来,随着"科学发展观"和"以人为本"理念的提出,人们的视线也被更多地引向了对公平问题的关注。应当看到,在改革开放过程中所形成的效率优先的发展模式已经形成惯性,在一定时期内,这一惯性还会发挥作用。但是,近一个时期在公平问题上的舆论导向和理论追求,可能会逐渐消解效率优先发展模式的惯性,进而会走向公平冲击效率的方向。对于公共行政而言,它所追求的是公平与效率最大可能的平衡,无论是用效率压抑了公平还是用公平冲击了效率,都是不足取的。所以,在舆论的公平导向正盛之时,我们有必要提醒对公平冲击效率可能性的警惕,应当积极地去探讨解决公平与效率矛盾的根本性出路。

面对公平与效率的问题,我国政府经历了一个长期探索解决方法的历程。建国以来,我国政府对公平和效率的关系定位几经周折,在刚建国时,存在着对效率的盲目追求;到了"文革"时期,出现了对公平的绝对崇拜;在改革开放后,最终在党的十四大上确立了"效率优先,兼顾公平"的政策方针。党的十四届三中全会明确提出:"效率优先,兼顾公平","允许一部分人、一部分地区先富起来,先富带动后富,最终实现共同富裕"。到了十六大,又重新对公平的问题作出反思,提出了"科学发展观"和"以人为本"的理念。这说明,即使对于社会主义国家的政府来说,公平与效率的矛盾也是一个绕不开的问题,必须正视它和解决它。但是,长期以来,我们在这方面的理论探讨明显的不足,因而在实践中总会呈现出矫枉过正的问题。汲取历史的教训,在当前正在进行的处理公平与效率关系问题的行动中,我们必须探讨一条切实可行的道路。

就中国社会主义建设的历程来看,为什么在建国初期会走向对效率的盲目追求呢?这需要从建国时的具体历史背景来看,用毛泽东的话说,中国的社会主义建设是在"一穷二白"的基础上展开的,中国通过无产阶级革命夺取政权而开始了社会主义建设,当时的生产力水平极其低下,旧中国几乎没有留下社会主义赖以发展的经济基础。在这种情况下,政府的决策层,自然而然地就会选择追求效率的路径。也就是说,在中国生产力相对落后,急需发展经济的历史条件下,效率追求就像一支"兴奋剂"一样,极大的调动了国民追求富裕目标的热情,对社会发展起到了巨大的推动作用。但是,效率追求在一定程度上走上了"非理性"的道路,因而,作为结果出现的是"漫画式"的效率盲动主义,并以"大跃进"的形式出现。

到了 20 世纪的 60 年代中期,效率追求所导致的恶果引起了中国最高领导人的重视,开始谋求矫正的方案。但是,在矫正效率追求的盲目性和片面性问题上,没有走上理性化解决问题的道路,反而同样是用非理性的方式去矫正效率追求的片面性。这就是发动"文化大革命"的原因之一,甚至可以说是最为基本的原因。关于这个问题,人们在对"文化大革命"的反思中提出了各种各样的解释。其实,现在看来,就发动"文化大革命"的现实基础而言,是出于矫正效率追求的需要。因为,当时的基本情况是,由于效率追求而造成了社会分化,干部队伍中出现了"腐化堕落"、官僚主义、脱离群众等问题。解决这些问题,所采取的行动是用公平追求取代效率追求。虽然当时并没有提高到公平与效率的矛盾上来认识问题,但是,就解决问题的路径来看,实际上是不自主地受到公平与效率的矛盾所支配了。在深层次上,"文化大革命"所突出的无疑是公平的主题,所冲击的是效率的主题。因而,"文化大革命"在现实表现上片面地突出了公平,从而彻底放弃了对效率的观照,直至最终把国民经济引向了"崩溃的边缘"。

中国的改革开放,在直接的意义上是要矫正"文化大革命"片面突出公平而不顾效率的问题,所以,再一次走上的效率追求的路径。当然,改革开放后的效率追求与建国初期的效率追求有着根本上的不同,它是通过体制变革去实现效率追求的目标的。所以,它使效率追求获得了更大的空间,事实上也使效率追求表现出很大的张力,在 20 多年的时间内,没有显现出效率追求达到极限的情况,反而获得了 GDP 直线上升和经济发展突飞猛进的成果。可以看到,改革开放后,中国政府的几次行政体制改革都是以提高政府效率,建立现代官僚制为目的的,而且,试图通过政府效率的提高而推动整个社会的效率水平。但是,在社会问题日益复杂化的今天,面对潜藏着多重危机的社会局势,那种命令—服从式的技术化的官僚制并不能较好地解决我们今天所面对的问题。而且,过分关注效率而忽视公平,会使社会经济畸形发展。事实上,近些年来,社会公平的问题日益突出,不仅是贫富差距的扩大,而且在社会生活的各个领域都造成了严重的矛盾,甚至有些矛盾随时都可能爆发为危机事件。

当然,从中国改革开放 20 多年的历史进程来看,在改革开放之初,由于受到"文化大革命"时期绝对公平观的影响,人民生活水平极其低下,国民经济面临崩溃的边缘。在这种情况下,我们高度重视生产力的发展,高度重视经济效率的提高,这是具有重要的战略眼光的。随着我国经济增长速度的加快,一系列社会问题由此引发,这就迫切需要我们从公平与效率的内在联系中,来进一步重视和解决社会公平和正义的问题。否则,我们的经济效率就不可能在整体上得以进一步的提高。

正是基于这一现实,党的十六大重新调整了公平与效率的关系,把公平的问题作为一个重点提了出来。我们所看到的解决方案是党的十六大报告所指出的:"初次分配注重效率,发挥市场的作用,鼓励一部分人通过诚实劳动,合法经营先富起来。再分配注重公平,加强政府对收入分配的调节职能,调节差距过大的收入"。根据这一方针,在实现社会公平的问题上,政府和市场进行分工,各自发挥其作用。让市场通过"看不见的手"而在经济领域中实行等价交换,公平交易,平等竞争,充分发挥市场资源配置和调节价格的作用;而政府把更多的精力集中在通过个人所得税的征收、社会保障体系的健全等途径去调节公平。这无疑是一个可操作的对策性方案。但是,从近一个时期的舆论导向和理论研究来看,存在着误导这一方案贯彻的倾向,如果我们不能在理论上作出更为深入的探讨,一个正确的实践方案也可能会在执行中出现"走偏"的问题。这一点是不能不引起警觉的。也就是说,我们需要通过进一步的理论探讨,去发现保证十六大提出的对策性方案得以贯彻的理论支持,既要防止公平追求再一次冲击了效率,也要防止政府效率追求上的过度热情。

二、公平与效率矛盾中的政府角色

在处理公平与效率的关系时,让政府与市场分工,由市场去追求效率而由政府去提供公平,这样做是否可行?这需要在政府这里寻找答案。从西方的情况看,政府天生就是追求效率的。一般说来,政治家们乐意于谈论公平的问题,而政府往往用实际行动来表达对效率的热情。因为,公平的获得往往需要一个相对长的时间才能见到效果,而效率追求往往会立竿见影。所以,西方国家的政府为了谋求公众的认可,往往是通过效率追求的途径去塑造自己形象的。当然,更为根本的原因是现代公共行政的性质和特征决定了政府的效率追求。

现代公共行政是在威尔逊"价值中立"的原则下建立起来的,马克斯·韦伯为它提供了体系框架,即官僚制的组织体系。这种禀承价值中立原则的官僚制体系往往把公平的问题看作是一个政治问题,而不是看作为公共行政职责范围内的事情。公共行政是在政治部门确立了政策之后而加以高效执行的部门。所以,政府总是把效率作为它惟一的目标,并通过自身的效率去影响和塑造社会效率。就官僚制的组织体系而言,它强调非人格化和客观化的所谓理性效率,促使组织对人与人之间的互动采取机械性的控制,个人只是惯性地服从并且专注于工作过程,人与人之间变成了工具般地相互操纵,以追求有效率地完成组织目标。在这个过程中,个人失去了自我反思和自我了解的意识,缺乏创造精神和人格的健康发展,甚至造成组织成员与服务对象之间的疏远和隔离,进而失去了组织应该表现出的社会价值和责任。

二战后,以"价值中立"和官僚制为基本特征的公共行政也在社会发展中表现出了优异的效率成就,同时,也带来了许多严重的社会问题。

到了20世纪70年代前后,公共行政效率追求所带来的社会问题变得越来越严重,正是这一情况引发了"新公共行政运动"的思考。就新公共行政运动否定价值中立、倡导政府主管任命制、提出民主行政和公众参与等建议而言,其中所包含的是一种要求矫正政府效率导向的要求。但是,由于新公共行政运动并没有超越福利国家在公平问题上的一系列制度安排的方案,或者说,由于新公共行政运动并没有提出自己的可操作性方案,因而,它的公平追求并没有作为这场学术运动的主题而得到承认,也没有对政府发挥切实的影响。

与新公共行政不同,20世纪80年代出现的"新公共管理运动"以提出切实可行的行动方案见长。新公共管理放弃关于公平与效率的理论争执而选择了具体的行动,它所提出的用"企业家精神"重塑政府,其实是要政府拥有灵活性,随即地根据个体需要选择行动的方向;它所提出的"顾客导向"和"用脚投票",实际上是把"球"踢到政府服务的对象那里去,让公众自己去作出是要效率还是要公平的选择;它所推行的政府"合同外包",在本质上是要社会中的非政府服务部门承担处理公平与效率矛盾的责任。所有这些,无疑都是聪明的和实用主义的政府再造方案。但是,新公共管理的市场化原则实际上让交换行为侵入到公共行政的领域中来了,虽然这在增加公共行政的灵活性和提高公共行政的效率方面有着优异的表现,公共权力却也因此获得了更多的谋利机会。

按照马克思主义的认识,社会主义制度比资本主义制度优越的表现之一,就是在处理公平与效率两者之间的冲突问题上。资本主义将生产(效率)和分配(公平)问题分开处理,主要由市场指导生产,用公平的理念指导分配。社会主义对资本主义的超越之处则应当表现在它能将公平与效率统一在一起处理。根据马克思主义者的设想,就是凭借指令性的计划管理,并倡导社会成员参与生产管理。但是,上述认识的一个前提是,社会主义是建立在高度发达的资本主义基础之上的,而现实中的社会主义国家却是建立在落后的社会生产力发展水平之上的。当然,社会主义国家在实际的建设过程中从实践出发,创造性地发挥了经典作家的认识。在中国共产党的十六届四中全会通过的《中共中央关于加强党的执政能力建设的决定》中,我们就可以看到这样的表述:"要适应我国社会的深刻变化,把和谐社会建设摆在重要位置,注重激发社会活力,促进社会公平和正义,增强全社会的法律意识和诚信意识,维护社会安定团结。"可见,公平的问题已经成为和谐社会构建过程中的一个重要向度。

三、公平与效率的辩证关系

公平与效率是相辅相成的,效率的提高是公平形态的物质基础。公平能够作为一种社会规范和价值判断,一个首要的前提就是经济效率的提高。没有效率的提高,没有生产力的不断发展,也就不可能出现需要通过对公平的追求去加以解决的问题,真正意义上的现代公平理念也就不会出现。

在效率影响公平的过程中,我们还可以看到效率原则和公平原则在一定程度上的相通性。市场竞争形成了效率原则,也就内在地要求一种新的价值观念的形成。经济效率的最根本要求就是机会均等,这既是效率原则,也是公平原则。机会均等指的是一种起点和条件的平等,即每一个人都站在同一条起跑线上公平竞争。从公平的市场竞争意义上说,这就要求和规定着每一个经济主体都能够在机会均等的原则下获取生产资料;能够在机会均等的条件下参与市场竞争;每一个经济主体所承担的义务也应当是均等的。另一方面,公平构成了效率提高的基本保证。效率的提高并不是一个自发的过程,必须依赖公平的规范约束。这种公平的约束既包含在市场竞争过程之中,也包含在市场竞争之后的政府安排。

在生产力的基本要素中,人的要素是第一位的。没有劳动者积极性的提高,就不可能有生产的高效率。美国管理心理学家亚当斯曾就劳动者的心态而提出了公平理论,也称之为社会比较理论。这一理论认为,人们对其在工作中所做的努力与从工作中所得到的报酬进行比较,并将自己的投入—产出与其他人的投入—产出作比较,以此来评价自己与其他人的关系。一个人和用来同他比较的另一个人的报酬和投入之比应该是平衡的,如果人们觉得报酬是公平的,他们可能继续在同样的产出水平上工作,反之,如果人们觉得他们获得的报酬不适当,他们可能产生不满,降低产出的数量和质量,或者离开这个组织。

在社会的层面上,特别是就我国当前的情况而言,不同行业、不同部门、不同职业之间也存在着一个公平比较的问题。当然,我们不可能要求在收入分配上"一刀切",但现在的问题是,收入分配的不公、腐败现象的出现,已成了社会矛盾的焦点问题。如果得不到有效的遏制,既会对我国经济整体效率的提高产生不利的影响,更会危及我国社会的稳定与和谐。因此,如何从公平与效率的辩证统一出发,建立能够促进效率持续提高和社会和谐发展的公平原则,是我们学术界和政府决策者都必须高度重视的一个问题。也就是说,在市场竞争的过程中,由于各种原因,会使得每个人的经济地位和社会地位有所不同,但绝不意味着我们可消解社会成员所应有的权利和义务的均衡,更不意味着可以忽略一些弱势群体的存在。社会发展是由恩格斯所说的"历史的合力"所推动,不同的阶层、不同的个人都对社会发展起着一种促进的作用。离开"历史合力"的整体均衡,剥夺一部分人应有的公平权利和义务,必然导致社会发展的不均衡、不和谐。

由此看来,政府在引导一个社会的发展过程中,应为市场创造公平竞争的外部环境,应该调节市场竞争所引起的社会矛盾,缓和利益冲突,促进社会和谐发展。在公平与效率的问题上,政府要保证公平基础上的效率,把公平作为效率的前提,避免社会畸形发展。同时,也需要在效率的前提下实现公平,没有效率的公平必然会导致社会发展停滞,会陷入一种平均主义的状态中去。从马克思主义的立场来看,公平与效率之间是一种辩证的关系,它们之间既是矛盾的又是统一的,公平与效率互为前提。我们所追求的公平与和谐,是在发展中充满活力和创造力的公平与和谐。反过来,只有形成真正意义上的公平与和谐,才能激发各个社会阶层、社会群体以及每个人的创造活力。这两者是内在统一、相互联系的。

基于公平与效率辩证关系的认识，要求我们必须寻找能够统帅公平与效率的"合题"，找到了这个"合题"，也就意味着我们可以告别公平与效率矛盾的纠缠，即超越了不得不在公平与效率之间作出选择的困境。其实，从公共行政的角度来看，如果政府陷入了在公平与效率之间作出直接选择的境地时，就不能不时常地面对矫枉过正的尴尬。即使政府试图在公平与效率之间谋求平衡，也很难找到切实可行而且始终有效的平衡技巧。当然，一般说来，在市场经济条件下，由于市场主体利益的分化，不可能使得每一个社会群体和社会成员的利益需求都得以满足，如果公共行政仅仅服务于对现实的适应性要求去进行顺势治理的话，就难免陷入公平与效率的矛盾中而无法脱身。但是，政府整体上的主动性应当反映在它对社会的积极引导功能上来，应当去发现那些提纲可以挈领的关节点。所以，政府必须在更高的视点上去认识公平与效率的问题，需要通过对更为关键问题的解决去消解公平与效率的矛盾。

在黑格尔所提供的辩证思维中，一对矛盾的范畴必然会在一个"合题"中获得统一。关于公平与效率的矛盾，也是适用于这一思维方式的。或者说，公平与效率的矛盾是可以通过公共行政所提供的公正而得到解决的。公正就是公平与效率矛盾的"合题"。事实上，公共行政所强调的指挥统一、层级节制等原则完全指向了效率，在社会发展节奏比较平缓的条件下，它的效率追求还不至于造成社会无法容纳的不公平问题。但是，在当今社会急剧变迁的条件下，它越来越表现出无法担负起社会责任和缺乏适应社会发展的能力了，自然也就谈不上能够有效地提供社会公平了。所以，必须超越效率追求的模式，在更高的起点上寻找作用于社会的途径。这就是通过把握公正的主题，通过提供社会公正去达致公平与效率的统合。

约翰·罗尔斯在其《正义论》一书中指出："公正"是政府的中心组织原则。但是，在西方国家，社会上占据优势地位的既得利益集团往往会按照自己的利益要求来左右一切法律、法规和政策的制定，以此保护自己的利益,并通过侵占或剥夺他人利益的方式来扩大自己的利益。这样,大多数社会成员和边缘化社会群体的基本利益就难以保证,他们的公平问题也就无从谈起。所以,作为政府组织中心原则的公正也就无法得到落实。在我国,作为执政党的中国共产党代表的是最广大人民群众的根本利益,为人民服务是我党的一贯宗旨,党所领导下的政府,理所当然地应当把作为政府组织中心原则的公正贯彻到实处。也就是说,政府在政策制定上,要以人民群众的根本利益为出发点和依据,以公正为起点,让公正中既体现公平要求又包含效率空间。

公正是包含着效率空间的,其奥秘就在于它能够激发出普遍的利益动机。马克思主义认为,利益是社会存在和发展的内在根据。社会是由"现实的个人"所组成,现实的个人是社会存在的主体,但现实的个人是从事活动的,进行物质生产的。而现实的个人活动动机则是由利益所引起的。人类的基本的和直接的利益动机是吃、穿、住,这也构成了人类政治、军事、文化活动的价值基础。社会活力的激发,离不开对不同利益群体正当利益诉求的满足。建构公正的社会整合机制,最充分地反映最广大人民的根本利益,使广大人民群众享受到应该享受的改革发展成果,这是我们制定方针政策的基础和出发点。

公正的利益实现,要求政府在政策制定时必须做到:

第一,政策制定要体现出普惠性。政策制定的基本宗旨在于保护全体社会成员的利益,在于使社会成员普遍受益。普惠性的基本要求是,每一个社会成员、每一个社会群体的尊严和利益都应当得到有效地维护。任何一个社会群体尊严和利益的满足都不得以牺牲其它社会群体和社会成员的尊严和利益为前提条件。如果借用罗尔斯的语言来表述,那就是:"所有社会价值——自由和集会、收入和财富、自尊的基础——都要平等的分配,除非对其中的一种价值或所有价值的一种不平等分配合乎每个人的利益。"[①]

[①] [美]罗尔斯:《正义论》,58页,北京:中国社会科学出版社,1988。

第二,要避免政策制定被特定利益集团操纵。尤其要防止政策制定者本身形成一个特定利益集团。根据西蒙的"有限理性说",每个人都是追求自身利益最大化的理性逐利人,在行为的收益—成本分析中,如果收益大于成本,个人就会采取某项行动。同样的,在政策制定者这里,如果某项政策给自身带来的利益大于它因之可能承担的风险,那么他就会采用这种政策,反之则不然。因此,在政策制定过程中,我们要尽可能做到程序公正,完善政策制定的监督机制,做到政策制定的公开、公正。

尽管公共行政在处理公平与效率的矛盾中表现得业绩平平,但是,在现代公共行政的发展中造就了一种公共精神,这种公共精神要求行政人员必须平等地对待每一行政行为的客体,公正地对待每一当事人,不因其地位、性别收入等差别而受到区别对待,不为任何私利追求的行为所驱使,更不能受到金钱的收买、利诱,排除各种可能造成不平等或偏见的因素。在行政人员的层面上,做到了这些,也就为公共行政提供公正增添了助力。

所以,在政府整体的层面上,需要考虑通过政策制定而提供公正的利益实现条件,而在行政人员的层面上,需要呼唤公共精神中的公正内涵,让行政人员从公正的原则出发作出具体的裁量。按照这个思路去建构我们的政府,公平与效率的矛盾也就会迎刃而解了。

第四节 实现社会公正的基本路径

一、人类对公正的追求

当前,我们用"科学发展观"和"以人为本"的原则去铺就通向和谐社会的道路,实际上,"科学发展观"和"以人为本"原则的共同内涵和落脚点,就是社会公正。也就是说,"科学发展观"和"以人为本"原则是直接服务于社会公正的,离开了社会公正,它们也会成为不可理解的空洞口号。只有从社会公正的视角出发,才能够把"科学发展观"和"以人为本"

原则落到实处，才能在政府的引导下积极地、自觉地朝着构建社会主义和谐社会的目标前行。不过，社会公正并不是一个优先实现的目标，社会公正的实现与达致和谐社会的目标是同步的，只有当我们朝着和谐社会的目标前进的时候，我们对社会公正的追求才是有意义的。所以，思考社会公正的问题，对于构建和谐社会具有多重意义：其一，和谐社会的目标追求需要落实在社会公正的实现上，只有当我们不断地去谋求社会公正和解决社会公正的问题时，才是一个正确的走向和谐社会的方向；其二，社会公正是我们认识和谐社会的一个视角，只有当一个社会包含了社会公正的充分实现的时候，它才是和谐的社会；其三，社会公正与和谐社会是同构的，社会公正的充分实现与和谐社会是同一个社会形态的两种表现，当我们在社会公正的问题上还有大量工作要做的时候就武断地宣布和谐社会的到来是不负责任的，而当走向和谐社会目标的路途尚远的时候试图去完全实现社会公正，也是空想，甚至会做出许多不利于社会发展的事情。

有了人，有了人类社会，就有了公正的观念。如果说有一个社会意识史的话，那么，公正的观念就是人类社会意识中最早的意识。根据一些意识考古的发现，早在原始社会，人们就存在着公正的观念，但这种观念源于对等报复的法则和同态复仇的规范。对等报复是原始时代调解氏族纠纷的基点，而且在文明发展的起始阶段，它在调节部族内部的关系中也起了非常重要的作用。罚过对等被视作为公正，而且，认为公正的惩罚就是使事物复归到它出现的地方去。

在古希腊，柏拉图是把城邦中的公正看作为公民的美德的。柏拉图认为，理想的国家由三种人组成，第一种人是用金子做成的，具有智慧的德行，因而适宜于做统治者。第二种人是神用银子做成的，具有勇敢的德行，担负着保卫国家的职责。第三种人是神用铜铁做成的，其德行是节制，承担着为国家创造物质财富的任务。这三种人各司其职、各负其责，整个社会就达到了公正。解析柏拉图的思想，可以发现，他的"公正论"实际上包括两部分内容：对个人来说，公正就是灵魂中的三个组成部分——理智、意志和情欲,是在理性的统辖下而达成的一种有秩序的和谐状态;对于社会来说,公正则是各个阶层负其自己的职责,各做自己的事情而不去干涉其他阶层。社会是由个人承载的,因而社会的和谐状态是在个人的美德中实现的,公正正是这种美德。虽然柏拉图是在等级设置中来确认公正美德的,但这种美德是与以权力、财富、利益为目标的行为形式是不相容的。因而,可以认为公正的概念在柏拉图那里就有了平等和正义的内涵了。

亚里士多德可能是最早从制度的视角出发来认识公正的。在当时,古希腊所实行的也是等级制的分配制度,在这一制度条件下,亚里士多德主张一种"分配的公正"。但是,它也看到,充分的"分配公正"是很难实现的,所以,他在"分配的公正"基本能够实现的同时,提出一种"矫正的公正"。"矫正的公正"是对"分配的公正"无法得到充分实现的补充,因而也称"补充的公正",同时,"矫正的公正"不是通过权力来实现的,而是通过社会中自发的交换行为来实现的,因而也被称作为"交换的公正"。亚里士多德之所以能够提出"交换的公正"这在很大程度上要归功于雅典城邦市场经济的发展,相信他是通过对市场经济功能的观察而发现了其在公正实现方面的作用。当然,亚里士多德也保留了柏拉图所谓美德论的思想。但是,他的思想中的美德与柏拉图等级化的设置有所不同,更多地包含了平等的内涵。所以,他反对社会中存在过分的英俊、过分的显贵及过分的财富,反对贫穷、过分的孱弱和绝对卑贱。

在近代早期的契约论者看来,所谓公正,就是履行契约,尊重契约双方的权利,承担各自的义务。他们把公正与契约联系在一起,认为没有契约,就无所谓公正。社会是由个人与统治者签订契约的结果,在订立契约之时,就已经明确了双方的权利与义务,个人应该将自己的自然权力(部分或全部)让渡给统治者,而统治者则负有保障个人自由、平等、财产权和安全的义务。双方相互承担义务的社会,就是一个公正的社会。公正是权利与义务的统一,只有权力而没有义务,或只有义务而没有权利,就是最大的不公正。群体正是通过恰当地确定每一个成员的权利与义务之间的比例来实现对个体的调控的。根据这种理论,只要契约以及为契约提供保障的法制得到了健全,就可以迎来一个公正的社会。

在伦理学的研究中,我们往往把公正定义为正义和公道,认为公正作为伦理学属于道义论或义务论伦理学的范畴。然而,在伦理学史上,康德被认为是第一个着重阐明义务论原则的哲学家,所以也是现代公正理念的确立人。我们知道,康德是一个理性主义者,他认为理性是道德的基础,感性经验应排除于道德之外;快乐、幸福、利益均与道德无关,道德不能讲对自己有什么利益,相反地,应是牺牲自己的利益。作为道德的基础就是善良意志。善良意志就是对道德规律的尊重,就是一种义务感,就是按绝对命令办事,只有从善良意志出发的行为,才是唯一道德的行为。人只有在善良意志指引下,才能把握自己的行为,使所遵循的标准具有普遍的意义。这样一来,人们拥有共同的理性准则,不由别人强加也不强加于人,人的此类行为就是公正的,进而,整个社会也就会成为公正的社会。当代义务论的著名代表罗尔斯认为,按照正义公平的原则,权力应该先于利益,人们的欲望、爱好、利益应当受到正义原则的限制。他强调把现代道德的基础由"最大多数的最大幸福"之"最大化"社会效益层面,移置到"惠顾最少数最不利者"的"最起码"的社会道德正当合理性层面上来。可见,罗尔斯的正义论是社会公平正义论,它所关注和强调的不是或主要不是社会的价值效益,而是社会的公平、秩序和稳定。

马克思主义所构想的社会主义社会是公正实现了的社会形态,因而,马克思主义是人类思想史上最关注社会公正以及为公正的实现路径作出科学设计的学说。马克思主义公正观的基本内容是关于个人与个人之间、个人与社会之间所得与应得、所付与应付之间的"相称"关系。恩格斯就说过,我们应当认真地和公正地处理社会问题,应当尽一切努力使现代的奴隶得到与人相称的地位。公正作为人的社会关系之中的"相称",具有十分丰富的内容,根据马克思的论述,可以概括为如下几个方面:(1)在经济领域,公正是一种分配原则,是贡献和满足之间的相称,叫

"分配的公正";(2)在政治领域中,公正是一种平衡原则,是权利和义务之间的相称,叫"政治公正";(3)在法律领域,公正则是关于裁量的原则,是要求自由和责任之间的相称,叫"法律公正"。

邓小平在社会主义建设实践中深深地体会到,所谓公正,就是要坚持反映人民群众要求的合理正当公平的利益分配尺度。邓小平不断地强调指出,在社会分配上,要做到共同富裕,防止两极分化。在某种意义上,邓小平实际上是用朴实的语言表述了罗尔斯的"惠顾最少数最不利者"的"最起码"利益的思想。邓小平指出:"社会主义与资本主义不同特点就是共同富裕,不搞两极分化。"[1]"一部分地区有条件先发展起来,一部分地区发展慢一点,先发展起来的地区带动后发展的地区,最终达到共同富裕。如果富的愈来愈富,穷的愈来愈穷,两极分化就会产生,而社会主义制度就应该而且能够避免两极分化。"[2]

二、社会公正的实质

社会公正是人类社会每一历史阶段共同拥有的追求。因为,就群体与个体之间的关系而言,群体需要实现对个体的道德调节,其主要目的是确立公正的秩序。虽然处于不同历史阶段的、具有不同性质的群体对公正的理解十分不同甚至截然相反,但公正作为群体追求的目标,总是对群体与个体以及个体与个体的关系起着调节的作用。

在伦理学上,功利原则和公正原则分属于两种不同的伦理类型。以功利原则为基础的伦理学说属于价值目的论的伦理学或效果论的伦理学;而以公正原则为基础的伦理学说则属于道义论伦理学或义务论伦理学。功利主义伦理学的目的是鼓励人们尽可能创造最大的善之总量,而不问如何去分配总量的善;而作为公正原则的伦理学,关注的则是总量之善的如何分配,也即达到善的最大限度的实现之手段。在西方伦理学

---

[1]《邓小平文选》,3卷,123页,北京:人民出版社,1993。
[2]《邓小平文选》,3卷,374页,北京:人民出版社,1993。

史上,从近代到现代,这两种类型的伦理学总是处在理论对峙的状态中。比如,在近代,以边沁和密尔为代表的功利主义,就处在与康德为代表的义务论的对立之中;而现代罗尔斯为代表的新义务论(正义论)也与现代新功利主义处于对峙状态。即使是在认同公正的情况下,关于公正实现的路径也是有着根本性区别的。我们看到,诺齐克反对在建立一种公正的分配模式时包含任何有意的先验企图,他强调通过"自愿交换"去实现公正,而那些作为交换保障的因素并不是预先形成的模式或方案,而是在交换的过程中形成的。与这种自由主义的客观性相反,罗尔斯则更多地强调公正的主观性,即着重思考公平分配制度保障的设计和安排问题。

其实,思想家们在社会公正的问题上过多地陷入对起点公正、结果公正等问题的实现方式上的思考,总是把既有的社会公正问题产生的历史条件作为一个不加怀疑的前提接受下来,然后,在这一前提下思考如何提供公正的问题。所以,才会不断地在如何进行分配的方面争论不休。如果思想家们能够对社会公正的实质进行深入探讨的话,相信他们就会在历史发展的客观进程中去发现社会公正实现的历史前提、科学路径以及社会公正的实现对于社会建构的意义。也就是说,在既有的历史条件下去谋求社会公正是没有实质性意义的,只有把社会公正的实现与社会发展的总体目标联系在一起,才是科学研究的方向。

就公正的实质内容来看,它所反映的是人们自身的社会地位和利益关系,这种关系大致表现为两个方面:

第一,表现在人身关系上,公正所反映的是权利与义务的关系,公正首先是人身权利的正当占有和维护,以及对自我和他人基本权利的承诺。这就是说,在人身关系上,公正就是人身权利义务的统一,它要求每个人都具有独立平等的人格尊严,都既享有正当权利的自由,同时也承担平等待人、尊重他人政治权利的义务。

第二,从个人与社会(包括各种群体、集团、民族、组织机构等等)的关系上看,公正既代表各社会成员对其所在的社会之合理利益分配和正当秩序安排的合理期待或要求,也反映着社会对其成员实施的公平的利益分配尺度,包括基本权利和义务的分配尺度。

在等级制条件下,人身关系是由等级地位所决定的,每个人都处在确定的社会地位上,只要他们所处的地位得到维护,而且他自身也能"安其位",就是公正的。根据孟子等儒家的说法,"顺其天命"即为"正",这里的"天命"就是他一生出来就已经确定了的等级地位。近代以来,在等级制瓦解的过程中,人们政治上的平等得到认同,特别是拥有了自由的权利之后,人们的社会流动成为可能,人的社会地位也处在不可以改变和不确定的状态中。在这种条件下,人的"位"不再是具体的地位,而是抽象化了的权利义务。所以,在近代以来的社会中考察公正,需要以人身权利是否得到尊重为标准。然而,权利作为一种规定是抽象的,它需要通过其他媒介来表现和确认,在一切表现和确认权利的因素中,利益是最为根本的因素。对人的权利的尊重,在根本上是对人的利益的尊重,人的利益是否得到合理的维护,能否得到合理的实现,所证明的也就是人的权利是否得到了尊重。在此意义上,作为人身关系的权利和义务最终就落实到人的利益关系上来了,从而使公正表现在人的利益实现上。

人的利益实现是在社会治理体系中进行的,即使早期的自由主义者们极力推崇市场交换在利益实现上的功能,但那只是一种表面现象。因为,在市场经济的条件下,由于经济主体利益要求之间的差异性、矛盾性和对抗性,每一个独立的经济主体(利益实体、经济活动主体)都会把自己的利益看得更为重要,这就必然会在现实的交换过程中包含着破坏市场机制健康运行的可能性,如果一些经济主体在市场中积聚起较强的经济力量,拥有在自己的利益实现过程中侵害其他经济主体的利益的力量,能够在一定的范围内实现对市场的垄断,就必然会违背市场交换的公平原则。所以,由社会治理体系来提供社会公正是必要的。

姑且不说20世纪的"市场失灵"早已证明市场无法承担起公正地利益分配的职能,而且,在社会整体上看,市场自身也无非是社会治理结构中的一个构成部分,所代表的只是一种区别于权力作用的、直接的社会治理方式的所谓自由主义的治理而已。也就是说,市场交换是否是一种健康的关系或活动,需要得到社会治理体系的调节,即存在着公共权力对市场秩序的维持,而且,在现代社会,政府越来越多地直接介入到经济活动的领域之中,对经济的运行加以宏观调控。这样一来,经济活动的主体势必会受到公共权力的影响,进而引发了更多地来自于社会治理体系作用于高层活动的公正问题。

从社会治理的角度来看公正,则会把公正的问题与利益分配联系在一起。但是,需要指出,利益分配只是达致公正的途径,是实现社会公正的手段,利益分配自身并不是公正的实质。因为,在不同的社会历史条件下,利益分配是按照不同的原则和采取不同的方式进行的,分配自身也需要有开展分配的依据,而这种依据就是一个社会中人们的利益关系的状况。所以,归根结底,社会公正的实质是人们之间的利益关系。当人们的利益关系包含着一切合理要求得到实现的可能性的时候,人们就会感觉到公正;同样,当人们的利益关系包含着生成合作秩序、推动社会进步和促进人们和谐相处的动力的时候,也就在客观的制度安排中实现了公正。

人们的利益关系是历史地形成和发展着的,在不同的时代,人们的利益关系是不同的。因而,公正也就是一个历史范畴,在历史上的不同时代,也会有着不同的内涵。在等级制的条件下,等级化的利益关系决定了社会公正并不是在平等的意义上的公正,而是等级差别得到心理上的认同和不受矛盾、冲突挑战的状态。在近代以来的社会中,则是社会秩序以及社会治理体系获得了形式合法性的状态。至于人们之间的实质性关系是否是和谐的即人们的利益关系是否是建立在平等和自由的基础上的,则是社会公正研究中必须考虑的关键因素。在社会主义的条件下,社会公正被真正地放置在人们利益关系和谐共生的基础上,因而,社会主义的公正是针对于一切社会成员的公正,社会主义的治理体系也是在维护和促进利益关系和谐共生的过程中去提供社会公正的。最起码,社会主义的治理体系是把构建一种和谐共生的利益关系作为公正实现的途径的。一方面,社会主义的治理体系以公正的原则去调节个人与他人、社会之间的各种利益关系,使它们达致利益关系的和谐;另一方面,又在构建社会主义和谐社会的目标追求中使社会成员处于公正的环境中,在社会公正的实现过程中促进和谐社会的到来。

三、在历史转型中看公正

由社会治理体系提供的公正,是通过法律、政策等手段作出的合理安排。通过这种安排,可以对权利和资源等进行重新分配,从而矫正经济主体在自身的利益要求驱动下的不当行为,矫正由于市场竞争行为而造成的力量不平衡。但是,法律和政策等所作出的合理安排,只能赢得暂时的公正,随着时间的变更,原来的公正可能会走向自己的反面。在这种情况下,就需要重新作出安排,建立起新的公正。可见,社会公正是一个不断实现的过程,没有一劳永逸的解决方案。但是,人类社会的每一次根本性的变革,都会在新的起点上去展开对社会公正的追求。在农业社会,等级制条件下的公正被看作为人们"各安其序"的状态。到了工业社会,随着自由、平等原则的确立,人们开始在社会平等这一新的平台上去认识公正和追求公正。但是,工业社会也不是永恒的,人类不会定格在工业社会这一历史阶段。事实上,到了20世纪后期,种种迹象表明,人类正在向后工业社会迈进。在后工业社会,社会公正的问题又必然会在一个全新的起点上被提出来。

当前,我们正处在从工业社会向后工业社会转型的过程中,亦如农业社会向工业社会转型的过程一样,前一社会历史阶段中积累起来的社会不公正会以极其夸张的形式表现出来,而新的社会公正的原则尚未确立起来,社会治理体系还无法健全提供公正的方式、方法和路径。从农业社会向工业社会转型的过程,是通过连绵不断的战争而最后确立起了工业社会的公正秩序,如果从工业社会向后工业社会转型的过程也是这样的话,那么人类将会出现什么样的悲剧呢?所以,在从工业社会向后工业社会转型的历史背景下去研究社会公正的问题,是有着特别重要的意义的。

在从工业社会向后工业社会转型的过程中来看公正,首先看到的是这个过程所联结的两种性质不同的社会:工业社会是一个竞争的社会,而后工业社会将是一个合作的社会。在工业革命以来生成的竞争社会中,公正的秩序直接来源于制度的安排以及政治家的智慧对制度安排的补充。社会自身是缺乏自治自为的公正秩序的,即使在一些领域或一定的范围内存在着可以被理解成公正秩序的现象,那也是一些未被竞争行为破坏的习俗力量作用的结果,它可以唤起人们对农业社会自然秩序的留恋,却很少具有社会进步意义上的积极作用。在更多的情况下,它会表现出与竞争社会的冲突,会成为竞争社会主旋律中的不谐和音。合作社会将表现出完全不同的情景,这个社会中的公正秩序直接存在于合作行为中,会层层展开而构成合作机制、组织体制和社会制度的基本内容。也就是说,在合作社会中,公正秩序是内植于这个社会的,没有人为建构的痕迹,更不是由少数人擘划和通过制度安排而加予这个社会的。

在从工业社会向后工业社会转型的过程中,社会公正的问题需要与一种新的合作秩序联系起来考虑。麦金太尔在评述阿奎那关于秩序的观点时,对所谓"大秩序"与"小秩序"进行了比较,他指出:"暴政的恶在于它败坏了臣民的德性。最好的政体是一种其秩序最有助于培养人们关心所有人的善之美德的政体。由此,现代自由主义的政府概念,因其旨在确保一个最小范围的秩序,在这个秩序中个人可以追求自己自由选择的目标,最大程度地免受政府的道德干预,所以与阿奎那关于公正的秩序的解释也不相容。"[①]其实,就秩序而言,麦金太尔所指出的这种不同,仅仅是作为结果的不同,即现代自由主义的"小秩序"与阿奎那的"大秩序"在结果上的不同。但是,就秩序本身而言,"小秩序"与"大秩序"只是形式上的不同,集权主义的暴政与自由主义的所谓"善政"并不具有实

---

① [美]阿拉斯戴尔·麦金太尔:《谁之正义? 何种合理性?》,274 页,北京:当代中国出版社,1996。

质性的区别。尽管长期以来人们倾向于夸大它们之间的区别，但就其与合作秩序的比较而言，它们之间的区别简直是微不足道的。与合作秩序相比，阿奎那的"大秩序"是压抑了等级冲突的秩序，在这种秩序背后，所包含的依然是等级之间的对立，只不过没有爆发成冲突而已。自由主义的"小秩序"是通过社会个体之间的竞争和冲突来实现的，或者说，它本身就意味着社会个体之间残酷的竞争和冲突。然而，在走向后工业社会的过程中将要确立的合作秩序，无论就其本身以及所能达致的结果，都与以往任何形式的秩序有着本质性的不同。合作秩序是一种全新形态的自由秩序，赋予了秩序以充分的实质性自由，合作秩序超越了以往一切在社会秩序问题上所作出的形式上的修修补补的设计方案，把自由主义斤斤计较政府"管多少"和"怎样管"的争论看作为稚童间严肃的争执。

在工业社会，个人主义意识形态的原子化状态在演进过程中逻辑地走向"团粒"结构的形态，即个体集结起来而构成更大的个体。近些年来，社群团体的大量涌现就是历史发展的逻辑结果。这种发展向我们展现了一种新的现象，那就是个体形式的竞争为团体竞争所取代，多样化的社群团体共生，造就了新的利益平衡格局和政治稳定形态，众多的社群团体在偏好上的多向性之间构成了制约和互动的机制，以至于在对政治和社会治理发生影响时，没有一个社群团体的偏好能够完全影响现实决策，多元冲突与博弈使公共决策处于价值中立的地位。短时间看来，这种局面对于社会公正的获得不失为一个理想模型，但是，长期看来，其结果必然导向零和博弈的历史终局。所以，多元社群团体的出现如果仅仅是原子化社会的新形态的话，仅仅是近代社会发展的一个新阶段，只不过是从个体竞争到集中控制再到团体竞争的三段论逻辑的顶点。但是，对于多元社群团体共生的新现象可以有另一种理解，那就是组织化的个人开始具有了否定原子化的性质，社群团体以新的利益共同体的形式出现，表明人们之间新的利益关系格局的形成。在这种新的利益关系中，人与人的关系中合作性因素开始迅速成长，同属于社会自治的团体竞争会演化成组织间的合作互动。从而，首先产生合作制组织，进而造就出合作制社会。合作的社会实际上把和谐与公正完全融合了起来。

在整个工业社会，由于资本与劳动、生产与消费等等不可解决的矛盾造成了人们之间关系的紧张，造成了严重的利益冲突。对于这些社会生活中的不公正的问题，往往是通过开发自然的途径来加以消解的，即通过向自然索取更多的东西，以求人们对人与人之间的不公正状态不至于演化成全面的"战争"。但是，人对自然的征服、自然对人的不断增加的无私赐予，不但未能缓和公正问题，反而加剧了公正问题。当然，在从工业社会向后工业社会转型的过程中，政府公共产品供给的一般化和标准化与社会需求的复杂性和多样性之间的冲突也日益剧烈，政府一般性的公共产品供给不能满足不同社群的具体要求。在这种情况下，政府单纯拥有公正的愿望是无法达到公正的结果的，它"一视同仁"地公正地对待了不同社群，然而结果却可能是极其不公正的。因为复杂形态下的社会需求是差异巨大的，政府在多样性需求面前是无能为力的。社会自治型组织在这一方面却有着无比优势，它能够根据具体社群的特殊要求而提供具体的服务。因为社会自治型组织是多样的，广泛分布在社会生活的各个领域，能够满足社会各个领域多样性的需求。因而，会显得更加灵活而有效。这就是社会治理结构的一种新的形态，它能够促进社公正的实现。

在从工业社会向后工业社会转型的过程中，社会治理体系结构发生了根本性的变革，由社群团体所构成的社会自治力量也被整合到社会治理体系之中来了，它们与政府一道提供社会公正。这样一来，原先单纯由政府提供社会公正的一元途径被多元途径所取代。尽管社会复杂性和不确定性都在迅速增长，而社会治理体系构成的多样性决定了在一切提出社会公正要求的地方，都会及时地得到社会治理体系的回应。所以，社会公正的获得，并不是在既有社会构成形态中通过分配方式的调整可能达到的，而是需要在历史变迁的过程中来加以认识和把握，需要根据利益关系的变动去发现社会公正实现的新途径。走向后工业社会的利益关系是一种合作的关系，这种合作关系支持合作制组织的生成，进而,在合作制组织的基础上产生合作的社会,并在人们的普遍合作之中构建起和谐社会。

第五节 实现社会公平的制度安排

一、市场经济与社会公平

促进社会公平和正义是一个复杂的系统工程,需要全社会的共同努力,但政府在促进社会公平正义中起着关键性作用。在现代社会,政府代表着公平和正义,它应当满足社会公平和正义的要求。虽然在20世纪后期以来,社会自治组织迅速成长,但是,政府提供社会公平和正义的职能不仅不能削弱,反而应当得到加强。或者说,在社会自治组织也提供公平和正义的条件下,政府需要作为社会公平和正义的最后支柱。如果没有这个支柱的话,那么由社会自治组织提供公平、正义的构想就会成为空想,就是没有保障的。同样,走向和谐社会目标的社会公平和正义追求,需要政府的大量政策引导。更为根本的是,需要在制度安排上进行大胆创新。我们需要通过社会主义德制的建设,以及通过社会治理体系的结构性调整,去从根本上解决社会公平和正义的问题。

社会公平的问题在中国社会凸显出来,是市场经济发展的消极效应。在一个很长的时期内,我们较多地强调市场经济对于社会发展的积极意义,而对市场经济的消极效应研究和考虑的较少。面对市场经济发展中出现的社会不公平的问题,人们往往从原则上来证明市场经济需要社会公平,认为市场经济的本质特征决定了市场主体在经济活动中应当拥有平等的地位,应当遵循公平原则和开展公平竞争。但是,问题不是前提应当怎样,而是市场经济的发展自身造成了社会不公平,这是作为结果出现的。只是随着构建社会主义和谐社会的战略目标的提出,当人们反思改革开放以来的经验教训时,关于市场经济的消极效应才成为人们关注的主题之一,社会公平问题才作为市场经济发展的结果而被加以认定。

　　社会公平是人类社会任何一个历史阶段都共同追求的目标,但是,在不同的历史阶段中,存在不同的公平理想和不同的造成社会不公平的原因。在农业社会,社会处于等级化的条件下,虽然也一直存在着社会公平的追求,但是,严格说来,是不存在着社会公平的社会基础的。社会等级差别以及权力统治模式,决定了这个社会的公平只能在一定的等级内部才能成为一个可以追求的目标,而对于整个社会来说,公平是没有实质性意义的。然而,在近代以来的工业社会中,由于人们之间的等级差别在政治上失去了存在的合理性,人们之间在政治上的平等得到了承认了尊重。在这种条件下,造成社会不公平的根源从理论上说不再是政治上的因素,而是市场经济造成了社会公平的问题。特别是在自由资本主义时期,资产阶级国家的政府奉行自由放任的社会发展理念,结果造成了严重的贫富不均和两极分化,激化了社会矛盾,而且也造成了每隔几年就出现一次的经济危机。从近代以来的情况看,市场经济是造成社会公平问题的根源。虽然以亚当·斯密为代表的古典经济学相信存在着"看不见的手"的市场机制,能够自动调节社会公平的问题,而实际情况却证明,存在着因"市场失灵"而造成的社会不公平。到了20世纪中期,人们对这一点已经形成了共识,因而,要求在政府的干预和主导下去发展和完善市场经济,在市场经济的内生效率之外,通过政府的政策去实现社会公平。这就是现代市场经济的发展模式。

　　中国的社会主义市场经济属于现代市场经济的范畴,是在政府引导下发展起来的。政府引导下的市场经济建设,必然面对着效率与公平两大政策目标而展开,可是,效率和公平在理论上和实践上的矛盾,又始终是一个困扰着政府的政策选择和社会发展的问题。从西方国家的情况来看,在二战之后,政府在社会公平实现方面发挥了主导性的作用。比如,一些国家在促进经济发展的同时,通过征收累进所得税、完善社会保障体制和扩大转移支付等方式,去自觉地促进社会公平的实现。但是,当政府这样做的时候,却导致了效率下降的问题,从而使这些国家在20

世纪末期出现了所谓福利国家危机的状况。中国在进行社会主义市场经济建设的时候,西方国家已经进入了发达市场经济国家的历史阶段,虽然中国的市场经济建设是在政府引导下开展起来的,但是,与发达国家相比的后发展状态,决定了中国政府以及社会受到一种强烈的赶超意识所支配。因而,我们更多地把注意力放在了经济发展即效率方面,而对社会公平的问题却重视不够。随着经济发展起来了,而社会公平的问题却显得非常突出了。由此可见,社会主义市场经济也存在着与资本主义市场经济同样的问题,它的自由发展或政府引导方面的偏好,都会引发社会公平的问题,都会处在效率与公平的矛盾之中。这一点是毋庸讳言的。

现在,我们提出了构建和谐社会的伟大历史目标,对这一目标的追求,实际上包含着对政府引导市场经济建设和发展的新的模式要求。其中,最基本的要点就是要处理好效率与公平的矛盾,最大可能地谋求效率与公平的平衡。所以,市场经济是造成现代社会不公平的根源。但是,走向和谐社会目标的行动,又要求政府在矫正市场经济的缺陷方面发挥积极作用,以求达到在经济高速发展的同时也实现社会公平。

二、结构失衡与社会公平

市场经济的发展在取得了伟大社会成就的同时,也导致了社会不公平的问题。其实,市场经济导致社会不公平是必然的,西方早期自由资本主义的发展已经充分地证明了这一点。在《以自由看待发展》一书中,我们可以看到,森通过对19世纪40年代爱尔兰饥荒的分析,揭示了市场在配置资源方面的不足。① 或者说,市场是无法自动地实现对资源公平配置的,一个社会在资源配置方面,受到政治的、文化的等各种复杂因素的影响,如果完全寄托于市场的力量,实际上是把问题简单化了。但是,中国社会当前所存在的不公平问题还有更为复杂的原因,这是西方

---

① [印度]阿马亚蒂·森:《以自由看待发展》,169~173页,北京:中国人民大学出版社,2002。

国家未曾出现过的。所以,西方国家解决经济发展与社会公平问题的一切方案,都不能够照搬到中国来,我们必须认清中国社会所处的特定历史阶段,以及造成社会公平等问题的具体的复杂原因,才能创造性地提出自己的解决这些问题的方案来。

探求中国社会的公平问题,可以从双重历史转型的角度来加以认识。其一,中国社会从70年代末80年代初开始,进入了一个从计划经济向市场经济转型的过程,这是人们常常提到的中国社会自身的历史转型;其二,中国社会在发展市场经济和解决工业化、城市化的课题的时候,还要与全球一道去解决后工业化的课题。这是人们很少认识到的全球性的历史转型。

正是这两个方面的胶合,是其他国家都不曾遇到过的。因为,西方国家的工业化、城市化道路已经走了几百年,或者说,在这几百年的历史过程中,工业化、城市化是它的基本的和惟一的课题。对于亚洲国家和地区等后发现代化国家来说,虽然在较短的时间内就解决了工业化、城市化的课题,但在一段时间内,它们所要承担的课题也是较为单纯的。中国不同,中国社会在赶超发达国家的过程中,一开始所确立的是汲取发达国家和地区的经验和教训,力求在最短的时期内赶上和超过发达国家。但是,大致到了90年代中期,正当中国通过市场经济建设在工业化、城市化的道路上迅跑的时候,发达国家却面临着后工业化的问题。而且,西方国家为了迎接后工业化的挑战而对政府、经济发展策略以及社会结构所作的调整,也影响到中国。不仅以"知识形态"影响中国,还以现实的策略选择影响到中国,特别是以全球化的浪潮对中国社会形成冲击。在这种情况下,中国就不能仅仅致力于工业化和城市化,同时也需要应对后工业化的挑战。也正是这一点,又不同于发达国家,因为,发达国家应对后工业社会而作出的经济、社会发展策略调整是较为单纯的,中国社会却需要同时解决工业化和后工业化双重课题。这就使中国社会的转型变得极其复杂。也就是说,中国不仅存在着从计划经济向市场经济的社会转型,而且也存在着从工业化向后工业化的历史转型。历史转型或社会转型会导致社会的结构失衡,而我国的双重转型所造成的社会失衡也就是可以想见的了。所以,在这种条件下,出现了社会不公平的问题,是自然而然的。

中国社会自身的社会转型是从计划经济向市场经济的转型,它以改革开放为途径,经历了20多年的历程,基本走上了社会主义市场经济的轨道。当一个社会拥有自己的主导性体制的时候,它是可以获得一种较为稳定的平衡态的。在计划经济时期,虽然经济的发展有悖于其规律,但是,整个社会是处于相对稳定的平衡态中的,政治、经济、文化、意识形态以及社会运行所需要的道德支持因素等等之间,是作为一个有机体而存在的。在这种状态中,社会公平不会被作为一个问题而提出来。然而,改革开放之后,在新旧体制转换的过程中,旧因素的规范体系被打破,显示出超常的破坏力;而新成长起来的因素得不到相应的规范,处于盲目的左冲右突的状态。无论新旧因素之间还是新成长起来的因素在各个领域的表现,都以不均衡的形态出现,以至于整个社会陷入一种失衡的状态,即表现为一种结构性的失衡,反映在人们之间以及群体之间的关系上,就以社会不公平的问题而存在。

所谓全球性的历史转型,要求我们在认识改革开放和市场经济建设中出现的结构失衡问题时,需要在全球背景的视角上来看。因为,改革开放和市场经济建设已经使中国融入世界,中国经济、社会发展中的结构失衡问题实际上也是世界问题,是全球普遍存在的问题。或者说,在一定程度上,是全球性的历史转型所造成的社会结构失衡在中国社会的表现。一场从工业社会向后工业社会的历史转型,在全球范围内的经济、政治、社会以及人的心理等等各个方面,都造成了结构性失衡,而且这种失衡变得越来越严重,经常性地以危机事件的形态出现。甚至有一些学者断言,当今世界已经进入了一个全球性的"风险社会"。[①] 其实,在一切社会风险之中,一个国家内部以及国际间的不公平问题是最为严重

---

① [德]乌尔里希·贝克:《世界风险社会》,南京:南京大学出版社,2004。

的,在一定程度上,可以说,各种各样的社会冲突,都是由于不公平的问题所引发的。当然,如上所说,世界范围的普遍性的经济、社会结构性失衡所意味着的是,人类社会处在一场全面的结构性变革时期,说明人类在工业化、城市化过程中所造就的工业社会已经走到了自己的顶点,开始走向后工业社会,那些为了适应工业社会的要求而建立起来的制度体系和行为规范体系,都很难再在新的历史条件下发挥平衡社会的稳定器作用了,需要有一种新型的制度体系和行为规范体系出现,以适应后工业社会的发展需要。同样,也需要在一个新的起点上来重建社会公平。

三、发现"德制"建设的机遇

面对当前中国社会所存在的社会公平问题,人们更多地从操作层面上思考。梳理近些年来关于社会公平问题的论述,我们发现,大都是从效率与公平的矛盾入手而对政府行为以及公共政策导向提出建言的。实际上,我们所面对的社会公平问题是在双重历史转型和全球性社会结构失衡中产生的,对于这样一种世界性的结构失衡问题,如果仅仅在操作层面上来寻求解决方案,肯定是无济于事的,只有谋求根本性的制度变革,才是解决问题的根本出路。

就人类的制度发展史而言,在农业社会,人类建立起来的是一种权力的制度,可以简称为"权制",是一种作为"权制"的制度和行为规范体系。大致在13、14世纪,由于城市化、工业化,特别是人口的迁徙,削弱了权力的控制力,代之以契约原则调节人们的行为,到了15、16世纪,契约原则几乎成为一种普遍的行为原则和规范体系,再到了17、18世纪,由于启蒙运动的贡献,规范人们行为的契约原则被确立为法的精神,根据法的精神,人类开始致力于法律制度的建设,建立起了法制。也就是说,从农业社会向工业社会的转变,在制度上是法制取代"权制"的过程。现在,经济、政治、社会以及心理文化等无处不在的结构性失衡,也提出了制度变革的要求,即要求我们创建一种全新的制度来解决我们今天所遇到的一切根本性的问题。这种全新的制度体系和行为规范体系应当属于道德的,我们需要建立起一种道德的制度,它可以被简称为"德制"。

在法的精神实现了对人类社会全面支配的今天,提出德制的构想似乎是非常荒诞的。因为,人们习惯于把道德的因素看作为一种补充性的调节因素,认为它只能在法制之外对社会生活起到调节作用,而且这种调节作用也往往被看作是非常不可靠的,是不具有可操作性的。但是,我们可以想象,在500年前,在整个社会处于等级结构的条件下,提出以自由、平等为基本内容的法制构想不也同样显得非常荒唐吗?我们相信,500年前的道学家们,是无法设想法制是一种什么样的制度和行为规范体系的。然而,在500年前看来不可能的法律制度,在今天是一个普遍的现实,甚至法制已经被神圣化到了"拜物教"的程度。同样,在今天看起来不可想象的德制构想,也必将在不久的未来得到实现。只要我们正视社会结构变革的现实,认真地研究后工业社会的特征和需求,就能够发现从法制走向德制的可能性。如果说在农业社会,为了适应"权制"建设的需要而出现了古希腊和中国先秦这样一场农业社会的启蒙运动;在18世纪,为了适应工业社会法制的要求而出现了另一场启蒙运动,那么,在今天,为了解决走向后工业社会的过程中所出现的各种各样的结构失衡和社会公平问题,为了寻求当前一切结构性失衡和社会公平问题的根本性解决方案,我们提出德制建设的构想。这一构想如果能够成为转化为现实,也同样需要一场伟大的启蒙运动为其开辟道路。也就是说,我们现在所面临的是一场历史性的机遇,我们不能仅仅停留在操作性的层面上谋求当前问题的解决方案,我们需要致力于一场伟大的启蒙运动,即投身到一场新的人类启蒙运动之中去。通过一场新的启蒙运动,去作出德制的设计和安排,从而解决工业社会所带来的一切问题,特别是保证从工业社会向后工业社会的历史转型顺利完成。

研究经济、社会发展中的结构失衡及其社会公平问题,我们可以作出一个总的判断:一切结构失衡和社会公平问题的出现,都是与特定的社会治理体系联系在一起的。从理论上讲,经济社会的自然发展状态是不存在突出的结构失衡和社会公平问题的。同样,在人类历史的演进过中,较早时期的人类社会,较少社会结构失衡和社会公平的问题,然而,越是到了晚近的历史阶段,社会结构失衡和社会公平问题也就越突出。我们可以想象,在人类还处于一种自然状态的时候,如果说也有所谓经济生活的话,那么它的经济生活就不存在结构失衡的问题;如果说它也有社会生活的话,那么它的社会生活中是无所谓社会公平的问题的。只有当人类社会出现了治理者以及治理行为体系的时候,特别是有了制度和系统的规范体系结构的时候,才可能出现所谓结构失衡的问题,才会因为治理的是否公正而引发的社会是否公平的问题。当一个社会的经济、文化、政治等各个方面的结构比较简单的时候,结构失衡的问题往往是阶段性的和爆发性的,而不是日常性的;社会公平问题也仅仅反映在物质存在的层面上。也就是说,在社会结构比较简单的情况下,社会往往是过一个阶段才出现一次结构失衡。一旦出现了结构失衡和社会公平的问题,特别是表现为社会无法承受的社会公平问题时,就会迅速演化成"改朝换代"的因素。

随着社会的发展,到了近代社会,社会生活的一切领域都进入了结构复杂化的进程,经济、政治、文化等各个领域中的结构都变得越来越复杂。具有复杂性的结构体系是比较稳定的体系,一般说来,不会因结构失衡问题的存在而造成体系的瓦解。但是,社会却必须为任何领域、任何形式的经常性结构失衡付出代价,有的时候,代价可能是极其惨重的。特别是结构失衡所导致的社会公平问题,往往会演化成政治的和政府的合法性危机。所以,我们越来越关注经济社会发展过程中的结构失衡问题,而一切矫正结构失衡的方案又都必须依赖或者通过这个社会的治理体系才能发挥作用。这样一来,就自然而然地把我们逻辑地导向治理体系制度变革的方向。

也就是说,当一个社会处于平稳发展的阶段,经济社会发展中的结构失衡往往是由于治理不足或治理不当造成的。这个时候,需要着重于技术性的研究,提出改善社会治理的建议和方案。但是,当社会处于一个急剧的历史性转型时期,仅仅谋求技术性的解决方案,已经无法从根本上解决经济、社会发展中的失衡问题了,这个时候,就只有寻求根本性的制度变革。我们当前正处在这样一个历史性的社会转型时期,需要寻求制度变革的出路,而德制建设的目标,就可能是一个理想的选择。

四、在"德制"安排中实现社会公平

如前所述,我们今天所遇到的经济、社会发展中的结构性失衡及其社会公平问题,不是一般性的失衡和常态性的社会公平问题,对于这种状态,需要从工业社会向后工业社会转型的背景中来加以认识。所以,解决这些问题,是不能够在工业社会的框架下进行的,需要进行制度创新,需要着眼于未来,即从后工业社会的角度进行制度创新,努力去建立适应后工业社会要求的制度和行为规范体系,即建立一种全新的德制体系,并通过德制建设而把工业社会的所有问题一劳永逸地放入历史教科书中去。

德制是一种既区别于农业社会的权力制度(权制)又不同于工业社会法律制度(法制)的道德制度,它在管理关系中的表现就是:改变了以往管理关系中的那种控制与被控制的关系。权制条件下的管理是直接以权力为根据而实现的管理控制,在管理方式、方法上往往需要有较强的技巧性,权术和权谋是这种管理的必要手段。当然,权制条件下的管理人格也会在一定程度上发挥着重要作用,但是,这种管理人格的制度保障却是极其脆弱的。所以,在一切必要的时候,总是权力的强制力出来解决问题。法制条件下的管理总是不懈地追求制度设计的科学性和合理性,对于任何问题的解决,都寄希望于管理制度的完善。所以,对任何具有一定程度普遍性的问题,都是通过制定规章和完善制度的方式来加以解决。德制不是一种控制定位的管理,而是一种服务定位的管理,对于管理主体来说,权力因素和法律因素虽然在一定程度上是必要的,但更为重要的因素是如何发挥主观能动性来有效地进行服务。因而,管理主体的服务精神会作为管理活动的主观支持力量。在某种意义上,可以说德制建设是服务精神物化的过程,反过来,德制又为服务精神稳固地发挥作用提供了客观保障。正是有了德制,管理者才能够在管理活动中始终不渝地贯彻服务精神,他自身才会在自我完善中为服务精神所同化。才能自觉、主动和积极地去发现一切可能导致社会公平问题的因素,并前瞻性地消除之。

从历史发展的客观必然性来看,从权制向法制的历史性转变在人的社会角色上体现为"从身份到契约"的转变,人的身份关系所包含的社会差序格局为契约关系的平等自主所取代。但是,身份关系与契约关系都属于人的外在性关系。人与人的关系只要是外在于人的,就必然是矛盾和冲突的渊薮。就人追求类的和谐的本性而言,是不会满足于人的契约关系所代表的历史形态的,人类必然会要求在人与人之间建立起一种更加文明的内在于人的关系,这种关系在今天所展示出的征候已经能够证明,它是一种合作关系。由此可见,三种历史性的社会关系所支持的是三种不同的制度,身份关系与权制相伴随;契约关系是与法制相对应的,而合作关系则是德制的基础并在德制的支持下得以健全。

我们知道,人们之间的契约关系包含着的是平等、自由和自主的内涵,而契约关系被确立起来也正是为了人们之间的合作。但是,以契约关系为基础的合作是次一级的合作关系,在其真实意义上,它只是合作的一种低级形态,可以被准确地表述为"协作",因而不是本原意义上的合作关系模式。在整个近代社会的普遍性的社会分工体系中,人们常常谈论的合作,其真实所指就是协作。或者说,近代社会是一个"分工—协作"的体系,在分工与协作之间,竞争是综合二者的"中介"。所以,它只是合作的一种极其低级的形态。能够代表一种新的历史形态的合作关系是本原意义上的合作关系模式。在这种合作关系中,会存在着契约,但这时的契约是作为合作关系的保障而存在的,人与人之间的契约关系是次一级的关系,是由合作关系所派生的。虽然区别仅在于是契约关系派生了合作关系还是合作关系派生了契约关系这一点上,但在历史的纵向坐标上,却是两种不同历史形态的代表。在这两种不同的历史形态之间所实现的转变,是可以简单地概括为"从契约到合作"的转变。

与这种转变相适应,在社会治理问题上是以德制的确立为标志的。在德制的制度框架下进行的社会治理也就意味着:首先,以制度道德化为起点,然后,通过治理者及其行为的道德化影响整个治理体系中的全部成员,实现一切人的道德化。在这里,作为起点的制度道德化是关键,是整个社会治理体系道德化能够稳定地持续地发展的前提。所以,制度的道德化是服务型社会治理模式的前提,而不是一个终极的目标。在制度道德化的同时,还需要把这一道德化的过程进一步地向前推进,使其延展到个体的层面,实现这种社会治理体系中的社会成员道德意识的普遍生成,使他们的行为合乎道德标准,满足于伦理关系健全的要求。而健全的伦理关系恰恰是社会公平的充分实现。

工业社会是一个竞争体系,在竞争的过程中,人们自然的和社会的差异必然会导致社会公平的问题。然而,后工业社会则是一个合作体系,人们之间的合作是共在、共赢的,是共同利益的促进和增长。所以,不仅不会导致损益背向的社会不公平结果。与工业社会相比,后工业社会实现了一个逻辑上的颠倒,也就是说,工业社会是通过竞争实现社会的合作,而后工业社会将是从合作出发而展开竞争。这一颠倒,对制度模式的要求则完全不同,从竞争出发而实现的合作,必然会在社会治理的问题上出现效率与公平目标追求上的分立,如果认真地思考,就会发现,工业社会中的一切结构性失衡和社会公平问题的出现,都根源于竞争的行为模式和制度设置,社会治理体系之所以不能解决结构性失衡和社会公平问题,是由于社会治理体系自身无法解决效率与公平的矛盾。后工业社会则不同,它从合作出发展开竞争,它的社会治理体系不再把效率与公平所为最高的目标追求,而是把服务作为最高的目标,服务是最高价值和原则,虽然服务中也必然包含着效率与公平的问题,但效率与公平在社会治理的目标体系中的位置开始边缘化,不会以社会公平的问题而出现。

所以,在构建和谐社会的目标追求中,在历史转型的背景下,解决社会公平问题的根本出路在于制度创新,在于作出科学的德制安排。

第五章　公共行政中的信任

在近代以来的社会治理体系中,是很难发现信任因素的,更不用说信任因素在社会治理过程中发挥什么样的作用了。然而,正在迅速生成的合作治理却需要得到信任的支持。信任是合作的前提,有信任才会有合作,公共行政在当前的迫切任务就是营建普遍的信任关系。其中,公务人员的诚信则是信任关系建构的首要路径。如果公务人员能够自觉地把诚信行为贯穿于生活之中,就能够在我们的社会中建立起信用体系,就能够获得玫中普遍性的信用秩序。进而,也就会最终走向德制框架下充分实现德治。

第一节　历史坐标中的信任

一、习俗型信任

人类历史可以被划分为不同的形态,从政治哲学的角度,往往划分为奴隶社会、封建社会、资本主义社会等;从经济学的角度,往往划分为农业社会、工业社会和后工业社会,然后,在此基础上会再做出一些具体的划分;从人类学的角度,又可以划分为熟人社会和陌生人社会……总之,不同的学科对历史都会拥有自己的认识和划分标准,而且,在考察不同的问题时,为了把握其历史特征,也会作出特定的历史划分。在对信任问题的研究中,我们根据农业社会、工业社会和后工业社会的基本历史形态以及熟人社会和陌生人社会的交往和人际历史形态,把信任区分为习俗型信任、契约型信任和合作型信任。在农业社会和熟人社会中,人们之间的信任基本上属于一种习俗型的信任,在工业社会和陌生人社会中,发展出了一种契约型信任,而在走向后工业社会这种新的陌生人社会的过程中,正在生成一种合作型信任。在今天,具有现实意义的信任关系建构活动就是积极地促进合作型信任的生成。然而,要自觉地建构合作型信任关系,又需要首先认识它。在历史的坐标中把它与习俗型信任和契约型信任加以比较,才可以确认它的基本特征。

信任是发生和存在于人际关系之中的,人际关系的形态决定了信任的状况。费孝通在其人类学研究中发现了"熟人社会"和"陌生人社会"这样一个解释框架,从而对于把握中国社会的特征做出了理论贡献。但是,费孝通先生主要是出于理解"乡土中国"的需要而提出这个解释框架的,至于这个解释框架的历史内涵,他并未加以揭示。其实,历史地看,熟人社会实际上是农业社会的人际关系形态,而陌生人社会则是工业社会的人际关系形态。把熟人社会和陌生人社会放在历史的坐标上,再来考察人们之间的信任关系,就很容易发现信任也是有着历史形态的。

农业社会是分散的、相对封闭的、局部性的熟人社会。在这个社会中,首先,人际关系在血缘和地缘的框架下基本上是一种自由的人际关系;其次,人际关系是发生在人口密度较小的条件下的,人们是因为人口密度较小而能够在一个较大的范围内相互熟知,这与工业社会中因为城市化而导致人口密度的增大所造成的陌生人状况完全相反;第三,人际关系也较为简单,爱、恨、情、仇都非常明朗。由于具有这三个方面的特征,我们倾向于把这种人际关系称作为"自由的稀薄人际关系"。

在熟人社会这个概念中,还包含着一层含义,那就是人们之间的关系是直接的,是不需要任何中介的。熟识是交往的前提,或因为交往而熟识,不相识就是没有交往。因此,熟人社会具有信息共享的优越性,由于人际关系无间隔、稀薄和简单,某些信息的传播会有着"长波"效应,能够以较小的失真度而迅速传遍生活圈子。但是,这种社会必然会由于某些文化和价值观念上的原因,也会由于认知水平、社会心理、情感等方面的原因,而趋向于对某些信息加以封存,往往只对那些普遍感兴趣的信息加以传播。所以,这又是一种部分信息共享的社会。而且,熟人社会中各种各样的非理性因素也不允许人们实现信息全面共享。

在"熟人社会",稀薄的人际关系对信任提出了非常迫切的需求,因而,我们在所有地区的农业社会阶段中,都可以看到其文化、思想以及宗教对"信"的强调。同时,稀薄人际关系作为一种较为简单的人际关系,是能够通过"熟人"的关系链而维护信任的。也就是说,在"熟人社会"中,"通过共同朋友和熟人的间接联系使行为更为公开化。这增强了信誉的重要性,使他我与自我更为谨慎地对待他们表现出来的合作形象,促进了自我与他我信任与合作的可能性。"[①]可见,尽管熟人社会仅仅是一个部分信息共享的社会,却存在着对信任的要求。因为,在人们之间,并不仅仅是在有了全面信息共享的条件下才会有信任。熟人社会中的信任关系表明,在只能达到部分信息共享的条件下,对信任的要求会更加强烈,而且,信任在凝聚共识、增强合作和动员共同行动时,会表现出更强大的力量。

但是,这种发生在熟人中的、满足于稀薄人际关系需求的信任,主要从属于习俗的规范和满足于习俗需要,在很大程度上是不具有直接的功利目的的。当然,我们在熟人社会中也可以发现大量事例来证明信任与"事功"活动联系在一起,其实,这只是表面现象,在其背后,我们发现这一时期的信任是与习俗一体化的。所以,是一种习俗型的信任。正如费孝通所说:"乡土社会里从熟悉得到信任。……乡土社会的信用并不是对契约的重视,而是发生于对一种行为的规矩熟悉到不假思索时的可靠

[①] [美]罗德里克·M. 克雷默,汤姆·R. 泰勒编:《组织中的信任》,92页,北京:中国城市出版社,2003。

性。"①因而,这种信任是直觉的、感性的和习俗性质的。信任是基于某种规矩,而这类规矩也是非成文的,甚至是说不清、道不明的,或者说,信任本身就是规矩,是熟人之间交往的规矩。

从公共领域、私人领域与日常生活领域分化了的历史背景来看,习俗型信任及其感性的合作关系和行为往往被误以为属于私人性质的事情。但是,在历史的坐标上,它们是发生在领域尚未分化的历史背景下的,所以,是无法用私人性的归类为其定位的。在公共领域、私人领域与日常生活领域分化了的条件下,习俗型信任及其感性的合作关系和行为也被继承了下来,而且,在相当长的历史时期内,都还存在并发挥着社会调节的功能。这时,它们是包含在日常生活领域中的,是作为日常生活领域的基本内容而存在的。虽然习俗型信任是日常生活领域的一个重要的构成因素,但是,它发挥作用的范围并不限于日常生活领域,由于每一个社会成员都在日常生活领域中成长起来,在他进入社会和开展各种各样的职业性的、社会性的活动的时候,也会在他的活动中展现出这种信任的价值。在今天,我们在许多社会生活领域中都可以看到习俗型信任发挥作用,而且,这种习俗型的信任与其他类型的信任之间也时常会发生冲突。

在习俗型信任与其他信任类型之间出现的冲突是一个常常令学者们感到困惑不解的问题,因而,在实践中,也缺乏自觉地加以处理的方法和途径,在更多的情况下,是对习俗型信任的压抑甚至冲击,现代社会的各种社会设置,大都无视习俗型信任的积极作用,更不用说去自觉地维护它了。也正是由于这种原因,在现实生活中,习俗型信任表现出逐渐衰减的趋势。总的说来,在农村,习俗型信任仍然坚守在人际关系之中;在城市里,这种信任关系则逐渐退缩到一些极其边缘性的社会群体及其生活中,主流社会群体中也会存在着一定程度的习俗型信任,但其发挥作用的途径和强度都是极其有限的。在较为宏观的视野中,在那些实现了

---

① 费孝通:《乡土中国;生育制度》,10 页,北京:北京大学出版社,1999。

工业化和现代化的国家或民族中,习俗型信任关系受到了极大的冲击,基本上被完全驱逐出到了主流社会生活之外,而在那些具有较强农业社会特征的后发展国家或民族中,习俗型信任在人际关系和社会整合中的作用依然是非常强大的。如果说一个社会中的"正式规则"不敌"潜规则"的话,就说明这个社会中的习俗型信任在发挥着巨大的作用,因为,在这个社会已经建立起正式规则体系的时候,习俗型信任所支持的是"潜规则"。所谓"潜规则"本来就是基于习俗型信任的规则体系,只不过是在工业化和现代化的过程中而被边缘化了。

二、契约型信任

与农业社会相比,工业社会是一个"陌生人社会"。因为,在工业化、城市化的过程中,由于人的流动迁徙,熟人社会的那种由于血缘和地缘关系而结成的社会群体走向瓦解,取而代之的是由于社会化生产过程而结成的社会群体,特别是在社会政治化的过程中,人们往往是因为特定的利益而结成短暂的群体。人们之间的交往关系主要是以物质的或成文的规则为中介而建立起来的。

工业社会的陌生人社会在交往关系上具有间断式的特征,因而,我们也把这个陌生人社会称作为"间断式陌生人社会"。在这个陌生人社会中,从一个平面上看,人与人之间的关系往往是通过某些中介环节而联系起来的,即使是有着血缘关系的人们,也会在他们之间楔入法律的、物质的等等各种因素,从而使直接的血缘关系因楔入了其他社会因素而变得陌生起来。在普遍的意义上,这个社会中的人是由无数有形的和无形的契约而联系起来的。这与农业社会的"熟人社会"有着显著的区别。因为,农业社会的人们之间,更多的是直接的联系,要么是有联系,要么是没有联系,很少需要通过某种中介因素而联系起来。在工业社会的这个陌生人社会中,人们本来都是一群陌生的人,由于借助于契约而联系了起来,成了"熟人";同样,本来是"熟人"的一群人,由于在他们之间出现了契约而成为"陌生人"了。就是在这个意义上,我们把这种形态称作为"间断式陌生人社会"。

如果动态地看,我们也同样可以发现这一陌生人社会的间断式特征。我们知道,在熟人社会中,每一个人都是固定在社会的特定原点上的,熟人就是熟人,陌生人也就是陌生人,交往关系存在于熟人之间而不会发生在陌生人之间。即使陌生人之间偶尔出现了交往行为,人们也会按照熟人之间的交往规则进行交往,结果,使陌生人变成了熟人,并且是恒久的熟人。但是,在工业社会中,由于人的迁徙和流动,交往关系不仅发生在陌生人之间,而且在多数情况下,是发生在陌生人之间的。既是陌生人,又要交往,因而也就在熟人和陌生人两可之间了。而且,此时此刻是陌生人,彼时彼刻又会成为"熟人";此时此刻是"熟人",彼时彼刻又会陌生化。熟人和陌生人都不是连续的和持久的,而是临时的和间断的

如果说这个社会在交往关系上属于一种间断式陌生人社会的话,那么在人际关系上则具有"格式化"的特征。由于人们之间是一种既发生联系又陌生的关系,因而不再像熟人圈子中那样拥有自由;由于人们不是因为天然的需求而聚居在一起,而是因为生产和生活的社会压力而居住在一起,而且聚居的密度极大,所以,他们之间心理排斥的力量远远大于心理吸引的力量,他们更多地倾向于把一切人视为陌生人。这样一来,他们处于任何一种社会群体之中而建立起来的人际关系,都需要通过成文的规则来加以确定。正如每一个人都是复杂的个体一样,人们之间的人际关系也是具有复杂内涵的。但是,一旦人际关系从属于成文的规则,就变得片面和抽象了。因为,无论成文的规则在体系上是多么细致和复杂,也不会涵盖人际关系的全部。所以,这种人际关系是被成文规则格式化了的人际关系。反过来,这种"格式化人际关系"也完全是通过成文的规则体系和形式化的制度结构来加以调整的。

"间断式陌生人社会"及其"格式化人际关系"意味着人们是通过有限的形式化通道而进行交往的,他们相互之间有着明确的人际关系界线,人们倾向于保留自己的隐私也尊重他人的隐私。在公共生活中,某些信息有着稳定的正式通道加以传播;在私人生活领域,许多信息是不允许

传播的，即使加以传播，也是没有受众的。所以，这个社会也是部分信息共享的社会，从而对人们交往关系的健全造成阻碍。在一定程度上，熟人社会中的信息共享使人们有着相互信任的要求，而陌生人社会中的部分信息共享则使人们相互猜疑。

毫无疑问，陌生人社会中是缺乏信任的，可是，没有信任，交往就会是非常危险的活动。我们可以想象，当一个受到熟人社会习俗熏染的人进入陌生人社会的交往关系中时，如果带着他已有的非常感性的习俗型信任参与交往活动，肯定是一个寻求灾难的行动。在一切国家、一切地区，我们都看到，在工业化的初期阶段，农民是最容易上当受骗的群体，原因就在于：农民持有的是熟人社会中固有的习俗型信任，而行骗者恰恰是利用了这种信任。或者说，行骗者运用了陌生人交往的经验而在缺乏陌生人交往规则的地方来进行交往活动，并从中受益。这是不是说，在陌生人的交往关系中根本不存在信任的问题呢？不是！在陌生人社会，一切交往活动在原则上也都需要得到信任的支持，只不过这种信任在表现形式上是根本不同于熟人社会中的那种习俗型信任的。就间断式陌生人社会交往而言，用一种契约型信任取代了习俗型信任。

在此，契约具有二重性：一方面，契约本身就是不信任的结果，也是不信任的标志。因为，如果人们之间相互信任的话，是不需要契约的，只有在不信任的时候，才会有契约。陌生人的交往，在初始的时候，的确是没有信任的，而且轻信也是很危险的。所以，利用契约这种形式，是比较明智的选择。这样一来，我们就看到了契约的另一方面，那就是契约可以使相互不信任的陌生人交往，使他们通过契约而相互信任。尽管在直接的意义上，他们是信任契约以及信任支持契约的制度，只是在间接的意义上才是他们相互之间的信任，但是，就他们的交往来说，信任依然是一项必要条件。由此看来，间断式陌生人社会中的信任是由契约造就的和通过契约来加以维护和维持的。所以，我们把这种信任称作为契约型信任。

契约型信任具有非人格化的特征，虽然它也被看作是一种信任关系，但是,它抽象掉了人的非理性存在的方面,而且恰恰是出于防范人的非理性因素的需要。因为,在这个社会中,人的非理性因素往往会引发与理性规则体系相冲突的行为。所以,契约型信任又是一种积极的不信任。实际上,契约型信任的价值也正在于它是一种积极的不信任。消极的不信任促使人们拒绝采取共同行动。然而,在工业社会,社会化的生产和生活迫使人们必须采取共同行动。这时,消极的不信任就无法满足社会化的生产和生活的要求,人们必须在不信任的情况下采取共同行动,因而,就出现了契约型信任这种积极的不信任形式。

由于契约型信任在本质上是对契约以及维护契约的规则的信任,所以,这种信任具有匿名的性质。本来,信任是发生在人与人之间的,是人际关系的一种形态,人们之间需要相互了解才会相互信任。然而,契约型信任则把人掩藏在契约以及维护契约的规则背后。甲与乙因为签订契约而被联系在一起,但是,甲并不需要充分了解乙,甚至他们的姓名也仅仅是一种标记,是作为契约的要件以及在契约受到破坏时追究违约责任的需要而不得不被使用的标记。

契约型信任具有工具性的特征,因为它是可计算的。这是它与习俗型信任最根本的区别。习俗型信任的感性特征决定了它是不可计算的,属于一种不可计算性的信任。也就是说,习俗型信任是基于情感的,是发生在熟人社会中的,因而,从这种信任中是不可能发展出行为选择的策略的。契约型信任是基于理性的,是从属于利益谋划和发生在陌生人社会中的,所以,是可以被作为一种工具而加以利用的。就此而言,契约型信任必然会发展出人的行为选择策略。然而,信任一旦成为一种策略,也就失去了信任所应有的性质,转化成制造不信任的因素,即使作为策略的信任能够赢得一时的信任,也是属于不诚实的表现,一旦这种信任的策略性动机被识破,就会立即陷入破坏性的信任危机状态。正是由于这个原因,我们在工业社会的社会治理实践中,经常可以看到所谓"信任危机"的感叹。

需要指出,在工业社会,契约型信任虽然也会侵入家庭、亲戚和邻里之中，但在这个交往范围中，习俗型信任依然处于主导地位，或者说，这个交往范围是习俗型信任的保留地。因此，我们在工业社会能够看到信任关系表现出复杂的状况：一方面，在社会层面上，是契约型信任在护卫着人们之间的交往，使人们结成共同体和采取共同行动；另一方面，在家庭、亲戚和邻里之间，习俗型信任依然在发挥作用。

三、合作型信任

在后工业社会，我们面对的同样是一个陌生人社会，但这一陌生人社会在根本性质上不同于工业社会中的那种间断式陌生人社会，而是一种网络式的陌生人社会。

在网络式陌生人社会中，交往关系中的中介因素依然会发挥作用，但直接的多向度交往越来越频繁，那些使人成为陌生人的因素开始从发挥使人分离的作用而转向发挥使人连结起来的作用。从根本上看，陌生人之间的网络结构告别了交往主体间的单向联系，代之以主体间的多向联系。如果加以必要的制度安排，不仅交往主体获取交往活动必要信息的成本会大大下降，而且交往风险也会最小化，即使出现了交往风险，预警及其补救也都是非常容易的。因为，网络结构是一种立体结构，它在每一个层面上都会表现出网络关系的特征，或者说，网络关系是由多种关系构成的网络整体，是一种复合性的关系模式。对于这种网络关系来说，"关系网络中的他人能够在另一种关系中发挥直接作用。如果信任构成网络联系的基础，那么成员就会发挥作用维持他们的和其他成员的关系。当事人会选择去惩罚那些不值得信任的行为。"[1]

在人际关系方面，后工业社会也与以往各个历史阶段有着根本性的不同，或者说，网络式陌生人社会在人际关系上的表现是"自由的稠密人际关系"。因为，后工业社会为人际关系的性质提供了彻底改变的条件，

---

[1] [美]罗德里克·M. 克雷默，汤姆·R. 泰勒编：《组织中的信任》，195页，北京：中国城市出版社，2003。

其中,最为重要的就是知识与认同。"随着知识与认同的增进,当事人之间不仅相互了解及认同,而且逐渐清楚他们为了维系他们的信任应该做些什么。"①应当承认,人们一直向往一种和谐的人际关系。但是,在迄今为止的整个人类历史上,除了在极小的范围或围绕着一个明确的具体目标或在极短暂的时间段中,和谐的人际关系才能够被人们感受到,就社会整体而言,它从来也没有成为合唱的舞台。也就是说,以往每一个历史阶段都没有把有着不同嗓音的人结合在一起唱出一支和谐的歌曲,其原因就在于人际关系从来也没有被网络结构融合到一起。

如上所说,农业社会的人际关系基本上属于一种稀薄的人际关系,工业社会的人际关系是格式化的人际关系,而后工业社会的人际关系则是稠密的人际关系。而且,这种人际关系冲破了格式化的状态,是一种重归自由的人际关系。就这种人际关系是自由的而言,使人们在交往活动中的行为选择机会和选择能力都得到了提升。在格式化的人际关系中,人们之间的交往通道和交往方式都是固定的、程式化的,这不仅限制了人们的交往空间,而且,也使人丧失了选择能力。自由的人际关系则可以使人在全方位的交往空间中作出行为选择。就这种人际关系是稠密的而言,促使人们必须以开放的心态面对他人,必须在与他人的交往中共存,如果封闭自己的话,甚至连生存下去的可能性也没有。这样一来,只有人与人的合作,才是惟一的出路。

如果不是从社会的统治和压迫结构上看,而是从个体的人的角度看,农业社会中的人际关系也在很大程度上表现为自由的,但它是自由的稀薄人际关系。所以,同样是自由的人际关系,后工业社会中的自由的稠密人际关系与农业社会中的自由稀薄人际关系在调整方式上会有很大不同。关于自由的稠密人际关系的调整,需要考虑到这种人际关系的网络结构,因为,这种网络结构在自由的稀薄人际关系中是不存在的,这是

---

① [美]罗德里克·M.克雷默,汤姆·R.泰勒编:《组织中的信任》,161页,北京:中国城市出版社,2003。

自由的稠密人际关系中的独有特征。所以,关于后工业社会人际关系的调整需要基于自由稠密人际关系的网络结构特征进行,是服务于促进这种关系良性互动的目标的。也就是说,需要防止和杜绝一切可能导向恶性互动的因素。实际上,决定网络结构中的人际关系能否走向良性互动的因素就是信任,信任与不信任是人际关系走向两极的分野处。因而,关于人际关系的社会调整途径就是如何促进信任机制的形成。

可见,从人际关系的角度看,后工业社会及其网络结构决定了它既是合作的又是信任的。网络化的陌生人社会即不能通过朋友和熟人来维护信誉和获得信任和合作的保证,也不能通过成文的规则体系和形式化的制度结构来加以调整。其实,成文的规则体系和形式化的制度结构在调整自由的稠密人际关系方面显得非常不适应和无能为力。因此,在后工业社会,需要基于信息技术等新的科学技术条件,设计出保证行为公开化的社会运行机制。通过这种机制而对人的信誉进行评估,甚至进行定量分析,形成一系列关于每一行为主体的信誉数据和信息资料,以方便于进入合作关系中的"陌生人",让它们作为合作行为选择依据的参数。

其实,在网络结构中,每一行为主体都会与其他行为主体建立起全方位的交往关系,这种交往关系不是发生在两个或三个行为主体之间的,而是发生在众多行为主体之间的。我们知道,当两个行为主体在进行交往的时候,这种交往活动是否影响到第三者、第四者,是可以预知的。然而,在网络结构中,每一个行为主体作为网络中的一个节点,都与其他节点处于总体互动之中,每一行为主体对其他行为主体的影响都具有不可测定性。为了使这种不可测定性降到最低程度,交往关系系统中就必须有着充分的信息共享。所以,后工业社会的陌生人社会与以往不同,它不再是一个部分信息共享的社会,而是一个充分信息共享的社会。

网络结构已经打破了信息来源途径的单一化,它提供了无限的信息传播途径。处于网络结构中的每一行为主体所面对的都是一个整体的网络,而不是他挑选出来的个别的对象。所以,他的一切方面都会在网络结构中暴露无遗。也就是说,在以往的一切历史阶段中,信息都是有边界的,而网络结构则打破了信息的边界,使交往行为系统成为一个无边界的信息系统。信息充分共享的直接效应就是信任关系的出现和合作行为的普遍化。可以说,并不是人们进入后工业社会后都一下子变得相互信任和愿意合作了,而是因为,到了后工业社会,人们处于网络结构中了,尽管他们还是陌生人,但网络结构决定了他们必须相互信任和合作,而且也能够相互了解、相互信任和相互合作。因此,我们说,正是稠密人际关系中的网络结构,决定了人们之间的交往关系是信任的和合作的关系。

实际上,网络式陌生人社会的网络结构提供了这样一种可能,那就是以制度化的方式把熟人社会中传播信息的路径确定下来。从而使人的信誉能够公示在一切合作行为主体面前。虽然他们是陌生人,但他们可以在需要相互了解的方面和时候实现相互了解,而且可以达到"熟人社会"中无法达到的理性化的了解。所以,后工业社会将是一个全面信息共享的社会,一切对人们交往关系有价值的信息,都被要求共享。而且,稠密人际关系及其网络结构也决定了这个社会必须实现全面信息共享,如果制度和法律阻止这种全面信息共享的话,就会失去合法性。

总之,合作是交往行为和交往关系的正向价值得到充分实现的过程,是人们之间的信任充分发挥作用的过程,而且,合作从根本上改变了陌生人的性质,把相互利用、互为自我利益实现工具的陌生人改造为通过合作互惠互利的陌生人。合作是与信任联系在一起的,而且合作又是促进信任和增强信任的基本途径。这样一来,我们在后工业社会中又看到了一种全新的信任类型,即合作型信任。

与契约型信任不同,合作型信任不是从属于工具理性的,而是从属于实质理性的,不仅如此,合作型信任的实质理性特征还包含着情感的因素。一方面,合作型信任受客观的社会网络结构所决定,反映了社会网络结构的客观要求;另一方面,合作型的信任也同时满足信任主体的情感需求,无论是在个体还是群体那里,都是这样。所以说,合作型信任是理性与情感的统一,基于合作型信任的合作行为也同时满足这两个方面的需求。

四、基于信任的合作

近些年来,在媒体上,甚至学术作品中,我们都可以常常看到所谓"信息社会"、"知识经济社会"、"学习型社会"等等多种多样为当今社会命名的做法,这些都表明,我们正在走进一个新型的社会,这个社会总的轮廓就是走出工业社会,即走向后工业社会。在此前提下,我们也进一步把它描述成一个合作的社会。在走向合作社会的过程中,如何理解合作的根据,就是我们首先要做的工作,对信任问题的历史考察,也正是出于这个目的。当前,中国社会正处在工业化和后工业化两步并作一步走的历史阶段,一切宏观的社会问题的探讨,都需要基于这个现实。我们对信任与合作问题的探讨,对于理解中国社会双重转型时期中的许多问题都是具有现实意义的。

后工业社会是一个合作的社会,在合作社会中,信任成了物质资源、知识资源等等传统资源库中的一种新的资源。尽管在人类社会的每一个历史阶段中,人们之间的信任都是重要的关系变量,对人们之间的关系起着重要的调节作用。无论是基于情感、心理和习俗的习俗型信任,还是具有工具性特征的契约型信任,都对人们之间的关系起着调节作用。但是,人们一直没有把信任当作一种资源来加以认识,缺乏对信任资源的理论研究,更不存在对信任资源的社会开发和利用。虽然近些年来,在西方国家的学术文献中出现了"社会资本"这样一个概念,其中,是把信任作为社会资本的一个要素来加以研究的。但是,我们知道,资本虽然可以增殖,却不属于能够开发的范畴,只有资源才是需要加以开发的。因此,我们认为,把信任作为一种社会资本来加以认识,只会造成误导。只有把信任作为一种资源,才能导向正确的开发和利用的道路。因此,在合作社会中,需要把信任作为一种资源来加以认识、开发和利用。

在走向后工业社会的过程中,人们之间交往关系的"多向度性"迅速增强,以往那种局域性的小范围的交往,越来越为无边界交往所取代。在这种情况下,农业社会的那种熟人圈子内的交往和工业社会中的由组织结构和行动目标确定边界的交往,都已经成为历史。同时,新的交往关系既无边界也不在固定的交往行为主体间发生。因而,农业社会的那种习俗规则和工业社会中的那种契约规则都无法起到规约的作用。在个体的视角中,新的交往关系需要借助于交往主体的合作信誉而得到扩展。而在社会的整体视角中,所需要的则是对交往主体的合作信誉作出记录,以便这种信誉可以很方便地为进入特定交往过程中的人获得,这在促进合作关系方面,可能比规则所发挥的作用更大。

其实,当人们的交往关系在很大程度上还是社会生活中的"自然状态"时,"在寻求关于他我的信息上,自我求助于对他我有了解的受人信任的交往者,而且,这些交往者通过与自我共享所有的一切信息来维持与自我的合作关系。可能了解他我的经历并讲给自我的人们与他我自我都有很强的联系。所以,自我与他我通过共同的朋友与熟人的间接联系越强,他们听到的关于对方交往的经历就越多。"[1]然而,在合作的社会中,这种"自然状态"需要社会化,而且,在这一"自然状态"的社会化中,必然包含着无限的管理潜力。也就是说,通过把这种"自然状态"社会化,可以创造出调整合作关系、规范合作行为的管理方式。

信任是合作的前提和基础,但是,基于不同信任类型的合作却有着根本不同的性质和表现。

基于习俗型信任的合作是极其脆弱的。因为,一旦合作的一方做出失信的行为,合作行动中的另一方就会产生被背叛的感觉,信任关系也就随之解体,合作也就走向了对立面。由于习俗型信任具有浓重的感性特征,因而,基于这种信任的合作也具有强烈的情感色彩和出于情感需要,属于满足情感需要或使情感物化的合作。

---

[1] [美]罗德里克·M. 克雷默,汤姆·R. 泰勒编:《组织中的信任》,91页,北京:中国城市出版社,2003。

从社会学的角度看，竞争、理性和契约是工业社会的三大基本特征。竞争与感性的合作是不相容的，但是，竞争并不会成为一种同一切形式的合作都相互排斥的磁极，相反，竞争恰恰需要得到契约型信任及其理性合作的支持。虽然在现实的社会特别是经济运行中，人们更多地谋求协作对竞争的支持，如果协作能被提升到理性合作的水平的话，那么竞争也就会实现高度优化，而且在优化自身的同时优化一切社会行为和机制。因此，关于近代以来的社会，博弈论并不是惟一的解释框架。近代社会还有另一方面，即拥有信任和合作，不过，它所拥有的信任是一种不同于农业社会普遍存在的习俗型信任，而是一种契约型信任；它所拥有的合作也是不同于农业社会中常见的以互助的形式出现的感性的合作，而是以协作的形式出现的理性的合作。

契约型信任完全摒除了情感需要，因而，基于契约型信任的合作也是服务于利益实现的目的的。在契约关系确立的时候，人们就已经反复地做出了衡量，理性地计算出了利益实现的可能性。也就是说，由于契约是服务于人的利益谋划的，以契约为保障的信任关系也仅仅是工具理性的体现，所导致的也只能是工具性的合作行为。

基于契约型信任的工具性合作能否存续，主要取决于维护契约关系的规则体系，如果这个规则体系是健全的，契约关系就能转化为工具性合作行为；如果规则体系不够完善，就会出现大量机会主义行为，就会有人在合作问题上投机。也就是说，当合作仅仅被看作是利益实现的工具的时候，这个工具的有用性肯定是因时、因地、因事而异的。在一些情况下，合作是有效的利益实现途径；而在另一些情况下，合作甚至可能会成为限制利益直接实现的方式。所以，只有通过健全的规则体系来维护契约关系，才能保证人们追求利益实现的行为不越出合作的轨道，一旦规则体系中存在着缝隙，以追求利益实现为目的的行为就会用投机行为来取代合作行为，甚至会出现有意识的破坏合作行为赖以产生的基础和条件的问题。

在历史背景中看，习俗型信任发生的历史背景是社会的等级化、身份制度决定了人们需要借助于这种信任而融入到身份群体之中,没有这种信任,就会受到他所在的身份群体的排斥,从而被推向他所在的身份群体的边缘。契约型信任是发生在自由、平等的观念已经深入人心的条件下的,这时,等级化的身份实质内容丧失了,人们的交往关系仅仅在形式的层面上展开,主要依据形式上的自由、平等原则来确立信任关系和开展合作,因而不需要考虑身份方面的问题,只需要关注利益实现的情况。所以,是否忠于信任关系,是否忠实地开展合作活动,完全取决于对利益实现可能性的算计。合作型信任发生的历史背景是自由、平等的社会关系获得实质性内容的时代,虽然出于利益实现需求的工具理性依然会在社会关系的整合中发挥作用,但利益追求的动机开始在直接关注社会关系和交往关系健全的需求中呈现弱化的趋势。这时,社会关系和交往关系的健全,只能寄托于那种基于实质理性的制度安排。在这种条件下,信任和合作就成了其主体能否获得实质性自由、平等的途径。同时,信任和合作也是其主体存在合理性以及价值实现的证明。

总之,在习俗型信任的基础上产生了非理性的合作,这种合作既可能是有益于社会或群体生活和交往秩序的,也可能是有害于社会的。契约型信任所导致的是理性的合作,但这种合作带有谋算的性质,是工具性的,对于社会整体而言,它不仅不会生成合作秩序,反而必须通过努力强化契约规则体系来守望这种合作。只有当信任与合作完全一体化的时候,即当合作型信任关系出现了的时候,人类才真正进入一个普遍合作的社会,人们之间的合作才不只是工具和手段,而是稳定的社会关系。

第二节 历史脉动中的合作与信任

一、合作与信任受到普遍关注

我们的时代是一个变革的时代,人类处在一个转折点上,虽然摆在我们面前的是政治、经济、文化、科学技术等各个领域中异彩纷呈的现象,然而，在其背后，是一场深刻的社会变革。历史变革向我们提出的一个迫切任务就是，去为后工业社会寻找制度设计和生活方式建构的基点。关于合作和信任问题的探讨，就是从属于这一目的的。如果我们进行文献检索的话，就会发现，"合作"和"信任"两个词语在使用频率上呈现迅速增长的趋势，无论是在关于公共领域的人文社会科学思索中，还是在关于私人领域的各种具体问题的研究中，学者们都对合作和信任的问题给予了超常的关注。可以说，在人类历史上，人们从来也没有像今天这样更乐意于谈论合作和信任的问题。根据这种情况，我们可以做出一个判断：要不了多久，合作和信任的问题将会成为整个人文社会科学研究的最重要主题之一。之所以作出这一判断，是基于以下几种理由：

其一，关于合作和信任的思考，是对近代工业社会的精神反叛。近代社会是一个以个体利益取向的竞争的社会，这个社会把人们型塑成一个个孤立的原子，使整个社会沉浸在孤独无助、以邻为壑的氛围中，特别是制度、生活方式和行为模式的形式化，造成了人的异化和主体性的丧失，而且，这种状况已经发展到无以复加的地步。为了走出这种状态，学者们希望在对合作和信任的探讨中找寻出路。

其二，社会的发展存在着复杂性迅速增长的趋势，它迫使人们必须以合作和信任来应对社会的复杂性。虽然在近代社会的早期，一些思想家根据阶级关系的状况而预言说社会将变得越来越简单化，事实上，社会发展却呈现了相反的趋势，人类前行的每一步都意味着社会变得更加复杂了，特别是近几十年来，社会复杂性增长的速度变得越来越快，已经到了现有的社会结构、制度模式和生活方式无法包容和应对的地步。在这种情况下，必须寻找重建社会行为模式和社会关系的基点。因而，对合作和信任的关注就包含了这样的期望。

其三，全球化提出了合作和信任的迫切要求。20世纪后期以来的全球化浪潮向我们展示的是一幅全新的图景，这是人类历史上空前的壮举，不仅是因为人类历史上从来没有过这样一场把全球变成一个整体的社会运动，而且是因为它的实现方式是从来也没有过的。在历史上，不同地区的一体化进程要么是通过武力征服,要么是通过经济侵略和文化殖民,而在全球化运动中,虽然也存在着旧思维主导下的一些传统做法,但总体趋势是一个全球融合的过程。因而,在这场运动中,对合作和信任有着更高和更迫切的需求。

其四,科学技术的发展,特别是信息技术的发展,为人们之间更大范围的合作和信任提供了可能。人们之间的合作与信任需要以信息共享为前提,也就是说,人们只有相互了解,才会相互合作和互相信任,信息技术的发展打破了以往各种各样限制人们相互了解的物质的和地域的障碍,使人们实现信息共享变得容易了起来。因而,人们也就会更乐意于合作和信任。

总之,历史的发展向学术研究和理论建构提出了新的任务,需要学者们把注意力放在对人类合作和信任的可能性和可行性研究上来,需要根据合作和信任理念去重新设计制度、生活方式和行为模式。如果说近代以来的社会是建立在"人性幽暗"和原子化个体利益追求的前提下的话,那么,在今天,思考重建社会的方案时,则需要将其奠基在人们之间的合作和信任关系的基础上。

二、同一性与开放性的需求

对合作和信任的哲学把握,需要在人类对同一性的追求中进行。如果把人类社会看作为一个生活共同体的话,就会看到,它历来都是把谋求同一性作为社会整合的行为目标的。然而,在人们追求同一性的过程中,总是表现出一种矛盾的现象:当人们在一个共同体中实现了形式上的同一性的时候,它在实质上恰恰丧失了同一性。迄今为止的全部历史都表现为形式同一性的强化和实质同一性的丧失。在人类走向后工业社会的过程中,我们能否从对形式同一性的追求而转向对实质同一性的追求呢?通过合作和信任的研究就会给我们提供一个肯定的答案。

在人类历史上的不同阶段,人们追求同一性的方式是不一样的。在古代社会,主要是通过对异族的征服去获得同一性的,这种方式往往是在特定的地域中获得同一性。与武力征服相比，宗教的传播则是以另一种方式去获得同一性，而且，它所能够在地域范围上获得的同一性要远比武力征服大得多。但是，在性质上，宗教具有与武力异曲同工的效果，它无非是另一种形式的征服。有的时候，当宗教征服遇到阻碍时，又不得不诉诸于武力，中世纪的"十字军东征"就充分证明了这一点。近代社会，当资本征服一切的时候，远远打破了同一性的地域边界，它在社会生活的各个层面上都展示了"资本精神"同一性的力量。从社会治理的角度看，近代以来的管理主义社会治理模式及其组织结构也准确地把"资本精神"的同一性译解为固定的形式了。在当今全球化的过程中，我们看到，由于人们并没有实现观念的根本性转变，所以，依然以传统的方式去谋求同一性。比如，在所谓"文明的冲突"预言中，就包含着文化征服的策略性建议，在无法实现"和平演变"的地方，总会首先借助于武力去帮助文化征服的实现。比如，当用谎言去证明武力征服伊拉克的合理性受到质疑的时候，为这个国家建立起西方式的政治、经济和文化制度的做法却可能会得到意想不到的支持。这样一来，西方世界的同一性范围就扩展到了中东地区，并在伊斯兰世界打入一个坚实的楔子。

综观人类历史，在谋求同一性的历程中，走向了对形式同一性不断强化的路径，人类每前进一步，都意味着形式同一性的愈益增强。到了工业社会的后期，形式同一性在法律、组织结构等一系列外在于人的规范作用下达到了无以复加的地步。与此同时，人类社会在实质上却处于分崩离析的状态，只不过这种分崩离析被深深地隐藏在形式同一性的背后而不被人们所觉察而已。即便如此，人与人之间的陌生化，甚至个体心灵裂变等等，也时时显露出来。

当然，近代社会的另一个特征是社会的分化，公共领域与私人领域的分化、利益集团的分化，人群的分化…… 社会生活的各个方面都表现出迅速分化的特征。这就是近代社会的矛盾，一方面是迅速分化；另一方面却是同一性的强化。单纯从现象上看，这两者能够并行不悖似乎是令人困惑的，实际上，分化与同一性的增强是两个层面的问题，呈现出分化特征的,是主题意义上的历史趋势;而呈现出同一性增强的,则是形式的方面。主题意义上的分化很大程度上包含着实质性内容的分裂,恰恰是需要在未来社会发展中加以矫正的方面,而形式方面的同一性本身并不是人类社会发展的歧路,只是需要与实质上的同一性协同共进,才是历史进步的方向。所以,在谋求同一性的问题上,从工业社会向后工业社会的转型也意味着一场根本性的变革,对形式同一性的片面追求将让位于实质同一性的重建。其中,人们之间合作和信任关系的确立,又是重建实质同一性的起点。

在迄今为止的整个历史过程中,同一性都是与开放性相矛盾的,同一导致封闭,开放却增强差异。人们一直无法处理同一性与开放性之间的矛盾。这一点在当今谋求发展的欠发达国家和民族中表现得非常突出。果真同一性与开放性是不可调和的吗?从合作和信任的角度看,就会发现,如果人们所追求的不是形式的同一性而是实质的同一性的话,恰恰需要在开放性张扬的过程中来实现。

在历史上,特别是从文化心理的角度,可以看到,同一性与开放性是可以统一起来的,并造就了同一与开放基础上的合作和信任。合作的开放性基础即使在以往的历史阶段中的合作行为中也可以得到证明。比如,在人类早期的一些有着共同信仰的宗教群体中,会有着较为普遍的合作行为,因为,在这些群体内部,有着较为开放的环境。可以作出这样的判断:在上帝面前,每一个信徒的心灵都是高度开放的,通过上帝的中介,信徒之间存在着较高的开放水平。正是这种开放,使信徒们相互信任和合作。但是,就这些群体与异教之间的关系而言,则是非常封闭的,也正是不同宗教群体之间的封闭性使他们之间相互猜忌、敌视和冲突。可见,在这种情况下,开放的也就是同一的,没有开放,就不会有同一,也就没有信任和合作。反之亦然。

就当前的现实而言,人们往往误以为经济是具有开放动力的,而文化则是拒绝开放的。因而,往往把文化的差异性看作是开放的阻力。其实,当人们用封闭的心灵来看待文化差异时,看到的就是文化成为开放阻力的一面；相反，用开放的心灵看待文化差异时，就会发现文化差异恰恰是开放的动力，进而导向合作和信任。也就是说，根本问题在于人们所追求的是实质同一性还是形式同一性。文化差异的方面仅仅是形式上的，但是，在这种形式的背后，是有着同一的实质性存在的。比如，从形式方面来看，西方文明与伊斯兰文化确实有着很大的差异，但是，我们相信，在对人们之间合作和信任的向往方面，伊斯兰教与基督教会有着共同的价值。事实上，在一切世界性的宗教派别中，都包含着对终极善的追求，而这个"善"的直接功用就是人们之间的合作和信任。如果人们不去认识或不愿认识这些实质性方面的同一性，而是停留在形式上的差异上，比如，不去理解伊斯兰文明的核心价值与西方文明的核心价值的同一性，而是一味地强调二者之间的差异性，试图用西方文明去征服伊斯兰文明，并希望借助于这种征服去消灭伊斯兰文明，从而获得西方文明霸权下的形式上的同一性，冲突就会不可避免地出现。

所以，在封闭的社会，当人的心灵也是封闭的时候，文化的差异性是合作的障碍。但是，在开放的社会，特别是开放社会也促使人的心灵走向开放的时候，文化的差异性不仅不是合作的障碍，反而成了合作的动力。最起码，文化的差异性可以激发人们相互了解的热情，进而，在相互了解中发现需要合作的必要性和能够合作的途径。这样，就会走向实质的同一性。

事实上，开放社会是多元文化共存的社会，当社会还处在相对封闭的状态，人们往往无法认识不同文化间在价值上的共同性，往往根据文化的差异而断定价值上的不同。也正是由于没有发现"文化"与"文化中的价值"属于不同的范畴，所以才没有找到在不同文化之间谋求共识的途径，才造成了很多无谓的文化冲突。如果我们把文化与文化中的价值分开来看的话，就会发现，不同文化之间存在着共同的价值，特别是在核心价值上有着极大的同一性，而这些共同的价值正是不同文化和谐共存的基础。同时，也正是这些共同价值，使不同文化群体的人们相互信任和合作成为可能。由此看来，共同的信仰在人类社会的初级阶段曾带来了一定社会区域或范围内的合作,但这种合作还是低级形式的合作,在很大程度上属于非理性的合作。当人类进入较高级的历史阶段,以共同信仰为前提的合作就失去了历史意义。这时,人们会在不同信仰、不同文化之间发现共同的价值,并基于这种共同价值开展合作。

总之,虽然长期以来文化差异构成了不同文化群体间信任的障碍,但是,那是应当归因于封闭社会的历史条件,当人类进入到开放社会的时候,文化的差异应当成为相互认识和理解的动力,通过相互认识和相互理解,发现不同文化之间在一些核心价值上的同一性,从而使不同文化群体间的信任障碍得到消除,进而出现高度整合性的信任机制。这种具有高度整合特征的信任与那种在文化群体内部基于文化认同而形成的信任相比,具有很高的理性色彩,属于合作理性的范畴,因而对于不同文化群体间的合作关系的建立来说,能够发挥更大的积极作用。

三、罗尔斯对社会合作前提的设定

罗尔斯认为,"起组织作用的核心社会合作理念至少有三个本质特征"。① 罗尔斯概括地叙述了这些特征,在一定程度上,罗尔斯的概括对于我们把握甚至建构社会合作和信任的体系来说,是有启发意义的。

首先,罗尔斯认为,"社会合作不同于单纯的社会协调活动——例如由绝对的中央权威当局发布的命令所协调的活动。确切地说,社会合作是由公众所承认的规则和程序来指导的,而从事合作的人们则用这些规则和程序来适当地调节他们的行为。"②罗尔斯关于社会合作理念的第二个特征是:"这种合作的理念包含了公平的合作条款的理念:它们是这样的条款,即每一个参与者都可以理性地加以接受,而且,如果所有其他的人都同样地接受了它们,那么每一个参与者则都应当加以接受。公平的合作条款表明了互惠性和相互性的理念:所有人都按照公众承认的规则

---

① [美]约翰·罗尔斯:《作为公平的正义——正义新论》,10~11页,上海:上海三联书店,2002。
② [美]约翰·罗尔斯:《作为公平的正义——正义新论》,11页,上海:上海三联书店,2002。

所要求的那样尽其职责,并依照公众同意的标准所规定的那样获取利益。"①罗尔斯关于社会合作理念的第三个特征是"这种合作的理念也包含了每一参与者之合理利益或善的理念。这种合理利益的理念规定了,从那些从事合作的人们自己的善的观点看,他们所一直积极寻求的到底是什么。"②

其实,在罗尔斯所概括的社会合作理念的第一个特征中,否定的叙述是准确的,但肯定的叙述仅仅适用特定的合作形式,那就是仅仅适应于工业社会的平等协作。之所以说罗尔斯的否定叙述是正确的,是因为人类社会的任何一个历史阶段中的任何一种合作,都必须建立在合作主体之间的平等的前提下,虽然这种平等不一定是自由的,但没有平等就没有合作,至于是否是自由的,所决定的是合作的性质和质量,自由比较匮乏情况下的合作只是低级的合作,具有很大的偶然性、随机性和非持续性。而在自由比较充分的条件下的合作,则会充分体现合作主体的合作意愿和合作需要,使合作关系和行为都能达到较好的状态,从而大大地提高了合作的质量。

可见,无论是根据平等的标准还是自由的标准,人们之间的合作关系和合作行为都不是由一种凌驾于其上的力量所作出的支配或安排,而是发生在两个或一群平等主体之间的。但是,在罗尔斯的肯定叙述中,他寻求"公众所承认的规则和程序"的支持,这只能说是一部分正确的叙述。事实上,一切合作都不是由单个人做出的,合作关系和行为都是发生在两个以上的人之间的,合作关系和行为需要得到合作主体共同承认的规则来加以规范,这一点是毫无疑问的。但是,需要指出,这些"规则和程序"仅仅是合作的支持系统而不是决定系统,这些"规则和程序"既不能被等同于合作也不必然意味着合作。因为,没有什么规则和程序会是永恒的,相反,一切关于合作的规则和程序都会处在经常性的变动之

---

① [美]约翰·罗尔斯:《作为公平的正义——正义新论》,11页,上海:上海三联书店,2002。
② [美]约翰·罗尔斯:《作为公平的正义——正义新论》,11页,上海:上海三联书店,2002。

中,如果合作关系和行为没有稳定和坚实的基础,规则和程序就会受到破坏,或者完全失去作用。所以,在把握社会合作的特征时,我们首先要解决的是:什么因素决定了人们之间的社会性合作?

罗尔斯关于社会合作理念的第二个特征和第三个特征实际上是第一个特征肯定叙述的展开。当然,在第三个特征的叙述中提到了"合理利益"和"善的理念",这似乎是要对社会合作作出终极归因。但是,由于罗尔斯把"合理利益"和"善的理念"限定在观念的层次中,依然没有解决社会合作的决定因素的问题,而且,这种归因也包含着堕入传统决定论解释模式的窠臼之嫌疑,并不是一种理论上的新见解。其实,社会合作是由社会结构所决定的,社会结构决定了合作的性质和形式,农业社会的等级结构决定了合作仅仅发生在同处于一个等级中的人们之间,而且是基于习俗型信任以及特定的道德信念的合作,是无法绵延持续和进一步扩展的合作。

工业社会在政治上以及交换关系中的平等和自由的社会结构决定了合作关系和合作行为需要在全社会的范围内持续地扩展开来,而现实社会运行中的权力支配和经济上的不平等结构又阻碍了合作。这样一来,要维护有限的合作关系和行为,就需要有相应的规则和程序来提供支持和保障。但是,工业社会在结构上的矛盾并不是永恒的,随着人类进入后工业社会,社会的网络结构逐渐取代了工业社会的社会结构。因而,后工业社会的网络结构也就决定了这个社会能够进入普遍的合作状态。这时,"规则和程序"依然必要,但其作用却显得并不像工业社会条件下那么重要。当然,罗尔斯关于社会合作理念三个特征的概括是能够满足于他个人的理论目标的。因为,在罗尔斯的视野中,不存在社会结构的变革,他是基于既成的工业社会结构去探讨进一步完善其制度的可能性的,如果从人类社会正处在走向后工业社会的结构性变革这个事实出发,那么罗尔斯对社会合作理念中的"规则和程序"的强调就不再具有重要的理论价值了。

从20世纪后期以来的社会发展现实中可以看到,信息技术使人们相互之间的沟通更加方便,日益强化的道德信念使人变得更加开诚布公,社会复杂性因素的增长也迫使人们需要更多地通过他人来实现自我的目标。因此,人们需要与他人合作行动,出于合作的需要去了解他人和被他人了解。然而,"当合作双方都意识到对方的需要时,它们之间将会建立起高度的信任。这一信任将使双方的关系得以继续。"①但是,在人类走进后工业社会之前,合作总是从属于工具性要求的,"当人们在团体中与他人有一定的社会联系时,他们会更愿意合作",尽管"似乎没有工具主义动机的迹象,但合作意愿的变化既可以反映对他人的道德责任感,也可以反映人们的一种信心,即相信与之共处一个社会关系的他人更可能对合作做出回报。"②可见,即使在具体的合作动机中没有工具性的意愿,也会在总的目的上表现出工具性的特征。这是因为,人的行为方式和社会关系结构中弥漫着工具性思维,这种工具性思维进而成了人们的心理结构和定势,所以会工具性地对待合作行为和合作关系。在后工业社会,随着工具性思维的根本性解构,合作会成为人的行为模式的基本内容,会成为社会关系的基本性质,因而超越工具性的需要而成为社会形态的主要特征,是可以通过制度设计和制度安排来加以进一步确定、巩固和完善的。

总之,合作以及合作秩序主要是建立在信任基础上的。虽然在以往的每一个社会历史阶段中,强制和互惠都分别成为确立社会秩序的基本途径,但在其中,信任的力量依然是不可低估的。既然强制的秩序和互惠的秩序都需要得到信任的支持,那么,合作秩序就更需要以信任为支撑力量了。事实上,由于社会的进步,农业社会中的那种强制性的秩序,工业社会中的那种通过交换和服务于交换的互惠秩序,都不再能够满足后工业社会的需求了,在后工业社会这一新的历史阶段中,合作秩序成

---

① [美]罗德里克·M.克雷默,汤姆·R.泰勒编:《组织中的信任》,76页,北京:中国城市出版社,2003。
② [美]罗德里克·M.克雷默,汤姆·R.泰勒编:《组织中的信任》,13页,北京:中国城市出版社,2003。

为主导。既然合作秩序具有新的特征和内涵，是对以往强制秩序和互惠秩序的超越，那么，它也就不再是强制或互惠的，而是自由自觉的。自由自觉的秩序惟有奠基在信任之上，才是可能的。

第三节 "信任"、"信赖"与"承诺"

一、"信任"不同于"信赖"

市场经济意味着一切自给自足的生活方式的解体，即使是在计划经济条件下建立起来的那种以单位形式存在的所谓"大而全，小而全"的社群自足形态的生活模式，也失去了客观基础，人们之间不论是在个体的意义上还是在群体或组织的意义上，都表现出交往行为日益频繁、交往活动日益活跃、交往方式日益多样化的趋势。在这同时，人们之间也变得陌生起来。一方面，人们的交往关系对人们之间的信任提出了更高的要求；另一方面，人们之间的信任又呈现出弱化的情况。所以，学者们开始对信任问题投入更多的注意力，希望通过对信任问题的研究去寻找确立社会主义市场经济条件下信任机制的途径，希望发现保护和增强人们之间信任关系的有效方式，希望提出让信任为经济的发展和社会的健全保驾护航的方案。由于信任问题研究已经成为当前的一个学术主题，我们需要对一些相关的基本概念和理论作出思考。在这里，我们对信任、信赖以及承诺等概念进行区分，以期这种区分能够使对信任问题的研究沿着确立合乎时代要求的信任体系的方向前行。

阅读近些年来关于信任问题的研究文献，我们发现，学者们往往并不在信任与信赖之间作出区分，常常是交替使用这两个概念而不加说明，即使有的学者在行文中试图把它们区分开来，也只表现在不同的语境下使用信任的概念或信赖的概念，只是属于行文的方便，而不是把它们看作不同的概念。其实，信任与信赖是不同的，它们所反映的是两种不同性质的人际关系。在人们的共同活动中，一般说来，信任是合作的前提，人们之间的信任关系的确立是合作行为赖以产生的基础。但是，信赖则不同，信赖在根本上是有着反合作倾向的，信赖使人生成依附意识，失去主体意识和自主能力，听命于他人，被动地接受他人的指派和安排。人一旦失去了主体意识和自主能力，也就不会有自觉的合作行为。在这种情况下，对人的行为的最积极理解，也只能在配合的意义上做出评价。

从人际关系来看，等级化的社会结构中所存在的是信赖关系，而不存在信任关系。在农业社会的等级结构中，习俗型的信任也是发生在同一等级地位的人们之间，而不是发生在不同等级地位的人们之间的。当然，信赖一词有着更广泛的用途，它不仅用来指称人与人之间的关系，而且也用来指称人与物之间的关系。在人与物的关系中，人是主体，是信赖的一方；物是客体，是被信赖的一方。比如，对于某台机器能否正常工作的判断中，包含着人的信赖。在人与人的关系中，信赖所表现的是一种不对称性关系，信赖主体对客体的要求作出回应，但却不是以合作形式的回应。

单独地考察信赖，可以发现，信赖实际上是等级社会的文化效应，它一开始就是盲目的和被动的。当人处在一个不能预知和不能掌握自己命运的条件下，他惟一能够做出的反应就是塑造一个信赖对象而把自己托付给这个对象。这种现象的普遍存在，又进一步强化了等级社会的控制体系。对于迄今为止一切组织形式的理解，都是可以按照这个思路进行的。

信任则不同，它是一种对称性的关系。因而，基于信任的回应行为就是双方的合作。信赖关系意味着一方愿意接受另一方的控制和支配，而信任关系则恰恰是一种拒绝任何控制和支配行为的关系。如果在两个人之间存在着信任关系，那么，一般说来，是不会产生控制和支配的要求的，如果一方利用他们之间的信任关系而实施控制和支配行为的话，那么这种控制和支配行为一经意识到，立即就对信任关系构成破坏性影响。

在传统的人际关系中，人们乐意于被他人信赖，因为，一旦得到信赖，他就可以把这种信赖当作一种可以占有的资源来加以利用，借助于他人的信赖来控制他人。在现代社会，这种利用人的信赖来控制和支配人的做法显然是不应当得到倡导的。从组织的角度来看，如果把这种信赖作为组织的初始要素的话，就会产生出集权模式。因为，在被信赖者与信赖者之间，必然会产生出权力落差，信赖一个人，也就意味着给予那个人可以支配我的权力，信赖度的高低，也就决定了他拥有支配我的权力的大小。所以，信赖也是权力产生的初始因素。

在个体间，因信赖而产生的权力还是可以随时收回的，但是，在社会的层面上，一旦由群体信赖而产生出了权力，就是无法收回的了。以至于必须听凭被信赖者不断地集结权力而成为集权者，即使集权者不断做出违背信赖的事，初始的信赖者也是无可奈何的。到了这个时候，信赖作为权力生成的初始因素，也就失去了价值，如果思考限制权力的方案的话，就只能谋求制度的途径，或者，通过权力的分化来实现用权力制约权力。但是，那些孕育信赖的人，只能永远受权力支配，如果他想获得什么主动性的话，就只能用对权力的服从来亲善权力。

对于现代人际关系而言，信赖更多地是一种消极因素。易言之，在平等和自由的社会构成原则已经得到普遍认同和贯穿于人际关系之中的现代社会，信赖的消极价值要大于积极意义。可见，当人类社会进入一个普遍平等的时代，也就是说，当人的平等、自由等基本权利有了制度保证的时候，当社会结构在整体上不再是一个等级控制体系的时候，实际上是包含着对人际间信赖关系的拒绝和否定，从而使人际关系上的信任关系取代信赖关系成为可能。

信赖是有风险的，这种风险就是根源于因信赖而丧失掉的主体意识和自主能力。信任则不同，因为信任恰恰是主体意识的一种表现形式，是自主能力的增强。所以，信任以及建立在信任基础上的合作行为，都是无风险的。如果人们在谈论风险的问题时提到信任的话，那完全是把信任与信赖混淆了。在现代社会，信任是斩断了信赖关系的利刃，是一种在信任他人的同时又不失去自主性的健全人际关系。总之，信任关系可以使人增强自我管理的能力，而信赖关系则恰恰使人失去自我管理的能力。在崇尚自治的现代社会，信赖显然是一种必须加以消除的人际关系形态。

信任应当是理性的，但不是精心策划的。信赖在绝大多数情况下是非理性的，尽管有时也可能是由精心算计后而作出的决定。信赖造就控制，而信任则孕育合作。也就是说，信赖由于信赖者失去自主性而必然会受到被信赖者的控制，而信任则是发生在人的自主性完整存在的前提下的，因而不会在交往过程中受到他人的控制，他的自主性能够保证他在合作关系中总是处于主动的状态，能够拒绝任何控制行为。而且，进入合作关系体系的各方都拥有这种主动状态，他们之间所形成的合力也就会实现最大化。

为了保证信任关系不变异为信赖，一个最好的途径就是不在与他人的交往中包含对不合理利益的追求，人的正当的、合理的利益是完全可以在信任以及信任基础上的合作行为中获得的。如果一个不满足于正当的、合理的利益的实现，试图投机取巧，那么他在个人能力不逮的情况下，就必须把自己托付他人，用包含着风险的信赖去想望那些不正当的、不合理的利益。当然，在一次性的托付和信赖中有着达成目标的可能性，可是，在他的直接目标达成的同时，他已经给予了被信赖者支配他的权力，成了被信赖者的依附者。也就是说，正是人对不正当的、不合理的利益的追求，造就了信赖者与被信赖者之间的权力关系，如果希望解除这种关系的话，也需要从放弃对不正当、不合理利益的追求开始。就此而言，所谓"无欲则刚"所指示的就是如何维护自己的主体意识和自主能力的途径。总之，在人不去追求那些不正当、不合理的利益的时候，就不会受到他人的控制；反之，则必然会受制于人。

总之，信任与信赖有着本质的不同，至多，信赖是因为信任而导致的依赖，即"因信任而依赖"的状况。就此而言，信赖仅仅是变异了的信任，是信任关系的异化形态。因此，我们需要在人际关系上认真识别信任与信赖，对于那些不属于信任的依赖现象，应当较早地觉察并加以矫正。

二、信任是对承诺的超越

社会学家们在对信任与承诺关系的行为分析中,往往把信任与承诺联系在一起,认为信任是由于承诺以及承诺的履行而导致的结果。也就是说,承诺本身并不构成信任的要素,当你向某人作出承诺后,你从对方得到了所期望的回应,但这种回应决不是信任,至多也仅仅是对方对你的承诺的相信,只有当你履行了你的承诺,甚至是多次履行了承诺,才有可能赢得对方的信任。由此可见,承诺既不是信任的构成要素,也不是预支信任的手段,而是建立信任关系的可行途径的起点,作出承诺并履行承诺,才会走上确立信任关系的阳光大道。

就人们之间进行协作共事而言,作出承诺是可以成为协作的前提的。因为,有了某种承诺,人们可以在这个承诺的诱使下开展协作性的共同行动。如果在协作性的共同行动告一段落时,承诺得到了履行,就有可能确立起信任关系。在下一阶段的共同行动中,协作就会升级,甚至转化为合作。这样一来,就不能把信任理解成承诺的结果了,而是应当理解成对承诺的超越。吉登斯指出,"信任是对'承诺'的一种跨越,这是不可化约的'信念'的一种品质。它是与时空的缺场以及无知之间有着特殊关联的。我们没有必要信任一个总是在眼前,其活动能被直接监控的人。"[①]的确如此,在整个近代社会,在信任问题上的实际情况都如吉登斯所准确描述的这样,带有虚妄的盲目性,是一种非常不可靠的"信念",是一种自恋式的对象性期待,在步入现实生活,即在人们实际的交往过程中,是不应当把交往行为及其结果寄托在对他人的信任的基础上的,或者说,在人们之间,根本不可能建立起一种"物化"了的信任关系,人们之间的交往活动更多地需要从属"理性的计算"。所以,近代社会中的一切规范人们交往关系的制度设计,都不考虑也无法考虑信任因素的价值。

但是,我们必须指出,吉登斯所描述的情况仅仅在近代才是突出的社

---

① [英]安东尼·吉登斯:《现代性与自我认同》,20页,北京:三联书店,1998。

会现象,在前工业社会中,人们之间是存在着信任关系的,最起码,普遍存在着一种地域、族群范围内的信任关系。而且,在前工业社会的历史阶段中,信任因素在社会整合中曾发挥过非常重要的作用。只是到了工业社会,其法理结构和契约行为改变了信任关系的性质,使信任以不信任的形式表现了出来。随着社会结构出现革命性的转型,工业社会排斥人们之间信任关系的结构和行为到了开始消解的时候,信任将会重新在"信念"形态中包含着"可化约"的内容,成为建构人们之间信任关系的基石。

我们已经指出,信任是无风险的,那是就信任关系的理想形态而言的。但是,在工业社会异化了人际关系中,信任却是有风险的。"从理性的角度来看,信任是对未来合作可能性的预测。当信任下降时,人们越来越不愿意承担风险,实施更多的保护行为以应付可能遭到的背叛,而且更趋于坚持用高成本的制裁机制来保护自己的利益。"[1]所以,人们必须谋求契约的支持。在一定程度上,近代社会就是一个由契约编织起来的社会,或者说,这个社会是通过契约手段而把人们连结在一起而共同开展活动的。然而,承诺与契约的不同,在于它们得到履行的保障因素上的差异。承诺的履行有赖于道德准则。一项承诺之所以会作出,而且得到受诺者的信任,表明承诺者与受诺者拥有共同的道德准则,根据这种道德准则,所作出的承诺必须得到履行,否则,就会被认为是一种人所不耻的背信弃义的行为。

在从承诺发生到承诺被履行的整个过程中,起保障作用的是道德的强制力,归结起来,是道德准则和道德信念共有条件下的约束力,这种约束力不需要借助于外在的或物化的力量来提供支持。契约就不同了,契约得以发生和得到履行也可能会表现出道德准则发挥作用的过程,实际上,果真道德准则发挥了作用,那只能证明这种契约是以契约形式出现

---

[1] [美]罗德里克·M.克雷默,汤姆·R.泰勒:《组织中的信任》,4页,北京:中国城市出版社,2003。

的承诺,是承诺化了的契约,或者说,是演化成承诺性质的契约,它还具有契约的形式,但却根本不具有了契约的性质。纯粹的契约是以法律及其强制执行机构的强制力和威慑力作为得到履行的前提的。

契约与法律是相伴而生的,在人类历史演进的视角中,当承诺赖以存在的社会基础发生了变化,当承诺得到履行的道德约束力不能有效发挥作用的时候,人们之间的交往就需要用契约来填补承诺不足而造成的空白,契约出现了,相应的法律保障机制也开始萌动。随着契约行为的普遍化,法的精神也确立了起来。在契约"通胀"的时代依然存在着承诺,是完全可以理解的,但是,不应把契约和承诺混同为一,这样,才会比较清楚地看到道德与法律发挥作用的领域、途径和性质,才不至于夸大道德或法律的任一作用。

三、有信任才会有合作

福山在分析官僚制的根源时指出:"一个社会之所以需要官僚体制,原因是社会无法信任任何成员在任何时候都会遵循内化的伦理规范,并尽自己身为社会成员的一份力量。当这些人不遵守社会既定的规范时,最终社会必须透过外加的法规与惩罚手段,来迫使他们接受约束。"[1]在福山看来,"所谓信任,是在一个社团之中,成员对彼此常态、诚实、合作行为的期待,基础是社团成员共同拥有的规范,以及对个体隶属于那个社团的角色。"[2]"信任别人的人总是持续合作,不管团体中他人的行为如何。这种信任行为反映的是'道德责任或义务'。"[3]

但是,合作有感性的合作和理性的合作。感性的合作对于社会来说,既有正向的价值也有负向的价值。这不仅是因为感性的合作也有可能发生在强盗团伙中,而是因为这种合作常常是无视社会系统的整体利益

---

[1] [美]福山:《信任:社会道德与繁荣的创造》,34页,呼和浩特:远方出版社,1998。
[2] [美]福山:《信任:社会道德与繁荣的创造》,35页,呼和浩特:远方出版社,1998。
[3] [美]罗德里克·M.克雷默,汤姆·R.泰勒:《组织中的信任》,7页,北京:中国城市出版社,2003。

的,是主要存在于有着密切关系的熟人群体中的,有着明确的边界和排外性。这种合作在有利于小的群体的时候既可能有利于社会整体,也可能不利于社会整体。就此看来,竞争是明显优于感性的合作的。因为,竞争能够提高生产,促进技术创新,改善服务和合理配置资源,特别是能够打破群体的边界而促进社会开放。所以,竞争尽管是以合作的对立面的形式而存在的,却是合乎社会整体利益的。特别是在近代社会,因为能够通过制度安排规范竞争行为并使它有益于社会整体的时候,更有益于竞争行为主体。也正是由于这个原因,尽管人们十分强调合作对于社会生活的重要性,十分留恋传统社会中的合作状况,近代社会却依然用竞争取代了农业社会那种感性的合作,并使竞争成为社会运行的一个重要机制。

信任与合作是无法分开考察的,因为,信任必然导致合作,而合作中也必然包含着信任。在没有合作需求的人们之间,也无所谓信任的问题,没有信任的所谓合作,也最多是有了合作的形式,实际上只是互为工具性的"共事"而已。然而,在存在着等级和权力支配行为的条件下,如果说存在着信任的话,那么,它在很大程度上具有嵌入的特征,是嵌入到人们之间的交往关系中的,是作为交往关系中的一个因素而存在的,甚至是可有可无的因素。但是,在人的交往关系实现了契约化的领域中,信任的嵌入性质开始发生变化。一方面,人们通过契约以及支持契约的制度而在人们的交往关系中嵌入信任因素,就此而言,信任是嵌入的;另一方面,契约的执行以及人们在契约所确立的活动目标下进行合作的时候,需要一些基本的信任,这种情况下,信任是根源于人们的交往关系和合作行为的需要的,因而,属于人们之间交往关系和合作行为的实质性内容,是非嵌入的。瞻望未来,当人类进入合作的社会以及建构起属于这个社会的合作制组织时,嵌入式的信任将完全消失。在这里,信任完全成了人们交往关系和合作行为的实质,也成了人的本质的基本构成部分。

从理论上讲,信任可以导致合作,而合作又进一步增强着信任。但在现实生活中，信任与合作总是胶着在一起的，合作包含着信任，信任也同时意味着合作。也就是说，合作是建立在信任的基础上的，或者说，一切合作都是信任的结果。因为，在合作的自愿性之中，是包含着合作者之间的相互预期的，存在着信任关系。只有当组织以及人们之间存在着信任关系，才会引起自愿合作的行为。而且，信任关系的深度也决定着合作的强度，弱信任关系支持弱合作，强信任关系则造就强合作。同样，信任关系能够扩展到多大的范围，合作网络也就会延伸到同样大的范围。

进一步地认识信任，还会发现，信任来自于人的真诚，而真实的话语则是建立信任关系的必要中介，真实的话语是可验证的，能够在连续的重复中而保持原样。在人们的交往中，真实的话语使人相信他能够做到言行一致，因而相信他的话语中所包含的承诺。个人是这样，引申开来，组织也是如此，组织向外界作出的一切宣示也必须是真实的，只有这样，才能得到信任的回应。总之，只有当人们之间普遍的信任关系生成时，才能在直接的意义上促进社会合作，进而出现一种普遍的合作秩序，使整个社会进入和谐的境界。

信任既是合作的前提，也是合作的结果，因而，合作行为是可以在信任的增强中而得到加强的。也就是说，合作与信任是互动的，信任促进合作，反过来，合作又增强了信任。如果合作关系及其行为不能增强信任反而削弱信任的话，那么这种关系及其行为就已经包含了异质因素。信任是一切有效的合作关系中的实质性因素，虽然组织结构、制度和体制的科学化设计能够达成有效协作的效果，但是，缺乏信任，这种协作永远无法被提升到积极合作的局面，只有当组织拥有了信任基础，科学化的设计才能对有效的合作发挥积极意义。因为，在一切交往关系中，信任的"在场"与"缺场"，都决定着交往的质量。信任的在场，可以使交往关系成为相互理解、相互尊重的关系，并能生成共同行动的合作行为。反之，信任的缺场，则会使交往关系成为相互猜忌的关系，并会在共同行动中增加行为成本。由此可见，在构建和谐社会的过程中，信任是起点，只有有了信任，才会有合作，才会自觉地去构建和谐社会。

第四节 诚信生活与行政人员的行为选择

一、诚信是一种生活形态

近代以来,人们更多地从利益的角度来认识和把握人们之间的交往关系,这给了人以科学地把握了人们之间交往关系的印象。实际上,人们的利益关系能否得到良性发展,人们的利益能否得到有效和持续的实现,人们之间的交往关系是否有益于走向一个健全和和谐的社会发展进程,都取决于诚信原则能否得到遵从。只有当人们在交往中拥有了诚信的内容和遵从了诚信的原则,才会赢得互惠互利的交往结果。因而,讲诚信是对人的基本要求,在每一个社会及其每一个历史阶段中,诚信的原则都是人在行为选择中需要遵从的第一原则,"没有至少一定程度的诚信,个人就站立不起来。说出话来没人信你,连你自己也会感到怀疑、感到绝望。你自己成了前后不一、言行不符的断片。而不是一个完整的人,更不要说谎言和不守诺将对社会带来的危害以及他在道德上属于恶这样一种基本性质了。"①

在近代以来的工具主义视角中,诚信更多地被作为一种对社会生活有用的工具来认识。在这种视角中,诚信对于人们之间的交往,对于社会的良性运行等等,是有用的。所以,它要求人们遵从诚信的原则,要求人们"做人"、"做事"都能够讲诚信。这实际上使人看到了诚信的工具价值。与此相对立的另一种观点是把诚信看作目的而不是手段。根据这一观点,诚信是人的德性,是人之所以为人的一个组成部分,只要是人,就要讲诚信。而且,人的良好的社会生活是建立在诚信的基础上的,人也只有讲诚信、拥有诚信的德性和按照诚信的原则做事,才是完整的人。这两种观点分别被概括为"手段论"和"目的论"。其实,诚信之于人,就像水之于鱼,水既不是鱼生存的手段、工具,也不是鱼用以实现自己的目

---

① 何怀宏:《良心论——传统良知的社会转化》,138 页,上海:上海三联书店,1998。

的。也就是说,就诚信之于人,既不应当是人在社会生活中加以利用的工具,也不应是人为了证明自己作为完整的人存在的标志。诚信是人的一种社会生活形态,就像鱼应当生活在水中一样,人也就应当生活在诚信的氛围之中,诚信的生活以及支持这种生活的诚信行为,本来就应当是属于人的。至于在每一个社会以及每一个社会历史阶段中都可以看到了那些不讲诚信甚至破坏诚信的人与事,都是人的生活的异化,是由于一些非人的因素冲击和破坏了人的诚信生活之本然形态。因而,我们研究诚信、倡导诚信,实际上,所表达的是回归人的本真生活形态的愿望和要求。

"诚信"一词包括两个方面的内容:一是对自己的诚;二是对他人的信。诚是对自己而言的,朱熹解释"诚"时说:"诚者,真实无妄之谓",①"诚者何?不自欺不妄之谓也"。② 也就是说,"诚"是对自己的诚,是存在于人的本心之中的人的心志形态。所以,在荀子看来:"君子养心莫善于诚,致诚则无它事矣"。③ 朱熹也认为:"诚其意者,自修之旨也"。④ 信则是对他人而言的,它要求人的言语真实可靠,包含着言语真实和说话算数两层意思。通常,我们是根据人们对其诺言的遵守情况而判断人是否可信。也就是说,当人作出承诺后,能否切实地践诺,"轻诺寡行"往往被看作是无信的标志,而"有诺必行"则被看作为是讲信用的和可信的。人的生活内容虽然复杂多样,但无非包含"对己"和"对人"两个方面,把"诚"与"信"连在一起使用,也就是对人的生活的完整表述。因而,"诚信"二字,就是对人的生活的完整性的要求,是人应有的生活形态。

"诚"与"信"作为人的完整生活的两个方面,是互为基础、互动共在的。人能待己以"诚",也就能够待人以"信",就会信守诺言。在这种情况下,"信"是以"诚"为基础的,是"诚"的外化,表现出了"诚"为"体",

---

① 朱熹:《四书章句集注》。
②《朱子语类》,卷19。
③《荀子·不苟》
④《朱子语类》,卷19。

"信"为"用"的状况。即,诚是信之体,信是诚之用;诚涵内,信显外。① 反过来,"信"又生成和强化着"诚",当人们在社会交往需求的压力下,意识到应对他人讲信用的时候,他就会"诚心正意"地对待自己的诺言,并立身于诚。这个时候,"信"又表现为"诚"的基础,是"诚"赖以生成的前提和赖以强化的动力。所以说,"诚则信矣,信则诚矣"。②

在关于诚为"体"、信为"用"的理解中,诚信一词所代表的是一种"体""用"合一的形态,同时,当诚信被作为一个整体来加以考察的时候,它也是一种境界。所以,诚信作为人的一种生活形态,又是一个无限的通向更高境界的目标,在对"诚信"的追求中,它实际上会表现为不断地展开的"样态",以至于遍布和贯穿到人们的其他各个方面的生活内容中去,并体现在人的集体性的生产和交往活动之中。

然而,一般说来,在两种情况下,会表现出诚信式微的趋向:

其一,从熟人社会向陌生人社会的转变会对人的完整的诚信生活造成冲击。因为,在熟人社会中,每一个人都有着确定的空间位置,在人际关系上,他处于什么样的地位以及与什么样的人交往,都是相对固定的,以至于人的生活表现为一种相对静止的连续性。在这种情况下,人要保证其生活内容能够不断地被按原样复制下去,就必须拥有诚信的内容。在一定程度上,诚信恰是这种生活的"基因"。比如,一个人如果不讲诚信,他就会受到他生活于其中的社会排挤,他的生活地位和内容都会发生改变,这时,他就无以复制自己的生活,他昨天的生活就是他曾拥有的生活的终止形态。相反,一个在讲诚信方面超出一般水平的人,可能会得到熟人社会的超值信任,他的地位、人际关系也会发生改变,也表现出不是照原样复制自己生活的状况。这两种情况都是因为诚信的不同而改变了其生活形态,所以,我们可以用"基因突变"来比喻它。不过,总起来说,熟人社会是一个"诚信为本"的社会,当熟人社会受到陌生人社会

---

① 王良主编:《社会诚信论》,7页,北京:中共中央党校出版社,2003。
② 《河日程氏遗书》,卷25。

的冲击和替代的时候,整个社会也开始从"诚信为本"向"能力为本"转化,至少,原先那种不讲诚信就无以为生的状况不再存在,一个人只要有能力,哪怕是坑蒙拐骗,也能够在陌生人环境中生存下来。这对诚信生活形态的破坏力是极大的,以至于整个社会出现了明显的诚信水平下降的趋势。

其二,从个体性主体的交往向群体性主体的交往的转变,也使诚信生活受到了破坏。或者说,使诚信生活受到了忽视、冷落,从而走向日益式微的方向。一般说来,农业社会的行为模式主要表现为个体是行为的主体,即个体是行为的发出者、承载者。当然,在农业社会中也存在着普遍的群体性活动,但是,这种群体性活动不仅不会消解个体的行为主体特征,反而更倾向于强化人的个性。以个体为主体的交往,必然需要以诚信为基础,而且这种交往愈是频繁,也就愈加强化和增加人们的诚信。然而,在走向工业社会的过程中,由于社会化大生产的出现,也由于城市化的聚居形式,把人置于一个通过个体活动无法保证和维护其生存利益的环境中,这时,人们变得更经常性地以群体的形式来开展活动。正是在此意义上,学者们把工业社会称作为组织化社会。所谓组织化,实际上就是以相对固定的形式把群体活动确定为社会活动的单元。这样一来,个体性的活动主体逐渐地溶解到了群体性活动主体之中去了,即使在人以个体的形式单独开展活动的时候,在他身上,也无处不见群体的踪影。群体性的活动,倾向于强化共同行动的规则、规范和纪律,而个人的诚信则受到了忽视,久而久之,人的诚信生活也被人所忘却。

近代社会所生成的社会治理模式基本上是由政府扮演着治理者的角色和承担着治理责任,而这种类型的政府恰恰是在陌生人社会以及群体性活动日益彰显的社会历史条件下建立起来的。所以,近代以来的政府往往是以规则、规范和纪律的制定者、维护者和执行者的形象而展示于人的。由于这个原因,政府成了诚信的"误区"和"空场",公务人员也相应地丧失了可以用诚信来加以度量的特性。我们在政府中看到的公务员,是千人一面的,他们从属于同一性的机构和部门,他们的行为所依据的是共同的规则和标准,他们用自己公事公办的官僚作风去迎合官僚制,并把他的官僚作风作为从官僚制的组织层级中去邀功请赏的所谓"业绩"。因而,在政府部门及其公务人员那里,诚信不再,诚信生活远离于人状况也就变成了一种常态现象。

　　托夫勒对工业社会的批评实际上也可以看作是对诚信消解之根源的揭示。托夫勒说:"工业革命一方面以它自己富有特色的技术,各种社会组织机构,以及它自己的情报信息手段三者紧密结合在一起,创建了一个惊人的一体化的社会制度。但是另一方面,它又把一个社会整体无形地撕裂,在我们的生活道路上,形成充满了经济紧张,社会冲突和心理不适应的状况。"① 结果,工业社会拥有了形式上的一体性,而在实质性的方面,处处都是分裂的,而且,形式的方面与实质的方面也是分裂开来的。用哲学的术语来表达,工业社会在一切方面都丧失了总体性,它在形式上的一体性也只是一种有形无质的整体性,是失去了总体性的整体性。因而,托夫勒断言,在工业社会中,处处都有"无形的楔子""把人类生活、劈成两半"。② 因此,"诚"与"信"也被劈成了两半,而诚信一旦被劈成两半,作为人的完整的诚信生活也就丧失了。最为根本的还是:在工业社会,"不仅在政治上,而且在文化上也受到这种分裂的影响。由于它还产生了有史以来极端向钱看,拼命赚钱,精于计算的商业化的文明。……人与人之间的关系、家庭血缘、爱情、友谊、乡亲和社会关系,统统都受到商业性个人利益的玷污和腐蚀。"③ 通过钱的媒介,一切都是可以出卖和购买的,为了钱,就必须算计他人也算计自己,诚信完全成了一种羁绊。

　　在失去诚信的地方,诚信显得弥足珍贵。当工业化、城市化的生活模式确立起来之后,人们表现出了对诚信生活的渴望,表现出比以往任何时候都更加怀念诚信价值的情愫。20世纪后期出现的一场后工业化运动,为人们恢复诚信生活带来了契机。但是,人类诚信生活能否得到恢

---

① [美]阿尔温·托夫勒:《第三次浪潮》,35页,北京:新华出版社,1997。
② [美]阿尔温·托夫勒:《第三次浪潮》,35页,北京:新华出版社,1997。
③ [美]阿尔温·托夫勒:《第三次浪潮》,39页,北京:新华出版社,1997。

复,却在很大程度上取决于政府的引导,特别是需要把公务员的诚信行为作为我们恢复诚信生活的起点。

二、诚信生活的重建

对于中国社会来说,是在改革开放后才真正进入工业化进程的,但是,经过几年的努力,大致到了20世纪80年代中期,后工业化的迹象开始显现,呈现出工业化的进程与后工业化的进程同步前进的历史特征。虽然对于后工业化、后工业社会等概念,托夫勒不同意使用,他倾向于使用"第三次浪潮"的概念,但在实质上,他的"第三次浪潮"所指的还是后工业化的运动。他认为,"第三次浪潮文明将开始弥补有史以来生产者与消费者的分裂,兴起了明天的'既是生产者又是消费者'的经济。因此,它将凭借着我们理性的帮助,成为有史以来第一次具有真正人性的文明。"①显然,在这样一个新的历史条件下,政府也会消除行政管理者与其行政管理对象之间的分裂,政府及其公务员会转化为服务的提供者和服务的受益者的统一化,特别是公务员,既提供服务,又在服务之中。这样一来,我们看到了一种新的行为模式,那就是以服务行为为契入点的对自己与对他人的统一。从而使对自己的"诚"与对他人的"信"的统一有了客观的社会基础。而公务员的行为,恰恰是在这个基础上走向社会化进程的起点。托夫勒把这个历史进程的结果说成是人类"有史以来第一次具有真正人性的文明",丝毫也不夸张。因为,如上所说,熟人社会中的诚信虽然是以一种生活形态而出现的,但是,它在很大程度上还是迫于熟人社会生活秩序的压力,而后工业社会对于诚信生活的回归,并不是简单地回到农业社会的诚信生活形态,而是向更高的诚信生活形态的迈进。

从全球的范围来看,今天的公务员行为选择也是在这样一个背景下进行的,它就是卡蓝默所说的"普遍的合作伙伴关系"正在确立的社会。

---

① [美]阿尔温·托夫勒:《第三次浪潮》,5页,北京:新华出版社,1997。

卡蓝默认为,当前正在发生的历史性变动表明:"一个强加于人、凌驾于社会之上、能够实现发展的国家的形象正在消失,取而代之的是采取一种更加客观的观念来审视公共行动、统合各种社会力量的条件。因此,国家和其他行动者的合作伙伴关系具有压倒一切的重要性。"①在国与国之间,需要建立起合作关系,在一国内部,近代社会致力于消除等级、创造自由的政治文明成就,也需要在普遍的合作关系中得到巩固和提升。国家与市民社会的合作,政府与公众的合作,一切社会行为主体之间的合作,既是一个理想,也是正在发生的现实运动。在这场运动中,公务员的行为选择有着极其重要的意义,这是因为:一方面,公务员处于国家与市民社会、政府与公众之间,不仅他以及他的行为是起着联系作用的桥梁,而且他自身就同时拥有双重身份;另一方面,国家与政府在合作关系的建立和完善中起着什么样的作用,必然体现在公务员的行为上,国家与政府在合作关系之中是否属于有诚信的一方,是由公务员来加以诠释和证明的。

如果比较新旧两种治理体系的话,就会发现,在工业社会的"旧体制下的治理为每个机构规定了职能,机构缺乏合作的意识,因为围绕职能只可能产生竞争而不是合作。一旦职能的划分不够明确——怎么可能将世界简化为一张职能和规则清单呢,就会立即引发一场壕堑战……"②在这种依据职能设立的专职司掌规则的机构中,以及由机构组合成的治理体系中,至多,"人们只能围绕一个共同的项目和目标开展合作,分担责任",③是不可能围绕共同的事业开展合作的,由于"一项共同的事业需要方方面面的职能,职能因此被定义为每个人为这项事业所作出的贡献",④也就是说,职能把共同事业分解成一个个零碎的碎片,机构及其人员承担职能,实际上是把某一碎片捧在手中,顶礼膜拜,当他或它与捧着

---

① [法]皮埃尔·卡蓝默:《破碎的民主——试论治理的革命》,56页,北京:三联书店,2005。
② [法]皮埃尔·卡蓝默:《破碎的民主——试论治理的革命》,78页,北京:三联书店,2005。
③ [法]皮埃尔·卡蓝默:《破碎的民主——试论治理的革命》,78页,北京:三联书店,2005。
④ [法]皮埃尔·卡蓝默:《破碎的民主——试论治理的革命》,78~79页,北京:三联书店,2005。

另一碎片或意欲同捧这一碎片的机构或人员交往、共事的时候,他们之间就陷入竞争和冲突的境地,他们不愿意讲诚信,也不可能去讲诚信。根据卡蓝默的设想,在后工业社会,如果在治理的过程中优先突出共同目标和共同标准,以求共同目标、共同标准基础上的政策取向的多元化和行为选择的灵活性,保证每一个机构都能够"按照贯穿其职能的共同标准,对共同目标承担自己的责任"[1],就会实现各个部门、各个机构之间的精诚合作,公务人员也就会以开放的心态对他人和对自己许以诚信。所以,在走向后工业社会的过程中,社会治理体系也将为公务员讲诚信提供一个机构上的、制度上的依据,甚至会促使他在诚信的原则下去开展活动,去作出行为选择,甚至走向建构诚信生活的方向。

当然,公务员能否在自己的行为选择中以诚信为本,取决于观念的转变。也就是说,他需要从管理导向的观念转变到服务导向的观念上来。观念的转变实际上能够赋予治理体系以不同的性质,公务员从"公共事务的管理者"向"公共服务的供给者"的观念转变,对于政府以及整个治理体系的性质都会有着重要影响。作为公共事务的管理者,公务员只要做到按章办事就可以了,而作为公共服务的供给者,他就不能满足于按章办事,而是应主动热情地提供服务,以诚信的言行去树立自己的形象和维护政府的形象。

对于人来说,有什么样的行为,就会有什么样的生活。其实,不仅是人,如果动物也有自己的生活的话,我们可以说,动物的行为就是动物的生活。善于奔跑,它的生活方式就是以奔跑为特征的;善于飞行,那么它的生活方式就是以飞行为特征的。但是,动物的生活方式不是"建构性"的,而是在进化的过程中"被选择"的。人则不同,人的生活是建构性的,人可以选择自己的生活,而对生活的选择,其实恰恰是行为选择的结果,或者说,有什么样的行为选择,也就有了什么样的生活。对于诚信生活的选择正是这样,既是人的行为选择的结果,又是人的行为选择的内容。

---

[1] [法]皮埃尔·卡蓝默:《破碎的民主——试论治理的革命》,80页,北京:三联书店,2005。

鉴于现代社会生活的结构是以政府为中心而平面展开的,政府的领导和引导,决定着一个社会的行为选择。然而,政府能够作出什么样的行为选择,在还原的意义上,是要落实到人身上的,即落实到公务员的行为选择上来。由此看来,恰恰是公务员的诚信行为选择,才是我们走向诚信生活的关键。

一个普通的社会成员,如果在行为选择方面与走向诚信生活的方向相背离的话,其影响是较小的,主要是在他所生活的圈子所及的地方,而公务员的行为选择失去诚信,影响就大得多了,甚至一个处在最基层的公务员,他的非诚信行为也会有着很大的影响,会伤及政府的形象和信誉。这是由于几个方面的原因所决定的:

其一,政府担负着治理的职能,而政府的治理职能是通过公务员和借由公务员及其活动而实现的,公务员在社会治理的过程中所代表的是政府,他的任何非诚信的行为,都会直接由政府来承担诚信损失。

其二,公务员不是以个人的身份开展活动,每一个公务员都是公务员群体的构成部分,他在代表政府的同时,更是以公务员群体中的一员而开展活动的,对于公众而言,仅仅与具体的某一个或某几个公务员直接交往,而在一次交往或与一个公务员的交往中,就可能形成对公务员群体的印象。所以,一个公务员的非诚信行为将对整个公务员群体的形象造成损失。

其三,在现代社会,公务员被认为是一个具有代表性的群体,他不仅在面向公众的时候代表政府以及整个公务员群体,而且,他在任何时间、任何地方,都是以这个社会的代表者的角色出现的。作为代表者,他只能以正面的形象出现,在公众的心理中,是从来也不以一个普通社会成员的标准来要求他的,如果他在行为选择中出现了非诚信的问题,往往会产生夸张性的负面影响。

其四,从现代社会的结构来看,政府由于承担着社会治理职能而处于一个社会的中心,是公众关注的中心,而且也会成为国际社会关注的中心。如果我们留意每日的新闻,就可以看到,大量的新闻内容是关于一些焦点国家政府的。鉴于此,公务员的非诚信行为有可能会产生全球性的影响,不仅败坏一个政府的形象,而且有可能败坏了一个国家的形象。可见,公务员的在诚信方面的消极表现所造成的总是极大的负面影响,在一定程度上会破坏一个国家、一个社会的诚信氛围、诚信文化,甚至会产生让人们完全放弃了去追求诚信生活的结果。

总之,诚信是一种社会生活形态,如何构建这种生活形态,责任在于"你""我"。但是,政府及其公务员是我们的"领导者",我们需要在它的领导下,奔向诚信生活的新世界。这就突出了公务员拥有诚信内容的行为选择的意义。随着市场经济的发展,特别是由于在一场从工业社会向后工业社会的历史转型过程中,人们倍感诚信之于我们的社会活动的价值。近几年来,在我国的人文社会科学研究中,诚信的问题一直是一个学者们倾注热情讨论的问题。这一方面表明这一问题的意义之重大;另一方面,也反映出人们对诚信生活的渴望。所以,需要寻找构建诚信生活的突破口。事实上,政府在现代社会结构中的中心位置也决定了它是构建诚信生活的领导者,而公务员行为选择中的诚信,又是我们奔向诚信生活的起跑线。所以,我们诚信生活与公务员的行为选择联系起来加以考察。

第五节　政府诚信及其社会信用建设

一、以政府诚信回应时代的要求

"人无信不立",做人是要讲诚信的。人们之间的社会关系是否谐和,在很大程度上取决于诚信的状况。如果每一个人都能以诚信待人,那么人们之间的关系就会达到很高的谐和境界。同样,当人能够对自己也做到诚信时,也就会在与人相处时做到自主、自立、自强。诚信的反面是"欺人"。"欺人"者也必然会自欺,"自欺"与"欺人"是联系在一起的,自欺的人必然会欺人,欺人者也难以避免自欺。所以,自从人们开始思考如何对待自己以及如何对待他人的问题时,就提出了诚信的"做人"和"处世"原则,要求人们"讲诚信"。

在"做人"的问题上,要求人们"讲诚信",这是确定无疑的,谁也不会对这一点提出怀疑,更不会提出批评。从古至今,"不讲诚信"的人虽然很多,而公开反对"讲诚信"的人几乎没有。但是,如果不是就人提出诚信的问题,而是问政府是否需要"讲诚信"? 问题可能就会变得复杂起来。在西方国家,"马基雅弗利主义"这个词在很大程度上就是政府可以不讲诚信的同义语。当然,认可政府不讲诚信或主张政府不需要讲诚信的人,较多的是学者或政治家,就一般的人来说,如果提出这个问题,人们也许不假思索就会断然回答:需要! 作出这种回答,基本上可以看作是人类社会生活中信任关系重要性的普遍理念发挥了作用。尽管如此,却能够证明,在一切时代,希望政府讲诚信甚至要求政府讲诚信是人们的共同意志,是一种"公意"。如果政府的存在需要建立在公意的基础上和需要在公意那里获得合法性,那么政府就应当是讲诚信的。

实际上,政府应当讲诚信与政府能否做到诚信是两回事,并不是任何时代的任何政府都能够做到诚信。历时态地看政府,我们就会发现,在人类社会的不同历史时期中,政府能否讲诚信和做到诚信,政府与社会、与公众之间是否有着信任关系,取决于政府属于什么类型。

在农业社会,当政府属于统治型的政府时,统治阶级的根本利益才是这种政府的存在基础,这种政府能否讲诚信,是由统治利益决定的,凡遇到那些能够满足统治者利益实现的需求时,这种政府必然会讲诚信,一旦遇到危及统治者利益甚至那些不能明显有利于统治者利益的事,政府就不再有诚信可言了。当然,从统治者的根本利益出发,最高统治者会对官吏提出诚信的要求,历朝历代,也有可能会出现大批讲诚信的"仁义"官吏。但就统治型的政府而言,则没有诚信的基础,即使一定时期,自君王以降,人人讲诚信,也不会有讲诚信的统治型政府。事实上,所谓从君王到臣民人人讲诚信的"君子国",从来也没有过。所以说,历史上的一切统治型政府都只有在满足了统治利益最大化的条件下才有可能讲诚信。事实上，统治者无穷无尽的征服欲总会使统治利益最大化的境界永远无法达到。这种类型的政府，总会把不讲诚信只求"权术"作为实现统治的优先选择。也就是说，统治者总会追求更大的统治利益，当这种追求超出了合理性的限度时，就必然要通过权术和欺骗的手段去使这种追求继续展开。一旦政府开始运用权术和欺骗的手段，诚信也就不再存在。总之，由于统治型政府本质上是从属于统治利益的，在这种政府中，即使最高统治者要求官吏诚信，也不可能存在真正讲诚信的官吏。因为，这种政府类型本质上的统治利益高于一切决定了它在制度上和运行机制上都倾向于助长权术。所以，一个人一旦进入这种政府为官，自然而然地就受到权术文化的熏染，就会成为不讲诚信的人。

如果说统治型的政府不能够"讲诚信"的话，那么，近代以来的管理型政府从根本上说则是不讲诚信的。不能够讲诚信还意味着想讲诚信，而不讲诚信则是干脆把诚信的问题远远地推出政府论题之外了。也就是说，虽然统治型政府不能做到诚信，但还是"讲诚信"的，而管理型政府连讲也不讲了。因为，对于典型形态的管理型政府来说，它只相信法律制度、组织结构及其运行机制的科学性和合理性，不相信如政府信任关系等能够成为政府良性运行的保障因素。所以，近代以来，在所有涉及政府的理论和学说中，我们很难看到对政府诚信的问题给予哪怕一点点关注。因是之故，人们就不能不感叹近代以来是一个"道德的人与不道德的社会"共在的社会了。

近代以来的政府，由于在理论上和制度安排上没有考虑政府诚信的问题，因而，永远处于一种所谓合法性危机的状态，即使它不断通过调整利益实现方式来为自己营建合法性，但是，在根本上，它无法取得公众真正的信任。随着工业社会发展到了自己的顶峰，近代社会的这种不讲诚信的政府模式越来越显露出不能适应社会和公众要求的情况。因此，在20世纪80年代以来的一场全球性的行政改革过程中，在试图构建新型的政府模式的过程中，政府诚信的问题也被提了出来。

政府诚信是一个新课题。如上所说，在古代社会讲的诚信往往是对统治者而言的，是对统治者个人的要求，至于统治者集体，则被化约为个体了。近代以来的政府就不同了，由于制度、程序以及运行机制等都被纳入到可以设计和安排的过程中来了，政府在本质上已经是不可化约为个人的了。政府是一个整体，而不是一个个行政人员的集合。所以，政府诚信也是不能化约为行政人员个人的诚信的。当然，行政人员个人的诚信也是政府诚信的重要组成部分。但是，仅有行政人员主观上的诚信，还无法塑造出一个讲诚信的政府。政府诚信是包含在政府价值理念、公共政策、行政行为等整个政府过程之中的，而且，也正是包含了诚信的整个政府过程，在不断地往复演进中，才能在政府与公众之间建立起信任关系。

政府讲诚信的目的是要在政府与社会、与公众之间建立起信任关系，这种信任关系可以简称为"政府信任关系"。从字面上看，"诚信"就是"诚实守信"，做事在动机上要包含"诚"，在行为上则要守"信"，结果，就是信任关系的出现。但是，这只是就做人而言的，对于政府来说，则需要有进一步的要求。现代政府根据民众的要求而行，在动机上和行为上应当不乏"诚信"，事实上，公众不信任政府的问题却是非常普遍和非常严重的，究其原因，是政府的行为动机太多样化了，行为本身太具随意性了。也就是说，缺乏科学性，总是因时、因事而异，朝令夕改，政策和执行政策的行为等，都缺乏系统性和连续性，相互矛盾、颉颃和龃龉，至于政府存在的根本原则和宗旨，则常常被忘记。由此可见，对于政府诚信，是有着更高的要求的，在这里，"诚"字不仅是一个主观的诚，而且应当是具有一定客观性的诚，是在动机和行为的一贯性、系统性中所表现出来的诚。只有有了这种诚，才能赢得公众的信任，才能在政府与公众之间，建立起信任关系。政府通过讲诚信，赢得社会、公众的普遍信任，政府获得了合法性，因而，政府引导社会的功能也就能够得到最大程度的实现。我们常常说的"取信于民"，这个"信"字就是指社会、公众对政府的信任。

按照与工业社会或与市场经济相对应的学术逻辑，西方国家也把信任看作为一种资本，称作为"社会资本"，或者说，把信任看作为社会资本的重要组成部分。关于信任是不是社会资本的问题,可以表示不同意见,因为,它不像资本那样可以来加以经营并增殖。但是,政府信任关系肯定是政府存在与发展所必需的资源,这种资源虽然具有可再生的特征,但是,消耗起来非常容易,促其再生则更为艰难。所以,现代政府的理性自觉总会体现在小心翼翼地使用政府信任关系于社会治理活动之中,全心全意地维护和构建政府信任关系。如果说存在着并不关注信任资源使用状况的政府的话,那么,这种政府肯定是非理性的,或者说,是缺乏理性自觉的。

政府信任关系的基本内容就是政府能够赢得社会、赢得公众的信任,要使社会、公众信任政府,政府就必须做到诚信。而且,对于政府来说,所谓诚信,是有着更高的要求的。政府不仅应做到言行一致,它的行为还应当是一贯的和有连续性的。我们知道,远不似近代社会早期,对于现代市场经济乃至现代社会而言,政府与市场与社会之间的关系理应越来越密切,只有在政府的引导下,才会走一条理性的和科学的发展道路。因而,只有当政府与市场、与社会、与公众之间建立起了信任关系,政府之言才能听、能行和有果。否则,政府希望引导社会走一条理性科学的发展之路,而社会、公众则猜疑甚重,犹豫不定,左顾右盼,那么,所谓的发展就只能是盲目的、不科学的和非理性的。

根据当前中国的现实,政府信任关系比以往任何时候都显得重要。回顾 20 多年来我们走过的历程,可以作出这样的判断:改革开放以来,中国经济社会的发展都可以归结为某种"物质力量"的驱动,在这个过程中,政府所发挥的强大引导功能也在于正确地运用"物质力量"的驱动力。虽然在使用物质力量的驱动力的时候,对政府信任关系的状况也会发挥很大的影响力,但是,这种影响却不是决定性的。然而,随着改革开放的深入,"物质力量"的驱动作用开始呈现衰微的趋势,而政府信任关系对于社会稳定,特别是对形成推动经济、社会发展的整体合力来说,则显得日益重要。当前,政府与社会、与公众之间的信任关系问题变得越来越引人关注,这一点也反映出了社会发展的新要求。

不仅对于中国社会来说，建立政府信任关系成了一个越来越迫切的课题，而且就全球的范围来看，也同样如此，这是一个历史性的趋势。因为，对于现代市场经济来说，社会、公众与政府之间的互动关系越来越密切，在自然经济和近代早期的历史条件下，政府与社会与公众之间是没有如此密切的关系的，即使是在20世纪的后半期，也未出现这种必须以信任为纽带的政府与社会、与公众的关系。虽然在20世纪后半期那种基于凯恩斯主义的政府干预模式也表现为政府与市场之间的密切关系，但是，这种所谓密切关系的主要特征是政府监督、管理、控制市场，运用命令、指挥和公共政策等行政的和法律的手段，政府与市场以及政府间并不突出信任关系的价值。近些年来，由于非政府的社会管理组织迅速成长，改变了政府与市场、与社会、与公众的关系格局，特别是社会向政府提出了服务定位的要求，而政府在服务理念下处理与社会、与公众的关系时，不再是凌驾于社会之上，而是与非政府组织以及各种各样的社会力量合作治理的行为互动关系之中。这样一来，原先那种来自政府的命令、指挥、监督、控制等，都开始逐渐地向在协商和谋求共识基础上采取共同行动这样一个方向前进。从而，突出了政府信任关系的意义。

现在，许多学者和媒体都断言政府中存在着普遍的"信任危机"，实际上，更准确地说，它不是"信任危机"，而是"诚信自觉"。也就是说，人类进入了一个新的阶段，在这个新的阶段中，政府开展社会治理活动时，需要以信任关系的确立为前提。而政府信任关系的确立，需要从政府诚信开始，政府在何种程度上做到了诚信，也就自然而然地在同等程度上建立起了政府信任关系。

二、信用秩序建设中的政府责任

在新的历史条件下，社会、公众以及市场经济的发展都对政府提出了更高的诚信要求，要求政府成为讲诚信的政府。但是，政府在一个社会中的特殊地位决定了它在自己做到诚信的同时，需要承担起社会信用体系建设的责任，需要把信用秩序的供给作为公共产品的一项基本内容。

我们知道,市场经济具有两面性:一方面,在市场经济条件下的个人逐利动机中包含着破坏社会信用秩序的倾向;另一方面,市场经济又必须建立在完备的信用体系之上,需要以信用秩序为前提,在很大程度上,市场经济的健全取决于信用体系的完备程度。只有当一个社会建立起了完备的信用体系,市场行为才能满足人们的预期,成为有信用的行为,市场主体才能够在诚信原则下作出行为选择。

从理论上讲,市场经济的自发秩序中是包含着诚信要求甚至诚信原则的。因为,遵从诚信原则的行为,往往能够赋予市场主体在持续的竞争过程中以优势地位。实际上的表现则大不相同,市场主体的非理性冲动却总是使市场主体在具体的竞争环境中作出非诚信的行为选择。从而对自发的信用秩序造成冲击。正如市场自身有着自发的竞争秩序却产生了破坏竞争秩序的垄断一样,市场经济自发的信用秩序也会在具体的非诚信行为中遭到瓦解,从而表现出理论上的推定与实践上的实际情况不一致的现象。20世纪的社会发展证明,当自发的市场经济中出现了垄断这一破坏竞争的因素而使市场表现出了"失灵"的问题时,需要通过政府的直接干预去消除垄断的消极影响而使市场经济恢复活力,同样,当非理性的市场行为冲击了社会信用秩序的时候,也需要政府的干预,去帮助和引导社会重建信用秩序。

政府有责任引导和促进一个社会的信用秩序建设,其理由有四:

其一,诚信原则能否得到普遍的遵守,人的行为的信用度的状况,关系到一个社会交往关系的状况,甚至对社会秩序有着很大的影响。人们普遍遵从诚信原则,行为信用度高,因受欺诈而出现的过激反应就会减少甚至消除,直接的以个体行为出现的反政府、反社会行为也就会大大减少,从而出现一个社会安定和谐的局面。而安定和谐的社会秩序是有益于国家、集体和个人的,这也是政府所追求的基本目标之一。

其二,市场经济在很大程度上也就是信用经济,在市场经济条件下,经济发展的活力和总体态势是蕴含于每一个经济主体的市场行为及其效果之中的,每一经济主体对诚信原则的遵从以及行为的高信用度,可以把市场经济的消极因素降到最低点,从而减少市场经济的破坏因素,使市场经济总体上的活力增强。这样一来,市场经济就会赢得良性秩序和健康发展的态势。

其三,良好的社会秩序和经济秩序是降低政府执政和社会管理成本的基本途径。在一个社会普遍遵从诚信原则和有着健全的信用体系的情况下,如上所述,也就获得了良好的社会秩序和经济秩序,社会也因而获得了较强的自治能力。这时,政府社会管理职能可以得到削减,可以从日常的社会管理事务中脱身出来,把精力更多地转移到关系国计民生的重大战略性引导工作中来。政府从大量日常社会管理事务中脱身出来,既有利于把握有着重大意义的经济、社会发展方向,又有益于降低因日常社会管理而造成的政府运营成本。所以,这不仅是降低行政成本的有效途径,而且会有着更多非常积极的综合效应。

其四,社会诚信和信用体系建设的状况,对一个社会的文化和道德水平有着极大的影响。从社会发展的继承关系来看,诚信原则本身就是一笔文化和道德遗产,先民们提出诚信原则完全是基于以道德原则协调社会关系的考虑,对于任何一个时代,道德规范体系的建设甚至整个文化体系的健全,都需要以"讲诚信"为切入点。同样,社会主义的道德规范体系和文化体系建设,也需要从"讲诚信"开始,只有当诚信原则得到了普遍遵守,我们才会拥有道德行为编织起来的社会关系和健康向上的文化生活。在一定程度上,由诚信行为构成的信用体系本身,就是文化体系的重要组成部分,就是文化生活的基本内容,就是包含于经济、政治、文化体制和社会关系中的精髓。政府如果能够自觉地从诚信行为入手而推动社会信用体系建设,对于整个社会的健全和发展来说,都能够起到事半功倍的效果,而且,政府也有责任这样做。

从理论上讲,政府也必须承担起提供社会信用秩序和推动社会信用体系建设的责任。

根据人民主权的原则,政府的权力来自于民,应当服从和服务于民,满足人民的要求。在人民的一切要求中,过一种安定幸福的生活无疑是最根本的要求,政府无论以何种形式和通过什么途径去建立与人民、与社会的关系,都需要以人民的这一根本要求为出发点。也就是说,人民主权的原则会直接派生出民主制度和经济自由的要求。但是,当人民沐浴民主的阳光和呼吸着自由的空气的时候,却饱受因诚信丧失和信用危机造成的社会秩序混乱之苦,因而也就谈不上什么幸福生活了。所以,在人民主权的原则中,是包含着这样一重内容的:人民把一部分权利交给了政府,政府必须把这种由权利集结而成的权力用来维护社会秩序,保证人民的安全以及各个方面的利益。在所有秩序中,信用秩序无疑是最为积极的秩序,政府理应在这方面有所作为。

根据 20 世纪的"积极政府"理念,政府需要在推动社会的发展中积极地行使权力,即积极地采用组织、引导、奖励和许可等手段管理社会事务。具体地说,政府需要通过积极的政策来满足社会的需求,保护公民不受工业社会特别是市场经济消极因素所带来的不幸后果的影响。在诚信的问题上,根据这种理念,如果市场经济中存在着诚信危机的可能性,政府有责任采用积极的政策或必要的直接干预行为加以预防,如果已经出现了诚信危机的问题,政府则需要针对这一问题作出治理措施和行为的选择。因为,诚信危机无论在直接还是间接的意义上,都对公民的幸福生活构成威胁。

根据市民社会理论,需要构造"小政府,大社会"的社会治理结构,即通过政府的简政放权,确认、尊重和保护社会主体的自主活动,从而赋予社会较为充分的自治功能和较强的自治能力。当然,在构成市民社会的个人那里,其能力是多方面的,在社会生活的不同领域或不同方面,对个人能力的要求也不同,个人在社会生活中的某个领域可能表现出很强的能力,而在其他领域中则可能会显得能力较弱。但是,就市民社会整体而言,它的自治能力除了来源于法律制度和组织模式之外,就取决于诚信的状况,而且在很大程度上,诚信状况决定了法律制度以及组织运行的状况,有着更为根本的意义。因而,在政府赋予市民社会自治能力的所有做法中,应从促进诚信入手。

根据建立"服务型政府"的构想,政府应从日常的社会管理事务中脱身出来,确立起引导型政府职能模式,通过具有战略意义的举措去积极地引导社会,帮助社会建立、健全自治体系,以求在根本上把政府从社会管理者的角色转变为服务供给者的角色。也就是说,政府是不会因为行政人员社会管理行为中的作风和态度的改变而能够实现告别社会管理者的角色的,也不会因为管理流程的变化而能够成为服务型政府的。所谓服务型政府,所指的是一种新型的政府模式,它的最基本特征就是通过基本的社会秩序供给而服务于社会,使社会在这种秩序的框架下实现自治。这样一来,服务型政府的构想在信用秩序的政府供给方面也与其他理论殊途同归了。

由此可见,在任何一种理论视角中,政府促进社会诚信、确立社会信用秩序和建立社会信用体系,都是必须承担的责任。

三、信用秩序建设的法律制度途径

虽然我们畅想德制的前景,然而,在当前,我们所面对的是法制的现实。也就是说,现代社会是法治社会,一切社会问题的解决,都可以谋求法律制度的途径。在社会信用秩序的供给和信用体系的建设中,也需要通过法律制度的途径。从法制的基础上去谋求社会信用秩序建设的途径,是出于现实的原则,是在德制最终成为社会现实的过程中自觉建构德制的必要步骤。

诚信原则具有普适性,在一切时代的一切社会生活领域中,都需要从诚信原则出发,都需要得到信用行为的支持。无论是在古代社会的等级制条件下,还是在现代社会的平等交往中,都有着对人的诚信和信用的强烈要求。在经济活动、政治活动和一般社会生活中,人的诚信和信用,也都是必要的。总的说来,具有普适性的问题,都是适用于通过法律途径来加以解决的,诚信和信用的问题也是这样,在当前,它不仅是一个需要通过道德建设的途径来加以解决问题,而且也是一个需要通过法律制度建设的途径来加以解决的问题。

当然,在古代社会,诚信属于道德问题,诚信原则也就自然而然地是一条道德原则,是人立身做事的道德规范。近代以来,随着法律制度成为调整和规范人们的社会关系的一条基本途径之后,在一些领域中,也通过立法来确立社会信用体系。特别是在经济领域,出于市场经济良序运行的需要,制定了大量信用规范方面的法律,形成了经济行为的信用法律制度保障体系。

现在看来,一个社会中完整的信用体系包含着道德的、法律的、制度的和组织的四个构成部分。

就道德构成部分而言,主要反映了诚信的要求,用诚信的原则和道德理念来同化人的心理、意识和思想,要求人立身以诚,行事以信,做诚实守信的公民和社会成员。进而言之,对人对己都要诚实,言出必行,行而必果。诚信需要从我做起,不去刻意挑剔他人言行之中是否有诚信,而是努力做到自我诚信。

就法律构成部分而言,主要反映在信用法律保障体系的建立和健全方面,即通过一系列信用管理立法,使信用主体能够在法律法规中看到自己的信用行为可能导致的后果,并以此为基准作出趋利避害的行为选择,从而在社会整体的意义上使社会成员能够普遍地按照明确的信用规则体系行事。当前,信用立法主要体现在经济活动的领域中,而且,世界各国在以市场经济为经济运行模式的条件下,都非常重视旨在规范经济活动的信用立法。

就制度构成部分而言,主要反映在信用体系的运行和信用秩序的获得方面的制度建设。当然,法律体系就是制度的基本内容,但是,法律的信用规范体系还只是静态的成文规定,单单有了法律,还不能达到规范的目的,或者说,还不是现实的规范体系。因为,法律的信用规定要在经济和社会的实际运行中发挥作用,还需要有一整套执行法律的机制和机构与之相对应。事实上,凡注重信用立法的国家,也都有着系统完整的信用管理机构和机制,由信用法律和落实这类法律的机构、机制所构成的信用保障体系也就是信用制度。一般说来,成熟的市场经济国家都有着健全的信用制度,而致力于市场经济建设的后发展国家,往往表现出法律体系先行一步而制度建设迅速跟上的局面。

就组织构成部分而言,主要表现为一系列相互支持、相互衔接,甚至有可能相互竞争的政府的以及非政府的信用部门和机构的存在,这些部门和机构执行信用法律,从事信用管理,进行信用评估,或者提供信用信息咨询服务,成了信用制度的载体。一般说来,政府中的信用部门主要依法从事信用管理事务,而非政府的信用机构则着重于信用评估和信用信息咨询服务方面的工作。它们之间有着既竞争又合作的关系,而且,这种关系把它们联结起来,形成了一个社会中的信用组织保障体系的整体。

我们也看到,在信用体系建设和信用秩序供给方面,当前还主要局限在经济活动领域中。之所以经济领域中的信用体系相较其他领域发达,可以从两个方面得到理解:一方面,市场经济本身在很大程度上就属于信用经济,对诚信原则的遵从有着强烈的要求,需要在信用体系的完善中来规范经济行为和健全经济体制;另一方面,在 20 世纪,政府积极干预市场的行政行为模式得到了充分张扬,而政府在对市场的干预过程中,也表现在通过推动信用体系的完善来实现对市场的间接干预,在这一时期,政府甚至有着大量直接的信用干预行为,从而使经济活动领域中的信用体系优先于其他社会生活领域而被建立起来。尽管信用立法基本上都是与经济活动的开展相关的,或者说,尽管信用体系主要是关于市场经济的规范体系,属于市场经济体系中的一个组成部分,但其影响是广泛的,对社会生活的各个领域都有着积极的影响。

20 世纪 80 年代以来,从全球的范围来看,人类历史进入了一个新的阶段,虽然政府维护市场秩序和推动经济发展依然是一个不可动摇的主题,但社会生活的其他领域也越来越多地要求政府予以关注和照应。这样一来,钟情于单一经济职能的政府越来越不能满足社会需求。同样,经济活动领域中的信用法律制度体系也表现出不适应社会发展的状况。新的情况需要新的法律制度体系,也就是说,根据 80 年代以来社会发展提出的新要求,除了需要进一步完善和改进经济活动领域中的信用法律制度建设,还需要从社会整体的层面上来进行信用法律制度建设。

信用的问题,特别是诚信的问题,处于道德调整和法律调整之间的一个边缘地带,超出了经济活动领域,在整个社会生活的层面上来考虑法律制度建设的时候,工具性特征开始变得模糊起来,可操作性的特征显得游移不定。由于这个原因,关于普遍适用社会生活广泛领域的诚信立法才成了法制建设的盲区。但是,近些年来,法律自身的发展为信用法律制度建设提供了突破口,这就是一种全新的可以被称作"促进型立法"的法律部门的出现。

促进型法律是20世纪80年代后期以来迅速成长起来的法律部门,在西方发达国家,促进型立法已经具有了相当规模,在我国,促进型立法近些年来也取得了很大进展,在促进那些关系到社会发展的基础性行业和产业、平衡国民经济产业结构、保护环境和开发新型的替代性能源资源等方面,发挥了很大的作用。现在,我国已经拥有了许多属于促进型的法律,它们是:《中华人民共和国农业技术推广法》、《中华人民共和国科学技术进步法》、《中华人民共和国民办教育促进法》、《中华人民共和国中小企业促进法》、《中华人民共和国农业机械化促进法》和《中华人民共和国清洁生产促进法》等。这些法律都与传统的管理型立法有着很大的不同,包含于其中的基本立法精神是倡导、鼓励、支持、引导和促进。如果在社会整体层面上来考虑信用法制建设的话,这类新兴的立法模式正是非常适用的选择。

因此,我们可以作出这样的构想:制定一部"中华人民共和国信用建设促进法",并通过这样一部法律来引导和促进社会生活的各个领域中的信用行为,鼓励和支持"诚信为本"的立身、处事和经营方式。如果分步骤地来进行信用法律制度建设的话,我们也可以考虑在制定全国性的法律之前先从地方做起。比如,可以在北京市先行制定该项法律,通过实施,总结经验,再行进行全国性的立法。事实上,我国在社区甚至区、县的精神文明建设中已经有过许多好的经验,只是这些经验长期以来没有从立法的角度来加以总结，如果我们现在开始在立法的意义上来总结这些经验并用于信用法制建设，很快就会找到正确的方向。

同样，在制度建设上，一方面，我们可以先在经济活动领域中借鉴国外的经验，建立起经济信用评估体系；另一方面，对于广泛的社会生活领域，我们也可以建立信用评价机制。比如，对于从事经营性活动的法人团体，我们可以考虑设立信用准入制度，要求其提供"信用说明书"；对社会成员个人，则可以考虑在各项活动中作出诚信声明和诚信保证，特别是在各类申请书中作出诚信声明，甚至可以要求公民定期地进行诚信宣誓。在这方面，我们实际上也有着许多好的经验，我们发现，国家自然科学和社会科学基金的资助申请表中，就包含着类似的声明条款，只是没有得到法律和制度的支持而已。

在组织方面，我们认为，政府中应当设立专门的信用管理和引导机构，虽然现在政府中已经有了一些关于经济活动的信用管理机构，但社会信用管理方面的机构尚未出现。比如，我们可以设想在政府中的不同层级设立专门的信用建设委员会，也可以考虑在监察部门设立信用监察机构，使现在监察部门的政府内功能扩展向社会。当然，对此，人们可能会提出疑问，在精简机构的行政改革背景下是不应增设机构的，其实不然，如果考虑到普遍的诚信和信用能够大大地降低行政成本的话，那么设立相应的机构则是必要的。马克思在《资本论》中指出："信用制度加速了生产力的物质上的发展和世界市场的形成。"在一定程度上，诚信和信用也是生产力，政府部门中设立信用监察机构，恰恰是增强政府生产力的一个途径。

总之，现代社会包含着信用建设法律制度化的必要性和可能性，如果我们能够致力于通过法律制度的途径来促进信用体系的建立、健全和提高全社会的诚信意识，就会很快在这方面取得积极成效。在一定程度上，通过这一路径，也可以最终走向德制框架下充分实现德治的未来。

第六章　构建以信任为基础的组织

人类的社会治理自古以来都是在一种中心—边缘结构的基础上展开的,然而,走向后工业社会的过程则是一个"非中心化"的过程。正是结构的"非中心化",把信任与合作推到了社会治理体系建构的前台。政府是一个组织体系,在经历了科学建构的历程之后,出现了用信任与合作来加以重建的新机遇。对于政府这一组织体系来说,在其所拥有的权威整合机制、权威—价格整合机制之外,还需要拥有一个信任整合机制。当前,后工业化的压力已经施予组织,特别是复杂性和不确定性所带来的危机事件,都要求组织通过自身的变革去迎接挑战,而组织变革的唯一前景就是建立起以信任为基础的合作制组织。

第一节　"非中心化"进程中的信任与合作

一、官僚制的"中心—边缘"结构

组织起来的社会是一个拥有中心—边缘结构的社会。直到今天,我们所生活的世界都是围绕着某一中心展开的,一个国家或一个边界清晰的社会,总会有一个或一些政治中心、经济中心或文化中心,各种类型的权力也从中心伸展开来,并以中心为"根据地"而实施着对整个社会的控制。任何一个社会，它的中心—边缘结构越是清晰，越会显示出高度的有序特征，从而表明处于这个社会中心的权力控制力很强。在构建和谐社会的过程中，我们需要思考的一个问题是：是否应当通过强化社会的中心—边缘结构去实现对社会的全面控制，以便使它拥有一种超强秩序？近一个时期，有些学者常常提起中国历史上的一些所谓"盛世"，认为那些都是和谐社会的"样板"，根据这种看法，上一问题的答案似乎是肯定的。我们承认，在历史上存在着一些比较而言的"盛世"，但那决不是和谐社会，那只是在社会的中心—边缘结构中实现了权力有效控制的证明。今天，我们提出构建和谐社会的问题，是在特定历史条件下所提出的一个特定的社会目标。也就是说，它是在人类从工业社会走向后工业社会的这一历史背景下提出来的，有着全新的内涵，它不仅是我国国内社会主义建设的目标，而且对于全球来说，也是一个需要致力于追求的目标。在此意义上，我们所应追求的和谐社会将是一个在社会结构上非中心化的社会。在国际上，它不是由霸权主导的社会；在国内，它不是由集权控制的社会。而是一个平等、自由和公正自觉实现了的社会。当今社会，是一个组织化的社会，组织是社会的缩影，对组织结构非中心化的揭示也正是理解整个社会非中心化的最好切入点。

马克斯·韦伯在历史研究中梳理出一种官僚制结构，对此，人们更多地从组织结构的角度来加以理解，认为韦伯提出了官僚制组织理论，是对组织理论的贡献。其实，官僚制不仅是一种组织结构，而且，也是人类亘古以来的社会结构形态。社会的演进史是一步步地朝着按照官僚制的组织模式而被组织起来的方向前进的。也就是说，官僚制早已有之，在各古代文明国家中，都普遍存在着以官僚制为特征的组织类型。但是，官僚制向社会生活的每一个领域中渗透并在一切社会生活方面发挥着支配作用的进程，是发生在近代以来的历史演进中的。到了工业社会的后期阶段，"在全面官僚主义化的条件下，自愿的结合和以实现价值为主的双方一致同意的关系日益遭到破坏并被有目的的合理组织所取代。这些组织力求通过把一切情况当作问题——这些问题随后可以通过计算得到解决——来下定义和控制的办法实现它们各自的目的。"①结果，现代社会成了一个官僚制无孔不入的社会，不仅在公共领域，而且在日常生活领域，也都被纳入到官僚制的组织结构之中去了。以至于在社会生活的每一个领域中，"权力的行使越来越倾向于依靠各种管理方法、专业化和科学技术。其结果是，各种官僚机构正在使自己形成一个无所不包的圈子，看来谁也不允许离开这个圈子。"②

官僚制是建立在社会等级化的条件下的，反过来，官僚制也是借助于社会的等级化来实现自己的。只要有等级的地方，就会有官僚制，就会有中心—边缘结构存在。费孝通在阐述中国农业社会的差序格局时，把人们之间交往关系的结构比喻成水面丢石所引起的同心圆波纹状。他说，这"好像把一块石头丢在水面上所发生的一圈圈推出去的波纹。每个人都是他社会影响所推出去的圈子的中心。被圈子的波纹所推及的就发生联系。每个人在某一时间某一地点所动用的圈子是不一定相同的。""我们社会中最重要的亲属关系就是这种丢石头形成同心圆波纹的性质。亲属关系是根据生育和婚姻事实所发生的社会关系。从生育和婚姻所结成的网络，可以一直推出去包括无穷的人，过去的、现在的和未来的人物。"③这是在社会学或人类学的视角中所看到的情况，如果把视角转向政治学和管理学的话，就会看到，整个社会也会存在着这样一个"丢石头形成同心圆波纹"的状态。石头丢在水中，产生了波纹，这个波纹是从某一中心开始的，然后不断地向边缘扩展开去。政治学视角中的社会结构就是这样，存在着中心与边缘的差别，由中心向边缘展开，最后形成边界。

在工业社会，最有标志性的现象就是城市的出现，人们往往把工业化与城市化联在一起考虑，这是有道理的。城市在很大程度上是工业化的

---

① [英]约翰·基恩:《公共生活与晚期资本主义》,28页,北京:社会科学文献出版社,1999。引文中的"官僚主义"一词实指"官僚制"。
② [英]约翰·基恩:《公共生活与晚期资本主义》,5~6页,北京:社会科学文献出版社,1999。
③ 费孝通:《乡土中国;生育制度》,26页,北京:北京大学出版社,1999。

结果,同时,城市又是工业化的载体,是因为有了城市才有了工业化。一个国家、一个社会的工业化程度,是以城市为标志的。在工业化的社会和国家中,城市也是社会的中心。工业社会在结构上就是以城市为中心而铺开的。也就是说,自工业社会诞生以来的中心—边缘结构是等级化的中心—边缘结构,一个国家有一个终极的政治、经济、文化中心城市,大的国家最多有两个或三个这样的中心城市,以这个或这些中心城市为圆心,扩散开来而形成次一级的中心城市,这些次一级的城市又是次一级的政治、经济、文化中心。

可以相信,在一个相当长的时期内,我们的社会还会保持着以城市为中心的格局。但是,许多迹象显示,这种中心—边缘结构自身也在发生着变化,与工业社会诞生以来的那种单一中心结构不同,在我们的社会中正在开始从单一性中心—边缘结构逐渐向一种多元化的中心—边缘结构转变。这种现象是由工业社会向后工业社会转型所造成的。在走向后工业社会的过程中,虽然局部性的城市中心结构还会存在很长时期,但是,这样的中心不一定必然是政治、经济、文化合一性的中心,它(们)将会呈现出单一功能中心的性状。即便还有许多中心城市集政治、经济、文化功能为一体,但是它原先作为中心城市的统治地位将失去。总的说来,在后工业社会,我们将看到这样一幅图景,城市与城市,都只不过是一个网络上的纽结,任何一个城市,都无法担负起最终的或最高的政治、经济、文化中心的使命。孤立地看,一个城市与它周围的农村之间构成中心—边缘的结构。实际上,这种结构仅仅是日常生活意义上的结构,在政治、经济、文化的意义上,中心—边缘结构不再存在,这是一个多中心的网络,在一定程度上,也是无中心的网络图景。在这幅图景中,我们看到政治、经济、文化体系也已经发生了根本性的变革,那种根源于中心—边缘结构的支配模式完全失去了存在的基础。在网络结构中,每一城市的地位,都取决于它与其他城市之间有效合作的情况。

需要指出,在宏观的历史叙事中,中心—边缘结构在工业化的过程中出现了一次变革,在此前的农业社会,等级化的中心—边缘结构仅属于政治统治意义上的,经济和文化的功能也存在于这种结构中,但属于从属性的,表面特征并不明显。工业化把政治统治中心的经济、文化功能突出了出来,形成了由政治、经济、文化集合而成的中心城市。因而,在等级化的序列中逐层地形成这种政治、经济、文化的集合中心。后工业社会是这种中心—边缘结构的彻底解体。城市网络不仅消解这种集合中心,而且网络的"无界"特征也使中心—边缘结构丧失了存在的基础。结果,工业社会的支配模式将让位于后工业社会的合作模式,中心—边缘结构将为网络结构所取代,官僚制社会从而转化为合作制的社会。

近代工业社会形成的中心—边缘结构在文化方面也有着同样的特征,中心国家或地区的主导性文化具有强势的压迫性能力,禀承这种文化的人群对边缘地区或国家的文化采取轻蔑和歧视的态度。结果,不是造成文化隔绝,就是造成文化冲突。如果说在以往的世代,文化隔绝是主要现象,那么,随着经济和政治的全球化,文化冲突则成了普遍问题,而且这种冲突也时常导致暴力甚至战争。虽然20世纪后期以来,在西方国家,特别是在美国,出现了文化多元主义的主张,但大都局限在书斋和各种论坛中,无论在国际还是国内政策中,都还无法发现文化多元主义的踪迹。反而,工业社会中心—边缘结构条件下的文化霸权和文化压迫却越来越浓烈地体现在国际和国内政策中,甚至文化冲突被定位为文明与野蛮的冲突。这样一来,只能使文化冲突愈演愈烈。由是观之,在工业社会中心—边缘结构衰微的过程中,中心优越的文化观念也需要得到摒弃,而且,只有这样,才能获得以合作制为特征的新型世界秩序,也才能同样发现国内的合作治理方案。总之,在走向后工业社会的进程中,文化上的相互尊重和相互理解会显得尤为重要。只有有了这种相互尊重和相互理解,才会出现一个和谐的国际社会。

二、组织结构非中心化的意义

现代社会中的组织是官僚制表现得最为典型的领域,它以浓缩了的和典型化的官僚制特征反映了整个现代社会。所以,我们对社会中心—

边缘结构的考察还需关注组织的状况。事实上,官僚制组织是最倾向于制造组织成员边缘化感受的组织形式,这种组织的层级结构、用科学追求取代文化价值整合的制度模式,都倾向于制造组织成员的边缘化。官僚制组织中的管理层之所以会出现官僚主义的问题,也应当归因于管理人员的边缘化意识。因为,这种组织使管理人员认为组织是与他相分离的,组织目标的实现与他的相关性甚微,他在组织中只是可有可无的边缘人。因而,他不信任组织以及其他组织成员,相应地,他也失去了其他组织成员对他的信任。所以,在官僚制组织的现实运行中,那些有着独立意识,善于思考和有着较高知识素养的人往往表现出很大的不适应,反而那些"没头脑"的人显得更为合适,因为,这些"没头脑"的人对边缘化的感受往往比较迟钝,即使他处于边缘化的位置上,也会卖力工作。所以,说官僚制组织是适合于"愚人"的组织一点也不为过。

  官僚制组织的科学设计是通过强化组织的同一性来把组织变成一个效率实体的。但是,事实证明,由于它丧失了信任机制而使组织成员分化为许许多多的边缘群体,这些边缘群体之间由于出现了价值对抗而相互隔离,从而在本质的意义上破坏了组织的同一性。结果,使官僚制成为最没有效率的组织。在这种情况下,如果官僚制组织通过制度、体制和管理方式方法的改进能够重新整合出协作机制的话,也只能表现出一种临时性的正效应,过了一段时间,就又重新陷入困境。虽然现代官僚制组织发展出了一套通过定期更换领导人员的做法,去改变管理的方式方法,甚至有时也能起到改变体制的效果。但是,官僚制的制度和结构无法得到根本性触动,所以无法实现对组织成员的同一性整合,无法消除这种组织中大量存在着的边缘群体问题,更不可能在组织成员间建立起普遍的信任。我们经常看到的是:当组织领导人员更换之后,某一或某些边缘群体中心化了,而更多的边缘群体产生了。如果新任领导人试图利用边缘群体间的价值隔阂来稳固自己的地位,那么组织整体的同一性状况就会迅速恶化,以至于他不得不在任期中的下半段时间内疲于应付纷至沓来的问题甚至危机。

当然，在组织成员普遍边缘化的情况下，也可以通过自觉地制造出一个明显的边缘群体来降低现有组织成员的边缘化感受。比如，这样的组织可以通过招募一批临时雇员，形成一个新的边缘群体来缓解组织正式成员的边缘感。但是，这只能是一个临时性的措施，必须在进行这一步的时候迅速地对组织成员进行新的整合，使他们从边缘群体中彻底地退出来。否则，不仅那些临时雇员的边缘地位不会改变，如果正式成员发现自己的许多任务和工作有可能为临时雇员所取代，那么，这些已经边缘化的正式成员就会采取破坏性的过激行动，甚至有些行动对于组织来说是灾难性的。这正如政府有时为了抵销公众对行政管理的不满时，可以运用公共舆论来把公众的注意力引向对危机管理问题的关注，但是，当公众出现了对危机管理的注意力疲劳时，转过头来重新审视政府的常态管理时，它却没有发生根本性的改变，这时，可能政府就真正要面对危机管理的问题了。也就是说，政府借助于吸引公众注意力的"危机管理"却成了政府必须面对的现实。所以，组织试图通过制造边缘群体来抵消组织成员边缘化的做法也是非常危险的，运用不好的话，有可能把组织中的一切成员都打入了边缘状态。

一般说来，即便组织较好地完善了组织成员角色地位的平等保障机制，也还会出现部分组织成员成为"边缘人"的可能性。事实上，在现存的一切组织中，都存在着组织成员边缘化的问题，甚至有的时候，一个组织中只有极少数人构成了组织的核心，而很大一部分组织成员成了组织中的"边缘人"，在这种情况下，组织中就会弥漫起一种普遍的不信任感。反过来，这种不信任感又会消蚀组织的凝聚力，进一步扩大组织的分化，使更多的组织成员进入一个个分散的边缘群体，一旦众多的边缘群体出现了，也就意味着组织的生命力走向了衰竭。一般说来，能够成功地保持旺盛生命力的组织，都是成功地避免了组织成员边缘化的组织，这些组织往往在两个方面有效地避免了组织成员的边缘化：其一，提高组织成员与组织的一体化意识，使组织成员无法产生被边缘化的意识，其二，增加组织的开放性，让那些已经产生了边缘意识的组织成员流动出组织体系之外。总之,尽可能地消除组织成员边缘化的现象。这样看来,如果组织缺乏充分的开放性,同时又没有有效地消除组织成员边缘化意识生成的手段,就会使组织丧失信任机制,进而滋生矛盾甚至冲突,可能导致一切组织成员,甚至最高层、最核心的管理人员,也都会有着受到不公正对待的感觉。从而致使组织不信任问题的循环升级。

今天,人类正处在一个从工业社会向后工业社会转型的时期,瞻望后工业社会,可以看到,随着知识价值显得日益重要,随着人的自主性、创造性对于组织生命力变得至关重要的时候,官僚制的这种适应于"愚人"的组织模式也就不再适应于社会发展的需要了。所以,它需要为一种能够容纳组织成员的独立性、自主性和创造性的组织模式所取代。这种组织就是一种合作制的组织。最为重要的是,这种组织不再把中心—边缘结构作为组织存在和运行的基础,反而是中心—边缘结构的消解。没有中心—边缘结构的组织将是一种什么样的组织呢?解剖一个硕满的石榴也许会得到启示,错落有致的石榴仁密密麻麻地排列在一起,有一些石榴仁是直接排列在外皮内的,有些石榴仁是排列在较里层的位置上,分布均匀,而且个个成熟饱满,却不像桃子那样,有一个由内到外的层次结构。后工业社会的组织就是这样一种形状,它不是官僚制的,而是合作制的,它在结构上将是一种网络式的结构。

人们可以争辩说,官僚制组织的中心—边缘结构是从属于效率目标的,因为有了这种结构,命令才能统一并被逐级地贯彻下去,才会以一个整体的形式营造出较高的效率。但是,网络结构将会带来更高的效率。因为,组织的网络结构将以对环境的适应性程度的提高来获得整体效率的提高。也就是说,这种组织的合作性质决定了它会实现与环境的互动,会积极地把环境中的有利因素吸收到组织运动的动力机制中来,而对于环境中的不利因素,也会作出灵活的回应。可以说,在组织与环境的关系上,合作制组织的网络结构更加显示出高于以往一切组织的优越性。以往的一切组织都是以一个整体的形式面对环境的,当环境的压力作用于组织的某一部分时,组织在整体上很难觉察到,即使环境的压力已经作用于组织的整体时,由于组织的决策机制等方面的原因,在作出回应时,也往往是极其迟钝的。在很多情况下,积极的压力所提供的机遇被丧失掉了,而消极压力往往被持续地积聚起来,以至于对组织的存在构成威胁。网络结构把组织整体与环境互动的单一通路分解到组织的每一构成要素之中,环境压力总能被及时地觉察并作出无时滞的回应。从而增强了组织整体上相对环境的适应性,实现了组织与环境的充分互动。所以,网络结构赋予组织高度的适应性,从而也是最有效率的组织。即使是从资源配置的角度看,传统组织的中心边缘结构使资源配置条块分割,而合作状态下的组织网络的非中心化结构则打破了条块分割的边界,使合作体系中的一切资源都融合起来而成为一个总体性的存在。

我们知道,当组织是一个控制体系时,总会存在着强化自上而下的监督机制的倾向,从而使组织中的信任关系受到削弱。比如,在领导与下属之间,领导对下属的监督控制每加强一分,下属与领导以及下属之间的信任关系也就会同比例地受到削弱。所以,并不是组织成员天生具有不信任、不合作的禀赋,而是组织的控制功能破坏了组织成员的信任与合作。例如,我们看到过这样的案例,在某种天灾面前,人们之间表现出高度的信任与合作,但是,当灾后把他们组织起来抗灾的时候,他们之间的信任关系和合作行为迅速瓦解。对于这种情况,我们是应当归结为人性的缺陷还是组织的缺陷呢?长期以来,学者们为了维护基于人性缺陷假设而形成的组织,往往进一步强化关于人性缺陷的观念,认为上述情况证明了人性的缺陷。实际上,上述情况恰恰证明了组织缺陷,它说明迄今为止的一切组织形式,无论是自然形成的还是精心设计的组织,都存在着去激发人性中那些消极因素的动力,包含着对人性中积极方面的破坏和压抑。用反人性的组织形式把人组织起来,理所当然地会激发出人性中的消极方面。如果通过这一点来证明人的人性缺陷的话,虽然使理论假说得到了证明,但对人类文明的进步来说,则是消极的。所以,我们现在的任务应当是在组织理论实践中彻底告别传统,进而为组织的未来确立一个新的起点。具体地说,我们需要终结"组织是一个控制体系"

的观念,从而根据合作理念来重建组织,用作为合作体系的组织取代作为控制体系的组织。在现实表现中,这一追求就会反映在组织结构的非中心化上。

三、信任与合作的出场

合作制组织可以看作是一种构成性的组织,正是它的构成性特征决定了它不同于官僚制组织。因为,官僚制组织能够发挥作用的力量来源于它的中心—边缘结构,在官僚制组织的设计和完善中,一切都需要指向其结构,即如何强化其中心—边缘结构,如何使这个结构的中心与边缘梯级更加清晰。尽管到了20世纪后期出现了许多从文化、价值、实质合理性的角度来补救官僚制的方案,但都不能从根本上解决问题,这是因为,官僚制组织本身就是中心—边缘结构的组织形态。合作制组织作为一种构成性的组织,也必然会拥有自身的结构,但是,它的组织结构表现出了非中心化的特征。而且正是这一非中心化特征决定了组织理论的研究将不会把主要精力放在它的结构上,而是更多地关注它的构成因素。其中,信任与合作就是最为基本的构成因素。合作制组织是一种拥有网络结构的组织,或者说,合作制组织在结构形态上是以网络的形式出现的,它对组织成员间的信任有着很高的要求。"在低信任度的社会里,采取网络形态的组织可能极容易在莫衷一是的情况下瘫痪或毫无动作,这种网络的每个成员在面对集体行动的需求时,心理盘算的是如何利用网络来谋求自己的利益,同时也会怀疑其他成员公司和自己有一样的打算。"[1]合作制组织建立在信任的基础上,因而它在信任中自然生成合作。

"信任促进了权力的分散,增进了真实的传播,并通过分配稀有资源实现合作。因而,拥有高度信任的组织更可能成功地渡过危机。"[2]其实,

---

[1] [美]福山:《信任:社会道德与繁荣的创造》,225页,呼和浩特:远方出版社,1998。
[2] [美]罗德里克·M.克雷默,汤姆·R.泰勒:《组织中的信任》,11页,北京:中国城市出版社,2003。

即使对于传统组织来说,信任也是组织生产力的重要构成因素。但是,传统组织为了增强自身的生产力,需要自觉地去营建信任的氛围,因为,传统组织的中心—边缘结构缺乏自动生成信任关系的内在动力。合作制组织比传统组织优越的地方,恰恰表现在这种组织的非中心结构包含着生成信任关系的机制,这种组织的运行机制本身,就是信任关系的调整和健全的过程。反过来,信任又促进组织结构从非中心化向网络结构生成的转变,并产生了合作秩序。组织的网络结构是建立在组织成员以及组织间高度信任的基础上的。反过来,组织的网络结构又能够促进组织成员和组织间信任关系的提升。它们是密切联系在一起的。也正是由于信任与组织的网络结构的同一性,使组织的整体能力得到提升,从而表现出:信任赋予组织凝聚力,增强组织为实现目标而共同行动的能力,使组织的结构效率和制度效率达到最佳状态。这就是福山所说的,信任促进组织的凝聚和增强社会的团结,"社会具有高度团结心和共通的道德观,能使这个社会的经济更有效率,这其间还有另一番道理,因为强调个人主义的社会必须处处提防'坐享其成'的投机分子,但道德心强、团结力大的社会则比较没有这种问题。"[1]当然,在组织成员个人这里,也可以从信任中获得力量。但是,这种存在于个人这里的信任力量还是很微弱的,如果扩大到组织的层面上,信任的力量就可以得到无限放大。可见,信任作为组织的一种资源是最具有开发价值的,因为这种资源不会因为使用而消耗,反而会在使用中迅速增长。如果这种资源能够得以培育,不仅不会出现损耗,而且会愈用愈多。重视信任的组织管理,会在组织内无限地生成信任资源。

合作制组织中的信任产生于组织的网络结构,而合作制组织的合作机制又是建立在组织成员的信任关系上的。组织成员间缺乏信任,就意味着组织的合作机制失灵,组织的效率和效益都会大幅度下降,以至于组织只有通过缩小其规模才能重建信任机制。应当承认,合作制组织也

---

[1] [美]福山:《信任:社会道德与繁荣的创造》,177页,呼和浩特:远方出版社,1998。

会存在着一个建立与解体的问题。但是,一般说来,当组织中的信任度较高的时候,组织在规模上是可以扩张的。当组织中的信任度趋低的时候,合作机制会出现失灵的状况。在这种情况下,组织如果能够自觉地缩小其规模来重建信任,肯定是最为明智的举措,如果无视组织中的信任问题而不在组织规模上做"手术"的话,就会不可避免地陷入组织彻底解体的命运。

在合作制组织中,组织成员以及他们与组织间的信任是具有权威性的,而且这种权威导致自愿的合作行为,这与传统组织中角色与职位的权威有着根本性的不同。因为,在官僚制组织以及所有的传统组织中,角色与职位的权威所要求的是服从和依附的回应。同时,虽然信任本身并不是组织成员增强责任感的途径,但合作制组织中组织成员的责任感却可以追溯到信任这一根源。因为,信任为合作提供了基础,而合作关系又促使组织成员生成主观责任,即责任感,进而反映到合作行为中。所以,信任也经由合作关系而增强了组织成员的责任感。正如福山所指出的:"信任度高的社会能够以更具弹性的方式组织其工作场所,而且组织方式也较为团体导向,使组织的责任得以分散到较低的层级;反之,低信任度的社会必须处处提防、孤立他们的员工,所借助的手段不外是一大堆官僚形式的规章。当员工觉得组织以信任的方式对待他们,信任他们群体能有所贡献,而不把他们当作是一部庞大机器上的小螺丝,任由旁人来支使,这时候员工通常会对他们的工作场所更满意。"①因而,他们就更倾向于负责任。

在20世纪后期,团队组织是一种预示着合作制组织出现的新的组织现象,这种团队组织不实行层级和职位分类的官僚制,因而能够最大程度地消除组织管理阶层与一般成员之间的隔阂,由于职位分类而造成的身份差异也不再明显地为组织成员所感受到。这种情况下,组织在人员和资源的配置上有着高度的弹性,在群体取向下,职位和岗位责任转化

---

① [美]福山:《信任:社会道德与繁荣的创造》,42页,呼和浩特:远方出版社,1998。

成组织成员的主体化责任,他们之间相互合作并且相互信任,每一个组织成员都能通过自己的积极性、主动性去创造性地补足组织运行中的有机性失调部分。

认识人类的社会生活,信任其实是无处不在的,任何一个社会都包含着起码的信任,学者们常常评论的"信任危机"或"信任缺失"只是指信任度低,而不是指没有信任。没有信任,任何一个社会都无法存续下去,更不用说能够有正常的人际关系和交往行为了。信任对于社会就像空气和水之于生命。"我们通常将起码的信任和诚实视为理所当然,忘记它们在每天的经济生活里多么普遍,对于我们经济活动又发挥多么大的润滑功能。"[1]也许正是信任之于人类社会的这种普遍必要性而使人们往往忽视了它,直到它的稀薄已经带来严重社会后果的时候,也会想起它,正如到了空气稀薄的高原或严重空气污染的环境中才意识到空气的重要一样。正如福山所说的,"我们假想一下,如果人与人之间完全没有信任感,那会是什么样的情景?这样一想,可能就比较懂得珍惜信任感所带来的经济价值了。"[2]其实何止经济价值,对于一切社会活动的价值也是不言自明的。正如清洁的空气和水对于健康的人体一样,人们之间充分或高度的信任对于一个健全的社会也是必要的。但是,福山也看到:"工业化的过程,特别是大规模生产的兴起,将无可避免的导致法规叠床架屋,最后终会消失职场中的技术和信任关系。"[3]

现在,当我们呼吁信任与合作的出场时,所看到的是社会和组织结构的非中心化。我们把"信任危机"或信任的匮乏归因于社会和组织的中心—边缘结构,正是这种结构破坏了信任甚至瓦解了信任,而社会和组织结构的非中心化所带来的也正是信任与合作重建的机遇,或者说,社会和组织结构的非中心化为信任和合作的出场提供了客观前提。

---

[1] [美]福山:《信任:社会道德与繁荣的创造》,174页,呼和浩特:远方出版社,1998。
[2] [美]福山:《信任:社会道德与繁荣的创造》,175页,呼和浩特:远方出版社,1998。
[3] [美]福山:《信任:社会道德与繁荣的创造》,243页,呼和浩特:远方出版社,1998。

第二节　组织管理中的信任与合作

一、组织管理中的信任重建

西方国家许多学者认为,中国是一个"低信任度"的社会,缺乏支持市场经济所必要的信任。这种判断既对又不对,说它对,是因为中国在社会主义市场经济建设的过程中,普遍存在着信任支持因素匮乏的状况。但是,说中国社会缺乏信任,又显得不能接受。因为,在日常生活的领域中,信任不是太弱,可能是过多过滥了。在城市建设中,可以经常看到的农民工被骗的情况,大都源于农民工盲目的信任。所以,对信任的问题,需要作出具体的分析。只有这样,我们才能知道,在构建社会主义和谐社会的过程中需要自觉地培育什么样的信任。

现代社会是组织化了的社会,社会生活在每一个层面上都是由组织构成的,是组织起来的社会生活。在一定程度上,组织是社会的缩影,组织中的信任与合作的状况反映了整个社会的信任与合作的状况。所以,对组织中信任与合作的考察,也是认识整个社会的信任与合作的途径。或者说,组织是一种社会存在形式,对一个社会中信任与合作状况的认识,可以在对组织的考察中进行。当然,一切组织都是发生在特定的社会背景下的,组织有自己的历史,但它的历史也就是社会的发展史。基于这种辩证的理解,我们在思考和谐社会的构建问题时,需要从组织出发。反过来,我们对组织中的信任与合作的认识,对于我们构建和谐社会的伟大社会工程来说,也可以提供有价值的启示。

在我们生活的这个世界上,在组织的运营或组织的管理过程中,信任往往很少引起组织理论家和实际管理工作者的关注。我们知道,泰勒综合性的管理思想被管理学界概括为"泰勒制",而马克斯·韦伯的思想主要被从组织结构的角度理解,所以被概括为"官僚制"。实际上,现代社会的组织基本上都可以归入到官僚制这一组织模式中去。官僚制组织所谋求的是控制机制的科学性,因而,它不需要人们之间的信任作基础。因而,福山关于泰勒思想的评价也是适应于官僚制的。福山说:"泰勒倡导的劳工管理与管理阶层关系,对工业所造成的影响是可以预期的,就长期来看,其伤害力相当强。遵循泰勒原则所组织起来的工厂,无异是对员工宣告公司不信任他们,公司认为他们无法承担重大的责任,因此把交代给他们的工作都细分成很小一部分,并且要求他们样样都得照公司的规矩来做。"①

认识到了"泰勒制"的这一根本缺陷,实际上也就找到了组织重建的方向,那就是恢复人类创造力、主动性和革新能力在组织活动中的作用,把组织变成一个高信任度的场所。但是,工业社会的生产和社会活动决定了这些构想无法付诸实践,因为"泰勒制"正是基于此而作出的设计,只有当社会实现了革命性的转型,即"泰勒制"的社会基础丧失之后,才能使恢复人类创造力、主动性和革新能力等这些人类特质的方案获得实施的可能。这一点可以从非正式组织的发现中得到证明。然而,在现代思想史上,非正式组织的发现却仅仅被看作为人际关系学派出现的标志,因而没有引起组织理论上的根本性变革,即没有提出全新的组织模式。

我们知道,在20世纪20年代,由于梅奥的"霍桑实验"以及后来巴纳德的理论贡献,发现了非正式组织,这实际上为组织的团队化建设提供了一条非常实用的技术路线。但是,泰勒的管理主义原则和韦伯的科学主义精神堵塞了这条道路,使整个20世纪的组织实践一直在官僚制的框架下被修补和完善,组织的科学结构以及技术化的管理技巧被不断地强化。本来,从人际关系的角度来看组织,是可以更多地从文化和伦理方面着手去进行组织规划和建设的,即把信任关系和合作精神作为组织建设的基础。也就是说,如果非正式组织对正式组织的完善有什么启示作用的话,那就是在非正式组织中包含着信任机制。正是这种信任机

---

① [美]福山:《信任:社会道德与繁荣的创造》,246页,呼和浩特:远方出版社,1998。

制,是正式组织制度化过程中流失了的因素。如果说人类社会中的信任可以划分为习俗型信任、契约型信任和合作型信任这三种信任类型的话,就可以看到,存在于非正式组织中的信任机制还属于低级的习俗型信任,正式组织制度化的过程中所大量流失的正是这种习俗型的信任,正式组织用科学化的制度取代了习俗型信任。但是,如果正式组织在制度设计中能够考虑信任机制的作用的话,就会自觉地在正式组织中重建理性的信任机制,就会去自觉地创造出作为高级形态的合作型的信任机制。当然,近代社会在市场中以及宏观的和广泛的社会生活领域中成功地用契约型信任置换了习俗型信任,但是,在微观的组织行为中,也去用契约型信任取代习俗型信任,总是显得不甚成功。在这些微观的组织行为领域,所需要的是更高的合作型信任。

近代工业社会在社会交往方面也是建立在契约的基础上的。如前所述,契约所反映的是陌生人之间的不信任关系,但是,由于有了契约以及契约的保障机制,人们之间又变得可以相互信任了,这种信任就是契约型的信任。由于近代以来的社会是一个契约普遍化的社会,所以,在组织管理中,契约也是应用最为广泛的形式。对此,福山指出:"虽然契约和自我利益对群体成员的联属相当重要,可是效能最高的组织却是那些享有共通伦理价值观的社团,这类社团并不需要严谨的契约和法律条文来规范成员之间的关系,原因是先天的道德共识已经赋予社团成员互相信任的基础。"[①]这就把我们引向了以组织的信任为特征的伦理道德基础。确实如此,在人类社会的一切历史阶段中,任何一种类型的组织如果能够得到伦理因素的支持,都会拥有很高的凝聚力和共同行动的能力。如果组织目标正确,还会具有高效实现组织目标的能力,会高效地使用组织资源,甚至会把组织的环境压力变成组织发展的动力。

"泰勒制"的科学管理和"官僚制"层级原则,都是服务于效率目标的,对于工业社会来说,它们的确在效率实现方面取得了优异成绩。但是,

---

[①] [美]福山:《信任:社会道德与繁荣的创造》,36 页,呼和浩特:远方出版社,1998。

在福山看来,信任也可以提高组织效率,甚至会更有效率。他说:"没有必要在社群和效率之间作二选一的选择,事实上,那些选择多加关注社群特性的组织,反而可能是效率最高的组织。"①关于信任的功能,福山作出这样的判断:"假如同一企业的员工都因为遵循共通的伦理规范,而对彼此发展出高度的信任,那么企业在此社会中经营的成本就比较低廉,这类社会比较能够井然有序的创新开发,因为高度信任感容许多样化的社会关系产生。"②其实,不仅是企业,公共组织也是如此。一切组织都只能在拥有高度信任的情况下,才会容许多种交往和人际关系并存。放在历史背景下看,如果说在以往的历史阶段中,当组织处在缺乏信任的情况下,还可以通过压抑和阉割多种交往和人际关系而使组织在单一关系模式下仍然能够存在下去的话,那么,在今天这样一个正在走向后工业社会的过程中,我们可以清晰地看到,社会关系的多样化已经是一个无可回避的现实,组织自身的存在已经无法通过阉割社会关系来维护自己的生命力了。这时,惟有在组织中自觉建立起信任机制,才能使各种交往和人际关系处于调适的状态,才能真正获得组织效率。

二、在社会背景中看组织

考察组织中的信任,需要在社会以及历史的背景下进行,不仅因为社会与组织有着同构关系,而且,社会存在的状况决定了组织。"泰勒制"和"官僚制"都从属于其特定的社会原理。

我们已经指出,在人类学的视野中,农业社会也被称作为熟人社会。熟人社会中的信任是基于亲缘关系和地缘关系而展开的,首先是亲缘,其次是地缘以及学缘,只有在此基础上,其他类型的信任才有可能。吉登斯说:"信任的第一类情境是亲缘关系,在大多数前现代制度下,它是社会关系'群'在当时的时—空条件下得以组织起来的相对稳定的模式。

---

① [美]福山:《信任:社会道德与繁荣的创造》,43 页,呼和浩特:远方出版社,1998。
② [美]福山:《信任:社会道德与繁荣的创造》,37 页,呼和浩特:远方出版社,1998。

亲缘间的联系通常是紧张与冲突的焦点。但是，无论包含了多少冲突并引起了多少焦虑，亲缘关系仍然是人们可以依赖的普遍性纽带，凭此人们才能在时—空领域内构建起行动。这一点，无论是从相当非个人化的还是更加个人化的关系层次上看，都是如此。换句话说，人们通常可以（在不同程度上）依赖亲戚们去承担各种义务，不管他们是否对被承担义务的具体个人有无同情心。更有甚者，亲缘关系的确还经常提供一种稳固的温暖或亲密的关系网络，它持续地存在于时间—空间之中。总体来说，亲缘关系所提供的，是一系列可信赖的社会关系网络，它们既在原则上也（常常）在实践上建构起了组织信任关系的中介。"①在城市化的过程中，随着人们拥入城市，这种亲缘关系所构成的社会关系群就基本上处于解体状态，即使没有完全解体，亲缘基础的社会关系群在规模上也日益缩小，事实上，工业化使有着亲缘关系的人被分解而安排到不同的生产部门和不同的生产线上，从而使生产关系冲击着亲缘关系。有着亲缘关系的人由于联系和共同行动机会的减少而大大疏远和受到削弱。这样一来，亲缘关系在人们的交往关系中的地位和价值越来越被排挤到了边缘地带，甚至，由生产和交换而结成的陌生人关系取代了亲缘关系并成为社会关系的基本内容。

　　从欧洲的情况看，城堡是一个可以用来比喻社会的东西，社会的发展表现出现实的或虚拟的城堡的演变。在农业社会的权力制度下，城堡筑在不同群体的边缘。进入工业社会的法律制度下，群体边界上的城堡被拆除了，但在个人之间筑起了无数的小的"城堡"，每一个人都封闭在这种无形的小的"城堡"之中，用法律来护卫这个属于自己独占的城堡。到了后工业社会，所有这些城堡都将被拆除，每一个人都是开放的个体，对他人、对群体、对社会开放。如果说农业社会的组织，是把封闭在不同城堡中的群体组织起来，建立起一个更大的城堡的话，那么工业社会则是把那些以个体为单位的小城堡联结起来，被联结起来的小城堡由于相对

---

① ［英］安东尼·吉登斯：《现代性的后果》，89～90页，南京：译林出版社，2000。

独立地被保存和维护,就要求组织根据官僚制的原则把这些孤立的小城堡联系为一个体系,放在不同的位级和位置上,构成一个等级化的控制和支配体系。到了后工业社会,由于这些城堡被最终拆除,每一个体的无限开放性使他们获得社会的总体性,联为一个统一的整体。以这些个体为基础而构成的组织,也就是开放和互动的组织,个体的开放性使他们以合作的方式而与他人联为一体,并以组织的形式出现。

有许多学者抱怨资本主义割断了人类农业社会"自然社群"生活之和谐悠适的根,造成了社会离析的"原子化"状态,这实际上只看到了历史的表象。因为,近代社会在许多方面都是成功的,它所暴露出来的诸多缺陷应当被理解成人类真正走向合作社会前必经的痛苦经历,它证明人类在开始真正属于人的历史之前,需要经历被恩格斯称作"史前史"的阶段,虽然不同国家或民族选择的路径会有所不同,但这段"史前史"可能是无法跨越的"峡谷"。只是穿过这个"峡谷"时的步伐有快有慢而已,后达的国家和民族,有可能在先进国家和民族的足迹引导下,以更快的速度穿过这个"峡谷"。以工业社会的竞争行为为例,竞争行为在现代社会造就出的峰峦迭起,却为走向合作社会的平整洋面而准备了物质基础和文化要求。这不仅是因为竞争行为历来都需要在社会层面上谋求协作的支持,而是因为竞争所激发出的无限生产力改变了社会的结构,把简单的线性社会结构形态转化为复杂的网络结构形态。从而,走出因为竞争而导致的不信任状态,走向相互信任的和谐社会。

用科学的态度来看,在整个工业社会,由于"政治利益冲突和认同冲突而与其他类型的社会关系不同,所以仅仅是社会关系转变为政治关系的事实就足以使信任的特殊条件成为问题。""民主的成分越多,就意味着对权威的监督越多,信任越少。"[①]要想突出信任在社会运行和政治生活中的整合作用,首先就要对近代以来的民主信念进行反思。应当看到,就近代民主制度是在熟人社会解体的废墟中产生出来而言,它本身

---

① [美]马克·E. 沃伦编:《民主与信任》,1页,北京:华夏出版社,2004。

就是因为那种存在于熟人社会中的习俗型信任消失而被作为填补空白的制度设置,随着民主的发展,信任变得越来越无关紧要了,近代的人们通过民主制度的完善,试图去证明一个社会即使没有信任也可以良好地运行。对此,奥弗是这样解释的,在工业社会这样"一个具有流动性、需要合作及依赖陌生人成为突出特征的社会中,……基于个人交往经验的信任没有多大帮助。那些仅只依赖个人熟悉为基础的过时信任生成机制的社会是完全低效的,因为它使我们在缺乏可选择的信任产生机制的情况下放弃许多于彼此有益的合作机会。"①所以,在工业社会的陌生人环境下,社会交往得以展开,需要有一种新的信任形式来取代农业社会熟人环境中的习俗型信任,这种新的信任形式就是契约型信任,有了契约型信任,社会重新得以延续,而不是在个体意识生成的条件下被分解为一个个孤立的"原子"。

然而,20世纪后期各种各样社会问题的出现却反证了信任的价值,即证明信任对于人们的社会生活来说,是非常重要的。因为,人们无处不见:由于信任的消解,在日常社会生活的层面,人们之间的交往付出越来越高的成本。正是看到了这一点,一些试图为工业社会的巨大成就辩护的学者也不得不指出:"一个能够促进牢固信任关系的社会,也很可能是这样一个社会,它能够给予更少的管理和更多的自由,能够应付更多的意外事件,激发其公民的活力和创造性,限制以规则为基础的协调手段的低效率,并提供更强的生存安全感和满足感。"②就民主制度运行中常见的协商和承诺而言,"尽管信任不是借助于协商和承诺的政治的唯一条件,但没有信任,这些方式就会陷入瘫痪。"③

究其实质,近代工业社会是一个利益导向的社会,生活在这一历史阶段的人是擅长和习惯于利益谋划的。在一切利益谋划中,都不会真诚地

---

① [美]克劳斯·奥弗:"我们怎样才能信任我们的同胞?",载[美]马克·E. 沃伦编:《民主与信任》,52页,北京:华夏出版社,2004。
② [美]马克·E. 沃伦编:《民主与信任》,2页,北京:华夏出版社,2004。
③ [美]马克·E. 沃伦编:《民主与信任》,18页,北京:华夏出版社,2004。

维护信任关系。因为,此时,信任关系只是利益实现的工具,如果能够有利于利益实现,就会拼命地加以利用,一旦不能对利益实现有所助益时,就毫不犹豫地加以破坏。所以,自私的人及其利己行为中,是不存在信任因素的。因而,他也不会成为合作行为的主体,当他选择了与他人共同行动的行为时,其实仅仅是在与他人协作,而且,是出于利用这种协作来实现自我利益的目的的。在这样的历史条件下,即使人们考察信任的问题,也走不出利益谋划的思路。所以,我们才看到普特南等人把信任称作为"社会资本",认为信任也是可以像资金那样运作的,是可以收取投资回报的。其实,对于信任,需要更多地从文化的角度来认识和建构,或者说,对于信任,不能从属于工具主义的理解,更不能按照工具主义精神来加以建构。因为,在工具理性中,信任是没有价值的。如果把信任当作"资本"的话,那么,在利益谋划成为社会主导性行为模式的条件下,它的"风险"必然是最高的。谁若信任他人,必将血本无归。

在历史表象的层面上,如福山所说:"社群导向社会的平等主义通常只限于文化同质团体,换句话说,他们的社团里不掺杂拥有其他文化的成员。道德社群有明显的圈内人和圈外人之分:圈内人彼此待之以礼,人人平等,但是碰到圈外人就不是这回事了,事实上,社群内部向心力越高,他们对外人的敌意、漠视、褊狭程度就越严重。"[1]在迄今为止的社会历史中,福山所揭示的这一现象都是真实的,特别是在宗教团体以及近似宗教团体的社会圈子内,表现得尤为突出。但是,我们必须指出,这一既存的文化心理现象并不是永恒的,仅仅是在社会处于封闭状态,或者是在社会开放性不足的条件下,才会如此。因为,这种文化心理现象无非是社会封闭性在社群中的映射。或者说,这是熟人社会所具有的普遍特征,在农业社会的历史阶段中,熟人社会的普遍存在决定了陌生人是这个社会的异物,是不可信任的,在人类进入工业社会之后,熟人社会的这种文化心理特征并未彻底消失,因而会在社群中表现出来。实际

---

[1] [美]福山:《信任:社会道德与繁荣的创造》,270页,呼和浩特:远方出版社,1998。

上,这种文化心理现象对于工业社会来说,已经不再是主导性文化了,在政治生活、经济生活以及生产活动中,这种文化心理现象所发挥的作用已经不再是主导性和支配性的了。所以,它只是工业社会中的一种较为边缘化的文化心理现象,工业社会更多地受到陌生人交往规则的支配。这说明,与农业社会历史阶段中的熟人社会相比,工业社会这一历史阶段中的陌生人社会具有较大的开放性,封闭社群这种熟人圈子仅仅是尚未被工业社会开放性冲破的旧堡垒,即便如此,也已经是残垣断壁了。历史的发展必将冲破一切封闭的领域,因而也会最终消除福山所看到的这种社群内部个体的开放性与社群整体封闭性相矛盾的现象。

社会决定组织,不具有信任基因的社会必然会造就无信任的组织。福山在对工业社会中不同国家的信任因素进行比较之后,得出结论:"信任与社交性在各文化体的分布并不均匀,这意味着泰勒思想在某些文化下比较成功,但换了另一个文化则不然,换句话说,在信任度低的社会里,泰勒思想也许是工厂纪律得以推行的唯一途径,然而在信任度高的社会里,就比较容易出现泰勒理论的变形版本,其基础是分散的责任与技能。"① 如果我们不是像福山这样进行横向比较,而是在历史的纵向维度中考察,福山的结论就会得到进一步的强化。也就是说,泰勒制是有着特定的历史适应性的,它只能满足工业社会大生产的需要。进入后工业社会,随着个性化生产取代工业社会的大生产,产品的技术含量与艺术含量同比例增长的过程也就成了告别泰勒制的历史进程。

三、信任与合作的同构

"泰勒制"和韦伯的"官僚制"是在工业社会的中后期被提出来的,属于工业社会的成熟的管理制度和组织形态。中国社会的工业化进程起步较晚,基本上是在20世纪的80年代初才开始的。对于中国社会,在一个很长的时期内,是要在工业化的问题上"补课"的。但是,正如我们

---

① [美] 福山:《信任:社会道德与繁荣的创造》,250页,呼和浩特:远方出版社,1998。

一再指出的,在中国社会开始工业化的时候,整个世界已经提出了后工业化的问题。此种情况下,中国社会是无法专心致志于工业化的,它在进行工业化"补课"的同时,也必须面对后工业化的历史进程,必须承担起解决后工业化课题的任务。否则,它就会再度陷入无尽的"补课"式发展之中去。落实在组织建设方面,我们就会发现,后工业社会将会有这个社会特有的组织形态,我们需要去主动地探索那种属于后工业社会的组织形态。现在,我们提出和谐社会的目标追求,在这一点上我们必须明确:我们所欲构建的和谐社会决不是通过工业化能够达到的。西方国家的历史证明,工业化不仅不能达成和谐社会,反而会陷入到"单向度"发展的陷阱中去。西方国家没有通过工业化达到和谐社会,我们也不可能在工业化的过程中真正实现和谐社会的目标。我们的和谐社会目标是在更高的起点上提出的,这个更高的起点就是走向后工业社会的进程。从组织的角度看,和谐社会的组织形态不再是官僚制的组织,而是合作制的组织。

合作制组织是建立在信任的基础上的,是信任与合作的同构。或者说,是由于组织成员的信任而产生了合作行为的普遍化并进而形成了合作制度及其机制的组织形态。近些年来,我们看到,社会的复杂性和不确定性迅速增长,原有的组织形式已经无法对其作出有效的应对,从而经常性地以"危机事件"的形式出现。社会的复杂性一方面要求人们必须拥有独立处理问题的能力,另一方面又迫使人们必须采取共同行动。这两个方面看似矛盾,实则是统一的。在共同行动中,人们必须保持自己的独立性和自主性,只有建立在人的独立性和自主性基础上的共同行动,才是他的自我确证,才是对于他的自我实现有意义的行动。否则,就会像以往世代中所出现的那种共同行动一样,人被裹挟于其中而失去自我。

信任虽然不能减少复杂性,但它在复杂性的背后为人们的交往铺设起一条合作的轨道。如果在信任的基础上生成合作制组织的话,在应对复杂性和不确定性方面会表现出以往任何组织形态都不具有的无比优越性。因为,信任总是与合作联系在一起的,信任不仅能够为合作制组织的生成提供基本的资源,而且会在组织内部以及整个社会中生成一种合作的秩序。基于信任的合作秩序,是不需要强制力去加以维护的,甚至也与那种互惠秩序有着根本性的不同。从历史上可以看到,互惠秩序主要是存在于近代社会的交换关系之中的,是保证利益互惠的秩序,由于人们在利益追求中表现不同,有的行为会损害公共利益甚至他人利益。所以,互惠秩序并不是自由自觉的秩序,它需要得到强制力的支持。合作秩序则不同,它不需要外在的强制性力量来维持,而是根源于人的内在的道德价值,是由于道德价值的力量促进了人们之间的信任,并因为信任而自觉地与他人合作,在交往活动中确立起普遍的合作关系。

在当今人文社会科学的文献中,合作与协作往往被作为同一个概念来使用。的确,在工业社会语境下,协作与合作的语用差别不大,人们在交替使用协作与合作这两个概念的时候,往往是不加区别的。其实,在历史的坐标中,协作与合作是有着很大差别的。就广义上的合作概念来说,是包含着协作的内涵。而我们所讲的合作制组织中的合作,则是不同与协作的。历史地看,协作只是合作的初级形态,是一种工具性的合作形态。从本质上说,如果进行主体归因的话,人们的能力仅仅是协作的基础,而信任则是合作的基础。扩展到更大的范围,也是如此。虽然人们常常把"强强联合"或"优势互补"的做法看作是合作,其实,在我们看来,那只能称得上是一种协作,至多,也只是一种工具性合作。

在近代以来的整个历史阶段中,在社会生产以及公共领域中的所谓合作,其实在严格的意义都是协作,只是在走向后工业社会的过程中,合作性的因素才不断地生成。当然,协作是可以转化为合作的,比如,在人们的利益谋划中,需要通过协作的途径来实现某些利益,如果在这个过程中,人们之间产生了信任,那么他们之间的协作就会进一步地升华,以至于生成合作行为和合作关系。应当看到的是,在协作过程中产生信任,还只能把信任看作为副产品,因为,协作的目的并不在于造就信任,而且,一切主持协作的人,也不会以是否生成信任为标准来审视协作。但合作行为则必须是造就信任和增强信任的行为,在这里,能否促进信任,就是一个衡量合作行为的重要标准。不过,正如近代工业社会的成就不容低估一样,就协作为合作行为和合作关系的出现作出历史准备而言,也是有着巨大的历史价值的,更何况协作本身已经包含着向合作转化的可能性。特别是就协作可以向合作转化这一点来看,合作关系的确立是完全可以作出理性安排的。只要我们创造出有利于合作的条件,就会产生合作和促进合作。虽然协作与信任之间存在着不完全对应的关系,但协作的优化却对信任有着强烈的要求,而且协作过程中如果能够产生信任的话,协作关系和行为就必然能够得到提升,即提升到合作的水平上。

也许人们会说,协作与合作都无非是人们之间的共同行动。就此而言,的确它们之间没有什么区别。但是,人们的共同行动可能是由于外在的强制力支配下的共同行动,也可能是由于信任整合而成的共同行动。如果考虑到这一点的话,它们之间的区别就变得非常明显了。一般说来,在外在约束或利益操纵中所实现的共同行动只能视作为协作,而不是合作。而且,这种协作如果得以持续的话,也需要约束和操纵的条件和方式不断升级,即不断地变换约束和操纵的手法,以便操纵行为在被识破和造成心理疲劳之前就能及时地得到调整。然而,对那些基于信任的合作来说,只要操纵行为一次性地被识破,就会导致信任的丧失,合作关系也随之解体。其实,任何操纵行为,无论设计的多么周密和天衣无缝,无论运用地多么精明和无懈可击,也都不可避免地会被识破,天下没有持续有效的操纵行为。由此看来,协作不同于合作,它仅仅是合作的一种特定形式,属于工具性合作的范畴。尽管在协作的实践中,有可能包含着实质性合作的内容,但在理论抽象中,协作并不是实质性合作。协作与合作之间的区别,归根结底,还是一个是否包含信任的问题。

从马克思主义的理论中可以看到,政治不是永恒的,甚至在人类真正的"文明史"开始的时候,政治就已经消失了。但是,我们可以相信,在合作制组织的生成以及走向和谐社会这样一个伟大历程中,政治是需要发挥作用的。因为,人类没有理由再让历史作为一个自然过程去自我演进,而当人们去干预历史演进过程时,政治肯定是一个很好的手段。可是，当政治出面干预走向合作的社会这样一个历史进程的时候，它自身则需要首先得到改变，最为主要的，就是政治的意识形态将会以信任问题为基本内容，政治的运行将把促进社会信任关系发展作为基本目标。所以，在走向后工业社会的过程中，政府全部工作都应围绕一个主题展开，那就是在政府与公众以及在公众之间营建信任和合作关系，甚至政府直接回应社会需求的管理活动，也应当包含着这一主题的精神内涵。因为，在这一历史过程中，合作的社会治理正成为一种新的具有生命力的治理方式。对于合作治理而言，必须特别谨慎地对待一切关涉到社会信任关系的行为选择，一切治理行为都被从有利于还是有损于信任关系的角度来作出审视。因为，合作治理应当彻底告别以往一切把社会"分而治之"的社会治理思路。比如，管理型治理方式中常常运用的"评优比劣"，在各个层次中让部属对领导"打分评比"等，都在事实上严重破坏了组织中应有的信任。这些做法都将是合作治理过程中所应杜绝使用的。

和谐社会中的社会自治和自发性交往所展示给我们的正是马克思理想中的境界。我们在达致这一理想境界的征途中，所要确定的行动方案并不是如何直接地削弱国家，更不是去用所谓民主制度去约束国家权力，而是更多地关注如何促进社会合作关系及其人们之间普遍信任的生成。国家是一个组织，政府更是一个组织，在政府所引导下的社会生活的每一个领域中，都存在着各种各样的组织，但是，它们都不再是依据官僚制模式来加以建构的，而是依据信任和合作去加以规划的。有了普遍的信任和制度化的合作，我们的社会也就进入了和谐的境界。

第三节 组织整合机制中的信任

一、权威整合、价格整合与信任整合

关于组织的宏观理论研究应当集中在组织的整合机制上。虽然组织的制度、体制等方面更多地吸引着组织理论家们的注意，但是，如果探本

求源的话,不是因为人们首先做出了制度、体制方面的设计和安排,然后才生成组织的整合机制,相反,组织的制度和体制恰恰应当归因于组织的整合机制。在一定程度上,组织的制度和体制也无非是组织整合机制的一部分,是组织整合机制中形式化的部分,而且,成熟的、稳定的组织制度、体制等的设计和安排,也是在对组织整合机制的全面把握的基础上做出的。

我们正处在一个变革的时代,人类社会的组织形式也必然因历史的转型而发生变革。近些年来,关于组织的理论研究表现得空前活跃,新的组织名称不断涌现出来,诸如"学习型组织"、"网络组织"、"组织团队"等,都意味着人类社会的组织发展进入了一个根本性的转折时期。在这个转折时期中,组织表现出了许多传统组织理论无法识别的新特征,敏感的组织理论家们往往根据组织发展中的每一个新的特征而进行新的命名。其实,这是科学发展的一般规律:当一个新生事物引起人们关注的时候,总会众说纷纭,随着认识的深入,才会归于统一的理论。关于当代社会正在生成和发展着的组织形式,在组织理论中表现出观点纷呈的情况也是自然而然的。但是,我们的问题是:为了在历史转型和组织发展的现行状态下去规划未来的组织模式,为了建立统一、系统的组织理论,我们应当从哪里入手来认识组织呢?显然,从组织的整合机制入手,可以把我们导向设计未来组织制度和体制的正确方向。

历史地看,不同时代的组织在整合机制上具有不同的特点。在历史发展的总体过程中看,农业社会的组织基本上属于权威整合型的组织;近代以来,权威整合的因素日益式微,而价格整合因素则愈显重要,形成了权威整合与价格整合的二元组织整合机制;20世纪后期以来,权威—价格整合的机制也开始变得越来越不适应,这就迫使人们不得不寻求新的整合因素的介入。目前看来,这种新的因素以信任为首选,信任将成为一种新的组织整合因素,它与权威、价格一道构成组织整合机制的整体。这样一来,也意味着组织发展将进入一个新的时期。如果说单一的权威整合机制是农业社会组织的标志,权威与价格的二元整合机制是近代工业社会组织的标志,那么,由权威、价格和信任构成的三元整合机制将是后工业社会组织的基本特征。

以权威为整合因素的组织是基于权力的功能而做出的设计和安排,权力在结构上的集权或分权可以表现出不同的组织支配体系和支配方式的合理性状况,组织成员在决定进入或退出组织的选择时,需要考虑权力和权威能够给他带来的损益。一般说来,在以权威为整合因素的组织中,组织成员之间的关系是一种等级化的关系,组织可以通过行使权力或权威暗示来控制其成员,使组织成员的行为指向权力所确立的方向。也就是说,组织成员在本质上是没有自由和自主性的。即使组织的权力结构是分权制的,组织成员也必须接受权力和权威的支配,至多,分权制只为他表达意见和形成参与意识提供了较大的空间。

近代以来的组织整合因素主要表现为两个方面,即价格与权威。以价格为整合因素的组织是根据市场原则而做出的设计和安排,组织成员与组织之间以定价的状况来决定任务的执行、进入还是退出组织。在以价格为整合因素的组织中,组织成员以及他与组织之间的关系,在形式上是平等的,而且,组织成员能够拥有较大的自由度,能够根据价格来做出自主的行为选择,组织对其成员也往往通过价格的变动来确定其地位和评定其业绩,价格自身主要是以保障和激励的特征而成为组织的整合机制。

当然,在现行组织中,纯粹以价格为整合因素和纯粹以权威为整合因素的组织已经不多见了,现实中的组织大都把这两种因素结合起来使用。不过,我们发现,公共领域中的组织往往会强化权威因素的整合功能,而私人领域中的组织则会较多地突出价格因素的整合功能。一般说来,在当代社会,在政治上的权利平等、市场主体的行为自由和管理控制机制中的权威需求等共存的条件下,组织存在所必需的合理性和合法性需求也就会迫使它必须把价格和权威两种整合因素结合起来使用。但是,价格和权威这两种整合因素自身又是矛盾的,甚至会常常处于冲突状态,以至于组织在如何平衡这两种整合因素之间的关系方面劳神费力。对于这个问题,囿于既有的组织设计理念是永远无法解决的。然而,组织的第三种整合因素的发现,却使这一问题的解决有了新的转机,那就是组织中的信任,它也是组织存在和发展所必需的整合因素。

组织中信任整合因素的发现,意味着组织管理必须考虑一个新的维度,即在价格和权威之外加入信任的因素。由于信任因素的介入,价格和权威的二元整合因素所构成的组织整合机制发生了根本性的变革,从而促使组织模式发生根本性的变革。如果说组织的价格整合因素被意识到和引入到组织设计中来,创造了新的组织类型,从而使农业社会的组织形式被近代组织类型所取代的话,那么,由于组织的信任整合因素得到认识并付诸于组织设计,也会实现组织模式的根本性变革。

这样一来,我们就在组织模式发展史上看到三种组织类型:农业社会的组织属于权威整合型的,而近代工业社会中的组织是权威—价格二元整合因素共同作用的组织类型,信任整合因素的介入,则使组织拥有了权威、价格和信任三元整合因素所构成的完整的整合机制。对于这三种类型的组织,我们可以分别称作为权威主导型组织、价格主导型组织和信任主导型组织。信任主导型组织在功能和目标指向上是服务型的组织,在运行方式上是合作型组织,在结构和构成方式上是网络式组织。

组织的整合因素对组织结构有着决定性的影响。近一个时期,常常看到人们谈论网络组织的问题,实际上,关于组织网络形式的理解,如果离开了组织中的信任因素,是不可思议的。因为,组织中的权威因素决定了组织必然拥有一个直线结构,而组织中的价格因素提供给我们的则是平面结构,只是由于信任因素被自觉地运用到组织设计中时,我们才可能把握组织的立体网络结构。

当然,也需要指出,信任的因素在权威主导型组织和价格主导型组织中也是普遍存在的,而且在组织的实际运行中也发挥着组织整合的作用。但是,由于以往对于这一因素的组织整合价值未能得到充分重视,因而在前两类组织中是不可能建立起理性的信任整合机制的。现在,由于组织的信任整合因素被发现,自觉地建构组织的信任整合机制因而成为可能。一旦组织拥有了信任整合机制，权威的和价格的整合机制之间的矛盾也就得到了整合。所以，由权威的、价格的和信任的三元因素所构成的组织整合机制，才是完整的具有总体性的整合机制。

由于组织中的信任整合因素的发现，组织管理理念中也增加了新的内容，甚至整个管理哲学被要求从关于信任的理念入手来重新认识组织和设计组织。就管理者而言，权威造就集权者、"君王"、"土皇上"等；价格则造就"职业经理人"；只有信任，才是造就"领导者"、"领袖"和"拥有全面素质的管理者"的根本因素。反过来，我们也看到，优秀的组织管理者必然会把赢得组织成员的信任作为追求目标，一旦他充分拥有了组织成员的信任，也就是事实上的他所在组织的领导者和领袖了。职业经理人所关注的主要是三个问题，其一，自己职位利益能否得到最大可能的实现；其二，自己的管理能力能否得到组织的承认；其三，组织绩效中有多大份额来自于自己的直接和间接贡献。至于他所从事的管理活动，仅仅是保证他的职业经理人职位的手段，他不需要忠诚于组织，他与组织之间的关系仅仅是雇佣与被雇佣的关系。组织中的"君王"、"土皇上"则非常在乎手中权力的有效性，不允许任何向他手中权力挑战的言行存在，甚至哪怕一点点对他手中权力不恭敬的表示，也会让他心境恶化。所以，为了他手中的权力，为了维护他的权威，他会不择手段，甚至把整个组织导向毁灭也在所不惜。组织的领导者和领袖则不同，他更多地关注组织成员对他的信任，关注组织运行的和谐，关注组织的凝聚力和整体绩效，并能"以人为本"来实施管理。

二、组织行为的同一性

普特南认为，信任、规范和网络等是组织必备的特点，而且，组织拥有这些特点具有巨大的生产性价值，它能够通过协调组织行动来提高生产效率。其实，不仅是生产性组织，而且对于一切组织，组织力量的大小，都取决于它的协调程度。

自古以来，组织协调都是在组织运行中努力去实现的目标，而且组织自身建设的状况也是包含在这一目标中的。比如,就工业社会中的官僚制组织而言,它的"命令—服从"机制无非是要获得组织行为的高度协调。对组织中信任的关注,只不过是要为组织协调开辟一条不同于传统组织的途径。或者说,它把官僚制权力作用机制的强制性协调转化为组织成员自觉的、主动的协调。普特南所说的让信任、规范和网络发挥作用,其实是要让组织行为的主体自觉地去扮演合作行为主体的角色。因为,组织中的信任、规范和网络实际上也就是组织以及组织成员间合作的主客观基础。有了这个基础,组织体系就能够自然而然地成为一个信息交流畅通、知识共享充分、相互合作默契、集体行动高效、创造力完全展现的社会存在物。

反过来,信任也是基于行为的同一性和连贯性的,一个人是用自己行为的同一性和连贯性去赢得他人信任的,一个组织也是这样。但是,长期以来,行为的同一性和连贯性属于道德规范的范畴。如果说法律规范也能够型塑出统一的和连贯的行为的话,那不是一个"合目的性"的结果,因为,法律规范的意旨并不是去赢得信任,而是要获得某种信任之外的行为效果,至于说它在客观上也赢得了信任,只能证明人们所信任的已经不再是人及其行为了,而是对法律规范以及由这些规范所构成的制度的信任。所以,直接对人及其行为的信任是来源于道德规范所型塑出的行为同一性和连贯性。

现实总是向我们表明,由道德型塑出的行为同一性和连贯性往往是没有客观保障的。因而,人们之间的信任关系也总会被打破。鉴于此,旨在确立信任关系的行为同一性和连贯性还需要在获得客观保障的条件下才不至于流于空想或空谈。也就是说,基于个人美德和道德行为而建立起来的信任关系仅仅存在于个人与其关联对象之间,他不能把别人对他的信任转赠给另一个人,他可以努力说服他的关联对象信任另一个人,这种情况往往是以他的担保为前提的,其实,这种担保所证明的依然是关联对象对他的信任,如果他所作出的担保失败了,受到损失的则是他的信任度,至于他愿望中的对另一个人的信任,则从未出现过。这就是说,基于美德和道德行为的信任仅仅属于个体间的信任,是无法转移和继承的。而且,在组织或其他群体中,如果出现投机者骗取或透支信任的话,虽然只是个人的行为,而对组织内的信任关系却会带来很坏的影响。正是由于这个原因,在人们之间建立信任关系是非常困难的,而破坏人们之间的信任关系则非常容易。所以,不应当把建构人们之间信任关系的途径寄托在个人美德和道德行为上,而是应当通过制度和组织结构的建构来保证组织中普遍合作行为的出现。因为,组织需要首先通过其结构和制度安排来保证组织成员以及组织成员与组织间有着充分的信任关系,只有有了这样的信任关系,才能促使组织成员自愿地选择合作行为。用鲍曼的话说:"建立在成员间信任基础上的组织可以产生合作的'内在'动机,而仅仅建立在外部贡献诱因基础上的组织则不具备。如果众人追求的岗位按信任的标准进行安排和配置,会对这些动机大有裨益。"[①]事实上,只有组织拥有了承认信任标准的制度,并根据信任标准来确立起一种组织结构,组织才能在运行中把能够确立信任价值的人安置到组织的各个岗位上去。所以说,组织中的信任关系如果不是制度化的,就是不稳定的和缺乏保障的。

应当看到,人的行为以及组织行为的同一性和连贯性与人类社会的历史发展有着极大的关联性,社会的进步也反映在人的行为同一性、连贯性程度的增强上。但是,工业社会是通过系统的外在性设置来维护人的行为的同一性和连贯性的,结果,它所获得的是形式上的同一性和连贯性,在这种同一性和连贯性背后,人们常常感到要维护自己行为的同一性和连贯性是一个极大的包袱,是强制性承担的责任。然而,在人类社会更加进步的历史阶段中,人的行为的同一性和连贯性只会增强而不会衰弱,只是维护这种同一性和连贯性的规范体系发生了根本性质的改变。

从组织模式来看,工业社会的最基本组织模式就是官僚制组织,其他

[①] [德]米歇尔·鲍曼:《道德的市场》,434页,北京:中国社会科学出版社,2003。

一切组织类型都无非是在这一组织模式的基础上而作出的适应性调整,因此,都合乎官僚制组织的行为决定路线。也就是说,在整个工业社会中,不同组织之间的区别,主要是权威整合与价格整合之间的比例不同所造成的,属于量上的差异,在质上没有什么不同。通过权威整合和价格整合而获得的行为同一性和连贯性都具有一种被迫的性质,是在外在压力下而不得不做出的行为同一性选择。20世纪后期以来,由于对官僚制组织的理论反思不断深入,也由于社会的发展和科学技术的进步,一种合作制组织形式开始浮出水面,虽然这种新型组织的基本模式尚处在不定型的状态,却予人以一种强烈的可预期征候,那就是,它的组织行为和组织成员行为的同一性和连贯性不是来源于外在的压力,在组织成员这里,是根源于他的内在道德状况;在组织体系的意义上,则是由组织信任关系以及组织信任关系的制度设置所决定的。

当然,在以往的各种组织模式中,也会有合作行为的出现。可是,这些合作行为基本上是出于自利的策略性谋划,而不是基于信任前提的合作。所以,这种合作行为基本上是不具有可持续性的,不可能成为稳定的制度化合作的构成因素。合作制组织中的合作行为是稳定的、制度化的合作,是基于信任关系和根源于合作制组织性质的合作。所以,无论在组织成员这里还是在组织运行的整体上,都会表现出行为的同一性和连贯性。也就是说,稳定的、制度化的合作是发生在合作制组织之中的。在探讨合作问题的文献中,我们也看到,近些年来,西方国家关于传统组织模式中的偶然合作行为也引起了学术界的广泛关注,许多学者依据管理主义的思想路线,去探讨如何把这种偶然的合作行为变成稳定的持续的合作行为的技术支持系统。然而,我们认为,即使这种做法在具体的领域或组织中取得了一时的成功,也只是策略性的和临时性的,是没有普遍化的价值的。在我们看来,对普遍合作行为的预期,需要通过组织模式的根本变革来达成,即致力于合作制组织模式的建构。对组织信任整合机制的研究,正是走向建立合作制组织的第一步。

在一切组织行为中,只有那些具有合作性质的行为才会拥有同一性和连贯性的特征,而合作又是以信任为前提的。这样一来,就给我们提供了一个基本思路:在一切合作行为趋向沉寂的情况下,都需要通过对信任关系的刷新来"激活"合作行为。在合作制组织模式的设计中,正是要考虑如何经常性地刷新信任关系的途径,从而赋予合作行为以不竭的动力。具体地说,合作制组织用相互信任、相互了解、相互协商和相互接受的合作关系取代了官僚制组织的"命令—服从"、"施动—回应"关系。在合作制组织这里,合作关系的制度化有效地消解了"命令—服从"关系的强制性和"施动—回应"关系的被动性。如果说官僚制组织的困难在于:当组织的整体意志与社会需求之间发生冲突的时候,组织成员的职业责任、法律责任与道德责任之间也存在着矛盾,以至于他们要么做出违心的行为选择,要么因渎职而使个人利益受到损失,那么,合作制组织在自己的制度安排中,由于从合作关系出发而为信任整合机制提供了充分空间,从而消除了官僚制内在冲突的根源,进而,也消除了组织成员行为选择中的矛盾,使他们所应有的职业责任、法律责任和道德责任同一化。结果,他们在组织活动中的一切行为也必然是统一的和连贯的。

总之,信任是组织网络结构和合作模式的基础。有了信任,组织才会建立起网络结构,或者说,组织的网络结构就是信任的形式化和表现方式。同样,有了信任,组织模式才在根本上具有合作的性质,信任不仅在组织成员间、组织成员与组织间确立起合作关系,不仅催生组织成员的合作行为,而且赋予了组织以合作性质,使组织成为合作制组织。

第四节 后工业化进程中的组织变革

一、后工业化给予组织的压力

人类之所以能够管理自我,是通过组织的方式来进行的。社会的变革,特别是社会治理方面的变革,都会对组织的变革提出要求,或者说,都需要通过组织的变革来回应社会变革和巩固社会变革的成果。在人类实现了从农业社会向工业社会转变的时候,一方面,它是组织发展完善的过程;另一方面,也是组织分化为多种类型的过程。就20世纪的组织形式来看,官僚制组织是有着悠久的历史传承的组织形式,但是,官僚制组织是在整个近代社会发育地最为完善的组织形式,即使在私人部门中,官僚制的组织结构也是各类组织建构引以为据的基础性模本。然而,20世纪后期开始的走向后工业社会的运动,却在组织形式的变革问题上给予了我们以新的提示,那就是官僚制组织的发展走到了尽头,人类需要以一种新的组织类型来重新展开社会治理的进程。这种新的组织类型就是合作制组织。

今天我们看到的基本组织形式主要是在工业社会中成长起来的,在工业社会早期,整个社会在经济上、政治上、技术上都还比较简单,所以组织在实施社会管理的时候所持有的是简单化取向,即使遇到复杂问题,也会将其化约为简单的、可以纳入到技术性的操作系统之中去加以解决的问题。但是,当工业社会走向成熟的时候,简单化取向的组织模式越来越不能适应社会运行的要求,特别是在处处都展现了复杂性的后工业化进程中,现有的任何一种组织模式都显示出原先被深深地掩盖着的那些"蠢笨"的特征。组织失去了社会管理的能力,每日每时处于疲于应付的状态。通过组织的管理以及对组织自身的管理,都时常陷入危机,即使想对组织进行变革也捕捉不到努力的方向,不仅组织中的人失去了创造性,而且组织自身也已经不再拥有创造性地解决社会问题的能力。也就是说,在一个复杂性日益增长的社会中,组织这一社会构成的基本形式却陷入到全面的无所适从的境地,即使组织中的"领袖"试图改变现状,亦如困兽之挣扎。曾经带来了工业社会繁荣的组织,开始锁住人的脚步,麻痹人的思想,窒塞人的呼吸。

以政府为例,政府是以现有的官僚制形式组织起来的,这是工业社会的结果,是在工业社会稳定发展过程中设计出来的。虽然在近300年中,政府禀承的原则不断地受到调整,在自由主义或凯恩斯主义之间作出抉择,政府的规模在稳定的增长,政府的职能也越来越多样化,特别是

"文官制度"使政府的规范化程度得到了空前提高……但是,作为一种组织模式的政府,并未发生过根本性的变化。每当社会的发展迈出了一大步,政府只是相应地迈出了一小步。虽然政府前进的方向是与社会的发展一致的,但它们之间的距离却拉得越来越大,以至于到了这样一天,政府会突然发现自己面对一个完全陌生的世界。对于政府自身,也在不知不觉中变得越来越庞大,他所能够运用的技术手段越来越复杂,它的控制能力越来越弱……当它试图解决这些问题的时候,想通过精简机构来实现"瘦身减肥"时,结果却是越减越肥;它想通过行政人员的强化培训和提高行政人员的受教育背景来掌握复杂技术,结果却是这些行政人员自身就带来了复杂性日增的问题;它想恢复甚至提高自身的控制能力,又遇到了在集权与民主之间作出选择的困难。出现这种情况,其实政府官员、政治领袖等所有的人都是无可指责的。因为,恰是由于这一曾经造就了工业社会繁荣的组织模式不再适应走向后工业社会的历史进程了,以至于引发了这些问题。

从组织行为的角度看,"在官僚主义机构内部,说话、相互交往等活动和工作人员的劳动都受到自上而下不断的行政分割的影响。每一个层次和领域的活动都被分成各自独立的几个部分,由特殊的行动规则来管理。这些规则详细说明机构内部各个层次或工作岗位雇用的工作人员必须具备的资格和应尽的义务:例如,处于领导岗位上的工作人员要受过专门的训练;所有的工作人员都要按他们在机构内部享受特权的程度获得报酬和物质上的好处;如此等等。"[①]政府的运行现状表明,"现实的官僚主义机构越是接近这种机械的、非个性化的形式,它们的受保护人和工作人员就是越非人性化,不得不受一般规章制度的支配。""就它们机械的非人格来说,现代官僚主义机构保证所有的下级服从上级,……各级官员和受保护人不是为某些人服务,而是为客观的和非个人组织的

---

① [英]约翰·基恩:《公共生活与晚期资本主义》,30页,北京:社会科学文献出版社,1999。

目标服务。"①在这种情况下，惟有彻底改造组织，用一种新型的组织模式取代一切已有的和传统的组织模式，才是正确的出路。在我们看来，最具有直接现实意义的行动，就是用合作制组织模式取代"官僚制"的和一切"准官僚制"的组织模式。

哈拉尔在《新资本主义》一书中说："大量的研究表明，实行等级制度的组织无不降低生产效率、妨碍革新并使士气低落。"②哈拉尔看到："最突出的例子是政府的等级结构。尽管不断地试图以某种更加合理的方式管理政府，……实际上无法管理，浪费和懒散造成的瘫痪，引起一种很快就缠住任何一个接近它的人的卡夫卡式的官样文章恶梦。"③事实上，在走向后工业社会的过程中，的确像哈拉尔所概述的那样："旧的机械式的组织正在很快变得过时，因为它们是建立在认为要保持秩序就需要有绝对的权力这种陈腐的思想基础上的，从而引起机构需要控制而成员需要自由这二者之间的严重冲突。……因为几百年来各种大的组织一直在有效地运用等级制度和权威，所以这是我们大多数人所知道的一切。但是现代国家被要求发明比较灵活的组织，以便使自己摆脱那种根深蒂固的依靠权力的习惯。这种习惯过去可能有好处，但现在成了活跃经济的障碍。"④也就是说，"政府已变得如此思想狭隘，以致官僚体制的手段以一种传奇似的方式取代了为公众服务的目的。尽管官方的目标可能是为公众服务，事实上，被一个机构服务的人往往证明预算拨款是为了增加行政官员的权力。"⑤

不仅政府组织陷入了窘境，而且私人组织也遇到了同样的困难。不过，在私人组织中，是存在着主动变革的积极性的。哈拉尔通过对私人组织的最新变化进行考察，认为工业社会发展到自己的顶点，组织模式

---

① [英]约翰·基恩：《公共生活与晚期资本主义》，31页，北京，社会科学文献出版社，1999。
② [美] W. E. 哈拉尔：《新资本主义》，29页，北京，社会科学文献出版社，1999。
③ [美] W. E. 哈拉尔：《新资本主义》，30页，北京，社会科学文献出版社，1999。
④ [美] W. E. 哈拉尔：《新资本主义》，32页，北京，社会科学文献出版社，1999。
⑤ [美] W. E. 哈拉尔：《新资本主义》，38页，北京，社会科学文献出版社，1999。

和行为机制都出现了前所未有的变革,他的结论是:"这些变革正在产生一种不同类型的结构,这种结构的基础是'自我组织'的原则,而不是等级制度。官僚体制的困境继续存在,因为控制是适合于工业时代的机械条件规定的。现在,这些等级金字塔正在变成活跃的、不固定的体制,这种体制通过允许有对付信息时代爆炸性的广泛自由来达到更强有力的控制。得到这种灵活性的代价是在更大的程度上容忍组织上的复杂性和不确定性,但是大多数机构和社会本身的结构正在演变为各种变化着的冒险事业交织在一起的有机结构,这种结构将使自由市场的理想开花结果。"①哈拉尔的察觉是非常敏感的,尽管他所讲的"达到更强有力的控制"还是非常模糊的判断,也有着传统的管理控制取向的嫌疑。但是,他对组织变革的方向所作出的把握是正确的。因为,在人类走上了工业社会的顶峰的时候,当人类在信息时代中徜徉的时候,工业社会组织模式的机械性面目越来越暴露无遗,越来越成为一种束缚着人类走向后工业社会的脚步的锁链。在人类社会的结构性转型过程中,我们没有理由不提出新的组织模式的构想,如果我们因为思想的懒惰而耽于工业社会的组织模式之中,就无法在复杂性和不确定性日益增加的历史条件下继续维护社会的健全、行为模式的有效以及制度和体制的合理性。

二、"危机管理"中的组织变革要求

在 20 世纪即将结束的几年中,世界各地的民间都普遍流传着所谓"罗查丹马斯预言",即预言一种恐怖性的灾难将要降临人间。由于工业社会的伟大文明成就,是没有人会真正相信这个所谓"预言"的,更多的人是把它作为茶余饭后的"谈资"提出来的。但是,在世纪之交的时刻,"危机管理"却成了社会治理领域中的一个重要的管理现象,这不能不说是一个有趣的契合。为什么进入 21 世纪的政府会格外重视"危机管理"的问题呢?是因为在这个时期社会的复杂性和不确定性极为突出,传统

---

① [美] W. E. 哈拉尔:《新资本主义》,62 页,北京:社会科学文献出版社,1999。

的建立在简单化条件下的组织已经无法应对这种复杂性和不确定性了,因而时常陷入危机状态。也就是说,"危机管理"是组织陷入危机状态时而被迫作出的应对措施。

一般说来,如果在组织的日常管理中对潜在的威胁反映迟钝而使问题积累了起来,一旦达到某一临界点,潜在的威胁就会表面化,存在的问题就会突然爆发,从而使组织陷入危机状态而不得不实施全面的动员,即启动危机管理程序。实际上,危机并不是突然自天而降的灾祸,在组织运行和发展的常态中,肯定已经存在着造成危机状态的结构性失衡因素。比如,组织目标的单一性、组织运行机制上的障碍等,只是当组织结构失衡问题积累到一定程度时,某种突发性的诱因才会把组织带入危机状态。尽管对什么东西可能会成为导致危机状态出现的诱因这一点是不可能作出准确测定的,但组织在某个时期可能会爆发危机则是可以预见的。如果能够做出预测,也就会消除造成危机的因素,从而避免危机状态的出现。从这一点来看,启动"危机管理"决不是组织领导层所期望的,现代组织的领导应当学会的是如何避免危机状态的出现,应当积极地对组织运行和发展中的结构性失衡问题进行剖析和加以解决。他不像工业化时期的革命家那样激情地向往暴烈的行动,如果说他渴望去尝试"危机管理"的话,肯定是一个失去了理智的疯子。所以,现代组织的领导者应当把揭示出危机因素作为重大的业绩,而不是把成功地渡过危机状态作为成功的标志。

我们现在面对的不确定性、风险性等,主要是现有组织时常感到应对无力的社会因素,之所以组织会遇到这么多无力应对的社会因素,是因为现有组织模式僵化的缘故。因为,现有的组织都是在工业社会确定性较强、复杂性较弱的条件下生成的。虽然,与农业社会比起来,近代工业社会已经变得复杂多了,但这种复杂性还是处于可认识、可把握的简单状态,因而,相对稳定的组织形态能够满足这一社会的需求。近些年来,随着复杂性的迅速增长,组织已经不能有效地解决各种各样新的社会问题了,从而使这些问题呈现出不确定性的和风险的特征。从另一个角度看，工业社会以及前工业社会的制度，无论是自然生成的还是人为创制的，相对于人的行为来说，都是外在的规范，直接或间接地规范着人的行为。当人的行为受到外在因素的规范的时候，就必然会使人失去自主性，就无法自主地作出行为选择，往往被动地去接受组织结构、体制和组织目标所确定的方向，并沿着这个既定的方向而开展管理活动。所以，面对复杂性，他没有灵活应对的能力，以至于组织在总体上也失去灵活应对的能力。

当然，在当前以危机状态出现的事件中，有许多属于人与自然关系的范畴，是自然界加予人类的压力以危机的形式表现出来了。表面看来，这是自然造成的危机，而实际上可能更多地是由于人类的行为引发的，是自然对人类的报复。我们知道，卢卡奇曾把自然分成两类：一类是原初的自然，卢卡奇称它为"第一自然"；另一类是人类已经介入了的、被人改造过和作为人的"物化"的结果的自然，卢卡奇称它为"第二自然"。社会面向自然的开放，是第一自然边界的不断退缩。从理论上看，一旦第一自然的边界退缩到无以退缩的地步，人类社会面向自然的开放也就终止了。这时，人类社会陷入在既定系统内循环的境地，熵增加原理就会在这个系统中发挥作用，出现悲剧性的结局就是必然的了。所以，人类面临着维护第一自然系统的使命，一方面，人类可以利用科学技术的成就，去发现潜在的第一自然，把那些尚未成为第一自然的层面、因素纳入到第一自然的范畴中来，即通过科学技术的进步，在第一自然的背后去不断地发现新的风景线，使第一自然成为一帧不断打开的画卷。另一方面，在第一自然与人类社会之间，尽可能地维护第一自然的边界不再退缩，以求人类社会面向自然的开放具有持久性。如果前一方面的行动取决于科学技术的发展，而后一方面的行动则更多地依赖于政治的和社会的选择，特别是应当找到一种新型的治理社会的组织形式来承载这些行动。工业社会的基本路径就是人类对自然的征服，不断地把第一自然转化为第二自然，进而消灭第一自然。今天看来，这条路径几乎走到了尽头，再走下去，上演的就是人类的悲剧。因而，可以断言，正是工业社会的政治和社会选择在模式上出现了根本性的危机,它需要为一种新的模式所取代。也就是说,在政治的和社会的发展过程中,面向自然的开放也需要用人类自身的"合作保护自然"去替代"竞争征服自然"的做法。现有的组织形式都是从属于竞争征服自然的需要,所以,当自然对人类进行报复的时候,现有的组织无法应对危机也就是自然而然的了。

长期以来,人类所拥有的大都是集权组织。近代社会,特别是在工业革命中建立起来的政治体系不断地朝着民主化的方向发展,在政治生活中,人们更多地感受到民主之风的吹拂。然而,在管理的问题上,控制导向的组织模式一直是一种最为基本的组织形式,组织总是按照集权的原则建立起来的。比如,在现代社会的公共领域中,以政治生活的形式出现的是对民主的追求,而在政府的运行中,官僚制一直是人们不断求得完善的集权组织。固然,集权组织有着较高的临时动员能力,在面临危机状态时,能够迅速地聚集起组织资源来应对危机。如果对组织所面对的管理危机的原因加以分析的话,外部因素往往是组织无法驾驭的,它可能会突如其来地对组织造成灾难性的冲击。但是,一般说来,组织管理也包含着处理自身与环境的关系,总是试图预测环境中所包含着的风险因素,事实上绝大多数可能对组织造成冲击的因素也是可以预测的。虽然我们说它是可以预测的,但能否得到预测则取决于组织自身。在一切组织形式中,集权组织是最缺乏预测环境中危机因素的能力的,假使在集权组织中有着专门的追踪研究环境危机因素的机构,而且在危机到来前写成报告并递交到组织的领导人那里,也可能会受到忽视,以至于错过预防危机的时机。集权组织的运行表明,它应对危机的措施主要依赖于组织动员,这种组织动员虽然在危机到来后作出回应时是有效的,但对于预防来说,无疑是高成本的,如果依靠组织动员来预防危机,将会把组织运营成本增加到组织无法承担的地步,如果连续出现几次这样的组织动员,可能会把组织彻底拖垮。所以,集权组织基本上是没有通过预测去预防危机的能力的。

如果分析组织危机的内部根源的话,我们会发现,在一切组织中,集权组织是一种最倾向于经常性地把自己引入危机状态的组织。而且,由于集权组织总会保持着盲目的乐观主义气氛,总会自觉或不自觉地掩盖已经出现的危机因素,以至于危机因素得到积聚并最终爆发。对于集权组织来说,爆发危机往往会成为好事,每当危机到来的时候,组织成员都会有着迎接盛大节日的感受,会变得无比激奋,一旦组织的高层管理人员发布了动员令,就会一跃而起,投入到应对危机的战斗中去。这样一来,组织在动员中展示了自己的能力,获得巨人一般强大的印证,各个方面的组织资源也得到了大清点,原先处于休眠状态的组织资源都一一活跃起来。很快,组织就夺取了应对危机战斗的胜利,又进入新一轮积聚危机因素的平缓运行期,直到下一次危机的爆发之时,再去证明组织的能力。所以,集权组织的活力总是存在于组织生存危机之中,只有危机到来时,它才充分展示自己的生命力。最为关键的是,组织面临危机时,能够使集权组织的特征得到典型表现,即组织的权力得到迅速集中,组织领导层对组织的控制能力得到大幅提升,组织凝聚力迅速增强,组织成员变得更乐于听从命令⋯⋯

反过来看,一切组织在自身存在和发展的过程中,都不可避免地会遇到或大或小的危机事件,在人们的经验中,不会遇到危机事件的组织是没有的。然而,应对危机事件的时候,一切组织都会有着走向集权的倾向。这就是约翰·基恩所指出的:"马克思和伯克哈特等人在19世纪曾极力强调这种看法:危机倾向会带来独裁主义的后果。"[①]在后工业化这一历史转型的过程中,由于不确定因素随时都可能转化为"危机倾向",或者说,不确定本身就包含着对既有稳定性的挑战,是既有框架和结构的危机表现。如果出于维护既有结构的需要,导向独裁主义是必然的。进而,如果用独裁方式消除不确定性的行为,就会成为历史转型中的保守的甚至反动的力量。所以,这就提出了一个极其重要的问题:在新的历史条件下,当我们应对危机事件和实施危机管理的时候,是立足于现

---

① [英]约翰·基恩:《公共生活与晚期资本主义》,25页,北京:社会科学文献出版社,1999。

有的组织去应对危机,还是谋求组织的变革呢? 如果选择了前者,也就意味着组织的发展进入了集权化的轨道,是一种向回走的历史倒退。可见,正确的道路应当是积极地谋求组织变革。

概括工业社会的特征,正如托夫勒所指出的,从生产与消费的分裂以及市场不断扩大的基础上产生出来的标准化、专业化、同步化、集中化、好大狂和集权化,导致了官僚政治的兴起,"产生了一些最庞大、最僵化、拥有最高权力的官僚机构,驱使着个人陷在硕大无比的组织中,……彷徨徘徊,无路可寻。"①随着工业社会历史阶段的沉没,它的标准化等各个方面,受到解构,官僚制被超越也就成了历史的必然。事实上,当工业社会走向了自己的顶峰时,"出现一种新的组织形式,即采取少一些等级,多成立一些专案委员会来进行管理的方针。反对权力集中的压力加强了。……所有这些,不过是政治制度指示器上的早期警报。"托夫勒激情洋溢地预报说:"在即将到来的年代中,惊心动魄的新制度将替代无能为力的,难以忍受的,已经过时的组织结构。"②

三、合作制组织的构想

哈拉尔认为,造成组织中各种冲突的原因不是"人们违反常情或无知,而是因为我们的文化不鼓励合作。"③进一步说,以往的人类历史造就了这样一种不合作的文化,特别是工业社会中市场行为对人类所做出的彻底改造,使人们倾向于接受竞争和斗争的文化导向,习惯于用利益分析的观点为自己的行为进行合理性辩护,即使谈论合作,也无非是出于更大规模和更大范围中"你争我夺"的需要。

合作是多元存在的共生状态,一种能够替代官僚制集权组织的合作制组织形式必然是建立在多元共生的历史条件下。我们现在正处于一

---

① [美]阿尔温·托夫勒:《第三次浪潮》,60页,北京:新华出版社,1997。
② [美]阿尔温·托夫勒:《第三次浪潮》,68页,北京:新华出版社,1997。
③ [美]W. E. 哈拉尔:《新资本主义》,194页,北京:社会科学文献出版社,1999。

个走向多元化社会的过程中,这种多元化的发展进程是在工业社会取得了巨大成功的历史条件下出现的,它是对工业社会的同一性原则的挑战。我们知道,工业社会是一个追求同一性的历史阶段,在整个工业社会,资本赋予了市场以同一性,武力赋予了殖民地与宗主国之间的同一性……而在哲学上,最传神地描述了资本主义同一性追求的是黑格尔哲学。同一性就是工业社会的箴言,在这个社会中,假如讨论差异、矛盾和冲突,也是在同一性的思维框架下进行的,全部理论以及实践都朝着追求同一性的方向运动。然而,当工业社会走向了自己的顶点的时候,多样性以历史事实的形式出现了,并对工业社会的同一性模式构成挑战。

在现实的社会运行中,依据工业社会同一性追求而建立起来的制度和生活模式都出现了左支右绌的窘况,甚至经常性地陷入局部性的危机之中。在理论上,"多元主义的到来……受到了少数有思想、善争论、勤于写作的人欣喜若狂的欢迎。首先被注意到的就是多元主义的解放作用:现在的个体不再是由偶然出生所铸造的不可改变之模型,也不再被偶然赋予的狭隘人性所限制。"[1]显然,多样性是可以冲破也必将冲破同一性模式的历史性力量,就同一性最终无法包容它而被它所冲破而言,是历史在行进中的又一次解放。这种解放在个人层面上则表现为向其"真实生活"的回归,所造就的是一种全新的能够提供和支持个人"真实生活"的模式和空间。在此意义上,它是不能够在既有的社会或政治原则中获得真正理解的。齐格蒙特·鲍曼所看到的是,多元主义论思想家们把多样性的解放作用感受为"对自由的新感觉是如此地令人陶醉,自由被人喜气洋洋地赞扬,自由被人尽情地享受。"[2]其实,这在很大程度上是对多样性的错觉,最起码是一种不完全正确的感觉。多样性的解放意义是不能被仅仅感受为自由的获得,假如感受到了自由,也将是短暂的,接踵而至的将是超越了自由的社会合作。可以断定:多样性的真实底蕴

---

[1] [英]齐格蒙特·鲍曼:《后现代伦理学》,25页,南京:江苏人民出版社,2003。
[2] [英]齐格蒙特·鲍曼:《后现代伦理学》,25页,南京:江苏人民出版社,2003。

是合作的必然性。

在很大程度上，多样性冲破同一性的过程与人类历史上已经出现的任何"解放"模式都不同，它不是一个"先解放"而后"再建构"的过程，它是解放和建构同时进行的过程，多样性在自我建构中冲破同一性，冲破同一性的同时也已经实现了多样性的自我建构。多样性在个人这里所意味着的是自主性，而且是积极的自主性而不是消极的自主性，是在社会合作中发现和实现具有整体性自我的自主性。因而，这种自主性不是工业社会语境中那种含混不清的"自由"所能表达出来的状态，是人在合作体系、合作关系中独立自主的整体性存在形态，在根本上是不同于工业社会中的人所拥有的那种浮游生物般的自由的。其中，最直接的建构，就体现在合作组织得到创制的成果中。合作制组织将是一种全新的组织模式，是对官僚制组织以及以往一切组织模式的扬弃。在合作制组织中，组织成员拥有充分的自主性和强烈的合作愿望，以往一切组织中命令与服从的基线都被网络式的人际线条所替代，由于伦理关系的介入而使以往组织中的权力关系和法律关系发生根本性质的改变……最为根本的是，合作制组织在组织成员的自主性中获得组织整体的灵活性，从而能够有效地预防危机因素的出现，即使出现了危机因素，也能够有效地加以化解并及时地发现和应对。

当然，合作制组织的构想决不是对农业社会田园风光的临摹。的确，在工业社会所造就的大都市中，形成了非人性化的社会结构，人们之间的关系被金钱的冰冷所冻结，邻里之间形同陌路，生存在都市"水泥丛林"中的"动物"甚至比霍布斯的"原始丛林"中的"动物"更关注自身的生存利益。但是，走出工业社会并不意味着向农业社会的回归，而是在工业文明的成就上向人类社会的更高阶段攀爬。合作制组织作为后工业社会的组织模式所提供的是一种人际关系核心结构，消除工业社会人际关系结构中的"离心"倾向，代之以黏合性的合作追求。农业社会的人际关系结构是松散的，工业社会的人际关系结构是僵化的和缺乏张力的，常常因其"离心"倾向而陷入危机状态。与此不同，后工业社会的人际关系结构既富于科学的严密性又具有实际运行的弹性,具有更强的自我维护和自我增强能力。如果比较人际关系结构的道德构成因素,也会看到:农业社会的松散人际关系结构中有着丰富的道德滋养,但是,道德总是属于个人的,主要是个人的美德;工业社会的人际关系结构出现了道德"贫血症",即使是那些与个人联系在一起的道德,也日益缩水;后工业社会的人际关系结构则在结构的意义上实现了道德化,或者说,人际关系赖以形成和存续的社会制度框架就是道德化的,社会是"德制"的社会,而组织则是合作制的组织。无论是社会的制度和组织的制度,都不是外在于人以及人际关系的,而是内在于人和内置于人际关系的。

其实,20世纪中一些有见地的学者们也试图去发现组织的合作内涵。美国行政学家德怀特·沃尔多在对行政组织的考察中,极力发掘其合作行动的内涵。在他看来,"行政是具有高度理性的人类合作努力的一种。"[1]对行政的静态考察,可以将其看作是组织,而面对行政进行动态考察时,我们看到的则是管理,行政这个词本身,就包含着组织和管理两重涵义。沃尔多指出,"这被认为类似于生物学系统中的解剖学和生理学。'组织'是一个行政系统中权威的和惯常的人际关系结构,'管理'是一个行政系统中试图获得理性合作的行动。"因此,"组织是行政的解剖学,管理是行政的生理学。组织是结构,管理是功能运行。但在任何一个现存的行政系统内,二者都相互依存。"[2]"公共行政的概念是理性行为,即正确的计划实现特定的期望目标的行为。"[3]应当指出,对于行政系统而言,远较解剖学和生理学视野中的生物系统复杂的多,但沃尔多的比喻无疑突出了行政系统的有机性,特别是在沃尔多的叙述中,"正确的计划"、"理性的行为"和"期望目标"这三个关键词导向了对行政体系合作机制的发现。

---

[1] 彭和平编译:《国外公共行政理论精选》,187页,北京:中共中央党校出版社,1997。
[2] 彭和平编译:《国外公共行政理论精选》,188页,北京:中共中央党校出版社,1997。
[3] 彭和平编译:《国外公共行政理论精选》,195页,北京:中共中央党校出版社,1997。

当然，在以往的组织模式中，组织目标都是重要的组织整合力量，在宏观组织中，组织目标往往具有意识形态的功能；而在微观组织中，组织目标则直接地成为激励手段。组织目标明确，也往往被看作是组织整体性较强的标志。但是，组织运行的实际却总是证明：组织的等级化程度和组织的集权程度越高，组织目标就越能得到较为成功的宣示并能够得到组织成员较高水平的认同。所以，往往是那些集权组织能够有效地运用目标激励的手段。一般说来，集权组织也特别关注不断地调整自己的目标，以求把组织的目标激励维持在一个较高的水平上。但是，这也使集权组织的目标出现了较大的随意性，甚至有可能使组织成员感受到被组织目标欺骗了的感觉。如果这种感受在组织成员间扩散开来，就可能把组织带进全面危机的状态。集权组织的不稳定性，也恰恰证明了这一点。

从组织的历史类型来看，集权组织的历史较悠久，因而也往往被看作是较为落后的组织形式，组织的发展，必然会要求在吸取集权组织的有用因素的同时告别集权组织的模式。所以，在20世纪，我们看到纯粹的集权组织往往是最缺乏竞争优势的组织，即使在一时一地，人们可以看到它的竞争优势，但在一个较长的时段中和较大的活动范围内，它的竞争优势往往被其劣势所掩盖。在20世纪中，具有竞争优势的组织往往是那些有限集权的组织，这类组织的规则体系较为发达，而且发挥着比权力更大的功能，并能够有效地约束权力。但是，这类组织在目标上又远不如集权组织那样明确，因而也不能像集权组织那样充分地发挥目标激励的功能。这表明，与集权组织相比，这类组织的目标变得分散化了，组织成员的共同目标受到了淡化，而个人目标却受到强化，组织成员的个人目标往往与他们的个人生活联系在一起，从而丧失了组织目标的价值。可见，组织目标与组织集权的状况是关联在一起的。在合作制组织中，组织整体上的集权更加弱化，因而它的目标也会趋向更模糊。在一定程度上，我们倾向于把合作制组织看作为无目标的组织。这在以往的组织模式的背景下，可能是不可思议的。然而，一旦我们接受了合作制的理念和置身于合作制组织氛围中时,我们就会感受到合作制网络结构及其每一个"节点",都在源源不竭地为组织整体输送发展的动力,从而使组织整体上的目标失去存在的基础和意义。这就是关于合作制组织的原则性的也是极其初步的构想。

第七章 后工业化与民主困境

复杂性与不确定性的迅速增长是人类走向后工业社会的基本标志。正是复杂性和不确定性把人类已有的社会治理体系置于一种结构性危机状态。在这种情况下,民主的追求受到了挑战,而合作治理则展现出其生机。在民主追求中,公民(众)的参与是基本路径,也是基本保障,但是,通过参与而实现的民主,却是一种形式民主。合作治理则不同,就其特征而言,也是民主的,然而却是属于实质民主的范畴。如果说形式民主从属于法制的框架的话,那么实质民主则从属于德制的框架。

第一节 后工业化进程中的结构危机

一、复杂性与不确定性

在全球化的条件下,中国社会在与世界一道承担后工业化课题的时候,在解决后工业化过程中出现的各种问题的时候,必然会面对发达国家因为其优势而转嫁过来的各种各样的危机因素。所以,在中国政府肩负着领导中国社会致力于工业化建设的同时,又必须解决后工业化所带来的各种各样的问题。这就要求我们必须从全球视角出发去认识后工业化的进程,了解后工业化过程将会带来的危机。也就是说,中国政府需要通过认识世界性的后工业化危机来确定自己的改革方向和作出行为选择。

近代社会早期,大多数思想家都认为工业革命后的人类社会进入了一个"简单化"的进程,以为某一(些)基本原则的确立就可以使社会获得同一性,从而进入永恒的秩序状态。甚至包括前苏联的马克思主义者们也认为,近代社会是一个由于阶级分化的两极运动而变得简单化了的社会。这也就如20世纪初期的物理学家们以为世界的物理图谱已经被完全解开了一样。物理学家们的盲目乐观很快就被爱因斯坦的相对论所打破,然而,人类社会的复杂化和不确定化直到20世纪后期才被人们所认识到。

在一定程度上,社会科学对复杂性和不确定性的认识更多地得益于系统论研究成果的启发。根据系统论的解释原则,"不确定性是每个层次上可利用的自由,然而它不能跃出自己历史的阴影。进化是一种展开复杂性的历史,但不是杂乱无规过程的历史。冲破这团迷雾,就显现出了这样一个世界,其中任何事物都不是杂乱无规的,而更多的是在一定范围内的不确定和自由。"①从20世纪后期开始,人类社会进入了从工业社会向后工业社会转型的历史进程,这是人类历史的又一个重大的转型期。在这一进程中,复杂性和不确定性都迅速地凸显了出来。认识这种不确定性,应当看到,它既不是偶然性也不是杂乱无序。尽管它在表现形式上往往会让人错认为它是一种偶然性或杂乱无序的状态,而在实质上,则包含着对更高的有序和规范的渴求。面对后工业化进程中的复杂性和不确定性,人们只有看到其积极价值,才会与它和谐共舞。反之,如果在复杂性与不确定性中仅仅看到消极的一面,则会产生恐慌,进而会变得束手无策。但是,历史转型期中的不确定性是不能沿着传统思路来加以制服的,用旧的方法和制度去克服不确定性,只能遭遇落败。所以,面对不确定性,只能将其作为依据并去努力作出新的行为选择。

---

① [美]埃里克·詹奇:《自组织的宇宙观》,258页,北京:中国社会科学出版社,1992。

我们知道,到了工业社会的后期,社会流动性的迅速增强,表现为人们的来来往往、行色匆匆,从而使人的交际对象变得更多的具有暂时性和不确定性,人们没有足够的时间去了解自己的交际对象,没有基于相互了解的开放心灵,人们习惯于向他的交际对象关闭心灵的门扉。因而,社会变成了陌生人的社会,以至于人们养成了警惕地注视着自己的交际对象的习惯,或者说,先警惕地注视着交际对象,然后再思考如何交往。我们当前面对的不确定性也有来自科学技术方面的因素。对此,法国学者卡蓝默是这样描述的:"科学创新加速发展,濒临失控;由于社会日益无法掌握自己的未来,民主的消失,人类的未来主要取决于科学技术的进展,而社会对此无法控制;可持续发展要求从另一种角度看待科学;知识的私有化,知识被经济巨头所控制。"①

在现实的社会发展进程中,正如一些学者所看到的,社会复杂性的增长,在人的心理和情感上已经刻下了深深的印痕,"由当前生活关注每天所产生的世界图像,缺少真实的或假想的稳定性和持续性,而这一稳定性和确定性通常是现代'结构'的标志。现在,压倒一切的情感是新型的不确定性感,而这种不确定性感并没有局限于其自身的机会与天赋,它也关注世界的未来式样、生活在世界中的正确方式以及生活方式的是非判断标准。关于不确定性的后现代版本,另一个新特征是,它不再被视为仅仅是一种经过适当的努力就能减缓和克服的烦恼。"②不仅如此,就个人与社会关系而言,随着社会的复杂性、不确定性和陌生化程度的增长,个人的成熟期被推迟,故而,他在进入社会生活过程之前,就需要花费更长的时间去获取社会生活所必备的技能。即使在他进入社会生活过程之后,由于个人的迁徙、流动变得经常化,个人就有了更多的选择自由,他的生活也因此而增加了变数,个人与他所出生于其中的社会或社群之间的关系,也将变得偶发性程度很高。所以,从个体的人的角度看,

---

① [法]皮埃尔·卡蓝默:《破碎的民主——试论治理的革命》,98页,北京:三联书店,2005。
② [英]齐格蒙·鲍曼:《后现代性及其缺憾》,21页,上海:学林出版社,2002。

也只有合作的氛围才能使人立身于其中,否则,那就是一个人人自危的局面。历史地看这个问题,在工业社会的复杂性、不确定性和社会的陌生化程度都较低的情况下,是适宜于通过竞争来提高社会效率的,人们算计利己的利益而把他人当作工具的情况,也是能够得到科学化的组织体系和法律化的制度体系来控制的。但是,在走向后工业社会的过程中,当社会的发展达到了复杂性、不确定性和陌生化程度都很高的时候,工业社会的科学化组织体系和法律化制度体系都无法再为个体的人提供安全的生存环境了。

当然,不确定性是在与传统社会的比较中显现出来的,我们既有的制度是在社会复杂性程度较低的情况下作出的安排,它所面对和应对的是具有相对稳定性的、可以预知和认识的社会问题。虽然近代社会一直处在复杂性增长的状态中,而且在制度安排的实践中也不断地进行调整,甚至有的时候会在改革的名义下对制度作出较大的调整。但是,根本性的制度结构并未触及,现有的制度模式依然属于适应复杂性程度较低社会形态的制度。随着社会复杂性程度越来越高,在确定的、较少灵活性的制度模式面前,就会映照出不确定性。

对人的心理结构而言,确定性能够在人的心理结构中整合出安全感,反之,不确定性则会施予人的心理以不安全感。甚至对于一个社会、一个国家来说也是这样。回顾 20 世纪,冷战中的对立两极也在不确定性中受到不安全感的压力,可是,在一些特别强大的国家中,可以通过建立坚实的防卫体系或假称建立防卫体系来消解国民的不安全感。比如,苏联把东欧国家推向不安全的前沿,而美国则把西欧国家推向不安全的前沿。然而,到了 21 世纪初,当最为强大的发达国家面对着被它们称作为所谓"恐怖主义"的新的不确定性时,不安全感就显得特别强烈了。因为,这种不确定性比冷战中的不确定性要大得多,而且任何形式的国家防卫体系在这种不确定性面前都显得束手无策,反而,正是这种不确定性使那些经济、政治都非常强大的国家在安全上显得极度脆弱。

这种发生在工业社会后期的复杂性和不确定性是与技术进步并行

的,反过来,它又大大促进了技术在社会控制方面的应用。从事社会治理活动的人,极力运用任何一项新的技术去改善管理和加强控制。事实上,官僚制的技术化水平和合理化程度也一直在得到不断的强化,并被用来回应那些具有破坏性的危机倾向。可是,在这样做的时候,社会治理成本的增长也达到了空前的地步,而且在这一成本增长的背后,或者说在不断提高技术化水平所获得的复杂治理体系之中,包含着一种更大的危机。现在来看官僚制,它的控制技巧可以进一步技术化的空间变得越来越小了,达到了一种"增长的极限"的地步,可是,社会的复杂性和不确定性却刚刚展现出迅速增长的势头。在这种情况下,既有的结构被冲破就势在难免了。在韦伯的时代,官僚制的技术优势为它解决那些低度复杂性问题提供了保证,"正规的官僚主义机构倾向于凭借它们的技术优势居于支配地位。正因为这种技术优势,官僚主义机构才能对付这个世界的种种复杂性。"[1]然而,到了20世纪70年代后期,官僚制就开始不断地受到复杂性的困扰,面对新的复杂性和不确定性,官僚制的技术优势已经很难应对复杂性和不确定性了。

二、合法性的危机

在工业社会的后期,就如约翰·基恩所看到的:"全面发展了的资本主义使整个生活沉浸在官僚主义精打细算的冰水之中,不断地引起有关合法性的问题。"[2]当然,约翰·基恩所讲的资本主义是指工业社会的制度体系,它的合法性危机其实只是工业社会结构失衡的表现之一。在其他方面,这种危机也同样存在,在人与人、人与社会、人与自然的关系等所有方面,都可以用"危机"一词来描绘或概括,而在具体的社会生活过程中,这种危机则以频繁的偶发事件的形式出现。所有这些都表明,工业社会的结构解体的时候到了,代之而起的将是一种新生的后工业社会

---

[1] [英]约翰·基恩:《公共生活与晚期资本主义》,31~32页,北京:社会科学文献出版社,1999。
[2] [英]约翰·基恩:《公共生活与晚期资本主义》,54页,北京:社会科学文献出版社,1999。

结构。或者说，后工业社会的结构正在工业社会结构性危机的过程中生成。

在约翰·基恩看来，晚期资本主义或者说工业社会后期的社会矛盾也是非常突出的，"福利国家试图消除社会抗议并永久保持一个'社会性'时代，却无意中导致了一个'不服从'……的过程、政治活动的高涨和激进的民主期待。"而且，约翰·基恩断定，"这种不服从的主要根源之一是官僚主义福利国家自相矛盾的运转方式。"归结起来，就是政治上的"代表性"与行政上的"价值中立"的矛盾。"福利国家宣称自己的政治任务是对各种社会要求作出反应（即反应性解决问题），和长期依靠非政治化的官僚主义战略（即依靠给问题下定义和控制机构）相矛盾。"①然而，就政治与行政分立为社会治理的两个相对独立的系统而言，是近代社会在社会治理领域上的逻辑性结果，它们之间的矛盾是这个社会整个历史阶段的结构性矛盾，对这一矛盾的解决，是不可能在这个社会自身中找到合理性方案的，只有当社会在结构上得到根本性的调整的时候，这个矛盾才会消除。可是，这个社会的结构性调整，其实也意味着由这个社会所构成的历史阶段的终结。或者说，这是工业社会正在被后工业社会替代的过程。

在哈贝马斯看来，工业社会后期或者如他所说的"晚期资本主义"时期，人们的孤独、冷漠、不关心政治等等，"所有这些日常生活中众所周知的特点，……都只不过是官僚制度的严格管理和完全不平等的社会造成的一个暂时的和十分偶然的结果而已。"②当然，说它是"偶然的结果"是对工业社会发展逻辑的误读。也许哈贝马斯使用"晚期资本主义"这个概念本身就包含着他关于资本主义在发展过程中可以作出其他选择的推测。其实，工业社会一步步地走向社会治理的形式化、日常生活的冷漠和无激情、普遍的人的个性的失落等等，都是合乎逻辑的历史进程，对

---

① ［英］约翰·基恩：《公共生活与晚期资本主义》，22页，北京：社会科学文献出版社，1999。
② 见［英］约翰·基恩：《公共生活与晚期资本主义》，191页，北京：社会科学文献出版社，1999。

所有这些现象的消除工作,是不可能在这个历史阶段之中进行的。事实上,在这个历史阶段中积聚起了终结自我的矛盾,并作出了从物质上的、精神上的和观念上去终结自我的准备。

托夫勒认为,工业社会的政府"建立在错误的规模上,不能适当地处理跨国问题,不能处理相互联系的问题,不能跟上加速的推动力,不能适应高水平的差异性,这使负担过重而陈旧的工业时代政治技术正在崩溃。"①在决策方面表现得最为明显,"由于采用过时的政治技术进行工作,我们政府有效的决策能力正在迅速削弱。"②托夫勒提出,应根据社会发展的新的要求去对政府进行改革,"所有这些机构之所以都必须彻底改革,并不是因为它们有着内在的邪恶,甚至不是因为被这个或那个阶级(或团体)所控制,而是因为它们日益不中用了,不再适应发生根本变化的世界的需要了。"③根据托夫勒的设想:"一种政治制度必须不仅能够制订和实施决定,它还必须按正确的规模进行工作,它必须把支离破碎的政策整体化,必须以准确的速度做出决定。它必须既反映又响应社会的差异性。如果它不能做到上述任何一点,它就会招致祸患。"④然而,"眼前的危险……更多的是在于,政治官僚决策机关提出的决定所引起难以预测的副作用。这些机关是这样危险的不合时代,即使是最好的愿望,也可能产生谋杀性的后果。"⑤

工业社会合法性危机的最根本原因是由于公共生活领域中存在着独立自主的力量,这种力量对官僚制作出了反抗。约翰·基恩说:"在晚期资本主义制度下落入官僚主义奴役怀抱中的全体居民被要求心甘情愿地崇拜或暗地里诅咒那些掌握着生产资料、行政管理、传播媒介和战争的人。不过,同样明显的是,在国家和大公司的官僚机构内部或相互之

---

① [美]阿尔温·托夫勒:《第三次浪潮》,457 页,北京:新华出版社,1997。
② [美]阿尔温·托夫勒:《第三次浪潮》,458 页,北京:新华出版社,1997。
③ [美]阿尔温·托夫勒:《第三次浪潮》,466 页,北京:新华出版社,1997。
④ [美]阿尔温·托夫勒:《第三次浪潮》,461 页,北京:新华出版社,1997。
⑤ [美]阿尔温·托夫勒:《第三次浪潮》,462 页,北京:新华出版社,1997。

间不可能协调一致;这些机构的霸权不可能自然而然地奏效,而是依靠在行政管理上不断地玩弄花招和重新适应各种独立自主的反抗。"①在约翰·基恩80年代写作《公共生活与晚期资本主义》的时候,公共生活中的那种独立自主的反抗力量可能还比较微弱,但是,基恩发现了这种力量以及它对官僚制的冲击,并断定官僚制会因适应这种反抗而发生变革,这是很难得的。20世纪后期,全球性的行政改革浪潮都证实了这一判断是正确的。然而,官僚制与社会之间的紧张关系并未因行政改革而消除,公共生活中的反抗力量甚至变得更加理性化,而且总能积极地融入新社会自治运动之中。因而,历史发展的方向也变得越来越清晰了,不仅将要实现约翰·基恩所说的"对社会和国家范围内独立自主的公共领域的需要",而且展现了越出国界、向世界范围扩展的趋势。当然,全球性的公共生活领域将会遇到诸如国际法等传统国际架构的制约,事实上,现有的国际性非政府组织也尽可能避免与国际法所标明的国际秩序发生冲突。不过,国际化的、全球化的公共生活领域必将成长起来,并成为新社会自治运动的一个重要组成部分。这样一来,由现有的国际法律体系所建构起来的国际秩序也就必须适应这种要求,从而发生结构性的改变。

三、合理性的丧失

约翰·基恩说:"资产阶级合理化过程在消灭和取代其他形式生活的同时,本身也倾向于变成一种目的。在这种过程的垄断性影响下,当代资本主义社会把自己结成一个自我奴役的'铁笼子'。日常生活的一切领域都倾向于慢慢变得取决于纪律严明的等级制度、合理的专业化和不受个人情感影响的抽象的一般统治、制度的不断调整。"②特别是"在晚期资本主义条件下,所有的社会和政治关系都有明确的结构,好像这些关

---

① [英]约翰·基恩:《公共生活与晚期资本主义》,8页,北京:社会科学文献出版社,1999。
② [英]约翰·基恩:《公共生活与晚期资本主义》,46页,北京:社会科学文献出版社,1999。

系仅仅是'自然界的一部分'。一切事物都像是'命中注定',好像真实的生活是静止不动的生活,是没有生气的自然界。"①所以,官僚制能够满足这个社会的管理要求。然而,当不确定因素大量涌现的时候,人们的信念开始受到冲击,各种未被纳入到管理结构中去的事件就被夸大成危机事件,并引起过激反映。近代社会的发展过程始终是在"一般统治、制度的不断调整"中进行的,然而,这种调整毕竟是有限的,只是在工业社会的基本结构没有发生重大变化的条件下,每一次调整才会显示出一些暂时效果。在后工业社会浪潮的冲击下,工业社会的基本结构正在动摇,对"抽象的一般统治、制度的"调整不仅不能有效地应对大量涌现出来的危机事件,反而会让人感受到那种由于危机因素正在不断聚集并带来不安。所以,在20世纪后期的行政改革中,人们要求摒弃官僚制,其理论主旨就是要根据后工业化对工业社会基本结构的冲击而抛弃官僚制的合理性设置。

官僚制的合理性是由马克斯·韦伯概括总结出来的,谈到合理性的问题时,人们必然会提到韦伯的思想,约翰·基恩准确地概述了韦伯的思想:在韦伯那里,"不论指导行动的是什么目标,'实质合理性的'行动从原则上来说总是与形式上的官僚主义合理性的要求相矛盾的。只要行动明确表明的目标是用从技术上来说最适当和最熟练的手段来追求和指导的,这类行动就可以被认为形式上是合理的。反之,只要行动是根据各种根本不能调和的价值标准,即根据数量和内容很不相同的偏爱构成的,这类行动就是实质上合理的。正是实质上合理的行动的这种变化性或偶然性最终使这类行动系统地进行和逐步发展。"②应当肯定,在形式合理性与实质合理性相分离的工业社会,能够离析出它们分别与行动的关系,并指出它们在社会发展中的价值,这无疑是韦伯的重要理论贡献。然而,从方法论的角度看,这种分析的抽象性质是显而易见的,虽

---

① [英]约翰·基恩:《公共生活与晚期资本主义》,87页,北京:社会科学文献出版社,1999。
② [英]约翰·基恩:《公共生活与晚期资本主义》,134页,北京:社会科学文献出版社,1999。

然就官僚制本身来看,它的形式合理性色彩较为浓厚,但是,它所面对的社会和公众,却无时无刻不提出实质性的要求。因而,官僚制框架下的行动其实是不可能单纯地从形式合理性或实质合理性的片面视角上来观察的。一旦我们的观察投向具体的行动,形式合理性与实质合理性就需要同时进入我们的视线,否则,我们的貌似科学的结论,就会与实际完全脱离。工业社会后期的现实是:形式合理性的科学追求所造成的偏见深深地彻入人的骨髓,以至于科学研究只用形式合理性的原则去剪裁现实。结果,使按照科学理论重建的世界呈现出形式合理性的单向度,那种源自于生活深层的实质合理性要求受到忽视和压制。这一点也成了促使工业社会结构性危机到来的基本因素之一。

在日常生活领域中,蕴含着更多的与官僚制格格不入的因素。就20世纪的现实来看,由于"行政国家"的出现,官僚制在试图征服日常生活领域的过程中使它的反对官僚制的力量被大大地削弱了,但是,在工业社会的后期,随着官僚制的形式合理性与整个社会的冲突的加剧,随着历史的前进脚步一次次地试图踢开官僚制的工具理性原则,日常生活领域中反叛官僚制的力量又开始积聚,它的独立自主的本性开始日益外显。当然,对于日常生活领域中那些与官僚制相矛盾的因素,也需要放在历史结构中给它定位。在工业化开始造就工业社会的体系时,日常生活领域是农业社会传统的保留地,是一个保守的领域,它与工业社会的技术的、工具的理性相矛盾和相冲突。

在工业社会,日常生活领域不断地被工业文明所改造,不过,这种改造一直是不怎么成功的,农业社会的传统在这个领域中顽固地坚守阵地,并时常向公共领域输送那些被视为"潜规则"的因素。令人惊奇的是,在工业社会的后期,日常生活领域开始出现另一类与技术理性、工具理性相矛盾的因素,这类因素不是来源于农业社会的传统,而是一种积极的预示后工业社会的因素,这些因素可能是脱胎于农业社会的传统,却拥有了后工业社会的性质。关于这些因素,我们现在还只能看到它的朦胧形态,表现出个性化和赋予日常生活独立自主力量等特征。这些因素在今天还很弱小,但却是有生命力的,它对日常生活领域的和谐追求也不断冲击着整个社会,表现出把整个社会改造成和谐社会的雄心。可以说,在走向后工业社会的过程中,日常生活领域将成为反抗工业文明技术理性、工具理性的另一支力量,自觉地发现这一领域中的进步因素,对于构建后工业社会的治理体系,是有益的。

四、基于"反思"的建构

根据贝克的诊断,当代社会出现的各种各样的危机和风险,都无非是工业社会的制度性危机。他说:"工业生产的无法预测的结果转变为全球生态困境根本不是一个围绕我们的这个世界的问题——不是一个所谓的'环境问题'——而是工业社会本身的一种意义深远的制度性危机。只要对这些发展的认识继续停留在工业社会的概念范围内,那么,作为看似可以解释、可以计算的行为的消极的负面效应,其破坏制度的后果就依旧无法被认识到。"①贝克的对策是:"只有在风险社会的视野和概念中,其真正的重要性才凸显出来,并注意到了反思的自我定义和重新定义的需要。在风险社会这个阶段,对由技术的、工业的发展所制造的危险的难以预测性的认同,驱动了对社会环境的基础的自我反思与对占统治地位的习俗和'理性'原则的评价。"②在此,贝克倡导从对人的反思入手而寻求出路,无疑是一个很好的建议,特别是在历史转型的此刻,当社会突出了"风险"特征的时候,反思自我并在这种反思中对现行的制度、政策甚至最基本的原则作出重新估计,相信是能够在应对那些因人的行为而造成的未及预料的风险方面发挥作用的。

其实,在德国作为现代国家而生成的时候,黑格尔也用抽象的哲学语言表达了与贝克相同的内容,"反思"这个概念也是因为黑格尔而流行起来的。也就是说,在德国开始工业化的时候,也表现出了"风险社会"的

---

① [德]乌尔里希·贝克:《世界风险社会》,102页,南京:南京大学出版社,2004。
② [德]乌尔里希·贝克:《世界风险社会》,102~103页,南京:南京大学出版社,2004。

特征,作为德国启蒙运动集大成者的黑格尔就是通过倡导"反思"而教导人们如何应对社会发展中的不确定性的。因此,贝克所说的"风险社会"其实并不是仅存于当代,在每一次历史转型的过程中,都会出现可以被命名为"风险社会"的那种形态。"风险社会"只是一种过渡形态,将会随着历史转型期的结束而结束,随着新的社会形态的出现,社会的"风险"特征也就会不再成为人们的关注中心。尽管如此,贝克提醒人们关注"风险社会"并积极地思考应对"风险社会"的方案是具有积极意义的。但是,如果思想仅仅满足于此的话,还是很难找到应对"风险社会"之良策的,假使找到了的话,也可能会造成阻碍历史前进的结果。所以,只有把"风险社会"看作为历史转型期的过渡特征,主动地去瞻望历史转型期结束后的那块"新大陆",才会使历史的航船在"风险社会"这块浪高涌激的海洋中不至于覆没和迷失航向。当然,现时的平安也是需要通过积极行动来营建的,贝克提出反思自我,以及对整个现代化和工业化的过程及成果进行反思,其积极意义恰在于此。

我们知道,在整个农业社会和工业社会,基本的社会冲突是由物质方面的原因引起的,虽然文化及其价值观念也会成为直接的社会冲突的原因,但其背后有着深刻的物质根源,是由于利益冲突而造成了文化及其价值观念的冲突,然后再由文化及其价值观念的冲突引发社会冲突。然而,在走向后工业社会的过程中,大量的社会冲突只能归因于文化及其价值观念的冲突,甚至有着利益共同基础的政治实体间也可能会放弃利益实现的追求而进行斗争。这种现象用传统的决定论就无法解释了,因而,拥有传统的决定论哲学理念的决策者总会感到困惑,由他们制定的政策在解决这些冲突方面也总会显得不得要领。所以,在走向后工业社会的过程中,人类的首要任务应当是弥合文化及其价值观念的隔膜,建立起不同政治实体和文化实体间能够相互理解、相互信任和相互合作的哲学。这样一来,无疑会突出"反思"的价值。认识是指向外在世界的,是对客体的认识,而反思则是指向自我的,是对主体自身的认识以及寻求自我改造方案的途径。如果说,基于人们之间的利益冲突去寻求社会治理方案,所突出的是关于利益结构及其利益冲突根源的"认识"价值,那么,对于文化结构上的差异所导致的冲突,则需要通过反思来加以理解和把握,即通过反思去发现自己所拥有的文化如何去实现与他人所拥有的文化共融的途径。

进一步地比较工业化进程与后工业化进程,我们还会发现,在农业社会向工业社会的转变过程中,人口流动打破了地域的边界,造就了既是陌生的又是具有同一性的社会;而在从工业社会向后工业社会的转变过程中,不仅继续在更大范围内打破地域界线,而且在根本上拆除了族群边界,使不同民族进入一个广泛的社会共同体,使不同的人群必须以开放的心态和行为方式与其他人群相交往和开展共同行动。当然,工业化也破坏了族群边界,通过暴力的或市场的征服而冲击族群边界,但由于它所欲造就的是同一性社会,而族群之间的差异却又无法在同一化的追求中而被消除,所以,一直无法解决族群认同的问题。后工业化在这一点上则表现出了极大的不同,它在拆除族群边界的过程中不是为了造就同一性社会,反而把多样性的存在作为社会构成的必要前提,把族群之间的差异性作为共同体的活力所在。所以,它可以通过制度性的建构而有效地把族群认同的问题转化为个体认同的问题,把族群之间的冲突转化为个体层面的冲突,从而使社会整体上的认同危机不再出现。由此,我们可以得出一个更为大胆的假设,社会治理的性质和形式都会发生根本性的变化,工业社会以解决族群冲突为基本内容的"政治"将会因族群认同的个体化而逐渐被消解掉,许许多多政治问题都会转化为管理的问题,政治与管理并存条件下的领域差异也不再显得那么重要,管理的泛化则使管理主义的技术性特征消解。

也就是说,在工业社会政治与管理并行的条件下,政治致力于处理族群利益方面的价值因素,而管理则按照科学主义的原则和技术化的路径运行,当政治消解并转化为管理的时候,以族群利益为内容的价值因素转化为以个体利益为主导的价值因素,这种价值因素被纳入到管理体系和管理过程之中,从而使科学主义的技术化路径也铺设起了价值的轨道。因而,管理的性质也发生了根本性的转变。也就是说,工业社会的政治从属于反思的原则,而管理则从属于认识的原则,这是一个极其矛盾的状况。新的社会变动把认识归并到反思中去了,让管理也从属于反思的原则,这意味着人类开始进入了一个反思性建构的阶段,因而,后工业社会治理结构的建立和健全,也就是这个反思性建构过程的一个必要组成部分,或者说,是最为重要的组成部分。

第二节 民主困境中的治理变革

一、民主受到了冲击

在近代社会的早期,民主是资产阶级的理想,是不惜通过流血牺牲的革命途径而加以追求的目标。在资本主义制度确立起来之后,资产阶级把这一追求民主的任务交给了与它相对立的阶级,或者说,转由那些与资产阶级政权持有者相对立的阶级、阶层去提出民主的要求。比如,20世纪中发生在美国的各种各样的"民权运动"就证明了这一点。这说明,资产阶级的民主观在近代以来的社会发展进程中充分地实现了社会化,成为一种普世性的观念和追求。

近些年来,在中国人文社会科学的学术语境中,民主、法制等词汇也确立起了绝对性的话语霸权,人们在使用这些词语的时候,必须怀抱一种宗教般的礼赞情感,惟恐堕入渎神般的不敬之中。然而,法国学者卡默蓝的《破碎的民主》在中国的出版,却为我们打开了一扇小小的视窗,透过窗孔,我们看到西方学者中也有人能够从变革中的社会治理实践出发去审查民主和法制。这是理性地认识民主的做法。因为,它客观地评析了民主的理想是怎样受到了集权式管理的冲击,以及在对集权管理的否定中将如何走向合作的方向而不是狭义的民主重建。

在某种意义上,民主是近代以来全部政治生活以及社会生活的主题,是政治文明的标志,政治发展以及社会发展,都是以能否走向民主的政治和生活方式为准则的。其实,检讨近代以来关于民主的思想,大致说来,导向了两个方向:其一,导向法律制度的确立,让民主成为一种制度,拥有可操作化的程序。这是我们今天在现实中能够感受到的。然而,这种民主是两种现象的复合物,即类似于闹剧般的轮番演唱和民主霸权的意识形态专横。其二,导向伦理社会建构的方案,即把民主作为一种精神、一种理念,是对人类平等、自由的综合性表述。这种思想倾向没有走向实践的具体方案,因而是以思想家们的理想这一形式而存在的。比较起来,前一种思想倾向之所以能够转化为社会治理的实践,是因为它能够从工业社会治理的现实出发,而后一种思想倾向之所以仅仅被作为一种理想,是因为它赖以实现自己的历史前提在工业社会一直没有出现。就前一种思想倾向转化为社会治理实践而言,也是以一种线型的治理结构出现的。然而,线性治理结构决定了"国家似乎只能制定和推行简单的涉及单领域的政策,而且尽可能将参与方减少到最低限度。"相应地,在整个治理体系中就会普遍存在着这样一种现象:"各种机构总是依据自身来选择行动的类型和对话者的类型。"①结果,"公共行动被分割成一系列相互重叠的机制。"②

也就是说,虽然近代以来人们无不强调社会治理过程中的民主,而在实际上却存在着卡蓝默所注意到这样一种现象:"目前经济活动的转移和维持传统的生产办法造成的结果是,社会依然优先采用的垂直的生产体系。与跨国公司所代表的世界范围内的生产体系相对应的是由'管风琴管'组成的公司,在那里,一些世界人士与他们在地球另一端的同行的关系日益密切,而同周边业界人士的关系日益削弱。"③就这种现象在20世纪以极其夸张的形式表现出来而言,它是整个近代社会治理以及社会运行发展的必然结果。它说明,工业社会的线性结构在不断地延伸,虽然这个线性结构冲破了国家的边界,把触角伸向更远的地球另一端,但

---

① [法]皮埃尔·卡蓝默:《破碎的民主——试论治理的革命》,21页,北京:三联书店,2005。
② [法]皮埃尔·卡蓝默:《破碎的民主——试论治理的革命》,22页,北京:三联书店,2005。
③ [法]皮埃尔·卡蓝默:《破碎的民主——试论治理的革命》,7页,北京:三联书店,2005。

其线性结构本身并没有发生改变。同时，它也说明，近代以来的社会治理是民主与集权并行的，民主的追求对于社会治理实际过程中的线性结构并不能发挥矫正的作用，甚至成了巩固线性结构以及为线性结构谋取合法性的工具，是作为线性结构的支持性系统出现的。

追溯到近代社会的早期，在工业化的过程中，民主的理想是与市场经济的发展联系在一起的，市场经济是历史进步的基本途径，而民主则是作为市场经济发展的结果而出现的，民主的理想是深植于市场经济发展的要求之中的。但是，当人们"面对这些基于相对自给自足的地方经济的自然社区不可挽回的分崩离析，逐渐产生了一种认识，即参与商品经济并不足以建立一个属于更为广泛的共同体的归属感。"[①]与此相对应，民主的政治运作模式不仅没有使人们拥有自由的生活空间、充分表达要求的机会和平等实现利益的途径，反而使人感受到压抑并产生对政治以及对生活的冷漠感，使社会分化和分裂和陷入利益集团博弈并控制社会的状态之中去了。

托夫勒关于工业社会民主政治的批判意见也是应当提起的，他说："我们一向称之为民主政治的代议制政府，实际上是对工业技术不平等的确认。代议制政府是挂羊头卖狗肉的冒牌货。……极端依赖化石燃料、工厂生产、小家庭、大公司、群体化教育和广泛的传播系统，这些文明全部是建立在生产与消费深刻分裂的基础上，是全部建立在由一班社会权贵负责把一切组织起来的基础上。"[②]托夫勒看到，在工业社会所有国家的治理活动中，都存在着这样一种普遍现象："政治决策机器越来越紧张，工作过度，负担过重，淹没在不相干的资料中，要面对从未经历过的危险。因此，人们所看到的是，政府决策者不能优先做出千百个较小的往往是琐碎的决定。""即使重要决定做出来了，通常也为时过晚，难以完成预定的任务。"[③]对民主制度的强化，使之更加雪上加霜，特别是公众参

---

① [法]皮埃尔·卡蓝默：《破碎的民主——试论治理的革命》，54页，北京：三联书店，2005。
② [美]阿尔温·托夫勒：《第三次浪潮》，78～79页，北京：新华出版社，1997。
③ [美]阿尔温·托夫勒：《第三次浪潮》，439页，北京：新华出版社，1997。

与政府过程,不仅使政府失去了效率,而且使政府失去了方向,变得无所适从了。

民主还造成了社会信任机制缺位和法制失灵的结果。在整个工业社会,由于"政治利益冲突和认同冲突而与其他类型的社会关系不同,所以仅仅是社会关系转变为政治关系的事实就足以使信任的特殊条件成为问题。""民主的成分越多,就意味着对权威的监督越多,信任越少。"① 要想突出信任在社会运行和政治生活中的整合作用,首先就要对近代以来的民主信念进行反思。同样,我们知道,民主是与法制联系在一起的,民主的困境也同样存在于法制的层面中。卡蓝默揭示了法制的局限性,他说:"首先是因为书面的法律在许多国家里远离了传统和社会实践,这促使将公共机构转化为脱离社会的部分。其次,因为法律必然是错综复杂的,社会排斥现象具体表现为无法了解法律或无法诉诸法律。最后一个原因是,既然独立于每个群体之外的法律由占据垄断地位的专门机构来制定,那么群体内部出现的一切问题也都必须通过外在的司法机构来解决。"②

正是民主的追求,使工业社会在理论上和实践上都把社会转化或落脚于抽象的个体。这就是卡蓝默所揭示的:"18、19世纪的科学发明与政治事件逐渐将地方区域改变成了抽象空间。这个现象在标准上表明,相对于群体而言出现了个体;在技术层面上意味着大规模使用矿物能源;理论上体现了社会达尔文主义的胜利;政治上则将群体转变为个体公民。法团大革命不折不扣地体现并且理论化了这一变革。共同体为个体公民所取代,对个别地方区域的效忠被统一的、不可分割的民族国家所取代。"③

现代社会表面看来是民主政治与集权管理的耦合,实际上,它是一个完整的控制体系,只不过行政管理是这个控制体系的日常表现形式,才

---

① [美]马克·E. 沃伦编:《民主与信任》,1页,北京:华夏出版社,2004。
② [法]皮埃尔·卡蓝默:《破碎的民主——试论治理的革命》,57页,北京:三联书店,2005。
③ [法]皮埃尔·卡蓝默:《破碎的民主——试论治理的革命》,174页,北京:三联书店,2005。

更多地暴露出其控制的本质,才把民主形式的假象揭开来。当然,在20世纪后期,存在着要求行政管理民主化的呼声,而且,我们也承认这种呼声是源于一种严肃认真的愿望。但是,在社会治理的控制性质未实现根本改变的情况下,要求行政管理民主化只能是一种简单的和庸俗的理论追求,是不可能取得实质性进展的。两位美国学者对现代社会的评价是十分中肯的:"自由资本主义消除了奴役和奴隶制的束缚,它约束了专制主义国家无度的权力要求;但是它未能开创自由。它就自由所依赖的物质安全和自由权所作的诺言并非全是空言。但是,两者都未得到履行。自由主义的时代既未见证自由的报应;借用托克维尔的一段话来说,这个时代顶多可以被看作是自由的学徒期"。① 显然,在人类历史过程中,这个"学徒期"是整个工业社会,是建构和完善管理型社会治理模式的整个过程,只是当人们发现后工业社会到来了,这个"学徒期"才有望结束。

就民主自身而言,它作为一种制度和一种文化也是有着根本性缺陷的,或者说,到了晚期资本主义的时期,民主自身已经演变为一种霸权。在民主和法制较为完善的社会中,它们往往成为这个社会中的强者即强势集团的工具,是强势集团用以实现自己利益目标的工具,然而,对于这个社会中的弱者即弱势集团来说,使用暴力甚至制造恐怖事件,才是他们的"权利"。当然,这种"权利"是得不到民主和法制的承认的,是力求禁止的。民主和法制往往使用规范的、合法的暴力来制止弱者所持有的那种不规范的、随意性的暴力,试图通过这种制止活动维护民主和法制的神圣性。在国际社会中,亦然如此。然而,这样做的时候,却可能导向一种系统化的结果,那就是把民主和法制的神圣性导向一种自我反证的霸权。事实上,20世纪的民主和法制,无论在国际还是国内,都暴露出霸权的面相。而且,我们还发现一个极其奇怪的现象,那就是一切鼓吹民主的人,都不允许人们对民主提出怀疑。这也说明,民主已经具有了霸

---

① [美]塞缪尔·鲍尔斯,赫伯特·金蒂斯:《民主和资本主义》,227页,北京:商务印书馆,2003。

权的色彩,由于这个原因,那些鼓吹民主的人染上了一些霸权习气,摆出"学霸"的姿态也就是难免的了。

二、谋求治理体系的变革

在20世纪后期,面对民主受到了管理以及它自身的霸权化冲击,人们往往选择了改革管理机构的路径。然而,卡蓝默在自己参加治理实践的过程中深深地体会到:"仅仅进行机构改革是不够的。必须'改变观点',对当前治理模式的基础本身提出质疑,即使这些基础已经为长期的习惯所肯定。"[①]他提醒我们,在关于治理的研究中,"应从已经显现的因素,即预示着一场治理革命的先兆出发。"[②]

的确,如卡蓝默所指出的那样:"饥馑问题的解决不再取决于全球在农业产量的增长,而是取决于在全球农业生产中的定位和公平分配的技术、社会和政治能力。"[③]也就是说,如果没有一个全球性的合作治理体系的出现,那么一国的粮食生产就会同另一国的大面积饥馑并存,而且这是当今世界贸易体系无法解决的问题。不仅在国际社会是这样,而且在一国内部,同样的情况也会存在。不同的阶级、不同的阶层之间,在一个非合作的社会体系中,不仅无法找到互通有无的社会运行机制,反而会陷入对立和冲突之中。所以,在社会治理的问题上,合作优于民主,合作是可以替代民主的一种更为理想的社会治理途径。如果不是在治理变革的意义上思考合作治理模式的建构,而是通过机构改革却谋求治理结构以及整个治理体系和治理模式的改善,是没有意义的。

对于20世纪后期社会治理领域中的混乱,卡蓝默认为,是智力投入不足造成的。由于智力投入不足,"当公共部门最终认识到有关机构运转的思考的重要性,或者意识到管理大型组织的重要性和复杂性时,又

---

① [法]皮埃尔·卡蓝默:《破碎的民主——试论治理的革命》,3~4页,北京:三联书店,2005。
② [法]皮埃尔·卡蓝默:《破碎的民主——试论治理的革命》,4页,北京:三联书店,2005。
③ [法]皮埃尔·卡蓝默:《破碎的民主——试论治理的革命》,6页,北京:三联书店,2005。

只能赶紧抓住市场上现有的观念和方法,即私营部门的管理技术:要么将其移植到公共部门,而不考虑公共服务的特殊性,要么直接把公共服务交给私营部门去经营。"①其实,公共部门在探索刷新治理方案方面表现出的"弱智"并不是投入的问题,在任何一个社会中,都不缺乏具有公共精神的"知能"因素,只是由于政府被一些专横的、刚愎自用的人把持了,他们自视为精英,听不进也不愿听来自于社会中的各种意见,即使他们装模作样地在听取各种意见,也总是选择那些会赞扬他的人,或者是那些善于装扮成智力低他一等的人。实际上,这些以"专家"面目出现的人往往是极其狡诈的人,他们之所以能够装扮出比政府官员智力还要低下,只不过是为了迎合其自恋的需要,以便从中获取个人的利益。这些"专家"是聪明的,只是缺少"公共精神"的灵魂。

当然,卡蓝默所说的"赶紧抓住市场上现有的观念和方法"是有所指的,是指20世纪后期的"新公共管理运动"。其实,当新公共管理运动要求引进"企业家精神"、津津乐道"掌舵"而不是"划桨"时,它以为实现了管理行政体系上的全面创新。的确,与民主参与的政治运行模式相比,它是有着很大的不同,事实上也构成了对政治—行政分权体制的挑战。然而,他们根本想象不到的是,这些被自诩为"再造政府"的行动在集权主义横行的地区所遇到的阻力远远低于发达民主的地区。因为,表面看来,新公共管理所奉行的是市场化,而实质上,在管理的意义上,它是用分散集权取代了一体性的民主架构。也就是说,在资本主义政治结构中,在政治—行政二分的原则下,政府主要是"划桨"的行政执行部门,新公共管理运动所提出的是"掌舵"而不是"划桨"在政府中创设了无数个掌舵者,然后以每一个掌舵者为中心而形成一个个政治化的实体性单元,每一个单元都是一个小的集权体系。所以说,这是一种分散集权的状态,在本质上,属于管理主义化的集权,它与整体上的集权之间有着远比民主分权更多的共同之处。因而,集权政体在对它的认同方面,会显

---

① [法]皮埃尔·卡蓝默:《破碎的民主——试论治理的革命》,31页,北京:三联书店,2005。

得更容易地多了。

从社会治理的发展史上来看,20世纪政府与社会之间的关系在表现形式上的最大变化就是政府越来越深入到日常生活的领域,政府职能的扩展几乎把社会的一切领域都囊入其中。在农业社会,一部分人甚至可以"不知有秦汉",没有政府也能正常地享有社会生活。在工业社会的初期,所谓自由资本主义其实就是政府与社会的一种若即若离的状态,而且,在日常生活的领域,政府介入的是极少的。经历了20世纪一段时间的政府超强干预之后,虽然"重申自由主义"又成了一种理论风潮,"有限政府"的要求也时时被人们提及,然而,实践进程总是忤逆这种要求,政府不断伸展自己的触角,遍及到一切有人群的地方。这是一个不可逆转的趋势,政府必将一统无余地把社会生活的一切领域和一切方面纳入自己的视野和作用范围之内。如果政府仅仅关注社会生活的一部分领域的话,集权的组织结构会表现出高效的特征;如果政府作用于社会生活的领域增多了,政府的集权组织结构的犯错几率就会增长。所以,需要通过政府外部甚至内部的民主制度及其机制来加以预防、矫正,或者运用如新公共管理运动的方案,用顾客导向来矫正政府的行为方向。但是,随着政府作用范围遍及社会生活的一切方面,已有的组织形式和政府行为机制都会出现绠短汲深的情况。在这种情况下,惟有实现社会治理模式上的根本性变革,才能满足日益复杂的社会治理要求。

卡蓝默有着长期从事实际工作的经历,他深深地体会到:"旧体制下的治理为每个机构规定了职能,机构缺乏合作的意识,因为围绕职能只可能产生竞争而不是合作。一旦职能的划分不够明确——怎么可能将世界简化为一张职能和规则清单呢,就会立即引发一场壕堑战……"在这种依据职能设立的专职司掌规则的机构中,以及由机构组合成的治理体系中,至多,"人们只能围绕一个共同的项目和目标开展合作,分担责任"[1],是不可能围绕共同的事业开展合作的,由于"一项共同的事业需要

---

[1] [法]皮埃尔·卡蓝默:《破碎的民主——试论治理的革命》,78页,北京:三联书店,2005。

方方面面的职能,职能因此被定义为每个人为这项事业所作出的贡献"①。正是由于这个原因,当旧的治理体系把治理过程分解为一群具体的职能组合时,在具体的机构或人员这里,尚能够勉强确定承担职能的责任,然而向上追溯一级,责任却消解了,就找不到应当承担责任的机构和人员了。

也就是说,官僚制的机构分立和职能单一化、排它性,在实践中导致这样一种结果:"每个治理者面对无法控制的因素都有可能说自己无能为力,凡是好的都出自他的行动,凡是坏的都来自外部。而这恰恰是不负责任的定义。"②所以,官僚制表面看来是一个责任体系,而在实质上恰恰是一个无责任的体系;人们往往习惯于把采用了官僚制组织的政府说成"责任政府",实际上,它是最难明确责任的组织形式。职能分化得愈细,责任愈不清;规则愈是具体,就愈会在具体的机构、人员承担责任的背后,出现整个治理体系无责任的状况。不仅如此,治理体系自身还可能会陷入普遍的矛盾冲突之中。事实上,人们时常可以看到治理体系陷入矛盾和冲突境地。对此,卡蓝默揭示道:"以职能、规则和机构为基础的治理产生一系列的规范和价值,适应于每一个职能领域、每一个机构。"③这样一来,治理体系在整体上统一的规范和价值就很难确立起来,即便确立起了一些统一的规范和价值,也是较为空洞的形式,一旦进入实际治理过程,规范和价值上的差异就开始发酵,并导致机构之间频繁的冲突。机构间的矛盾和冲突不仅加剧了治理体系整体上"不知责任为何物"的状况,而且在运行中也将绝大多数精力投入到"内耗"之中,而在社会治理方面,可能只有极少一点精力可资应用。

由此看来,对于一个治理体系,确立统一的规范和价值是极其重要的。然而,在卡蓝默看来,在以职能、规则和机构为基础的治理体系中,确立统一的规范和价值是根本不可能的,只有当治理体系在目标和标准

---

① [法]皮埃尔·卡蓝默:《破碎的民主——试论治理的革命》,78~79 页,北京:三联书店,2005。
② [法]皮埃尔·卡蓝默:《破碎的民主——试论治理的革命》,101 页,北京:三联书店,2005。
③ [法]皮埃尔·卡蓝默:《破碎的民主——试论治理的革命》,79 页,北京:三联书店,2005。

的基础上得以重建,才有可能确立起统一的规范和价值。因为,"一旦某种治理模式被定义为一系列职能,围绕每一项职能就会建立各种专门机构,每个机构都拥有自己的评估标准。"①这种情况显然是无法使治理体系以一个整体的形式去开展治理活动的,因而在治理过程中,就会出现相互冲突的政策取向和行为选择。为了保证治理主体能够成为一个整体形式的主体,在治理过程中,就应优先突出共同目标和共同标准,以求共同目标、共同标准基础上的政策取向的多元化和行为选择的灵活性,保证每一个机构都能够"按照贯穿其职能的共同标准,对共同目标承担自己的责任。"②而且,在共同目标、共同标准的基础上,政策取向的多元化和行为选择的灵活性更加增强了各个部门、各个机构之间的精诚合作。目标就是规范和价值的同一性的基础,有了这个基础,治理体系就可以成为一个总体性的体系。由此看来,在复杂性、不确定性迅速增长的条件下,治理过程把制定共同目标、共同标准作为切入点,不仅能够导向总体性治理体系的出现,而且也会把整个社会塑造成一个和谐的、合作的共同体。

三、建构合作治理的体系

需要指出,对于社会生活来说,民主是必要的,但远非是充分的。"民主也是公众自由讨论问题的必要条件,特别是讨论社会正义和公共事务的伦理性质问题的必要条件。没有民主,没有自由、民主的表达权以及公开的讨论,很难想象良好的社会形态的形成,政治决策的全面有效,也很难想象针对规则的功效,批判性地评估、防范以及阻止可能发生的风险的成熟公众意识。然而,人们再一次发现,民主只不过可以作为公众意识的必要条件,而不是这种意识所要求的公众行为的充分条件。人们再一次发现:公众讨论所支持的价值和为政治行为服务的目的之间存在

---

① [法]皮埃尔·卡蓝默:《破碎的民主——试论治理的革命》,79页,北京:三联书店,2005。
② [法]皮埃尔·卡蓝默:《破碎的民主——试论治理的革命》,80页,北京:三联书店,2005。

着不断加深的鸿沟,实际上还存在着矛盾。"①更需哀叹的是,在现实的政治运行中,民主往往成为一种被操纵的工具,而民主的制度正像时时期待着能够受到皇上强奸的深宫怨女那样,时刻准备着接受政治家的操纵。正是由于这个原因,在现实的社会治理过程中,管理才会对民主构成冲击。

然而,出于管理的需要而形成的管理体系是一种在职能、机构和规则的基础上建立起来的组织,它往往追求机构职能的明确性和单一化,即赋予每一机构一种或一些具有排它性的职能。对于职能交叉重叠的问题,是需要避免的。面对复杂的治理对象,机构在职能上的单一性和排它性必然要求不同机构之间必须开展合作。然而,事实上,机构中的人员,特别是主管,在官僚体系的阶梯上处于竞争关系之中,从而妨碍了合作。结果使机构职能的单一性、排它性成了组织整体性的变异形态,以至于组织的每一个层级都需要花费大量的精力去协调不同机构间的关系。所以,卡蓝默在分析治理过程时作出了一系列设问:"如果公共服务机构是按短期取得的一目了然的物质成就进行衡量的,这个机构怎么会愿意出资进行长期的公共讨论或建设人际网络? 如果预算只给出一年的承诺,这家公共服务机构如何会同意进行长期的合作关系? 如果冗长繁复的行政程序设置障碍,它又怎么会进入合作程序? 如果一个银行家的成绩是以年内'贷出'的贷款来衡量的,他会愿意对小额贷款进行大量的谈判吗? 如果对公务员的评价是按照短期作为做出的,他们可能对长期行动的影响感兴趣吗? 如果评价一个国际官员主要根据他的外交灵活性,他怎么会对一个大国的政策做出中肯的判断呢?"②其实,任何时候,人都是治理活动中的能动的主体,只有把治理者植入富于远见的行动方案中,他的希望和憧憬才会转化为积极的行动,他才会在与他人的合作中追求有益的结果。因而,合作治理是以战略性行动方案的制定为

---

① [英]齐格蒙特·鲍曼:《后现代性及其缺憾》,73 页,上海:学林出版社,2002。
② [法]皮埃尔·卡蓝默:《破碎的民主——试论治理的革命》,185 页,北京:三联书店,2005。

前提的,是通过战略性行动方案去激发治理者合作激情的治理过程。

我们知道,官僚制使公共部门成为匿名机构,在这里,我们看到的是规章、制度和一系列条例、律令,至于人,则是失去个性的一群行政执行者的符号。针对这种情况,卡蓝默提出了一个假设:"如果所有行政部门试图执行的不是一项'多领域'的政策,而是一种协调一致的政策,将每个被排斥者看成是一个统一的个体,有自己特殊的情况,它们必然需要建立合作伙伴关系……"①在现实的治理体系中,卡蓝默可能看不到建立这种关系的乐观前景。因为,在20世纪后期,虽然非政府组织大量涌现,而且也在政府与社会即治理者与治理对象之间架起了桥梁,但是,由于线性治理结构没有改变,这些中间机制"总是建立在规范化和过分标准化的基础上,而与行动是否合适没有关系。所以,力量对比几乎总是有利于管理部门,在国际合作领域内,不对称性尤为突出。行政部门的对话者只能耍滑头:用一种符合行政部门制定的标准的假需要来掩盖自己的需要和愿望。"②与此不同,以一种治理发展历史趋势出现的合作治理则由于以人的主动性、主体性为前提,能够保证一切行为都不可能以匿名的形式出现。在这种情况下,虽然机构依然是组合行政人员的框架,但是,行政人员完全是"有名有姓"的个体。"公共机构不再单单是一个匿名结构,而明确是由人所构成的,每人带有自己的经验、自己的观点和自己的激情。"③

在经济活动的领域中,卡蓝默也发现:"在世界范围内将互助型经济方面的各种倡议联合起来的努力标志着一个新阶段的出现:逐渐从针对某种不可接受的情况做出反应发展到进行集体的努力,以更开放的态度重新定位经济活动的范围和经济社会关系的范围。"④这一认识无疑是正确的,在小的范围,也就是说,在一地区甚至一国的范围内,普遍的互助

---

① [法]皮埃尔·卡蓝默:《破碎的民主——试论治理的革命》,22页,北京:三联书店,2005。
② [法]皮埃尔·卡蓝默:《破碎的民主——试论治理的革命》,21页,北京:三联书店,2005。
③ [法]皮埃尔·卡蓝默:《破碎的民主——试论治理的革命》,169页,北京:三联书店,2005。
④ [法]皮埃尔·卡蓝默:《破碎的民主——试论治理的革命》,54页,北京:三联书店,2005。

性经济行为,即互助模型的经济活动,还不能说是社会发展的一个新的阶段,但是,在世界范围内,出现互助模型的经济活动,则预示着一个新的历史阶段的开始。在这里,"互助"已经包含了合作的内容,或者说,合作关系在经济活动的领域,首先是以"互助"的形式出现的,只有当经济活动普遍地选择了互助的形式或途径,关于合作关系、合作治理的理论思考才有了现实的基础。但是,需要指出,合作治理不停留在经济互助行为的水平上,严格说来,经济活动领域中的互助行为只是合作关系的基础和前提,甚至这种互助行为本身,也需要在合作的理念下来加以自觉建构。互助是合作的自然形态,需要得到合作理性的洗涮,才能成为拥有合作理性的自由自觉的和代表新的历史阶段特征的经济活动,才能融入普遍的合作关系之中。

针对科学思路不断要求厘清职权的做法,卡蓝默指出:"通过对职权范围的限制而确定治理的构成范围必然劳而无功,道理很简单,所有的问题都是分不开的。"[①]治理对象是各种关系相互交结在一起的,是一个从每一个切入点入手都牵动几乎所有其他方面的整体,更为根本的是,治理对象是变动着的。卡蓝默从哲学的高度描述了相对稳定的规则与变动的治理对象之间的必然不适应性。他说:"以职能、规则和机构为内容的治理适用于稳定的世界,因为存在规律性,所以一切都可以被纳入规则。但这种治理模式不适合不断变化的世界,在那里,规则试图对到其生效时已不复存在的问题做出规定,将早已摆脱规范的现实纳入规范化的范畴,结果只能是徒劳。"[②]当然,在社会关系较为简单、社会变动速度迟缓的情况下,卡蓝默所说的这一矛盾可能会处于潜伏的状态,随着社会关系复杂化、社会运行速度的加快,规则的相对稳定性和滞后性就会与其规范对象的变动性处于激烈的矛盾冲突之中。所以,以职能为中心的治理模式就无法满足迅速变化着的社会的要求。正是认识到了这

[①] [法]皮埃尔·卡蓝默:《破碎的民主——试论治理的革命》,77 页,北京:三联书店,2005。
[②] [法]皮埃尔·卡蓝默:《破碎的民主——试论治理的革命》,78 页,北京:三联书店,2005。

一点,卡蓝默提出用"以目标、标准和具体机制"为中心的治理模式来取而代之。

在卡蓝默看来,"划定治理范畴应当依据共同追求的目标、指导行动的伦理标准、不同治理层次之间的合作应遵循的规则和最少强制性原则,……以职能分配、按部门设置机构和规则为标志的传统意义上的治理让位于一种以目标、伦理原则和具体工作机制为主要内容的全新治理模式。"①"在这里,目标代替了职能,伦理原则代替了规则,具体工作机制代替了机构。职能、规则和机构属于存在物和手段的范畴,这是需要限定和划分的空间。而目标、标准和具体机制属于意图、终极目的、判断和过程的范畴,这是关系、对话和个案的空间。这是治理的另一种算术,另一种组合。"②虽然卡蓝默所做出的这一区分还需要用进一步的探讨来加以证明,但就其表述自身而言,是深刻的和富有想象力的设想。因为,它契合了走向后工业社会的发展需要,是一种对合作治理的追求,而不是简单的重建民主的思考。所以说,卡蓝默的《破碎的民主》是一本对建构后工业社会治理体系具有启发性的书。

第三节 对"参与治理"理论的质疑

一、参与治理理论的滥觞

在治理哲学的层面上,20世纪后期以来,关于参与治理的理论得到了学术界的广泛响应。就这种理论的产生而言,也是由人类社会从工业社会向后工业社会变革过程所决定的。因为,人类从工业社会向后工业社会的转变是一场深刻的社会变革。正像从农业社会向工业社会的变革过程要求"废除集权确立民主"、"废除专制确立法制"一样,从工业社会向后工业社会的变革,也要求社会治理发生相应的变革。在这样的历

---

① [法]皮埃尔·卡蓝默:《破碎的民主——试论治理的革命》,77页,北京:三联书店,2005。
② [法]皮埃尔·卡蓝默:《破碎的民主——试论治理的革命》,77～78页,北京:三联书店,2005。

史条件下，人们关注社会治理、思考社会治理模式的变革，是自然而然的事情。但是，在思考社会治理模式变革的时候，学者们陷入了近代以来追求形式民主的思路中去了，提出了参与治理模式。其实，参与治理模式是不能够满足后工业化这一社会变革的要求的。在社会治理模式的变革问题上，合作治理才是一种真正能够适应后工业化要求的社会治理模式。

在某种意义上，人文社会科学的一切部门都在从事着社会治理的研究，都在思考如何治理我们的社会的问题。但是，在人文社会科学的体系中，政治学、行政学等学科是最为直接地思考社会治理问题的学科。就近代社会而言，科学的思考突出了民主治理的意义，主要表现在政治学这门学科的追求中，但是，近代社会早期的民主观念还是较为宏观的和含混的，仅仅在制度框架的意义上是可以把握的，一旦深入到具体的社会治理过程，民主的理想与实际总是处于一种难以协调的矛盾中。正是由于这个原因，当行政学这门学科产生的时候，实际上是抛弃了民主的理念，特别是在官僚制的设计中，撇开了民主的追求而代之以层级节制的集权。

到了20世纪的60、70年代，在行政学的研究中出现了要求向近代的民主价值观回归的动议，这就是以"新公共行政运动"为代表的一场学术运动。这场学术运动的积极结果是把政治学和行政学的研究从静态的制度层面引向了动态的过程层面，而在实践上的积极贡献则表现为对参与治理的方式和方法的探索。特别是到了20世纪80年代，人类社会开始了从工业社会向后工业社会转变的历史进程。在这样一个历史时期，一方面，人们检讨近代以来整个工业社会治理中的民主政治的不充分性；另一方面，又试图根据现实社会发展中的新的迹象去预测并建构未来社会的治理模式。结果，依然是把人们的视线引向了参与治理的问题上去了，认为社会治理过程中的参与治理是一条可以把民主的治理落到实处的途径。正是由于这些原因，20世纪后期以来，关于参与治理的问题才成了政治学和行政学最倾心倡导和推荐的治理途径。

关于参与治理的问题,哈拉尔是这样描述的:"有效的参与体现了一种微妙的特性,这种特性远远超出了建立奖励制度、使下级参与解决问题、允许为达到目标有一定的自由,或者其他'机制'。最关键的因素包括灌输一种参与文化:一种有关共同管理的合作哲学,真正发扬优点,强调人的价值、某种集体感和形成作为真正参与性领导的基础的'参与精神'的其他无形的品质。"①在哈拉尔看来,传统组织管理由于努力追求技术合理性而把组织成员置于受技术愚弄的境地,而这种"技术的愚弄"恰恰挫伤了组织成员的积极性。因为,组织成员对于这种愚弄是非常清楚的,他们完全了解这种愚弄技巧的机理以及掌握权力的人的真正意图,他们在接受这种"技术的愚弄"时已经对于这种愚弄了然于胸了。所以,必须改变这种接受"技术的愚弄"的状况,必须树立一种新的观念,那就是"有效的组织体现了这些超验的价值观念"。② 而且,哈拉尔相信:"参与性领导的真正力量在于它有促进经济成功的巨大潜力。"③

哈拉尔试图通过对权力作出新的解释来论证参与治理的合理性,他说:"真正的权力不是一方对另一方实施的某种固定程度的控制,而是一种强烈的能力感,这种能力感能随着权威的广泛分布越来越给每个人提供管理能力。这就是参与的吸引力,这种吸引力使得参与在信息时代里几乎不可避免地被接受——参与给大家都提出能借此获得好处的手段。"哈拉尔甚至非常乐观地断言,这种民主的广泛参与式管理即将成为现实,而且,"通过分享支配日常生活的大多数决定权认识到民主的全部潜力的时刻必将到来。"④

近些年来,被学术界称作为所谓"治理理论"的理论思潮也刻意强调,应在国家公共事业管理上建立起"公共管理机制",认为通过多方参与、协同解决的方式有利于维护现有的社会基本秩序。这一理论思潮综合

---

① [美]W. E. 哈拉尔:《新资本主义》,217 页,北京:社会科学文献出版社,1999。
② [美]W. E. 哈拉尔:《新资本主义》,217 页,北京:社会科学文献出版社,1999。
③ [美]W. E. 哈拉尔:《新资本主义》,219 页,北京:社会科学文献出版社,1999。
④ [美]W. E. 哈拉尔:《新资本主义》,225 页,北京:社会科学文献出版社,1999。

性地提出,社会治理蕴含了有限政府、责任政府、法治政府、效能政府、公共参与、民主、社会公正等理念,认为这些理念在哲学的层面上有助于突破把政府看作社会管理唯一主体的观念,从而为社会各方共同参与、共同管理提供观念上的支持;而在社会治理行动的层面上,则有助于改变把效率视为政府主导行为准则的观点,从而有利于追求可持续发展的社会发展模式。

从世界的范围来看,近些年来,政府信息化与政府再造的追求也被联系到了一起,政府信息化被作为政府再造的一个重要内容和工具而提了出来。学者们热情地期望政府信息化在促进政府行政的现代化、民主化、公开化、效率化等方面发挥作用,认为政府的信息化能够对政府管理的理念、政府治理的结构、政府程序和工作流程、政府政策和政策制订都产生重大影响。也就是说,相信政府信息化能够在有利于公众参与的前提下促进政府的回应力,提高政府的沟通效率、决策质量和水平,帮助政府精简机构和有效运用人力资源,从而使政府节约经费与开支,进而创新政府服务。学者们要求应用信息技术改变传统的层级化的公共组织结构、运作流程以及总体上的治理结构,都无非是要建立起一个公共物品消费者也能够广泛参与的政府。

"新公共服务"倡导者甚至把公众参与理论中包含的民主理想概括为三个方面:第一,"通过积极的参与才能够最有可能达到最佳的政治结果,这些最佳的政治结果不仅反映了公民作为一个整体的广泛判断或特定群体经过深思熟虑的判断而且也符合民主的规范。"第二,"通过对公民事务的广泛参与,公民们能够帮助确保个人利益和集体利益不断地得到政府官员的倾听和关注。此外,他们还能够阻止统治者侵犯公民的利益。"第三,"民主参与可以增强政府的合法性。"[①]实际上,如果对照现实来看的话,我们发现,即使在公众参与活动开展得最为成功的国家,也未

[①] [美]珍妮·V·登哈特,罗伯特·B·登哈特:《新公共服务:服务,而不是掌舵》,48页,北京:中国人民大学出版社,2004。

达到这样的理想,而且,也可以断言,这种民主理想永远都是无法实现的。所以,它在很大程度上只是一种假想,是政治学家们用以自慰的假想。

对于近些年来新兴社区中出现的自我治理现象,学者们也往往试图纳入到公众参与的解释框架中去。其实,这是极其错误的,从长远看,这种错误解释会误导自治体的制度设计和行为模式的建构,会阻碍社会自治的健康发展。所以,对于20世纪后期新兴的社会自治现象,需要有一个全新的认识视角,学者们的任务则是,需要以理论创新的精神去建立全新的解释框架。正是出于这种考虑,我们倡导在合作治理的意义上来认识新兴的社会自治现象,而不是在所谓民主参与的传统政治框架中来剖析它。

二、参与治理的理论设计

参与治理理论是近代社会民主理念的延伸,是关于民主政治理论在实际治理过程中如何获得实践可行性的探索。我们知道,实际的社会治理过程是需要通过组织来加以执行的,所以,参与治理的理论也力求通过组织模式的重建来为参与治理实践提供组织上的支持。在哈拉尔看来,从组织行为模式入手提出建构新的组织模式方案,是把政治民主引入到日常治理过程中去的"进化步骤"。

检视20世纪民主原则在社会治理过程中没有得到有效贯彻的原因,哈拉尔认为,之所以民主的原则没有贯彻到社会治理的实际过程中来,之所以在组织运行中缺乏积极的参与行为,在很大程度上可以归结到领导方式上,"一种以信息技术和赞成自尊的文化价值观念为基础的经济迅速转变。然而领导多半没有什么变化,造成了现行权力方式的不谐调。"针对这种情况,哈拉尔认为,"未来的领导方式显然是'参与',这种方式可以被看作是民主的一种温和的和初步的形式。"[1]

---

[1] [美]W. E. 哈拉尔:《新资本主义》,184页,北京:社会科学文献出版社,1999。

哈拉尔论证说:"现在人们有了一种新的独立意识,而且一种更加复杂的环境要求他们积极参与。其结果是,合作解决问题正在变成劳动生活中一个可以接受的组成部分。"哈拉尔把这种组织行为模式称作为"参与性领导",是"把民主扩大到日常生活"而造成的结果。① 通过一系列的实例引证,哈拉尔认为:"这种形式的领导得到广泛的承认,所以,我们应当发现,民主管理的原则可以更有效地扩大到管理工作、学校、地方社区和日常生活的其他方面。"② 因而,也就造就了一种能够满足参与治理要求的新型组织。

为了适应参与组织管理的要求,哈拉尔建议"把民主扩大到日常生活"中去。根据哈拉尔的具体设想:"应该通过把民主的原则扩大到包括工作场所、教会和日常生活的其他领域——而不是仅仅作为一种非经营性的选举仪式,来帮助提前利用巨大的潜力。因今天的大多数机构中,人们往往继续在与权威作斗争、强迫别人接受意见、玩忽职守、回避彼此的差别、容忍那些没有现实意义的任务以及在工作中造成一种普遍的沮丧而我们往往不承认的其他现实方面浪费他们的精力。"③ 当然,从理论证明的角度看,哈拉尔并不是要求把民主简单地扩大到日常生活领域,而是要求在这样做的时候去建构一种新的生活方式。他说:"如果美国人能够学会利用他们的民主传统,以一种合作的精神来处理这些问题,那么,雇员、管理人员和其他与权力关系有关的人就可以把那旧的依赖协议转变成迫切需要的生产性努力和更令人满意的生活方式。"④

的确,近代政治生活中的民主和参与以及经济生活中的公平竞争可以增强社会的张力,在实际运作过程中也确实较好地避免了社会因积蓄

---

① [美]W. E. 哈拉尔:《新资本主义》,62 页,北京:社会科学文献出版社,1999。
② [美]W. E. 哈拉尔:《新资本主义》,63~64 页,北京:社会科学文献出版社,1999。
③ [美]W. E. 哈拉尔:《新资本主义》,224 页,北京:社会科学文献出版社,1999。
④ [美]W. E. 哈拉尔:《新资本主义》,224 页,北京:社会科学文献出版社,1999。

起来的怨恨和绝望而陷入暴力冲突。但是,这个社会并不能消除产生怨恨和绝望的根源,反而使产生怨恨和绝望的途径和方式都更加多样化了,当怨恨和绝望出现了,人们却不知道这种怨恨和绝望应归咎于何处,无法确定是谁或是什么因素导致了怨恨和绝望。由此可见,近代社会是一个怨恨和绝望普遍化的社会,它时时产生怨恨和绝望,又时时将其消解,这个社会把所有人都置于怨恨和绝望的境地,又在这同时消解你的怨恨和绝望,即使你的怨恨和绝望没有得到消除,也让你因为找不到宿主而不得不罢手。鉴于近代民主政治的建构存在着这样一些问题,继续根据民主的思维路向去把民主追求转化为参与治理模式又有多大的积极意义呢?或者说,民主追求所表现出来的根本性缺陷在参与治理的具体设计中能够消除吗?显然是不可能的。

当然,像哈拉尔这样把民主和参与的理论运用于改善组织模式,无疑是一种可贵的探索。但是,假如这种探索取得了成功,也是组织形式上的变革,对于组织的实质性内容而言,影响是非常微弱的,甚至根本就没有改变组织行为的性质。由于民主和参与并不能从根本上改变组织模式,所以组织成员对它的热情并不会总被保持下来,也许组织设计师们会积极地从理论上对民主和参与之于组织的重要意义作出证明,也可以苦口婆心地劝说组织成员接受民主和参与,但组织成员也许会更乐于接受集权组织的各种物质激励的措施。所以,民主和参与之于组织至多只是一种嵌入性的因素,并不必然能够与组织的根本性质整合到一起。但是,如果不囿于民主和参与的意识形态指引,而是根据合作制原则来重建组织的话,就会在组织模式上实现根本性的变革。

总起来看,倡导参与治理的学者们,大都把参与与合作混淆了,以为参与治理就是一种合作的方式。其实,参与与合作之间有着根本性质的不同。对于这一点,卡蓝默认识的就比较清楚,他认为不应把合作行动简单化为一种参与治理的模式。他说:"人们将行动者关系和合作伙伴关系的思考简化为'参与民主'或'公民参与'。这是一种短视,而且这类参与恐怕仅能改变代议制民主机制的皮毛。过不了多久,后者便会提出民间社团的合法性问题;或是当公共权力希望以他们制定的计划'联合起公民'而得不到回应时又为之感到遗憾。"①

三、参与治理结构上的非民主性

在参与治理思维图式中,我们看到的是这样一个结构:参与治理的体系中存在着一个中心性的和主导性的要素,它主导着社会治理过程,同时,也存在着其他因素,这些因素在中心性和主导性要素的控制之下参与到社会治理的过程中来。在现实中,也就是一个由政府主导而由各种社会力量参与的治理过程。这一图式实际上是社会治理体系中的中心—边缘结构。从近代早期启蒙思想家的理论来看,是把民主政治的确立放在自由平等的"基本人权"之上的,也就是说,只有在人们之间处于一种平等的关系中,民主才有可能。不平等是集权的温床,或者说,不平等必然造就集权。社会治理体系自身也不例外,只要它是不平等的结构,就必然是反民主的结构。在 20 世纪为什么会出现政治与行政在治理过程中的分化,就是由于这个原因。因为,政治依据(形式上)平等的原则开展活动,而行政则在官僚制的等级结构中实施管理,人们在政治活动中呼吸着民主的空气,而在行政管理过程中则受到集权的压抑。

从表面上看来,参与治理是出于矫正官僚制组织集权结构的要求而作出的设计,但是,就这种治理结构上的中心—边缘设置而言,依然是一个不平等的体系,所以,它依然无助于民主的实质性实现。虽然公众参与从属于一种基于民主理念的行为取向,而且,一切关于民主的构想,一旦落实到行为的层面上,就必然会表现出对"参与"的热衷。但是,它依然是在形式民主建构的方向上前进的,对于实质民主的实现来说,并没有积极的意义。也就是说,在公众参与的问题上,总会有主持或主导参与的一方和参与的一方,虽然在参与的过程中,会被要求通过对话、辩论、审议等方式达成一致,最后形成决策,然而最终"拍板"决策的,无疑

---

① [法]皮埃尔·卡蓝默:《破碎的民主——试论治理的革命》,154 页,北京:三联书店,2005。

还是主持或主导参与过程的一方。通过这个过程,决策能够采纳多种不同意见,从而显得公正和科学,这显然是积极的。但是,形成了这样一种能够获得普遍或大多数人认同的决策的结果是:使主持或主导的一方即决策者的权威得到强化,而参与者随着参与过程的结束又回归原位,重新成为默默无闻的受驱使者。由此看来,参与并不是合作,也不能导向合作。如果参与的理念被合作理念所取代的话,那么合作行为的优势也就会显现了出来,就会把近代以来追求形式民主的历程转变到实质民主实现的轨道上来,从而使一切关于参与的倡言变成落后于时代的陈词滥调。

从"治理生态"的角度来看,一个国家的经济政治发展的状况决定着公众参与的状况。一般说来,一个国家的经济政治发展水平越高,公众参与的热情也就越高;相反,经济政治发展水平较低,公众参与的热情也就相应地较低。但是,对公众参与发生最为直接影响的是治理结构自身的状况,治理结构直接决定着公众参与的热情。治理结构越是拥有平等的内涵,公众就越会积极地参与到治理过程中来,反之,如果治理结构自身就缺乏平等的内涵的话,那么公众也就会对治理过程表现出冷漠的状况,社会中的一切问题,只要不是直接地对自己的利益造成损害,他就不会去过问。也就是说,在一个不平等的治理结构中,个人是没有关注公共利益的要求的,即使是对于那些直接地与自己相关的事,只要所关涉的不是自己个人,而是公众,他也可以作出超然于此事之外的行为选择,去期望着别人代表他。每一个人都怀着这种心态去对待那些与公众利益相关的事,结果是谁也不愿意参与这些事的运行过程。

其实,公共利益是很难成为公众参与行政过程的动力的,只有特殊利益才可能成为公众参与的动力。一旦从利益的角度看问题,我们就会发现,分散的公众尽管由于切身利益会有着参与行政过程的热情,但他们在总体上却完全是冷漠的,他们在个体上的心有余而力不足就会在整体上表现为消极宿命地等待关于他们利益的安排。如果说有着积极参与行政过程的行为的话,也总是与利益集团联系在一起的。这个时候,公众往往成为利益集团的工具,是利益集团强势话语权力蛊惑下的公众参与行为。在被作为利益集团的工具而加以利用下的公众,对公共行政过程的参与并不能真实地反映自己的意志,因而也是畸形的参与。

事实上,在政府过程的任何一个环节上,充分而普遍的参与都是不可能的,从政府经常运用的公开听证会或专家咨询来看,参与的范围和内容都是极其有限的,特别是参与内容,总是由主持或主导的一方来加以确定,甚至在参与的过程中,也会看到一些朝着主持方希望看到的结果那里引导的倾向,特别是进入决策阶段,参与过程中纷呈而出的意见也是有选择地被加以采纳的。另一方面,由于参与过程不能接受一切公民和所有公众参加,就只能根据"代表性"的思路来选择参与者。这样一来,能够进入参与过程的所谓"代表"如何生成,是由公众推选出来的还是由主持方确定的,就会成为一个很大的问题。因为,在公众推选与主持方确定之间,可能会存在着迥然不同的主观偏好。所以,在一个中心—边缘结构的治理模式中去倡导参与治理,只能是一个不切实际的空想。

当然,对参与治理的呼唤可以大大地促进公众参与社会治理行为量上的增长,但是,问题不在于公众参与在量的意义上达到什么程度,只要原先的治理模式不改变,即使治理过程中的每一个环节都充分地接受了公众参与,也不会达到有效实现公共利益的目标。事实上,在中心—边缘结构的治理体系中,政府能够开放公众参与的领域和事项,永远都是极其有限的。无视中心—边缘结构中政府运作的现实而去空谈公众参与,是没有什么实践价值的,即使把公众参与的意义描述得非常清晰,也不可能真正转化为治理过程的现实。事实上,哪怕中心—边缘结构中的政府仅仅开放一小部分公众参与的事项,也都会表现出吵吵闹闹、莫衷一是的情况。尽管近代以来政治过程中的民主参与已经有了成熟的操作程式和大量成功的经验,然而,我们也发现,这种参与一旦被引入到政府治理的过程中,就失去了可操作性。所以,根本的问题还是要改变治理结构,把现存的适应工业社会需求的管理型政府改造为满足后工业社会需要的服务型政府,把不平等的中心—边缘治理结构改变成平等的合作治理结构。

正是由于参与治理是一个依据中心—边缘结构而展开的社会治理过程,所以,它也可能导致这样一些结果:"其一,它扰乱和破坏了人们对民主的组织机构及其制度的期望,并表露出它基本上对民主的不尊重;其二,它使政府变得无能,不能计划;其三,它以关心管辖权限(由哪些采取行动的人做出决定)来代替关心正义(作'正当的事'),使政府道德败坏;其四,它用非正式的讨价还价来反对正式的程序,削弱了民主的组织机构及其制度。"①

四、参与治理的不可能性

关于公众参与政府活动的浪漫构想常常在现实中显出非常尴尬的境况,因为,现实的公共行政过程并不能经常性地唤起公众参与热情。人们往往把公众参与度低归结为政府官员和行政体制的"集权症结",这在很大程度上属于一种不究实际的草率批评。然而,这种批评之所以能够得以流传,在很大程度上是因为繁忙的公共事务剥夺了政府官员站出来反驳的"话语权"。如果深入地去加以思考的话,可以发现,正是参与治理理论设计中的中心—边缘结构包含着拒绝公众参与的内在机制,它是一种系统化的集权,是以政府模式出现的集权,而不是由于政府官员个人的原因而阻碍了公众参与。可以说,在参与治理理论所构想的这种中心—边缘结构的治理体系中,即便政府官员有着积极渴望公众参与的愿望,除了在那些直接关系到公众个人切身利益的无关宏旨的事务上能够获得公众参与之外,绝大多数更为重要、更为根本性的公共事务都不会引起公众的关注,无论他们对公众参与抱着怎样的殷切渴望,也在动员公众参与的问题上会表现出力不从心的状况。所以,公众对公共事务的

---

① [美]诺曼·杰·奥恩斯坦:《利益集团、院外活动和政策制订》,22页,北京:世界知识出版社,1981。

参与,并不像学者们所认为的那样,只要有了政府的开放,就会蜂拥而来。

关于公众参与的设想,如果满足于在现实中寻找例证的话,是比较容易的。但是,例证再多,也不意味着可以成为确立一项制度的全部构成要件。相反,人类可能永远也无法建立起保证公众必然参与行政过程的制度,无论政府的开放程度怎样,都会存在着不允许公众参与的领域,同样,也不会一切公共事务都会引起公众参与的兴趣。其实,政府是不可能无限开放的,无限开放状态的政府也就不再是政府。在实践中,由于政府是依据官僚制组织而建立起来的,而官僚制决定了通过增强公众参与的向量在实施上是非常困难的。美国学者彼得斯在评价参与或政府治理模式的时候就指出了这一点,他说:"公众确实是想参与政府决策,但他们也要求政府能够果断、迅速地采取行动。参与会不会成为造成行动迟缓的繁文缛节的另一种形式呢?一般的公众是否会有足够充裕的信息来参与复杂决策的详细讨论呢?若不花费大量的时间很难建立共识,这种常让专家们苦恼的问题有时也会出现。"[1]所以,关于公众参与的理想仅仅有着具体的适应性,是任何一种公共组织模式都可以有限制地加以使用的工具,而那些在制度层面上赋予其普适性的向往,往往带有很大的空想性质。

参与治理理论关于公众参与的设计,其实是建立在对组织层级控制加以默认的前提下的,也就是说,是建立在官僚制组织模式及其运行机制条件下的。因为,只有对官僚制的层级体系作出补救性设计时,才会提出公众参与的问题。鉴于此,官僚制组织体系的固有格局并没有被打破,仅仅增加了公众参与的向量,虽然在一时一地可能会显示出公众参与的意义,但从根本上来说,对于纠正官僚制组织的缺陷,并不具有实质性的意义。当然,"新公共行政运动"以及后来的"新公共管理运动"都表达了"摒弃官僚制"的愿望,它们对传统官僚制组

---

[1] [美]B・盖伊・彼得斯:《政府未来的治理模式》,69 页,北京:中国人民大学出版社,2001。

织的不满也是值得肯定的,但是,它们对"参与"的热衷并不是走向发现官僚制组织替代形式的正确出路,"新公共行政运动"的"参与"建言,甚至达不成与官僚制组织妥协的"光荣革命",它在补救官僚制组织缺陷方面只是临时性的措施,一旦官僚制的层级控制体系因应某一偶发性的社会事件而被动员起来,一切关于"参与"的臆语立即就会烟消云散。所以,只有走出参与治理的理论阴影,去从根本上寻求对组织再造的方案,才能彻底告别官僚制。

从权力结构上看,对公众参与寄予过大的期望也属于一种不切实际的浪漫构想。就参与活动来说,参与者或者根据法的理念、或者根据成文的法律规定而享有参与的权利,而他所参与的则是权力的运行过程。近代以来的全部政治和行政实践都向我们证明:在法律的意义上,权利处于强势;在管理的意义上,权力则处于强势。组织的运行,更多地属于管理的范畴,在组织运行的过程中,权利的地位、作用完全取决于权力的安排,权力在多大程度上愿意尊重权利,并不由权利的拥有者说了算。所以,即便公众参与有着成文法的依据,甚至是一项设计完整的制度,如果与权力意志稍有不吻合之处,也就会受到权力的冷落甚至排斥。实际上,官僚制组织的层级体系,恰恰是一个权力结构体系,这种组织受权力的支持,以权力为支撑,同时又时时处处地强化着权力,无论它在表面上如何宣称尊重权利,而在实质上则必然对权利有着天然的排斥倾向,通过法律规定来强制官僚组织尊重权利和接受参与,不仅不能改变它排斥权利的本性,事实上也无法缓和它无时不有的对权利和参与行为的抵制。

其实,哈拉尔也意识到,参与治理并不能解决当前社会治理中的所有问题。"参与性管理要比通常所认为的复杂得多。参与既不是一种灵丹妙药,能够神奇地释放未经开发的巨大的人类潜力,也不是对管理部门的威胁。更确切地说,参与涉及变化着的领导性质中一个不太被人理解的重要问题;由于权力关系的敏感性和缺乏有用的知识,这个问题一直没有得到分析。因此,这些发现有助于用事实和建设性的建议来取代乌托邦式的幻想和没有事实根据的担心。"①哈拉尔说："尽管资料表明,参与的潜力很大,但是资料也表明,几乎有半数美国人不赞成参与。许多有明确目的的人对积极管理他们自己的事务的挑战感到兴趣,而且能够作出重要贡献,如果受到鼓励去这样做的话。另一些人则不想或没有能力扮演一个不断提出要求的角色,而且可能甘愿在比较传统的情况下在独裁主义的领导者下更好地工作。聪明的领导者清楚地认识到,下属人员的自我控制能力可以千差万别,所以应该根据个人的能力参与。"②所以,根据一项或几项实证性的资料来作出判断,可能会得出错误的结论。

总的说来,在社会治理的问题上,参与治理的理论思考可以看作为思想的进步,但是,对于社会治理的模式建构来说,它的积极意义是有限的。在很大程度上,它只能被看作是对近代以来政治上的民主治理与行政上的集权治理进行综合的方案,而在现实的社会治理过程中又是一个很难落实的方案。其实,在人类社会走向后工业社会的过程中,在提出了社会治理变革要求的现实历史进程中,是存在着一种更好的治理模式可供选择的,那就是合作治理。合作治理是一种不同于参与治理的创造性的治理模式,它是基于这样一种历史发展趋势而提出的:人类社会正在走向一个重视社会自治的历史时期。在这个历史时期中,社会中的每一个自治系统都与其他系统共生于一个共有的大环境中。或者说,它们之间互为环境而共生。在这种"共生中,每个系统都要对自己的个体自主性作些牺牲,通过互相交换和互相参与,获得新的自主性层次,在环境中建立起更高的协调系统。"③在这里,共生依赖于个体的自主性,没有自主性也就没有共生的问题。在自主性作出牺牲的时候,仅仅意味着融合,即融合为一个统一体,同时,又在融合为统一体的过程中获得更大的自主性。所以,合作治理模式中的自治组织,可以通过牺牲自主性而实现合作,却不会在牺牲自主性的时候丧失自主性,反而会在合作中获得

---

① [美]W. E. 哈拉尔:《新资本主义》,191 页,北京:社会科学文献出版社,1999。
② [美]W. E. 哈拉尔:《新资本主义》,191 页,北京:社会科学文献出版社,1999。
③ [美]埃里克·詹奇:《自组织的宇宙观》,231 页,北京:中国社会科学出版社,1992。

更大的自主性。在某种意义上,自治组织自觉地放弃一部分自主性,只是一种道德上的宽容,是使自主性得到提升的途径。

第四节 后工业化背景下的"德制"构想

一、后工业化中的制度变革要求

正如我们一再指出的,改革开放后的中国,实际上进入了一个极其复杂而特殊的历史时期,一方面,由于中国社会的发展滞后,还处在半农业、半工业社会的历史阶段,需要解决工业化的课题,朝着追赶发达工业化国家的方向努力;另一方面,就人类历史来看,又启动了后工业化的进程,特别是西方发达国家的知识界,已经进入了全面思考后工业社会问题的阶段。对此,中国政府以及知识界也是有着清醒的认识。从80年代初期托夫勒以及贝尔的著作在中国引起极大反响开始,到对这一论题的相关著作全面引进,都充分证明我们对走向后工业社会的历史性课题给予了充分的关注。在此同时,中国社会也展开了一场关于马克思"世界历史理论"的大讨论,特别是对如何跨越"卡夫丁峡谷"的问题进行了深入而广泛的探讨。所有这些理论探讨,都对中国社会如何在解决工业化课题的同时也担负起后工业化的重任以有益的启示。近一个时期,随着构建和谐社会这一战略性目标的提出,将会进一步激发我们探讨后工业社会的热情。其中,关于后工业社会的制度构想,就是一个最为核心的问题。

近些年来,在我国,随着市场经济的迅速发展,伦理思考已经成为几乎一切人文社会科学的自觉选择,可以说,不涉及伦理问题的学科几乎不存在了。这表明,市场经济的发展对人们的道德水平提出了迫切的要求。但是,同样的学术现象也发生在西方国家,在我们所熟知的当代西方学者中,正是那些深入地思考人类伦理困境并提出解决方案的学者最多地被中国学者所提及。按理讲,西方国家的市场经济发展已经经历了几百年的历史,关于市场经济的道德要求的问题,应当早已由启蒙前后的思想家们解决了,为什么在 20 世纪的后期也出现了一股伦理思考热潮呢?显然是不能由市场经济发展的现实要求来对这一学术现象作出解释的。

其实,答案是非常清楚的,那就是人类社会正在发生一次深刻的社会变革,即处在从工业社会向后工业社会的变革过程中。正如人类历史上的每一次社会变革过程中都会引发伦理思想纷呈的思想运动一样,在这一次人类历史的重大变革过程中,出现伦理研究的热潮也是自然而然的。或者说,在从工业社会向后工业社会的转型过程中,人类又一次出现了严重的价值失准、行为失范的问题,人们急切地寻找解决这些社会问题的方案,而一切思考又都把人们引向了伦理建构的方向。

然而,在这场伦理研究热潮中,我们发现,更多的人是从行为约束和行为矫正的角度去思考伦理方案的。当然,也有一些像罗尔斯一样的学者提出制度伦理的建议,但在本质上并不是从制度变革的角度看问题的,而是出于制度修补的意愿,最终依然是指向人的行为的。实际上,从工业社会向后工业社会的转型是人类历史的一场根本性的变革,正如农业社会的权力制度(权制)不能应用于工业社会一样,工业社会所发明和创造的法律制度(法制)也不能满足后工业社会的要求。如果我们在工业社会的制度框架下去寻找人的行为规范的途径,是不能够从根本上解决这一社会变革过程中所出现的问题的。例如,在公共行政的领域中,在市场经济建设的过程中,出现了腐败、滥权、渎职、失责等等各种各样的问题,适应解决这些问题的需要,行政伦理学这门学科应运而生。但是,行政伦理的研究者们常常也会对自己颁布行为准则的做法表示怀疑,即怀疑自己的研究工作是否真正能够对解决现实问题有所助益。由此可见,以行为为思考重心的伦理研究是很值得怀疑的,我们所需要的是超越人的行为层面,去谋求根本性的制度变革,即努力去发现适应后工业社会要求的制度方案。当这一制度被发现之后,这场社会变革中所出现的问题也就会迎刃而解了。

在一切社会变革的过程中,关于制度的思考都是最基本的和最重要的。正如美国学者坎默所说:"在我们的生活中不可能没有某种框架,因为生活就意味着去行动,倘若没有先确定我们行为的框架,我们就无法行动。"①在每一社会中,制度都是各种框架的总和或集中体现。或者说,制度是一个框架,我们的行为,都是发生在制度的框架下的。比如,当我们谋求公共行政的道德化的时候,首先考虑的就是行政人员的道德行为能否得到制度框架的支持。官僚制的行政体系,所拥有的是一个支持效率的框架,因而,道德行为是不可能在这个框架下产生的,即使在公共行政的活动中行政人员选择了道德行为,这也同样既不能证明官僚制的框架包含着道德空间,也不能说明这种道德行为对于补充官僚制的道德空白有什么积极意义。对于这种道德行为,只能从行政人员在私人生活以及其他方面的日常生活的经验中去发现可以解释的原因。所以说,公共行政只有优先建立起道德的制度,才能为行政人员的道德行为的发生提供稳定的支持。

一个简单的逻辑推理就可以证明,在道德行为的层面上,道德主体必须是自主的个体,然而,在什么情况下,道德主体才能稳定地获得自主性呢?显然,只有在制度成为人的行为自主性的框架时,行为主体才是自主的,而且,也只有制度具有道德的内涵,道德主体才能拥有道德的自主性。如上所说,工业社会中的官僚制是一个层级节制的体系,它不容许组织中存在着这种自主的个体,所以,它造成了组织体系道德缺失的结果。上升到更高的制度层面上,也是这样。近代社会的法制,在利益实现的行为方面,由于赋予了人以政治上的权利,因而,在权利被确认的形态中,是拥有一定的自主性的。但是,在道德行为方面,法制即不否认也不承认道德主体的自主性,也就是说,法制不为道德主体的自主性提供保障。在公共行政的领域中,我们要求行政人员的行为要合乎道德准则,受道德准则所规范,并不是一定要在"约束"的意义上对行政人员提

---

① [美]查尔斯·L·坎默:《基督教伦理学》,22页,北京:中国社会科学出版社,1994。

出这样的要求,而是首先要求行政人员成为自主的道德主体,其次才作为行政组织或公共管理组织中的"组织人"而存在的。公共行政制度道德化和程序道德化的基本内涵就在于,通过制度和程序的途径把组织成员塑造成自主的个体,赋予他既对组织负责又同时对公众负责的能力和地位。这样的制度和程序既是规范的,又是具有灵活性的;既让行政人员拥有必须遵从的规则、原则和理念,又让他拥有广阔的自主活动空间。

二、基于现实的德制构想

制度变革不是出于主观愿望,而是根源于现实的要求。在农业社会开始出现的时候,主要还是凭借自然力量(人的体力)来实现对人群的统治,只是到了人群的扩大,自然力量已经无法驾驭群体的时候,才不得不通过制度化的力量来实现对人群的统治。这个时候,自然力量就转化为权力了,在权力的生成和行使中,掌握权力的人的个人魅力等也发挥着重要作用。所以,在农业社会的权力支配行为以及权力制度的维持上,道德都发挥着重要的作用。但是,那个时候,道德并没有被作为制度的实质性因素而存在,它只是作为权力行使过程中的一种附加的、额外的因素而存在的,权力的行使以及权力制度能否得到道德的支持,在根本上无损于权力秩序。也就是说,有了道德的支持,权力秩序会有着更为优异的表现,没有道德的支持,权力秩序也同样能够得以维持下去。人们之所以会把权力秩序的理想状态与所谓"德治"联系在一起,也就是因为道德能够使权力秩序表现得更为优异而已。如果因此而把农业社会的权力支配形态简单地等同于"德治",那就是大错特错了。虽然在农业社会的历史阶段中,思想家们憧憬"德治",而在现实中,"德治"并无制度性的保证,所以只是一种极其偶然的现象。只有到了后工业社会,当道德制度出现了的时候,德治才会成为一种稳定的社会治理模式。

权力与人的体力不同,它已经成了社会力量,在权力支配的世界中,社会走上了独自发展的道路,它与自然之间的那条脐带被拉得越来越细,直至断裂。这样一来,我们就看到了权力与权力制度共生的过程,权力的出现提出了制度需求,同时,权力的制度又是权力这种社会力量得以稳定地集合起来的保证,没有权力的制度,也就不可能有什么实质意义上的作为社会力量集合的权力存在。这正像权力制度在工业化和社会契约化的进程中逐渐边缘化而被法律制度所取代一样。就此而言,人类社会的进化,在一定程度上也可以看作是制度的演化史,是一种制度对另一种制度的替代。在农业社会,法律就出现了,但是,它们处在边缘地位,是受到权力以及权力制度的统摄的,是笼罩在权力以及权力制度之下的。法律制度取代权力和权力制度的过程,所表现出来的是权力和权力制度向边缘地带移动,而法律则向中心移动,是一个中心边缘化和边缘中心化的过程。在法律以及法律制度处于主导地位的时候,道德也像农业社会历史阶段中的法律一样,处在被统摄、被掩盖的地位上。但是,法律在制度意义上的主导地位并不是永恒的,在工业社会向后工业社会转变的过程中,它也开始了边缘化的运动,而道德则开始从后台向前台、从私人领域向公共领域移动,并呈现出转化为道德制度的趋势。因而,又一次中心边缘化和边缘中心化的运动开场了。到了道德成为公共领域和私人领域以及人们的行为选择的普遍法则的时候,也就真正出现了德治的社会治理方式;到了道德制度完全确立了起来的时候,后工业社会也就真正拥有了自己的制度,法律甚至权力都还会发挥作用,但那是在边缘化的地位上发挥作用。这个中心边缘化和边缘中心化的过程与后工业化的进程一道开始,正是人类社会后工业化进程中的各种各样的社会问题,提出了道德制度建设的要求。随着道德制度确立起来之后,中心边缘化和边缘中心化的运动进程也就走向了结束,公共领域、私人领域以及日常生活领域的边界也就走向了最终消解的结局。

在后工业化的过程中,社会公正的问题再一次引起人们的广泛关注。本来,在启蒙思想家"天赋人权"的设定中,自由、平等、社会公正等问题似乎已经得到了理论上的解决方案,然而,在工业社会的全部历程中,这一理想一直是作为抽象的理论设定而存在的,即使在它成为制度存在的基本原则的时候,也仅仅体现在政治生活的领域,而在广泛的社会生活过程中,它一直未找到真正实现的路径。但是,在西方国家,到了20世纪,由于福利政策的广泛运用,在一段时间内使这一问题淡化了,存在于社会中的关于社会公正的呼声也渐渐地冷却了下来。但是,到了20世纪80年代,对社会公正的要求又重新高涨了起来。这说明,工业社会所探索出来的一条解决社会公正问题的道路,又变得不能满足社会公正要求的需要了。或者说,由于社会的后工业化运动,使得工业社会的治理方式不再适用。而工业社会的一切政策选择和基本治理方式的确立,都是在法律制度的框架下进行的,政策以及治理方式的危机,也同时证明了法律制度的危机。从近来法国巴黎街头的骚乱中,我们似乎预感到,如果后工业化的社会运动不能够得到自觉的、主动的回应,也可能会演化成一场世界性的剧烈行动。法国是一个敏感的民族,它在工业革命的历史过程中有过惊人的表现,使用过街垒战去开辟新世界。当然,在当代社会,由于工业社会的治理体系在现代化的过程中积累起了精明的治理技巧,这一技巧在应对群众性的暴力行动方面是非常成熟老练的,所以,巴黎街头的骚乱注定不会有大的作为。但是,当这种骚乱平息的时候,它会在暗中积聚起更深刻的矛盾。因为,后工业化的进程不会中止,它必然会提出社会变革的要求,而所有社会变革的要求,最终都会指向制度的变革。所以,通过德制的建立去为社会公正的实现提供新的路径,是在后工业化进程中所提出的最基本要求。

早在20世纪70年代,罗马俱乐部的研究报告所揭示的"全球问题"就已经表明,自然并不能够持续地支持人类社会中的平等主张。因为,要消除分配不公、贫富差别,最起码要给穷人提供追赶富人所需的资源和空间。但是,地球是有限的,随着人类社会的发展,自然空间相对而言,不是扩大了,而是变小了。如果在现有的私有财产制度下,当富人的财富得到保障时而穷人又没有可以开拓的空间,那么贫富差别以及各种各样的由于财富不均而导致的社会不公正就会被作为一个既定的格局而存在下去。当然,这并不是说必须像历史上曾经的那样,把富人的财产拿出来重新分配,而是要求我们去寻找一种能够在进一步的社会发展过程中逐渐走向公正的社会制度。这种制度的确立,需要在两个前提下进行:第一,承认人类社会的存在和发展的空间是有限的,待扩展余地已经不多了;第二,私有财产持有人的既有财产不被直接地剥夺。也就是说,只有在进一步的发展过程中,在社会公正的理念下去谋求不同社会群体在财富拥有上的相对增长比例关系的变化。这种制度显然不是法律制度,因为,正如我们所看到的那样,法律制度在人的社会责任设定上,依据权利与义务相对等的原则,规定人们对那些可以直接测定的行为后果负责,至于人的行为导致的那些超出了可以测定范围的后果,则可以不负责。就人的行为与整个社会的关系以及人的行为对人类社会的生存环境的影响而言,有许多后果是无法测定的,因而,法律制度并不谋求对这种行为的规范。这也说明,法律制度为社会提供的是一个有限责任的行为框架,是一个外在于人的强制性地迫使人们接受责任和义务的规范体系,却不是一种能够激发人的内在责任意识的无限责任设置。所以,它不能够真正解决社会公正的问题。要怀着真诚的愿望去谋求社会公正,就需要去探索新的制度,而且,这种新的制度应当是一个能够替代法律制度的制度。

三、德制构想的思想借鉴

启蒙思想家们在规划近代社会的时候,也给予了道德以极大的关注,但是,他们所讲的道德只具有相对性,缺乏绝对性和权威性。在启蒙思想家这里,道德之所以必要,只是在最大可能的情况下为了维护人类社会生活的最低限度的社会秩序,以求人的生存和生活得以维持。比如,社会契约论为道德所找到的根据还只是外在的,它不能说明人为什么从灵魂深处要讲道德,要服从道德律。在公共领域与私人领域分化的历史条件下,启蒙思想家们对道德的重视,只能在道德对私人领域的健全中可以发挥作用这一点上来加以理解。随着启蒙思想向功利主义、快乐论的方向发展,这一点就更加清楚了。因为,功利主义、快乐论等恰恰是从私人领域出发去观察社会的,所以,他们认为,人生的目的就是寻求现实的功利、现实的快乐，得到功利、得到快乐，就是善、就是道德。这样一来，道德就是一个在社会中自动生成、自动运行、自动调节人的社会生活的因素，至于制度是否需要拥有道德的内涵，则不在考虑之列。

在哲学界，康德的理论似乎是具有永恒哲学价值的代表。但是，处于工业社会启蒙时期的康德，当然也看不到伦理精神在道德制度安排中的可行性，他所能够看到和预见到的，只是工业社会个人意志与社会性道德法则的矛盾和冲突。所以，他认为："意志与道德法则的完全切合是神圣的，是一种没有哪一个感觉世界的理性存在者在其此在的某一个时刻能够达到的完满性。"①尽管如此，康德还是试图寻找神圣性存在的现实可能性。所以，他才会指出，"我们人格之中的人道对于我们自身必定是神圣的，因为它是道德法则的主体，从而是那些本身乃神圣的东西的主体，一般说来，正是出于这个缘故并且与此契合，某些东西才能够被称为神圣的。"②但是，这完全是一种猜测性质的，或者说，是从近代个人主义的立场上出发所作出的推理，即把道德主体限定在个体性的主体上，认为个人人格中的"人道"是道德神圣性的源泉。其实，在走向后工业社会的过程中，在为后工业社会进行启蒙的时候，康德所憧憬的那些所谓"神圣的"东西都不再是神圣的，反而是极其现实的，是完全可以通过德制的安排而实现的。也就是说，通过德制安排，道德主体就不仅仅被限定在个人这里，而是一种普遍的社会存在，个人、组织、民族和国家，都是作为道德主体而存在的。一切社会行为、一切关系，都是发生在道德主体之间的，是道德主体通过合作的方式而构建和谐社会的行动。

罗尔斯的理论目标是要推倒功利主义，给启蒙以来的社会契约论以全新面目。所以，他的"正义论"表现为对契约精神的重塑。如果说，契约精神在罗尔斯之前走上了片面法制化的道路的话，那么罗尔斯的功绩就在于对契约精神进行伦理重建。但是，近代以来法制与伦理的"不兼

---

① [德]康德：《实践理性批判》，134 页，北京，商务印书馆，1999。
② [德]康德：《实践理性批判》，144 页，北京，商务印书馆，1999。

容性"决定了：走上法制的道路，就会排斥伦理的追求；反之，从事伦理思考，就会怀疑法制对于社会健全的充分功能。当然，罗尔斯面对法制社会的现实，不可能直接提出否定法制的大胆设想。但是，在他的理论中，其基质是怀疑法制的。所以，他关于制度伦理的设想，本身就意味着对法制的怀疑甚至否定。是要求用契约化的伦理精神来重新对制度进行设计和安排的。

不过，在罗尔斯这里，制度伦理化只是一个愿望。因为，契约精神走向法制安排的必然性是经过近代 300 年历史发展所证明的，把契约精神伦理化，仅仅通过理论证明是不能转化为现实的制度安排的。所以，罗尔斯的愿望并不具有转化为现实的可能性。考虑到近代社会的制度以及行为模式都是奠基在契约精神的基础上的，沿着近代社会的现代化思路走下去，只能在法制的完善中去寻找出路。不过，在罗尔斯的愿望和理论追求中，包含着这样一种批判性的内涵：人类社会的伦理向度失落了，因而出现了各种各样的社会问题，健全的社会是离不开伦理向度的，所以要重新找回伦理的向度。如果这样理解罗尔斯的正义理论的话，也就可以得出否定整个近代以来社会建构模式的结论。当然，这种否定并不是思想家的理论批判和建构，而是历史发展的必然趋势。当人类历史出现了走向后工业社会的趋向时，这种否定实际上是作为现实的进步而出现的。

事实上，之所以罗尔斯的正义理论在当代西方能够引起人们的广泛关注，对于这一学术现象是需要从现实的要求出发来作出理解的，最起码有两个方面的原因激发了人们对罗尔斯的正义理论的热情欢迎。其一，在近代以来的西方，启蒙思想家所追求的公平、正义的社会理想从来也没有落到实处，在现实生活中，事实上的不平等、不公正、非正义是一个人人都可以感受到的事实。因而，人们希望能够有一种理论去深刻地揭示这种不公平、非正义的根源，并提供解决方案。其二，如上所说，人类社会又一次处在一个历史性的转型时期，即开始了向后工业社会的转型。我们知道，在从农业社会向工业社会的转型过程中,启蒙思想家们对传统社会中的人类不平等的状况作出了全面反思和批判,并在这种反思和批判的基础上规划了近代以来的工业社会生活模式。但是,在后工业化的过程中,同样也需要有这样一次对以往社会中的不公平、非正义的现象进行总结性反思的理论出现。正是由于这两个方面的原因,才使罗尔斯的正义理论在一出现的时候,就引起了人们的极大兴趣。

其实,就罗尔斯的作品来看,他关于正义理论的建构是从社会契约的前提出发的,是在这一早已提出的前提中推导出了一般正义的概念,然后逐步推导出一组构成自由主义民主、市场经济和福利国家所体现出来的"社会正义"的制度。在这一正义理论中,"作为公平的正义"原则,处于核心和基础的地位。所以,是对启蒙思想的进一步发展。因为,启蒙思想虽然包含着理想色彩的公平、正义追求,而且也画出了基本的制度轮廓。但是,在实现公平、正义的具体路径的问题上,启蒙思想家的理论还是较为笼统的,特别是包含着后来可以发展出功利主义理论的胚芽。罗尔斯出于维护公平、正义理论纯洁性的需要,站在反功利主义的立场上进行理论建构,显然是对启蒙思想家关于公平、正义理论的很大发展。但是,罗尔斯的理论也存在着根本性的缺陷,它在本质上,是在工业社会的框架下进行的理论建构,是从属于工业社会和服务于工业社会的,并不是人类走向后工业社会的时候所真正需要的理论。所以,人们对它所投注的热情和期望,其实都是很盲目的。在我们构想后工业社会的德制时,罗尔斯的贡献只能从他对工业社会法律制度的批判性功能上来认识。

四、基于"否定之否定"的德制构想

解读黑格尔的"神秘哲学",我们可以历史地理解他的逻辑。这样的话,我们就可以把后工业社会看作为一个实现了"否定之否定"的历史阶段,是伦理精神实现的阶段。这也是我们得出道德制度安排逻辑必然性结论的启示。根据恩格斯在《路德维希·费尔巴哈与德国古典哲学的终结》中的论断,"黑格尔的伦理学或关于伦理的学说就是法哲学,其中包括:(1)抽象法,(2)道德,(3)伦理,其中又包括家庭、市民社会、国家。在这里,形式是唯心的,内容是现实的。"①也就是说,在黑格尔看来,伦理是道德体系和伦理精神发展的最高阶段,是扬弃了抽象性和主观性的否定之否定阶段。他认为,伦理实体有着从低级到高级发展的三种表现形态,即家庭、市民社会、国家。

家庭是伦理的起点和始点,在农业社会,家庭是社会的中心,也是这个社会的标志,家庭是这个社会历史阶段的代表性存在形态。因而,在农业社会,存在着以家庭为原点的伦理体系,这种伦理体系表现出了"直接的或自然的伦理精神"②。在工业化的过程中,人们走出家庭,这时,社会不是建立在家庭的基础上的,而是家庭不断地实现社会化,因而产生了市民社会。家庭与社会的分离过程也是市民社会与国家分离的过程。国家出现了,但是,市民社会却是国家存在的基础。所以,工业社会是以市民社会为标志的社会历史阶段,国家的存在是为了市民社会的健全。这决定了在工业社会的历史阶段中,法是以伦理的异化形态出现的。到了工业社会的后期,国家在自我发展的过程中通过政府行为瓦解了市民社会,使市民社会表现出衰落的趋势。然而,市民社会的衰落也同时预告了以市民社会为标志的这个历史阶段的终结。因而,开始走向后工业社会。这样理解黑格尔的逻辑,就会看到,后工业社会是人类历史的否定之否定,是伦理精神的回归,但它所恢复的不是"具有自然形式的伦理",③而是作为伦理精神自我实现了的形态。

道德制度是解决人类社会的公正、平等问题的根本出路。近代以来,人们往往盲目地把抽象的制度神化,以为一切制度都是公正、平等的框架,实际并不是这样的。在历史上,我们看到,制度也可以把人们之间的不平等作为事实确立下来,农业社会的权力制度就是这样。而且,这种

---

① 《马克思恩格斯选集》,4卷,32页,北京:人民出版社,1972。
② [德]黑格尔:《法哲学原理》,173页,北京:商务印书馆,1996。
③ [德]黑格尔:《法哲学原理》,175页,北京:商务印书馆,1996。

权力制度本身就是为了维护等级化的不平等服务的。同样,制度也可以只关注人们之间的形式平等而置人们之间实质性的不平等于观照之外,工业社会的法律制度就表现出了这种功能。所以,对于法律制度来说,对一切实质不平等的抱怨都是没有意义的,即使这种抱怨能够得到法律制度执行者的个人同情,甚至以公共政策的形式而在矫正不平等方面对法律制度作出补充。但是,当某一方面的不平等得到解决的时候,可能在其他方面又出现了更大的不平等。所以说,法律制度只能满足于人们关于形式平等方面的要求,在提供实质平等方面,它是无能为力的。只有道德制度才会着重于对人们之间实质平等的关注,才会为真正的公正和平等的实现提供支持。

道德制度将为我们提供一种和谐的社会秩序。在人类社会很早的历史时期中,就已经有了道德理念,而且,在这些道德理念中,也不乏那些具有永恒价值的因素。但是,如果道德的理念不转化为制度的话,那么这种理念在社会运行的过程中所获得的秩序只是一种临时性的秩序,是不稳定的。因为,缺乏制度支持的道德秩序单凭道德理念必然会表现出保障无力的状况,在任何哪怕是一点点不当利益要求之下,都可能立即会完全崩溃。历史上出现的一切空想主义都是如此,他们都有着关于美好社会的描述,但是,他们都不能够找到通向这个美好社会的途径,更无法把他们的愿望付诸于制度设计中去,所以才都成了"乌托邦"。我们关于德制的构想正是基于历史上的教训,要求把道德理念转化成现实的制度方案。当然,更主要的是历史为德制的设想提供了转化为现实的历史前提。无论是在前工业社会还是工业社会,都不存在着实现德制的社会基础,只是在走向后工业社会的过程中,我们才发现现实中提出了德制建设的强烈要求和历史契机。

道德制度不是建立在抽象的善的理念上的,它是把平等、自由、公正、合作和社会的和谐等具体的目标作为制度设计和制度安排的原则的。正如罗尔斯所说:"一种制度可以从两个方面考虑:首先是作为一种抽象目标,即由一个规范体系表示的一种可能的行为形式;其次是这些规范指定的行动在某个时间和地点，在某些人的思想和行为中的实现。"①道德制度正是从这两个方面来考虑的，它将在和谐、合作的社会目标中去确立人们的行为模式和社会的运行机制。

当然，德制的构想更多地是出于避免后工业社会出现工业社会那种系统化矛盾的考虑。如果仅仅在个人的层面上去发现改善社会治理的途径的话，是不能够从根本上解决社会发展中的结构性问题的。也就是说，仅仅要求社会治理者提高道德水平以及要求他在社会治理的过程中按照道德规范行事，是不可能解决任何一种社会的结构性问题的。系统化的矛盾只有通过制度安排来加以解决和避免，只有制度才能够凝聚出总体性的社会力量。所以，道德制度就是一种凝聚社会道德力量的制度体系，它是后工业社会不同于以往任何一个社会历史阶段的根本性的特征。

亚里斯多德曾说，"人类的善，就应该是心灵合于德行的活动；假如德行不止一种，那末，人类的善就应该是合于最好的和最完全的德行的活动。"②尽管人类的善的理念中有很多具有永恒价值的因素，而在总体上则会随着时代的变化而发生变化。这说明，道德制度建立起来之后，并不会一劳永逸地存在下去，它也有一个完善和发展的过程。这是因为，其一，人们必须不断地探索，是什么样的"善"将对"最好的和最完全的德行"起到鼓励和支持的作用；其二，人类社会的不断发展，也会不断地改变着人们关于"善"的观念，道德制度必须不断地根据人们"善"的观念的改变而改变。而且，也只有道德制度，才具有这种不断地改变自我的能力。

---

① ［美］罗尔斯：《正义论》，51页，北京：中国社会科学出版社，1988。
② 周辅成：《西方伦理学名著选辑》，上卷，28页，北京：商务印书馆，1964。

第八章 合作的社会治理

传统的社会治理是由政府垄断的治理,然而,在走向后工业社会的进程中,出现了多元治理主体并存的局面,因而,合作治理也就是多元治理主体的共同治理。合作治理与单一治理主体内部中的协作治理是根本不同的。协作是从属于工具理性的,而合作则是从属于实践理性的;协作从属于科学的规定,而合作则从属于道德的规范。因此,在合作治理过程中,行政人员的道德自主性将为一切合作行为提供有力的支持。同时,对于整个社会治理体系而言,还需要拥有一种合作的意识形态。

第一节　走向合作治理的历史进程

一、合作治理的历史契机

动物是感性的存在物,而人则是理性的存在物。但是,在人类的历史进程中来审查人的行为,也有一个从感性到理性的发展进程,人类社会越是发展,人也就变得越理性。在某种意义上,人类的文明就是理性的积淀,是科学理性与实践理性相互激荡、相互促进而步步前行的过程。现在,科学理性已经把人类引领进一个信息社会,而实践理性则去畅想和谐社会的到来。在社会治理的领域中,科学理性与实践理性被统合到了一起,人们根据科学理性去认识社会治理赖以发生的社会现实,同时,又让实践理性去根据现实要求进行治理模式的建构。所以,在每一个时代的社会治理过程中,都可以看到科学理性与实践理性的统一。在考察我们这个时代的社会治理方式及其过程时,也需要在科学理性与实践理性的统一中去把握。当我们试图去探索社会治理方式发展的方向时,也同样需要运用科学理性去发现现实社会的运行中包含了什么样的新的变动迹象,并根据实践理性所达到的发展水平去进行制度安排和社会治理模式建构。现在看来,人类实践理性的发展已经达到了这样的地步,让人时时向自己提出一个问题:人类应当在冲突中生存还是通过合作而谋求共生共在?只要带着这个问题,人类就会把历史前进的方向校正到合作的行为模式上去,就会自觉地去发现自己在全球社会中的位置和角色,就会为人类的和谐共在而尽自己的一份力量。所以,合作治理时代的到来是实践理性发展的必然。

托克维尔说过:"一个中央政府,不管它如何精明强干,也不能明察秋毫,不能依靠自己去了解一个大国生活的一切细节。它办不到这一点,因为这样的工作超过了人力之所及。当它要独力创造那么多发条并使它们发动的时候,其结果不是很不完美,就是徒劳无益地消耗自己的精力。"①托克维尔在这样说的时候,所要证明的是社会自治对一个社会的良好治理的重要性。也就是说,在政府治理一个社会的时候,需要大量的社会自治组织来对社会事务进行管理。其实,托克维尔在证明社会自治的必要性的时候,社会还处于一个低复杂性程度中,社会的低复杂性决定了政府能够有效地治理一个社会,即使需要社会自治组织参与社会治理的过程,也是以政府为中心的,社会自治组织所扮演的是协助政府治理的角色。现在的情况已经与托克维尔论证社会自治力量必要性的时候大不相同了。大约从20世纪70年代开始,人们越来越强烈地感觉到人类正在进入一个后工业化的进程。在后工业化的过程中,社会的复

---

① [法]托克维尔:《论美国的民主》,上卷,114页,北京:商务印书馆,1995。

杂性程度大大地提高,在这种情况下,政府统管社会的治理方式越来越显得不可能了。所以,不仅需要社会自治力量来协助政府进行社会治理,而且应当是政府与社会自治力量一道进行治理。这种治理不再是以政府为中心,而由社会自治力量辅助的治理,是政府与社会自治力量的合作治理。

我们知道,在近代社会的早期,政府在职能模式上表现为一种自由放任型的特征,这就是早期自由主义所看到并坚信的,市场自身具有一种自我调节的机制,能够自动生成一种和谐的秩序。相应地,整个社会也是这样,具有自然和谐的运行机制。但是,近代社会的发展却打破了早期自由主义的幻想,市场被垄断所破坏,社会也因利益集团的出现而变得畸形化。这个时候,政府涉入市场、涉入社会,进行适当的干预就变得非常必要了。所以,大致从20世纪30年代开始,在凯恩斯主义的引领下,出现了政府干预的行为导向,实际上产生了一种干预型的政府职能模式。到了20世纪80年代,政府干预模式导致政府失灵的问题变得越来越严重,因而,人们对政府干预开始表示怀疑。应当承认,在凯恩斯主义成为政府社会管理活动的"圣经"的时期,在解决市场失灵的问题时的确发挥了很重大的积极作用。但是,在政府对经济生活的干预过程中,其影响也在其他社会生活领域中扩散开来,造成了市民社会衰落的问题。

本来,国家、政府是诞生在市民社会的基础上的,而政府干预却瓦解了市民社会。这对于工业社会的治理体系来说,是一个致命的问题,必然会以各种形式反映为治理的危机。其中,最集中地体现为政府失灵的问题。正是在这种背景下,非政府组织(或称"第三部门"、"非营利组织"等)开始中兴。然而,非政府组织的再度兴盛包含着双重意蕴:第一,非政府组织与工业社会早期的社会自治组织已经有着根本不同的性质,它不再是由于政府的社会管理不周延而不得不用来补充政府社会管理的力量,而是对政府干预过多的矫正,它要求政府退回到其应呆的地方,而不是扮演"全职全能"的角色;第二,非政府组织的再度出现预示着一种不同于工业社会的社会治理模式的新型社会治理模式的出现,也就是说,工业社会那种以政府为中心而以社会自治力量为辅助的社会管理模式已经无法解决新出现的社会问题了。因为,社会的复杂性达到了整个工业社会的任何时期都不曾遇到过的地步,而且这种复杂性的增长速度也是极快的,工业社会的那种在管理模式不变的情况下通过调整政府与社会自治力量的强弱对比关系的做法,已经不能满足复杂条件下的社会治理需求了。所以,必须以全新的社会治理结构来回应这种复杂性。

所以,非政府组织的再度兴盛,意味着人类正在探索一种具有更多灵活性的社会治理方式。也就是说,它不只是对政府与社会自治力量强弱对比关系的重新调整,而且是一种探索新的治理方式的运动。如果说工业社会早期的社会自治力量是对政府治理行为的补充,那么,在20世纪后期新兴的非政府组织与政府之间却是一种平等互动的关系,这种关系需要在合作治理的意义上来加以理解。对于这种治理来说,政府与社会自治组织之间并不需要明确的分工、分治的界限,而是作为平等的治理主体而存在的,它们都需要怀着合作的愿望和作出合作行动的选择。如果不是这样的话,就不能准确地把握非政府组织再度兴盛的真实意蕴,因而,针对非政府组织所提出的规范路径也就是不适用的了,甚至会阻碍了它们的发展,把它们误导入工业社会早期的那种以政府为中心而以社会自治组织为辅助的治理模式中去。结果,不仅无法解决我们当前所面对的各种各样的社会问题,反而会激化各种社会矛盾,甚至有可能使政府与社会自治力量陷入经常出现的对立和冲突之中去。从中国的情况来看,之所以在非政府组织的发展过程中会存在着实践上的谨慎和怀疑的观望,本身就说明人们对工业社会早期那种社会自治模式能否适应于中国现实是抱持着不信任的态度的。如果我们指出20世纪后期以来的非政府组织已经不同于工业社会早期的那种社会自治组织了,问题就变得简单地多了。因为,认识到它们之间的不同,剩下的工作就是:如何去建构这种新型的社会自治力量,如何使其在新的社会背景下去开展社会治理活动。

总的说来,在工业化的过程中,市民社会的兴起是公共领域与私人领域分化的标志,或者说,是由于公共领域与私人领域的分化造就了市民社会。然而,20世纪后期以来,人类开始了后工业化的进程,在这一进程中,公共领域与私人领域的界限开始变得模糊了起来。所以,以非政府组织为标志的市民社会的再兴,是作为融合公共领域与私人领域的力量出现的,不仅不是服务于社会分化条件下的治理,而是直接地打破公共领域与私人领域界限的行动。所以,它与政府之间必然要建立起一种合作的关系,生成一种合作治理的社会治理模式。这是一种全新的社会治理模式,是以往任何一个时代都未曾出现过的。

二、基于公共利益的合作治理

近代以来,作为市场经济的意识形态表现,政治观中一切关于人类行为层面的认识,都指向了人们之间的矛盾、冲突和竞争行为。行政学虽然脱胎于政治学,但行政学的观念指向却是谋求协作的,在理想官僚制的设计中,我们所看到的就是一个有机的分工—协作模式,而且它在实施社会管理的过程中,也是把谋求各种各样的社会力量之间的协作作为目标指向的,它欲管理的和欲造就的是一个广泛的社会协作体系。这也是政治学与行政学的学科分野之所在。然而,虽然行政学所要谋求的是一个社会的各种力量之间的协作,但在一切最为基本的理论问题上,行政学并没有作出独立的探索,由于行政学放弃了深层理论探索的追求,不得不把政治学中关于人类行为层面考察的基本结论作为理论前提接受下来,或者说以政治学关于人类行为的解读作为参照而进行公共行政的体系建构,以至于公共行政的制度模式展现给我们的是外在于行政人员的客观结构,不仅行政人员之间获得的是结构性的形式上的协作,而且通过行政过程而实现的社会协作也是很难达成的形式化的协作。在这种协作背后,依然是政治学所看到的利益矛盾和冲突。对于利益矛盾和冲突,只有通过控制的方式去加以整合。所以,当公共行政去进行社会管理的时候,就必然会表现为社会控制。至于合作治理,则是不合乎逻辑的,也不适应于现实。

在利益矛盾和利益冲突的视野中,就会像霍布斯所说的那样:"在没有一种共同权力使大家慑服的时候,人们便处在所谓的战争状态之下。"①虽然这是基于个人主义立场上的认识所作出的判断,但它无疑排除了社会生活中其他整合力量的存在,只承认政府权力的存在及其在群体生活中发挥作用的合理性。其实,只是当人们陷入利益争斗的时候,权力才在利益争斗的过程中起到控制的作用。权力的功能就在于,把人们的利益争斗控制在秩序允许的范围内,使这种争斗不至于导致群体的分裂。如果人们不是处在利益争斗的状态中,那么,权力的这种控制作用就显得不是那么必要。事实上,利益争斗虽然是迄今为止整个历史中社会生活的基本内容,但是,在一切非利益争斗的社会生活中,人类也发展出其他的调节群体生活并追求群体生活和谐的整合力量。即使对于利益争斗的问题,这些整合力量也能够表现出有力的整合作用。所以,权力之于人们的群体生活来说,既是一种文明化的标志,也是更高的人类文明形态所要加以扬弃的因素。近代以来的政府控制导向一直在不懈地探索增强权力功能的可能性。比如,用理想官僚制建构起来的政府,就是在限制行政人员个人权力的同时去提高行政体系整体权力行使能力的做法。但是,它对社会的整合依然经常性的表现出左支右绌的局面,也正是这个原因,社会自治性力量才获得成长的合理性。

如果从公共利益的原点上出发去思考社会治理的问题,就会合乎逻辑地得出结论,包括政府和一切社会自治性力量在内的公共组织,都应当是服务于公共利益的,在维护和增进公共利益的共同目标下,它们应当开展广泛的合作,共同去营建合作治理的治理模式。而且,历史的发展也已经提供了这样的前提。我们知道,在前工业社会,政府本身直接地就是剥削者和压迫者的集合体,它在统治职能实现的过程中所谋求的是剥削利益。进入工业社会,政府虽然逐渐地从统治型的组织转化为管

---

① [英]霍布斯:《利维坦》,62页,北京:商务印书馆,1985。

理型的组织。但这只是形式的方面,在实质的方面,管理型政府依然是服务于剥削者的,属于那些依靠资本营利的阶级用以维护剥削秩序的工具。到了工业社会的后期,也就是工业社会即将蜕化成一个全新的社会的时候,社会自治力量开始迅速成长起来。这时,政府也在社会自治力量成长过程中悄悄地发生质的改变,逐渐地远离剥削利益,转而在利益冲突中提出代表公共利益的愿望。

20世纪后期以来的行政改革在很大程度上反映这一趋势,那就是政府需要与非政府的社会自治力量一道去维护和增进公共利益,在反对旧有的服务于剥削利益的治理模式方面共同努力。根据这一趋势,可以预见,在今后一段时间里,随着剥削利益在人类的社会关系中走向边缘位置的时候,人们之间的合作利益就会在人类社会关系中开始中心化,成为人类社会关系中的基本内容。虽然在私人部门中,剥削利益在一个相当长的历史时期内还会成为主导人们行为的基本因素,但在公共领域中,则会率先通过迅速成长着的社会自治力量而把人们的合作利益突出出来。所以,在社会自治力量成长的过程中,一方面,会促进政府的变革,使政府朝着公共性增长的方向发展,并能够更多地作出维护和增进公共利益的行为选择;另一方面,会造就出政府与社会自治力量共同治理的合作治理体系,并把合作治理作为一个可以最终用合作利益替代剥削利益的最新治理模式。所以,发生在当前社会治理领域中的一切变革,都应当围绕政府与社会自治力量合作治理模式的生成为目标,如果在这个过程中有什么自觉的行为选择的话,就是要积极地按照建构合作治理模式的要求去进行结构调整和制度安排。

当代西方学者较多地倾向于通过有效的公众参与去保证公共利益的实现,以为这样能够达成政府与社会自治力量合作的关系体系。比如,登哈特认为:"更多的参与能够为一些新型合作关系的产生创造可能性。"[1]

---

[1] [美]珍妮·V·登哈特,罗伯特·B·登哈特:《新公共服务:服务,而不是掌舵》,93页,北京:中国人民大学出版社,2004。

其实,这仅仅是一个推断,其逻辑设定是认为参与有利于确立或能够发展出合作关系。但是,这个逻辑是错误的。因为,它的前提是参与就是合作或合作的一种形式:"积极参与是一种与政府合作为基础的关系,在这种关系中,公民积极地从事对政策制定过程和政策制定内容的界定。"①如上所说,就参与行为的性质来看,它是从属于中心—边缘结构的,在这种结构中去开展参与活动,只能是:更多参与是对这个中心—边缘结构的强化。然而,从理论上说,只要是在存在着中心—边缘结构的地方,就不可能出现平等和自由的合作,至多也只会生成一种协作的状况。所以,倾向于强化中心—边缘结构的参与是不可能有利于合作关系的生成的。也正是在此意义上,我们说当代社会自治力量的中兴是不应当在近代早期的意义上来理解的,它不是一种对政府所实施的社会治理进行补充的辅助性力量,而是以独立自主的合作治理主体的面目出现的,在它与政府的关系中,政府并不是中心,它也不是边缘性的存在。

三、多元社会中的合作治理

20世纪后期以来,整个社会都呈现出多元化的趋势,甚至在社会生活的任何一个层面上,都朝着多元化的方向运动,在社会治理的领域中,不仅治理方式多元化了,而且社会治理的主体也打破了原先政府垄断的状况,出现了治理主体的多元化。因而,一个多元因素共存的社会已经显露了出来。

多元共存的社会在运行机制和社会构成方式上必然是合作制的,只有在合作的原则下,人们之间的交往行为才不是矛盾的和冲突的。这就要求工业社会的各种基本的政治原则都必须被赋予新的涵义,比如,对权利的规定和要求等,就会被合作意愿所冲淡。特别是合作意愿已经成为社会共同体的主导性原则的时候,对自由的追求也失去意义。因为,

---

① [美]珍妮·V·登哈特,罗伯特·B·登哈特:《新公共服务:服务,而不是掌舵》,94页,北京:中国人民大学出版社,2004。

破坏自由的因素已经被合作意愿的洪流冲洗殆尽,限制自由的管制和控制体系已失去了合理性,社会治理体系已经不再把对自由的限制作为其基本职能。同样,平等的问题已经失去讨论的基础。因为,只有在社会等级差异是一个必须纠正的事实的情况下,人们才会大谈平等,当社会已经存在着事实上的平等时,讨论平等便失去了意义。所以,政治不再是人们关注的中心,政治生活开始从人们的社会生活的中心地带向边缘地带游走,并最终成为人们社会生活的边缘性内容。

社会的多元性而不是同质性更便于社会自治的形成和发展。一般说来,如果一个社会的同质性很高的话,就会倾向于生成集权模式。反过来,如果社会的同质性较低而多元性较强的话,则倾向于助长社会自治组织的生成。所以,后工业化过程中的复杂性和多元性恰恰是有利于社会自治组织成长的,是社会自治赖以扩展的巨大空间。现今正在流行的所谓治理理论强调在国家公共事业管理上建立一种通过多方参与、协同解决的方式去维护现有的社会基本秩序的管理机制,认为社会治理蕴含了有限政府、责任政府、法治政府、效能政府、公共参与以及民主、社会公正等理念。这种观点似乎突破了将政府看作社会管理唯一主体的观念,是呼吁社会各方共同参与、共同管理的诉求。其实,它过多地把视线放在了政府身上,依然是强调以政府为中心的参与治理,不属于对多元因素平等条件下的合作治理的构想。其实,与多元共存的社会相适应的社会治理只能是多元主体的合作治理。如果说人类社会从集权到民主的发展不只是一个逻辑进程,而是一个历史进程的话,我们就可以发现,农业社会中的集权条件下的治理是非常单一的,而工业社会中生成的民主治理虽然也是政府垄断的治理,但是,在形式上已经能够接受其他社会力量的参与了。从农业社会向工业社会的发展也表现出了多元化的特征。但是,在整个工业社会的历史时期内,多元化还处在一个较低的水平上,是政府可以控制的多元化。所以,以政府为中心而接纳其他社会因素的参与,就是这一历史条件下的一种合理的治理模式。但是,随着社会的多元化朝着更高水平的方向发展,仅仅希望通过所谓有限政府、责任政府、法治政府等等限制而保证政府去接纳其他社会因素参与政府的治理,显然变得不再适应了。或者说,在社会多元化达到一定水平的时候,不再是一个继续在政府中心的前提下扩大参与的问题,而是一个打破中心—边缘结构的合作治理模式的确立。

其实,即使在近代社会的政治形态中,社会成员中也只有少部分人能够参与到政治过程之中,而绝大多数社会成员只能是消极被动的被治理者。在现代化的过程中,随着政治的不断发展,社会成员参与政治过程的人越来越多,新的政治成分参与政治过程的速度也变得越来越快。政治系统越发达,这种参与程度也就越高。但是,治理结构并不因为参与程度的增强而发生根本性的改变,无论公众在人数以及对社会治理事务的量上的参与达到什么样的程度,都没有改变政府的中心地位。所以说,就参与而言,它无论在何种意义上,都是以政府为中心的治理的补充性行动,而不是一种合作的互动。

多元共存的社会在结构上将是一个网络化的结构,这种社会网络结构完全打破了传统社会的线性决定模式。生活在这种社会中的人,完全成为自由的创造活动的主体,它有充分的自主性空间去挥洒自如地展现自己的创造力。我们知道,在农业社会,结构分化的程度是很低的,同一个结构或角色同时承担着若干不同的社会功能。近代社会的政治发展使社会的各种政治结构发生功能分化,不同的结构分别承担着不同的政治功能。易言之,农业社会的等级化决定了这个社会以线性结构的形式出现;在工业社会,虽然社会多元化使单一线性结构发生了变化,以多线的线性结构取代了单线的线性结构。但是,多线的线性结构毕竟还是线性的结构,在社会治理的领域中依然表现为一种压抑人和泯灭人的主体性的结构形式。社会网络结构则不同,它不是一种压抑人和泯灭人的主体性的结构。也就是说,以往的社会线性结构都以一种绝对的客观性把人编织在其中,特别是近代社会,把每个人都变成被动的单子,使他们失去自由,因而也失去自我。网络结构无疑也是社会存在形式的方面,它的客观性也是不容置疑的。但是,作为合作治理的客观基础,它是由人创造的，人在创造这种社会结构的时候将其主体性物化于其中而保证它不被异化。人所创造的这个网络结构无非是人的活动空间，正如蜘蛛织网而不被网所束缚一样。所以，就人的主体性而言，以往的社会结构只能比喻成"蚕茧"，而合作治理赖以生成的社会网络结构则可比喻成"蛛网"。

线性结构中必然包含着决定与被决定的作用机制。进一步地说，只要一个社会中存在着决定与被决定的社会机制，人的行为就会受到工具理性的支配，属于工具理性所"型塑"出的行为模式的表现方式。近代社会中人的行为就表现出了这一特征。当近代以来的历史被新的历史阶段所超越的时候，工具理性也同样会被超越，这种超越工具理性的新的理性就是合作的理性。合作理性是在理性地把握了主体与客体二分的前提下而实现的重新融合。或者说，是对主体与客体二分的超越。其实，在工业社会后期，人与人之间、人与自然之间的共在性越来越对人提出了超越主客体二分的要求，我们已经处在这样一个历史阶段，一切外在性的压力都迫使人必须把他视作我的一部分，他人与我的共在既是生存的需要，也是自我实现的途径。如果说工业社会的主客体二分有着广阔的容纳空间的话，那么现在这一空间已经变得极其狭小，以至于我们无可选择地必须确立共在的原则，选择合乎共在需要的行为模式。正是在这种情况下，合作理性会迅速地生成，并在这种理性的统摄下而产生合作的行为模式。

社会的线性结构决定了它的治理体系必然在性质上属于控制导向的。在20世纪后期的行政改革过程中，各国都在谋求政府规模的缩减，以为最小规模的政府会在社会治理的过程中带来公共开支的削减，能够以最小的成本取得最大的效益，特别是"新公共管理运动"，试图通过把市场的激励机制和私人部门的管理手段引入政府中来去提高政府的绩效和降低政府的运营成本。但是，所有这些思路都表现出从政府这个中心点出发的思维取向，都属于如何既增强政府的效能又降低政府的行政成本的设计思路，而不是在政府与社会的合作治理意义上去思考变革现行的社会治理模式的方案。所以,它们无论以什么样的形式出现,都还是依据线性结构而谋求改善政府控制方式的追求。如果说当前正在发生的后工业化运动提出了变革社会治理模式的要求的话,那么这种变革就不是维护或改善既有的控制导向的社会治理体系,而是要用一种合作治理的新型治理模式取代它。这种合作的社会治理模式在根本性质上不是控制导向的治理,而是政府与民间、公共部门与私人部门之间的合作与互动,是治理主体平等前提下的共治。

四、合作治理中的信任

工业化过程中所建构起来的社会是这样一个生存空间,它"以不可抗拒的力量决定着降生于这一机制之中的每一个人的生活,而且不仅仅是那些直接参与经济获利的人的生活。也许这种决定性作用会一直持续到人类烧光最后一吨煤的时刻。"① 然而,后工业社会的来临,却给我们提供了一个新的机遇,使我们看到不要等待"人类烧光最后一吨煤的时刻",而是从此刻开始重建我们的世界。合作治理就是重建我们的世界的一个主要路径。

合作治理是建立在治理主体的高度信任的基础上的。即使就人的一般性社会行为而言,虽然信任并不必然导致合作,但没有信任肯定就没有合作。也就是说,信任对于合作的价值就在于:不信任就不会选择合作行为。从这一点来看,信任是合作的必要条件。所以,作为一种社会治理模式的合作治理,必然要求在治理主体之间确立起一种信任关系。当然,就现实情况而言,如果等待充分的信任关系的出现再进行合作治理模式的建设,那是消极的不作为的态度。实际上,我们认为,合作治理所需要的初始信任并不高,现实社会中的信任关系已经能够满足建立合作治理模式的初始信任要求。关键的问题是,在合作治理模式的建构中,需要考虑它不断增强信任和扩展信任的途径。虽然"合作行为可以

---

① [德]马克斯·韦伯:《新教伦理与资本主义精神》,142 页,北京:三联书店,1992。

增加责任感和创造信任的氛围,必然推进信任的建设。"①但是,作为一种社会治理模式,是不能满足于此的,还需要寻求具体的途径来加强信任关系的培育和建设。要把合作治理模式的建设与信任关系的建立联系在一起,把它们作为一个共进的过程。事实上,信任会使人乐意于合作,而在合作交往中所达成的互惠又反过来增强着信任,这就会使人们之间的信任关系和合作关系变得越来越稳定。

我们知道,从农业社会向工业社会转变的过程也是社会陌生化的过程,即从熟人社会走向陌生人的社会。在熟人社会中,习俗型的信任是社会交往和熟人社会健全的支柱,到了陌生人社会,人们之间的交往更需要以信任为前提,然而,陌生人之间是很难建立起信任关系的。一方面,陌生人社会是社会化程度较高的社会,人们被置于必须普遍交往的社会生活中;另一方面,陌生人之间又得不到信任的支持。在这种情况下,社会就发展出一种信任类型,那就是契约型的信任,它取代了农业社会习俗型的信任而成为社会交往的前提和中介。正是有了契约型的信任,近代社会中的普遍交往才成为可能。而且,近代社会的法律制度在很大程度上就是服务于人们之间的契约型信任的,是作为契约型信任的保障因素而存在的。

从近代社会发展的进程看,社会的陌生化是一个不可逆转的趋势,特别是在后工业化的进程中,社会变得越来越开放,以至于把全球都纳入到一个普遍的开放体系之中了。社会越是开放,人们之间的交往越是频繁,陌生感就越强。这虽然与人们的感性知识不相符,然而事实就是这样。我们所看到的陌生人社会,并不是根源于人们之间交往得少了,而是交往的多了。所以说,陌生人与熟人的区别并不取决于人们之间的交往频率与次数,而是由社会整体上的开放程度决定的。在农业社会中,也许邻里因为某些事情而成为仇敌,相互之间并不交往,但是,他们之间

---

① [美]罗德里克·M. 克雷默,汤姆·R. 泰勒编:《组织中的信任》,40页,北京:中国城市出版社,2003。

却是熟悉的,属于熟人。在工业社会,商人们因商务活动而频繁地交往,但他们之间可能是陌生的,属于陌生人。可见,哈贝马斯等现代思想家以为人们之间的交往可以改变社会,其实是不切实际的,因为我们的社会变得越来越开放,在开放的条件下,仅仅是交往,无助于把陌生人社会改造成熟人社会。所以,开放是一个不可逆转的现实,陌生人社会也是一个不可改变的现实。我们只有承认陌生人社会的不可逆转,才能自觉地去发现陌生人社会进一步发展的方向,才会根据陌生人社会新的变动去思考制度设计和治理模式的建构问题。

这样一来,就会集中到两大基本问题上来:

其一,我们用合作治理来代替以政府为中心的控制导向的治理,也就意味着,现有的一切从属于控制要求的规范体系不再适用。因为,在以政府为中心的控制导向中,政府控制可以沿着线性结构自上而下地对治理过程加以控制,即使是在广泛参与的条件下,参与活动及其过程也需要受到政府的有效控制,而社会治理主体的多元化则意味着控制导向的失灵,治理主体之间的平等合作而非"单边控制"就凸显了出来。这就需要根据社会的网络结构特征而在治理主体之间建立起一种相互信任的关系,通过信任而实现合作互动。

其二,社会治理活动是理性的,合作治理则是实践理性发展到很高水平时而出现的一种社会治理模式,农业社会的以及现代社会日常生活领域中的习俗型信任具有明显的感性特征,它是不能够满足合作治理的要求的。同样,近代社会出现的契约型信任虽然是理性的,但它又具有明显的工具理性色彩,是一种形式化的信任,在实质上恰恰是由于陌生人之间的不信任而作出的无奈选择,因而,也不能够满足合作治理的要求。这就决定了合作治理必须建立在一种全新的信任关系的基础上。这种信任关系首先是理性的,其次是实质性的信任,我们把这种信任称作合作型的信任。只有当合作治理的主体之间建立起了这种合作型的信任关系,才会建立起理想的合作治理模式。

可见,对于合作治理来说,治理主体间的信任关系是一个基本前提,如果不能在治理主体间建立起信任关系,社会治理的过程就会依然在控制导向的路径中延伸下去,只有当合作治理的主体间拥有了信任关系的时候,才同时拥有了合作治理。同时,合作治理中的信任关系又是不属于以往社会中的任何一种信任类型的,而是一种全新的合作型的信任。这种合作型的信任又是在合作治理的过程中建立起来的。所以,合作治理的实践既是自身的不断完善过程,也是合作型信任的确立过程。这就是人类社会治理的未来走向,是在 20 世纪与 21 世纪交替的过程中开始启动的社会治理进步的历史进程。

第二节 "协作"与"合作"之辨异

一、对协作与合作的历史性理解

对于人类的社会治理而言,协作与合作意味着两种不同的社会治理模式。近代以来的工业社会在本质上是建立在人们之间的竞争关系的基础上的,为了保证这种竞争关系不至于产生社会离析的结果,就需要一种相对应的整合因素存在。事实上,人们之间的协作关系恰恰成了竞争关系的矫正因素。正如涂尔干所深刻地揭示的那样,整个近代以来的工业社会都是一个分工—协作的体系。对于这个社会的治理,也具有同样的分工—协作的特征,在 20 世纪发展得比较成熟的官僚制就典型地体现了分工—协作的特征。然而,随着后工业化进程的启动,分工—协作的社会体系开始受到了新近出现的"复杂性"和"不确定性"的冲击,同样,表现出分工—协作特征的政府也越来越不适应社会治理的需要了,特别是当社会自治力量迅速成长的时候,多元社会治理力量在社会治理过程中的作用也往往是无法纳入到分工—协作体系中来的。这样一来,就需要有一种新型的社会整合模式出现。这种新型的社会整合模式将是一个合作的模式,它是不同于近代工业社会分工—协作模式的。

从现实的历史进程看,冷战之后,世界进入一个"多极化"的发展时期,在这样一个历史条件下,处理国际关系中的各种各样的问题,需要有一种新的思维。而且,正是在冷战结束的时候,人类进入一个"全球化"的时代,在全球化的条件下,也向处理国际关系的新思维提出了迫切要求。近些年来,我们看到各国在处理国际关系的时候,都突出强调"合作的理念",这是人们寻求新思维的一个重要迹象。就中国而言,我们根据改革开放以来的经验和教训,提出了构建社会主义和谐社会的目标,在走向这一目标的过程中,无疑也需要确立一种新思维。其中,以合作的理念和精神来处理各种各样的事务,显然是构建和谐社会的基本途径。然而,在合作理念开始日益张扬的时代,能否确立正确的合作观,则是一个基础性的理论课题。从现实表现来看,人们往往没有把"合作"与"协作"加以区别,在很多情况下,是在协作的意义上来谈论合作的。这对于我们认识合作、开展合作和构建合作体系而言,可能会有着错误的导向。所以,在协作与合作之间作出一些理论梳理和辨析工作,是非常必要的。

合作和协作都是我们日常用语中的概念,这两个概念各自是什么涵义? 有无差异? 在社会治理过程以及管理活动中又如何界定二者的范围? 这是我们研究合作理念首先要解决的问题。从字面上看,合作是"二人或多人共同完成某一任务"[1],"互相配合做某事或共同完成某项任务"[2]。而协作则是"若干人或若干单位互相配合来完成任务"[3]。从这个解释中,可能看不到它们之间的差别。同样,英文中带有"合作"、"协作"含义的词,如 collaboration,cooperation 等,都强调其"联合、伴同"之意(都有共同的前缀"co-")。所以,在阅读一些西方管理文献时,对其中所涉及的"合作"、"协作"的概念,我们也往往不再作中文意义上的区分了。在这里,我们之所以要区分协作与合作这两个概念,是因为历史的发展到了要求我们对它们作出区分的时候。也就是说,客观的历史进程要求我们去思考建构什么样的人际关系以及行为模式的问题,从而突出

---

[1]《新华汉语词典》,396 页,北京:商务印书馆国际有限公司,2004。
[2]《现代汉语词典》,509 页,北京:商务印书馆,2002。
[3]《现代汉语词典》,1392 页,北京:商务印书馆,2002。

了协作与合作的差异性思考。

总的说来,在近代以来这一工业社会中出现的各种理论,都没有在协作与合作之间作出区分。这是由于它们关注对象的生产性特征所决定的。因为,在生产过程中,共同活动中的有效协调往往被译解为合作。但是,随着工业社会的生产性特征的消退,人类活动的服务性特征日益增色,这时,把生产过程中的协作关系用来理解人们服务活动中的关系时,就显得很不适应,如果还不在协作与合作之间作出区分的话,也就会使理论显得丧失解释功能了。可以想象,拥有后工业社会服务特征的共同活动中的协调,是与生产性共同活动中的协调有着根本性质的不同的。因为,生产性共同活动中的协调在很大程度上是由生产的工艺流程、专业性分工体系的再组织等等因素决定的,也就是说,有着外在的客观性制约。服务性共同活动则不同,这些客观性的制约因素都瓦解了,组织的存在根据发生了根本性的变化,因而,客观的协作要求,在很大程度上,丧失了规范组织结构和行为的能力。这样一来,人们之间的合作关系必然是根源于人自身的要求,至于规范合作关系和行为的制度安排,也无非是这种来自于人的主观要求的客观化,是通过合理的和合乎人的内在要求的物化方式来规划人的合作关系和引导人的合作行为的制度框架。

不过,我们看到,近代以来的经济学家们往往强调理性"经济人"在利益追求中可以通过理性的计算而选择合作的路径,即通过签订契约和遵守契约而实现合作。这实际上是对合作的误解,是把社会协作误读成了合作。其实,协作是不同于合作的,当理性经济人仅仅在遵守契约的前提下开展互补性的活动时,那仅仅是协作,这种协作时刻都处于相互防范悔约的心理和行为之中。但是,如果在签约者之间通过契约而建立起了信任关系,他们之间的协作就另当别论了。也就是说,他们之间的协作可以实现升华,即升华到合作的层面上,这个时候,他们作为"经济人"的一面已经消退,而是他们的非经济人的一面在发挥作用。的确,在人们的社会交往中,我们可以经常看到契约与承诺两种因素都可以成为联系人们的中介,但是,契约与承诺在发挥中介作用的时候,是不同的。契约导向人们的协作,而承诺则会带来合作。也就是说,契约与承诺的不同,会反映在人们的互动行为模式上。一种承诺如果相信能够得到履行,那么在承诺者与相对人之间就会出现真诚的合作。而契约则不同,即使人们之间以契约的形式联系了起来,但契约双方并不能生成真诚的合作,虽然他们之间也出现了行为互动的情景,但这种互动在根本性质上属于协作性的。除非订约者双方把契约同时理解成承诺,否则,他们在协作互动的过程中,总会警惕地注视着对方。

在近代社会,我们看到的是:"国家通过权力认可的法律手段使事物被做好。但法律和制裁作为组织集体行动的手段是有限的。……即使是一套最明晰的法律或管理规则,要组织一次集体行动也几乎总是能力不足的。"[①]所以,对于法律以及法制的任何神圣化,都是没有根据的。无论法律在解决日常社会生活中的琐屑事务方面表现出多大的优势,但在处理国家重大事务方面,在动员广大的社会力量方面,总是无能为力的。法律可以把社会成员捆绑在一起而成为群体,但法律却无法使他们获得群体生活的总体性,法律所赋予给他们的群体性反而只是与他们个人相异化了的东西。其实,不仅法律,其他类似的规则也是这样。比如,一个组织规章制度明确,只能保证组织成员在组织的分工体系中协作,至于那种出于自愿的合作,它是根本不可能创制出来的。

然而,"那些具有坚定的积极价值(包括信任他人)和使人们彼此联结在一起的关系的社区将具有更有效的普遍互惠和合作规范。信任作为一种道德资源使我们的目光越出自己的同类人。"[②]有了信任,人们就有了积极与他人合作的心理动机。这一点是一切研究信任的人都能够看到的简单事实,无论何种类型的信任,在促进合作方面,都具有积极意义。由于信任是可以被区分为不同类型的,而合作也有着一个从互助到

---

① [美]马克・E. 沃伦编:《民主与信任》,14 页,北京:华夏出版社,2004。
② [美]艾里克・M. 乌斯拉纳:"民主与社会资本",载[美]马克・E. 沃伦编:《民主与信任》,113 页,北京:华夏出版社,2004。

协作再到高级形态的合作这样一个历史进化的过程。所以,在作出"信任促进合作"的判断之后,还应看到不同类型的信任与不同类型的合作之间的对应性。如果不是这样,而是抽象地对待信任与合作的关系,我们关于"信任促进合作"的认识就无法转化为积极的行动方案。当然,这是一个进一步的理论探索活动,是在合作体系建构中所应进行系统化研究的工作内容。

二、对协作与合作前提的实质性梳理

学者们往往把近代以来的社会称作为"原子主义"的社会,这是对个人主义的学理化表述。所谓"原子主义",所指称的其实就是个人主义。原子主义即个人主义眼中的"合作",实际上就是"协作",或者说,个人主义者要么是分不清合作与协作之间的差异;要么是有意识地把协作夸大为合作了。其实,合作与协作的根本区别就在于:合作是一种社会生活形态,而协作则从属于利益追求的目的。合作在结果上必然导致合作各方的互惠互利以及社会整体利益的增益,但是,合作却不将此作为目标。协作虽然在结果上并不必然能够确保协作各方获益,但开展协作的人,一般说来,应大致计算一下"合作"是否有利,能否获益。所以,个人主义者或者在个人主义文化的语境下所讲的"合作",在真实形态上只是协作。当历史走出个人主义文化的语境,从而在总体性的视角中来认识社会和重新审视历史的时候,合作与协作的语义区别就是一个不能忽视的问题了。

因为,个人主义者往往以自我为中心而在社会中进行排除,然后,再在社会活动中不断地扩展选择和排除的范围,形成线性的选择或排除结构。比如,在具体的交往活动中,分出协作者和竞争对手;在更大的范围内,则区分出友邦和敌国等。个人主义眼中的共生世界,是一个竞争性共生的世界,人们是在竞争的平面上共在的,在很大程度上,正是因为有竞争,才催生了协作和彰显了协作的意义。如果说人们的互助是为了应付自然界的威胁,那么,人们的协作无非是抵御竞争的压力。如果人们在竞争的世界中选择互助，不仅是无力的，而且势必要使真诚渴望互助的人受到伤害。在竞争关系的形成并普遍化的历史条件下，竞争行为趋向理性化，面对竞争压力，也只有同样理性化的协作能够发挥作用，至于感性的互助，一旦遇到竞争行为，必然会受到竞争者理性谋划的"算计"而中箭落马。

在原子主义或个人主义的世界中，人们必须依据契约来建立他们之间的联系，正是这种契约关系决定了他们只能开展协作而不是进行合作，决定了他们在协作与合作这两种性质不同的行为模式中选择了前者。大致说来，协作与合作之间的区别，表现为以下几个方面：

第一，协作的目的是明确的而且单一性的。"签约的要旨是在采取任何行动之前，参加者的义务已经经过协商、详细说明、得到同意。期望参加者做什么，参加者可能被号召去做什么，他们不做什么可能受到谴责——这些都预先得到了清楚的说明和限定。"① 而合作则无需这种具体的事先说明和双方同意，或者说合作所需要的说明和双方同意已经包含在合作行为发生之前的合作关系之中了，合作者在不需要事先协商的情况下而开展合作，如果需要协商的话也是在合作过程中出于优化合作关系和确立更佳的合作路径的协商。合作者做什么和不做什么，不是因为对他人谴责的恐惧，而是出于自我对合作价值的认识和理解。至于合作在一次性的结果上是否具有明确的合目的性，并不重要，只要合作的方向是正确的，即使一次性的结果并不具有充分的合目的性，这种合作也会继续进行下去。因而，合作是过程导向的社会性行动，是有着明确方向的连续性过程，它必然会达成某种一连串的结果，却不同于协作的具体性结果导向。

第二，协作的过程是一个"交换"过程。"它要求参加者双方——既不少也不多——履行他们各自的'签约义务'。双方注意力被集于手边的任务——交付一定的商品，完成一定的工作，把一定的服务换成一定数

---

① ［英］齐格蒙特·鲍曼：《后现代伦理学》，67页，南京：江苏人民出版社，2003。

额的金钱——而不是彼此的。他们相互的兴趣既不需要、也不被鼓励超过完成签约认可的任务。"①或者说,在协作的过程中,各自以自己所拥有和所能提供的因素去与他人的可以补足自己不足的那些因素进行交换,不管这种交换在实际上是否等值,却是可计算的,是在计价中被确定的,以至于在收获协作的成果时根据计价来分配,从而完成了交换过程。合作的过程则不是这样一种交换过程,合作者的合作并不根据对自己和相对人的责任、义务进行计算而选择自己的行为,合作者更多地根据自己对地位平等的知觉而选择与相对人开展合作的行为,他在合作中考虑的是合作行动的总体收益而不是自己通过合作过程所达到的收益状况,他不把自己所拥有的和所能提供的那些因素作为交换的筹码,而是作为促进合作的资源,这种资源在合作过程中发挥的作用越大,他就越能够感受到自己在合作行动中的价值,并在这种价值得到证实中体验到作为合作社会成员的意义。

第三,协作使人失去个体性而成为形式化的符号。在协作行动中,"对于他们关心或者应该关心的一切来说,各自都只不过是交付的服务和商品的代理人或者运载者,或者操作者。他们都不是'个人的'。参加者不是个人,不是个体。如果需要,他们的义务也可以被其他人履行;如果正好是我履行了义务,仅仅是因为我签订了协议。我只不过是由协议的段节拼凑起来的合法模型。"②也就是说,个人在这里被作为形式化的存在而对待,是抽象的协作者而不是完整的人。虽然协作的一方会强烈地申辩自己是一个独立的个体,有着作为社会成员的个人的个体性,但他不会考虑相对方的个体性,他与相对方进行协作,是因为相对方拥有能够满足他的协作期望的条件。其实,任何一个拥有这些条件的人,都会成为与他协作的相对人,而相对人作为人,只是作为拥有这些条件的符号而对他以及他们的协作有意义。所以,协作无非是各种各样可以满

---

① [英]齐格蒙特·鲍曼:《后现代伦理学》,67 页,南京:江苏人民出版社,2003。
② [英]齐格蒙特·鲍曼:《后现代伦理学》,67~68 页,南京:江苏人民出版社,2003。

足协作需求"条件"的共同行动。合作则是人与人之间的共同行动,合作的相对方的任何一方都首先是作为独立的具有个体性的人而存在的,在合作行动之前或合作过程中,他们各自拥有的那些有利于合作的条件,是作为一种次要因素而被考虑到的。

第四,协作是服务于自私的需要。"以其非个人的、签约的身份,参加者不必、通常也不对各自的幸福感兴趣;没有人被号召去关心签约中参加者的利益。参加合同是为了保证或者提高各自的福利。参加合同有一个明确目的,这个目的很坦率地讲是自私的。"①人们之所以愿意与他人开展协作,是出于个人的利益追求,是否开展协作以及以什么样的方式开展协作,都取决于个人利益的谋算,是出于自利的甚至自私的目的。与协作相比,合作也会在结果上获得个人福利提高的效应,但是,对于合作的过程来说,则不是出于自利甚至自私的谋算。合作的过程来自于社会网络结构的客观要求,是合作关系在个人行为中的实现过程。因而,合作超越了"为我"还是"为他"的思维模式,使"自利"或"利他"的思维习惯都不再获致合理的理解。合作是人的"共在"形态和具有必然性的社会行动,只有放置在后工业社会的合作关系中,才能得到合理的解释。

第五,协作关系从属于法律的规定,接受法律的调控而不受道德的制约。"将签约所详细规定的内容与道德行为分离开来的是一个重要的事实,即对每一方来说,'履行义务的义务'依赖于另一方的义务。只有并且直到签约方同样遵守签约时,我才被迫遵守签约。我首先观察、详细检查和评价的是我的签约人的行为,而不是我自己的行为。我的签约人必须值得或者赢得我对义务的履行;至少他不能做'不值得的'任何事。'他没有尽自己的职责'是我所需要的免除自己义务的惟一理由。……解除我的责任是我的签约人的权利。"②事实上,在签约的背后,是明确的

---

① [英]齐格蒙特·鲍曼:《后现代伦理学》,68 页,南京:江苏人民出版社,2003。
② [英]齐格蒙特·鲍曼:《后现代伦理学》,68 页,南京:江苏人民出版社,2003。

法律责任和义务,法律对所有的责任和义务都作出了明确的规定,并为这种责任和义务的履行提供保证,我与我的签约人都在法律所提供的空间中进行协作,同时法律又赋予了双方终止履行责任和义务的权利,至于协作的继续与终止能否在道德判断中得到肯定的评价,是不在考虑的内容中的。合作就完全不同了,因为合作首先需要满足道德的审查和判断,只是在道德判断中存在争议的时候,才会求诸于法律。在很大程度上,合作关系只不过是伦理关系的另一种表现方式和另一种表述,合作者的行为是发生在德制的制度框架下的,合作的过程更多地表现出道德的特征。所以,法律的规定对人们之间的合作而言,仅仅发挥着辅助的功能。

第六,协作无论在表现形式上会拥有多大的自由和自主性,其实,在根本性质上是被动的和"他治的"。在协作关系中,"我的义务是他治的,因此,经由委托人,我的签约行为,最后是我这个履行人对签约的虚构合同负责。……在签约关系上,我的义务受到了严格限制,被包括在了一组可以强迫执行的行为中。'这是我的义务'只是意味着'如果我没有履行义务,我就会受到惩罚'。义务的观念在这里有一种外在的含义,而不是一种内在的含义。没有附带的制裁就没有义务。此时,善行经常紧跟着对惩罚的恐惧,我最终所做的行为经常是衡量履行义务的不适与玩忽职守受到惩罚的麻烦之后做出的。这种情况更恶化了签约行为的他治特征。"①事实上,无论是成文的或不成文的契约,一切可以称得上合同条款的东西,都渗透着约束和限制,协作关系本身就是奠立在约束和限制的基础上的,作为契约关系保障的法律规定也以预设惩罚和制裁来为协作关系和行为提供支持的。所以,在协作的过程中,必然会表现出"他治"的特征。合作恰恰相反,它是真正"自治"的,合作关系中包含着自主性的内涵,合作行为是自主性的体现,而整个合作过程都无非是自主性

---

① [英]齐格蒙特·鲍曼:《后现代伦理学》,68 页,南京:江苏人民出版社,2003。

的实现。这种自主性是不被管理的、非标准化的,是行为主体特殊自我的自治。

三、对协作与合作图式的差异比较

就协作而言,从属于分析的视角,因为,任何协作行动中所包含的"关系"与"实质"、"过程"与"结果",都必须单独作出考察。协作关系是形式而不是实质,协作各方虽然有着共同目标,但在利益的问题上,是各有盘算的,他们原先可能是"你死我活"的竞争对手,而且也可能在一次性的协作之后复归于竞争对手。同样,协作仅仅是过程,是为了达到某一目标的过程,协作各方都不可能为了协作的愿望而开展协作。如果说协作有着共同目的的话,那么这个共同目的是在协作之外的,是外在于协作和经由协作所要达到的目的。然而,对合作的理解则应拥有完全不同的视角,合作是"关系"与"实质"、"过程"与"结果"的统一。所以,合作关系是实质性的关系,合作过程也恰恰是出于合作的目的,合作自身就是结果,至于合作行动还产生了其他的附产品,也是为了促进合作和服务于健康的合作生活的。

协作需要一系列限定条件,其一,协作必须具有相对封闭性。协作者的范围、协作的内容、协作的程序以及协作应遵循的规范和规则等,都只有是明确的才有利于协作的顺利开展。其二,协作具有排除性。协作在对协作者的选择问题上往往是经过充分考虑的,其中,协作者是否具有协作共事的能力,有无遵守契约以及其他协作规则的诚信记录等等,都需要在协作的实质性进展开始之前就已经被考虑过,即通过这种考虑对协作者进行选择和排除。其三,协作的目标不限于协作,或者说,协作的目标是对协作的扬弃。比如,协作可以把某种利益的获取作为协作的目标,也可以把在更大范围内的竞争力的增强作为协作的目标。总之,协作的目的不是为了协作,为了协作而协作是没有意义的,或者说,天下没有为了协作而协作的傻瓜。

合作则具有充分的开放性,它不需要任何设定的限制条件,也不需要对任何事、任何人进行排除。而且，合作本身就是一种社会生活，是人之为人的标志。所以，合作就是目的，人的其他活动都是合作的前提，是为了合作关系的形成和健全所作的历史性准备。而且，从人类历史趋向合作的进程看，从农业社会的互助到工业社会的协作，都是后工业社会成熟的合作形态的胚芽发育过程。所以，也可以依次把互助看作合作的初级形态和把协作看作为合作的低级形态。或者说，互助是合作的感性形态；协作是合作的工具理性形态。正是经由了这个从感性的存在到工具理性的存在，才走向成熟的价值理性的物化形态。就此而言，合作作为理性的实现即价值理性在现实生活中的展开，是对互助这一感性存在、协作这一工具理性存在的扬弃和超越。

协作不同于合作。但是，长期以来，合作一词的使用是非常宽泛的，有着广泛而不确定的内涵。因而，把协作作为合作也是可以接受的。但是，如上所说，协作仅仅是合作的一种特定形式，属于工具性合作的范畴。尽管在协作的实践中，有可能包含着实质性合作的内容，但就对协作的理论理解而言，它并不是合作。也就是说，在人们共在共生的社会中，在人们交往关系以及交往活动赖以展开的框架下，协作是工具性行为，是从属于某一目标而对分工的矫正，是联结分工的机制，在现实的社会治理和管理体系或过程中，分工与协作构成了实现目标的工具性总体，分工与协作的方案都是在工具理性的指引下而作出的设计。合作不同，合作自身就是目的，即使合作包含着工具性的内容，也是从属于目的理性的。如果说合作体系中也包含着分工与协作的话，那么合作行为所显性出的工具性特征实际上是从属于目的理性的。在这里，工具理性与目的理性的统一，或者说合作的工具性特征与目的性特征的统一，是目的对工具、目的理性对工具理性的统摄。反过来看，人的共在如果是"机械的共在"，人们之间的共同活动就仅仅是一种协作活动，在社会的巨系统中，则是通过竞争和交换而构成的社会协作。所以，机械的共在还不是社会合作的基础。人们之间的合作不仅需要以人的共在为前提，而且这种共在应当是有机的共在。

人与人之间的不平等，群体中的等级化等，都是在根本上排斥合作的。在存在着等级差别和不平等的地方，至多只会产生协作，这种协作不仅不是合作，而且是对合作的讽刺。因为它用合作的"假面"来掩饰协作主体的不情愿和消极被动行为。合作则是一种对称性的和相互依赖的关系，这一点也是与协作的根本性区别。协作可能是在一方主导下的行为应答，也可能是在某一支配力量的驱使下采取的共同行动。无论是一方主导下的应答性行为还是外力主使下的共同行动，都不是对称性关系，所以，不是合作。易言之，如果在共同行动中一方依赖于另一方和听命于另一方，就不能视作为合作关系。总之，合作是非操纵性的，自愿的和主动的。任何形式的操纵，都不能带来真正的合作，或者说，一切受操纵的共同行动都不属于合作，至多只能称得上是协作。合作是与合作者的自主性一致的，或者说，合作加强了合作者的自主性，而合作者的自主性又是合作赖以生成的前提。从这一点，也可以看出合作与协作是不同的。协作不仅不以协作者的自主性为前提，反而恰恰要求协作者为了在协作中的利益更大化而放弃某些自主性。

在一切利益谋划中，人们都不会真诚地维护信任关系。因为，此时，信任关系只是利益实现的工具，如果能够有利于利益实现，就会拼命地加以利用，表现出把信任作为资源而进行破坏性开采的状况。一旦不能对利益实现有所助益时，则毫不犹豫地加以弃置。所以，在自私的人这里及其利己行为之中，是不存在信任因素的，因而，他也不会成为合作行为的主体。当他选择了与他人共同行动的行为时，其实仅仅是在与他人协作，而且，是出于利用这种协作来实现自我利益的目的。在现实的"强强联合"或"优势互补"协作模式中，虽然所确立起来的协作关系中包含着理性的谋划和计算，但在协作过程中还是存在着各种各样风险的，关于协作的契约和规则，虽然有效地把风险降低到极小的程度，依然没有消灭因协作而起的诉讼。对于合作来说，则无所谓风险的问题，因为，作为一种生活形态的合作，由于没有出于个人的利益预期，所以没有利益实现方面的风险。

竞争是与感性的合作不相容的,但是,竞争并不会与一切形式的合作都成为相互排斥的磁极,相反,竞争恰恰需要得到信任及其理性合作的支持。协作能够增强竞争者的竞争力,但是,那仅仅是对于一个独立的竞争实体而言的,对于竞争体系来说,协作没有优化竞争的功能,也不能使竞争环境更适于各种各样的社会、政治以及经济活动。虽然在现实的社会特别是经济运行中,人们更多地谋求协作对竞争的支持,如果协作能被提升到理性合作的水平的话,那么竞争也就会实现高度优化,而且在优化自身的同时优化一切社会行为和机制。比如,对于人们之间的协作来说,作出承诺可以成为协作的前提。因为,有了某种承诺,人们可以在这个承诺的诱使下开展互助性的以及协作性的共同行动。如果在协作性的共同行动告一段落时,承诺得到了履行,就有可能确立起信任关系,这样,在一下阶段的共同行动中,互助就会跨越协作而升级为合作,而协作也会升级和转化为合作,协作关系和行为就可以得到提升,即提升到合作的水平上。

当然,信任并不必然导致合作,可是,如果没有信任的话,肯定就没有合作。如果没有信任,在约束或利益操纵中所实现的共同行动只能造就协作行动,而不会产生合作机制。合作精神是与人类共生的,在人类历史的任何时期,都不乏合作精神,作为合作精神外在显现的合作行为也处处可见。但是,这种合作精神仅仅停留在人们的合作行为中,仅仅借助于合作行为来表现自己,在社会制度以及社会运行和整合机制方面,合作精神没有找到借以表现的途径。特别是在近代以来的工业社会中,当合作贬值为协作的时候,一种工于计算的相互利用则用工具理性置换了合作精神。不过,如果把合作看作为一个历史范畴的话,我们是可以把工业社会的协作也称作为合作的,只不过它是一种基于理性的算计的合作,以契约型信任为前提和支持因素的。

协作的可操纵性取决于协作发生框架的强制同一性,协作框架的同一性程度越高,对协作过程的操纵和控制也就越有效,反之,开展协作各方的个人谋算就会破坏协作进程的延续。合作不同,它不在强化合作体系的同一性方面去做任何工作,它所注重的是合作精神内在于合作者的整合力量,至于合作体系是否具有同一性的强制力,不仅不予鼓励,反而需要受到有意识的忽视。我们把合作看作为一种比协作更高级形态的"差异互补",正是这种实质性的"差异互补",决定了合作主体间的同一性程度反而会造成合作效益递减的结果。对于合作来说,同一性程度越高,合作效益越低,合作体系上的同一性会削弱合作者的合作意愿,而合作者相互间的同一性,则使合作的价值大打折扣。但是,我们也需要看到,虽然合作不是建立在同一性基础上的,但合作者的一致性则是必要的。当然,这种一致性并不是无分歧的一致性,而是基本理念即合作理念的一致性。或者说,在合作者的合作愿望上是一致的,而在具体的合作过程中,分歧则是必要的。这样才会体现出语言交流和沟通的价值。

总之,在历史的视野中,互助是合作的自然形态,协作是合作的工具理性形态,都是走向合作的历史准备。从协作可以向合作转化这一点来看,合作关系的确立也是可以作出理性安排的。只要我们创造出有利于合作的条件,就会产生合作和促进合作。当前,我们正处在一个从工业社会向后工业社会历史性转型的过程中,认清工业社会分工—协作体系的性质是为了寻求后工业社会合作体系建构的方案。从社会治理的角度看,我们提出了服务型政府建设的目标,在走向这一目标的过程中,显然是不能够简单地复制官僚制的分工—协作模式的,而是要根据人类走向合作社会的历史趋势去把握社会治理模式的建构方向。正确的做法就是去积极地建构以服务型政府建设为切入点的合作治理模式。就非政府组织在现实的社会治理过程中大量涌现的事实而言,原先那种通过政府自身完善分工—协作机制的行政改革路径,已经显得不适用了。社会治理主体的多元化要求在它们之间确立起一种合作关系,建立起一种合作的运行机制,进而,塑造出完整的合作治理模式。这就是在协作与合作之间作出理论区分的目的所在。

第三节　行政人员的道德自主性

一、研究行政人员自主性的意义

合作治理是与治理者的自主性联系在一起的，或者说，合作治理需要得到治理者的自主性的支持，没有治理者的行为自主性，合作治理就会成为一种关于社会治理的空想。

考察近代以来的社会，从思想史的角度看，大致可以分为两个阶段：在近代早期，思想家们在所有的领域，都试图去发现那些具有必然性的社会发展因素，以求根据所认识的必然性去设计社会发展的进程。这是一个寻求"法则"的时代，表现出"法的精神"的张扬。大致从19世纪中期开始，近代思想史进入了一个新的阶段，关于人的主体性、价值等问题开始引起思想家们的关注。特别是在20世纪，康德哲学之所以能够经常性地引起思想家们的共鸣，在很大程度上，是因为他在那个寻求法则的时代就对主体性等问题作出过较为深入的思考。从寻求法则到关注主体性，也可以看作是思想家们从思考法律体系的确立到思考道德价值如何实现的转变。同时，在人的行为的层面上看，也是思想家们从要求确立控制人的行为的社会体系到努力发现张扬人的主体性和自主性等因素的社会机制。

然而，近代以来的社会实践史却没有发生过这种转变，特别是社会治理的实践，一直忠实地捍卫着18世纪所确立起来的"法的精神"。就官僚制以组织的形式把"法的精神""结构化"来看，实现了对人的行为的全面控制，使人完全丧失了主体性和自主性。这就是为什么人们越来越感到理论研究，特别是哲学思考，远离现实的原因。因为，思想史和实践史都走上了独立发展的道路，那些关注实践的学术作品往往被看作是庸俗的技术理性的复制品，而那些自命高雅的哲学思考却与现实无涉。在这种情况下，当思想家们重新去关注现实的时候，就陷入了无法自拔的批判性理论活动中去了,甚至试图对一切都进行"解构",至于"解构"了之后怎么办,则不予考虑。

近些年来,行政伦理研究把行政人员的自主性作为一个重要议题提了出来,积极地探索行政人员自主性获得的途径及其可能性,特别是行政伦理学把行政人员的道德自主性作为矫正法律和组织体制控制的行动方案提出来时,是直接指向实践的。也就是说,行政伦理研究不同于19世纪中期以来思想史的那种远离实践的或批判实践的做法,它是直接根据社会治理及其公共行政实践的需求而进行理论探索的。行政伦理研究发现,以往的公共行政实践是把行政人员的行为置于法律控制和组织体制控制之下的,没有考虑过行政人员在行政管理过程中的自主性的问题,更不用说为行政人员的自主性行为选择提供空间的问题了。即使在行政过程中保留了"自由裁量权",也是一种出于无奈的、被动的设置,而且还要时时对这种"自由裁量权"加以审查,以防止任何不当行使"自由裁量权"的做法。正是针对这些情况,行政伦理研究要求用行政人员的道德自主性来矫正行政体系运行中的控制导向、机械性、被动性等问题,去防止公共行政对社会要求的"回应性"不足、官僚主义等等问题。

从启蒙思想家的思路来看,根据契约的原则,公民把一部分权利转让出去并集中起来,形成了公共权力,公共权力又是由公共部门来执掌的。当公共部门执掌公共权力的时候,并不是权力的主人,而是在"人民主权"的理念下来执掌权力。所以,这些权力是不能够根据执掌者的意志来行使的。为了保证权力不被滥用,就需要有一个权力制衡的机制。因而,出现了"三权分立"和"相互制衡"的制度方案。在这一制度设置中,"行政权"受到"立法权"和"司法权"的制约。但是,这是来自于行政体系外部的制约,而不是根源于行政体系自身的制约。着眼点是权力,即用权力来制约权力,以求权力不被执掌者所滥用。在寻求行政体系自身的制约时,马克斯·韦伯提供了一个非常成功的方案,这就是我们常常提起的官僚制。官僚制的着眼点是行为,它通过行政体系的层级节制确立起了一个"结构化"的组织体系和运行机制,使行政人员的行为能够在命令与服从的关系中得到有效的控制。这就是近代以来公共行政体系建构的逻辑,是一个在控制导向上从体系外控制走向体系内控制的逻辑演进过程,其结果是用公共行政体系的科学化、技术化完全取代了行政人员的行为自主性。

在官僚制的组织体系中,行政人员完全成了行政执行的工具,是工具理性得以充分实现的最后一道关口。正是在这个意义上,我们说官僚制组织是一个"非人格化"的体系,行政人员也无非是官僚制组织体系这架机器中的部件,他作为人而应有的道德意志和价值理念在这里都成了需要加以祛除的"巫魅"。其实,人只有拥有道德意志才会拥有行为的自主性,失去了道德意志,在社会生活中就只能根据外在的准则和在"结构化"的体系支配下去开展活动,因而也就失去了自主性。行政人员在控制导向的逻辑建构和物化体系中成了完全失去自主性的行政执行工具,这就是近代以来公共行政发展的现实。

在整个20世纪,官僚制显示了它非常成功的一面,正是由于行政人员丧失了自主性,才使它以一个整体的形式出现,才成为一个良好的分工—协作体系,从而在回应社会要求、领导社会发展的过程中,展示了自身的效率功能。但是,正如我们所指出的,就人类社会的历史而言,工业社会所代表的是一个"低复杂度"的社会历史阶段,在这个历史阶段中,官僚制组织的同一性和整体性是能够在较大的程度上满足社会治理的要求的。但是,到了20世纪后期,人类社会开始了后工业化的进程,社会的复杂性迅速增长,预示着人类社会开始进入一个"高复杂度"的历史阶段,因而,官僚制组织体系的同一性和整体性就更多地以"机械性"的特征出现,并受到来自各个方面的批评。在这种情况下,惟有把行政人员的自主性作为一个突破口,才能赋予公共行政体系以灵活应对"高复杂度"社会中各种各样问题的能力。所以,行政伦理研究是把行政人员的自主性作为社会治理体系重建的一个突破口来认识的。然而,当行政伦理研究去这样做的时候,则意味着整个近代以来社会治理体系建构思路的完全改变,即终结了控制导向的建构逻辑,开始了通过张扬行政人员的自主性而服务于社会的进程。

二、行政人员自主性的获得

20世纪70年代以来,在美国发生了两起与公共行政相关的运动,先是一场学术运动,被称作为"新公共行政运动";然后是一场更具实践性的行政改革运动,被称作为"新公共管理运动"。这两场运动都在"摒弃官僚制"的名义下包含了寻求行政人员自主性的努力。

"新公共行政运动"对公共行政的实践影响是较小的,所以我们把它称作为一场"学术运动",它要求在行政过程中引入政治的和价值的因素,试图通过"民主行政"和公众参与的方式来增强行政管理活动的灵活性。而且,到了20世纪后期,随着"新公共管理运动"走向式微的过程,"新公共行政运动"的一些代表从物又重新活跃了起来,并表现出对行政伦理的重视。例如,弗雷德里克森强调在"宪法原则"的统领下去建构"公共精神";而登哈特则要求确立能够体现伦理机制的"新公共服务"模式。总的说来,"新公共行政运动"是可以被解读为探索如何提高行政人员在公共行政过程中的自主性的学术运动。

"新公共管理运动"在理论上是比较庞杂的,可以说没有统一的和明确的理论追求,而是更多地进行具体的行政改革方案设计。因而,较好地体现了美国"实用主义"的行为原则。虽然"新公共管理运动"没有自己独立的理论探索,但在实践中还是表现出了一些明显的特色。其中,最为主要的就是要求引进"企业家精神"来"重塑政府";通过行政管理重心的下移而造就大量具有灵活性的基层组织机构,而且这些机构具有更为明确的任务和目标;最为大胆的尝试是通过合同、谈判、协商等方式把公共服务外包给私人部门,把它们纳入到公共服务体系中来。在"新公共管理"的这些做法中,显然包含着赋予行政人员以自主性的内涵。

但是,也需要看到,这两场能够在一定程度上指向行政人员自主性的运动,都存在着不足之处。"新公共行政运动"基本上是一种较为空洞的理论探讨,很难转化为公共行政的实践,它关于"民主行政"的证明虽然是合乎近代以来政治民主化的精神的,能够在理论上达致自洽,但在行政人员如何才能获得自主性的问题上,是无法找到一条切实可行的路径的。"新公共管理运动"虽然在引进市场机制的过程中,赋予了行政人员按市场规律去开展活动的行为选择自主性,但是,由于公共领域与私人领域的本质区别,决定了它在公共服务的问题上走市场化的路线,必然会存在着使公共服务发生变异、变质的问题。所以,我们说,关于行政人员的自由和自主的问题,并不是在任何一种行政模式的设计中都是积极的,虽然"新公共管理"通过市场机制的引入也赋予了行政人员很大的自主权,却不是积极的,即使它在一段时间内有着积极的表现,但在理论的预测中,将会是消极性大于积极性的。我们所要谋求的是能够保证行政人员的自由、自主发挥积极作用的行政体系设置。这才是行政伦理研究的真正任务。

近代以来的行政,属于"管理行政"的范畴,行政人员的行为从属于管理的目标和具有管理的特征,无论是发生在行政体系内部还是在作用于社会的过程中,都是以管理的形式出现的。正是这种管理特征,决定了行政人员在开展活动的时候,所要遵从的是管理原则而不是道德规范。然而,人的自主性总是与道德实践联系在一起的,只有在道德实践中,才会反映出人的自主性。或者说,道德实践是以人的自主性为前提的,即使在人的自律的意义上来考察道德实践的问题,也同样要求人应有自律的自主性。康德所说的自由的自律正是人的自主性的表现。康德说:"道德法则无非表达了纯粹实践理性的自律,亦即自由的自律,而这种自律本身就是一切准则的形式条件,唯有在这个条件下,一切准则才能与最高实践法则符合一致。"[1]"道德法则是以他的作为意志之意志的自律为基础的,这个意志依照它的普遍法则必然能够同时与它应当委质于其

---

[1] [德]康德:《实践理性批判》,34~35页,北京:商务印书馆,1999。

下的东西相吻合。"①并且，这种自律意味着："每一个个人都将他个人的、指向他自己的意志限制于这样一个条件：与理性存在者的自律符合一致，即不该使他委质于任何意图。"②

可以看出，康德在对自律的阐述中，表现出了对人的自主性的高度要求，甚至不允许人的自律委质于同样是自己的某些不当的意图。虽然人们在现实的实践活动中不可能达到康德所说的这种纯粹的自主性，但是，一种相对于外在环境的相对自主性则是必须具有的。人若在他人的命令指挥下行善，那就不是自主的善，甚至可以说那不是善。其实，人的一切道德行为都是这样，只有是自主的，才是道德的。所以，要思考行政人员的行为自主性的问题，首先就要让行政人员的行为具有道德的性质，即使行政人员所从事的是管理活动，他的行为也应出于道德的目标和发源于他自己的道德意志。

当然，泛泛地谈论道德意志是没有意义的。就行政人员而言，他的自主性是来源于他对自己的岗位、职责和所执行任务的准确把握的，在实践中的具体要求就是，行政人员必须做到能够独立思考，对人云亦云的事不苟同，对模棱两可的事不含糊，不将思考的机会和能力推诿给他人。只要当行政人员沉着、清醒地在自己的本职岗位上根据公共利益的要求而作出判断和行为选择时，他实际上就已经获得了自主性。所以，行政人员在维护自己的自主性的时候，需要以独立的行政人格作保证，需要对自己的行为拥有适当的自我判断能力，不以他人的错误批评为据，也不受他人的谬赞所左右。这样做，就是自立、自信。能够自立、自信，也就能够自主。其实，就道德责任而言，如果一个人不能自主地选择或行动，那么，他就不应该对发生的事情负责。所以，如果我们要求行政人员承担道德责任的话，那么，其前提就是行政人员必须拥有相应的自主性，

---

① ［德］康德：《实践理性批判》，144 页，北京：商务印书馆，1999。
② ［德］康德：《实践理性批判》，95 页，北京：商务印书馆，1999。

能够根据他自己的自由意志行事。也就是说,他需要独立于外在的控制力量之外。这就是行政伦理研究的逻辑。

三、行政人员自主性的历史前提

行政伦理研究所探讨的行政人员的道德自主性,这并不是出于弥补官僚制"非人格化"的不足而作出的设置,在很大程度上,可以解读为对官僚制的否定。也就是说,在官僚制的基础上去谋求行政人员的道德自主性是不可能的,因为官僚制并没有预留下予行政人员以道德自主性的空间。只有当我们根据当前后工业化的历史趋势去探求一种能够适应后工业化过程中社会复杂性迅速增长的要求的灵活的和服务导向的行政体制时,才能把行政人员的自主性作为一项基本内容放置在公共行政体系的建构之中去。具体地说,行政伦理研究是有着对公共行政体系进行重建的理论目标的,它在思考如何赋予行政人员自主性的问题时,也要求摒弃官僚制,但是,它决不像后现代主义那样单纯把对官僚制的解构视为应当完成的任务,而是在摒弃官僚制的过程中,试图用一种新的组织制度或行政体制来取代官僚制,即用"合作制"取代了官僚制,而且,认为合作制的行政体系将是建立在行政人员的自主性的基础上的,是行政人员自主性得到充分实现的空间。

当然,在社会治理史上来看官僚制,应当肯定官僚制在非人格化方面的贡献。我们知道,在农业社会的治理体系中,官员是有身份的。虽然像中国农业社会那样所实行的"九品中正制"也赋予了官员们以官僚阶梯上的层级地位,但是,农业社会的身份制在他们身上以及行为和人格中必然是无法祛除的。贵族在官僚阶梯之外,却拥有大于官员的统治权力。在整个农业社会中,官员是很少有独立行使权力的空间的,他们在每一项权力的行使过程中,都需要学会充分考虑身份关系。马克斯·韦伯所概括出来的"理想官僚制"用形式合理性彻底"祛除"了官员的身份标识,这无疑是一个历史性的进步。但是,当官僚制取得了祛除身份标识的成就时,也就同时把官员的道德价值"祛除"掉了,使他们被官僚制的层级节制体系所格式化,并完全丧失了自主性。

官僚制作为行政人员的行为空间,是一件量身定做的"紧身衣",行政人员被这件"紧身衣"合身合体地束缚着。行政人员在行使权力的外向作用过程中,官僚制为他提供了一切行为都有规则可循的方便。但是,在这件"紧身衣"之内,他没有哪怕一丝一毫的自主空间。而且,行政人员所能够发挥的外向作用,也必须在这件"紧身衣"所确立的方向上进行。在本质上,还是不自主的。面对官僚制这个活动空间,行政人员是无能为力的,他没有资格怀疑,也没有理由批评,惟一能够做的,就是按照科学化、技术化的组织规范和形式合理性的程序去行动。所以,官僚制是受支配、受驱使行为的空间,无论在何种意义上,它都不是一个自主性的空间。

在一般性的社会层面上看,"生活空间所表示的乃是人们默知的传统的存储器,以及根植于语言和文化之中的,以及由个人在日常生活中提炼出来的背景性预设……因此,个人既不能跨出他们的生活空间,也不能从整体上对它提出质疑。"[1]然而,官僚制却是一个由"精英"设计出来的行政行为空间,它的目的就是为了行政行为的规范化和模式化,而行政人员的自主性与这个设计目标是不相容的,是不可能冲破这个空间的。所以,官僚制是不允许行政人员的自主性存在的。

不过,社会的进步向我们展示的是生活空间拓展的面相,从农业社会的熟人社会到工业社会的陌生人社会的转变,虽然把人的心灵压缩到了个人狭小的空间中去了,但在形式的方面,却是生活空间的扩大。官僚制与农业社会治理体系中的身份制相比,虽然它们在结构上都属于等级化的体系,但是,官僚制毕竟在放逐行政人员的心灵的过程中给予了他们心灵的自由,只要行政人员不把这种自由带到行政行为中来就行了。也就是说,作为一个社会的人,他是拥有自由和自主性的,但是,当他进

---

[1] [美]简·科恩,安德鲁·阿雷托:"社会理论与市民社会",载《国家与市民社会》,187页,北京:中央编译出版社,2002。

入行政过程中来的时候,这种自由和自主性就必须被封存起来。与官僚制条件下的行政人员相比,农业社会身份制条件下的官员,连他官场之外的自由也是没有的。从身份制到官僚制的这样一个历史进步给予行政伦理研究的启示在于:当人类历史开始了从工业社会向后工业社会转变的时候,一方面,人的生活空间在形式上继续扩大;另一方面,人们在心灵上失去了的生活空间也会表现出重新回归的趋势。在这种情况下,行政伦理设想把行政人员作为社会人的自由与自主与他作为行政人员的角色统一起来,应当是一个合乎历史潮流的合理构想。

最为关键的是,农业社会是一个封闭的社会,"在封闭社会条件底下的人,只能被迫地囿于社会压力的桎梏之中,只知消极服从,不能积极地感受和履行自己的职责。"①在农业社会的历史条件下,也许在它的领袖人物那里,会存在着某种责任意识。但是,那至多是一个群体中的一人或几人拥有责任意识,而不是全体成员的责任意识。在开放的社会中,情况就完全不同了,社会成员的每一个体也同时是一个相对独立的主体,在社会交往的过程中,他不得不向自己负责,而且在向自己负责的同时,也向自己所在的群体负责,并通过他所在的群体而向社会负责。这样一来,我们看到的社会就成了一个责任体系。当然,在现代社会中,特别是在一些组织中,我们也看到组织成员责任意识淡漠的情况。一般说来,这些组织都是开放性不足的组织,无论就组织内部还是组织对外部的开放来说,都明显不足。所以,才会窒息组织成员的责任意识。对于这些组织来说,提高组织成员责任意识的基本途径,就在于使组织成为一个开放性的组织。

所以,农业社会的治理体系表现出来的是"皇上"对江山社稷负责,而官员则仅仅自下而上地最终对"皇上"负责。工业社会由于社会化的大生产以及市场经济的发展而表现出了开放性的特征,但是,就这个社会来看,还是属于一个"低度开放"的社会,特别是官僚制,基本上属于单向

---

① 万俊人:《现代西方伦理学史》,上册,213页,北京:北京大学出版社,1990。

的开放体系,它在管理社会的时候,表现出一种支配性的开放;它在向政治机构负责的时候,表现出被审查、被领导的开放性。所以,在实质上,官僚制是一个封闭性的体系,行政人员因"消极服从"而失去自主性,也就是自然而然的事情了。行政伦理研究在批评官僚制的时候,正是不满于官僚制的封闭性,即要求把行政体系改造成一个开放的体系。事实上,在后工业化的过程中,我们看到,整个世界都进入一个"高开放度"的社会历史时期,在这种历史条件下,不仅农业社会的"封闭治理"不能适应,而且工业社会中的以官僚制为代表的"由封闭体系来进行治理"的做法也会显得不适应。后工业社会向我们提出的要求是,在开放的社会中用开放的体系与社会一道实现合作治理,这既是一个开放的治理,也是一个由开放体系所进行的治理。最为根本的是,这种开放的、合作的治理,恰恰是一切涉入治理过程的人的自主性的充分实现。

四、基于道德自主性的合作

近代以来,人们形成了凡事划定边界的思维习惯,比如:在国家之间划定领土的边界;在科学发展中划定学科之间的边界;在社会治理的领域中划定政府的边界,等等。就"有限政府"、"法制政府"、"责任政府"等概念的提出而言,都无非是出于公共领域与私人领域分化的现实而要求划定公共行政行为边界的要求。可是,公共行政行为的边界往往是模糊的和有着极大弹性的,其一,由于在社会发展的不同时期,会对政府提出不同的要求,而这些要求时而会迫使政府无限地延伸公共行政行为的边界,时而又呼吁政府收缩公共行政行为的边界;其二,政府所拥有的公共权力行使职能也决定了它会不断地向外扩张,不断地把公共行政行为边界的"界标"拔起来向外移动,即无视所谓有限政府、法制政府、责任政府等规定。

其实,在政府与社会之间本来是不应划定一个边界的,或者说,政府作为一个实体在整体上是没有边界的,如果硬要为它划定边界的话,那么这个边界仅仅存在于行政人员的道德知觉之中,是作为行政人员具体的行政行为的道德标准而存在的。有了这个标准,行政人员在"应当做什么"和"不应当做什么"时,就可以作出道德的行为选择。如果公共行政行为的边界不是行政人员的道德知觉,而是以僵化的文本规则的形式而存在的,那么,在对行政人员的行为进行规范时,"政府只能当个人违反某一业已颁布的一般性规则时,才能侵入他原受保护的私人领域,以作为对他的惩罚。"①结果,就会出现两种情况:要么行政人员在需要他有所作为的地方,由于文本规则没有作出明确的规定,他可以不作为,而且可以成功地逃避责任;要么行政人员出于维护公共利益和提供公共服务的热情去主动自觉地处理那些需要他处理的事务,却违背了文本规则的规定,而被视为行为不当并受到惩罚。即使他没有受到惩罚,他的积极作为也会由于不受鼓励而遭遇负向激励。

事实上,在公共行政的实践中,由于"划定边界"的思维习惯而把行政人员的自主性消磨殆尽了,从而造成了这样一种情况:行政人员在开展行政管理活动的时候,是依据官僚制体系的设计而进行被动协作,而不是主动合作。或者说,官僚制的行政体系、也与工业社会的整个结构体系一样,是一个"分工—协作"的体系,这个体系中的"结构化"设置本身,就把行政人员也"结构化"到"分工—协作"体系中来了。虽然在行政体系中找不到排斥合作的证据,但是,在行政组织的各个部门之间以及行政人员之间,是存在着一个明确的边界的。因为,明确的分工也就意味着明确的边界。既然有了边界,这个边界就是不允许逾越的,任何逾越这个边界的行为,都会被看作是不合理的越权。所以,行政人员必须恪守本分,消极地接受行政体系安排下的协作。

分工条件下的协作是不得不为之事,必然是消极的、被动的。合作则不同,一切合作都是建立在人的自主、自由的前提下的,人只有自主、自由,才能去作出与谁合作以及采取什么方式合作的决定。如果公共行政不是定位在支配社会、管理社会的角色上,而是定位在与社会合作治理

---

① [英]哈耶克:《自由秩序原理》,上册,262页,北京:三联书店,1997。

的角色上的话,那么这种合作是不是意味着公共行政的自主性呢?如果公共行政需要自主性的话,那么这种自主性应当首先体现在哪里呢?合乎逻辑的答案就应当是行政人员的自主性。所以,行政人员的自主性不仅是行政人员之间开展合作的前提,也是决定整个公共行政体系能否与一切社会治理力量开展合作治理的前提。

官僚制的工具理性是"工具—目的"的二元结构,只要是服务于某一目的而共同行动,就只能是协作的行为。合作是不同于协作的,在合作行为的选择上,合作的目的是不需要考虑的,或者说,是不需要计算合作的得失的。合作作为目的,是合作社会环境下无需审查的目的,合作具有"绝对命令"的性质。也就是说,我们所需要考虑的是合作行为选择本身,而不是合作的目的,应当考虑用什么样的行为和途径去达致最有效的合作。这一点,早在亚里士多德那里关于选择只适用手段而不是目的的问题时,就已经作出了规定:"既然选择不是这些当中的任何单独一个,而这些又是在灵魂中出现的东西,那么,选择必然是其中某些的结合。正如前面所说,既然选择不涉及目的,而涉及达到目的的善,涉及我们的能力,也涉及应该挑选这一个还是那一个的论争,那么显然,我们就必须先思想和考虑它们;当经过考虑后,发现什么对于我们显得更好时,就随之出现按此行为的某种冲动,而且,在这样行为时,我们就会被认为是基于选择而行为的。"[①]

工业社会所造就的专业化分工是一个无法改变的事实,随着社会的发展,专业化的程度只会提高而不会削弱。因而,人们都不得不处身于一个庞大的专业分工系统中,并在其中占据一个极其精细的位置。但是,这种情况并不意味着人们只凭系统的支配和安排而丧失自己的自主性,反而更需要以自己的自主性去增强系统的应变功能。分工虽然在直接的意义上意味着协作,而且整个工业社会的现实表现也证明了,它是以协作来回应分工的。但是,分工也可以造就出另一种组织形式,那就

[①] 苗力田主编:《亚里士多德全集》,8卷,264页,北京:中国人民大学出版社,1994。

是合作制的组织。这种合作制的"组织是:有目的的、复杂的人类集合体;以非个人关系为特征的;有专门化的和有限的目标;以持续性的合作活动为特征;整合于更大的社会系统中;向它们的环境提供产品和服务;依赖于同环境的交换。"①如果政府能够不再以"官僚制组织"而是以"合作制组织"的形式出现的时候,行政人员的自主性也就获得了充分实现的空间,而且这种自主性所指向的就只能是合作。

合作是不可操纵的行为。但是,合作的不可操纵性并不意味着合作都是感性的直觉的行为。相反,合作恰恰是可以作出理性安排的,而且,积极的合作恰恰来源于人们主动的、自觉的理性安排。在合作的社会中,所有社会成员都成为独立的、自主的主体,在多样化的组织形态中找到自己发挥才智的位置,用自己自由、自觉的行动去履行他对社会的责任,通过自主的对话和协商去谋求社会共识,通过为公共利益的实现所作出的贡献去增进和谐社会中的合作秩序。在后工业化的过程中,我们所发现的是一个合作社会的到来,在这种条件下,行政人员必将是自主地选择了从事行政管理的职业,在他开展行政管理的职业活动时,也就必须用自己的自主性去统领行政管理的职业行为,自主地去与一切社会治理力量一道开展合作治理活动。所以,行政人员的自主性及其合作行为,就是行政伦理研究在瞻望未来时所看到的,也是行政伦理研究在现实的公共行政实践中极欲建构的。

第四节 构建合作的意识形态

一、意识形态重建的任务

改革开放以来,我国经历了一个相当长时期的意识形态混乱期,至今,官方意识形态与民间意识形态还处于多元并存的状态,它们之间有着很大的不一致性,甚至是矛盾着的,有时是冲突着的。这是过渡时期

---

① [美]古拉斯·亨利:《公共行政与公共事务》,95页,北京:中国人民大学出版社,2002。

不可避免的现象。当前,我们需要改变这种状况,需要重新建立起统一的、全社会共有的意识形态,也就是说,它应当是得到整个社会认同并能够在整合我们的社会中显示出很强力量的意识形态。

在改革开放前,我国的意识形态,在形式上和内容上都是非常明晰的,它是在马克思主义阶级斗争学说的基础上,根据中国革命实践的需要而建立起来的。对于这一意识形态,我们把它的理论内核称作为"斗争哲学",而在现实中的运行和作用机制,则是强调阶级斗争的观念和阶级分析的方法。

改革开放后,随着市场经济的发展,特别是西方哲学、文化和意识形态的侵入,也由于此前的意识形态已经不能适应社会发展的要求,出现了意识形态多元化的局面。在官方,试图把改革开放的理念意识形态化,但是,改革开放的过程性决定了关于它的理念与意识形态的相对稳定性不相一致,因而很难获得意识形态的地位。即使我们能够成功地把改革开放的理念意识形态化的话,也会使其具有临时性、过渡性的特征。而且,改革开放的行动更多地带有操作性的色彩,是行为层面的选择,关于改革开放的理念是无法上升到意识形态的高度的。在民间,由于统一的意识形态的解体,传统观念和习俗因素开始发酵,出现了封建意识形态回潮的现象,甚至在很大程度上支配了人们的行为选择。在学术界,对西方学术思想引进的同时,资产阶级意识形态也趁虚而入。

随着改革开放的深入,特别是随着构建和谐社会战略目标的提出,我国面临着意识形态重建的迫切任务。需要在对人类社会发展规律的新认识以及在马克思主义发展过程中的新思想的基础上,去重建社会主义意识形态。如果我们不能尽快建立起统一的意识形态的话,不仅在社会整合的过程中需要花费大量劳而无功的成本,而且构建和谐社会的目标也是很难实现的。意识形态的重建,并不是向既往某种理论或思想的回归,也不可能在对西方的重新认识中获得。人类社会是一个从农业社会向工业社会再度向后工业社会发展的过程,封建社会的意识形态在工业革命以及相应的启蒙运动中已经被消解,而在启蒙运动中建立起来的资产阶级意识形态也仅仅适应工业社会的要求。现在,人类正处在一个从工业社会向后工业社会转型的过程中,虽然中国社会还有着繁重的工业化任务,但是,在全球化浪潮的冲击下,也由于中国共产党走在人类社会发展最前列的先进性所决定,中国社会不能满足于工业化对政治文明以及意识形态上的要求,而是要面对后工业化的课题,勇于承担起解决后工业化带来的所有问题这样繁重的任务。所以,摆在我们面前的迫切任务,就是要根据人类走向后工业社会的现实而重建意识形态。

构建社会主义和谐社会是一项创新性的目标追求,客观的历史进程表明,在人类社会发展的历史上,存在过所谓"盛世",但是,那些"盛世"只不过是有效地压制了阶级矛盾和阶级斗争繁荣假象,而不是真正的和谐社会。任何用历史上的所谓"盛世"来比附和谐社会的做法,都是对我们的和谐社会目标的亵渎。我们所要构建的是历史上从未出现过的和谐社会,这一和谐的目标是在走向后工业社会的历史转型过程中提出来的,是有着特定内涵和实现条件的科学目标。从工业社会向后工业社会的转型所开启的是人类社会的一个全新的历史阶段,在这个历史阶段中,我们需要拥有全新的意识形态去整合社会,去指引公众的努力方向。

综观当今世界,合作的理念有着成为主导性理念的迹象。如果说以往的历史如马克思所科学地揭示的那样,是斗争的历史,那么,走向后工业社会的进程,为我们打开的是通向和谐社会的门扉。和谐社会是合作的体系,需要拥有合作的意识形态。近些年来,中国政府在处理一系列国际事务和国内事务的过程中,都能够从合作的理念出发,本着合作的精神,这是一条正确的道路。事实上,合作的理念是可以被提升为我国社会统一的意识形态的。所以,我国政府需要根据当代社会的需要,把合作理念确立为意识形态的核心价值。

检视世界各国现有的意识形态,有的是明确宣示出来的,有的是在某些思想理论和思维方式社会化的过程中形成的,但是,政府在意识形态的生成中都发挥了主动的作用。即使某些思想理论和思维方式的社会化表现为一种自然而然的过程,政府在其中发挥的作用也是非常明显的。所以,政府应当有着明确的意识形态策略,需要建立起一种什么样的意识形态以及如何去做,都需要有清醒的认识和明确的目标。就现有的各种意识形态的性质而言,如上所说,大都是在工业化的过程中生成的。工业化的过程是一个竞争行为迅速膨胀的过程,工业社会的意识形态也大都是关于矛盾冲突以及解决矛盾冲突的思想理论和思想方式的凝炼和提升。因此,它所包含的是指导人们保证社会整体存在不被破坏的情况下如何开展斗争、如何竞争的精神。合作的意识形态是一种面向未来的意识形态,是对斗争和竞争社会中的意识形态的超越。合作意识形态的建构过程,是一个全面创新的过程,需要政府运用创新思维去加以建构。

完整马克思主义哲学包括两个基本方面:一方面,是它的阶级斗争学说,即斗争哲学;另一方面,是马克思主义经典作家在对黑格尔哲学的批判和改造过程中建构起来的"总体性哲学"。在无产阶级革命的过程中,马克思主义的斗争哲学所发挥的理论指导作用以及在政权建设时期所发挥的稳定社会的意识形态功能,都已经得到了历史的证实。在中国的马克思主义理论研究中,它的斗争哲学体系得到了深入的探讨,并成功地使它意识形态化。马克思主义的总体性哲学可以成为社会主义建设的理论指导,可以在社会主义建设过程中被转化为意识形态。然而,马克思主义的总体性哲学长期以来没有得到中国学术界和理论界的关注,更谈不上深入的研究,以至于中国社会进入改革开放的即社会主义建设的轨道上之后,出现了意识形态缺位的问题。在我国意识形态的重建过程中,我们认为,需要加强对马克思主义总体性哲学的研究,如果这一方面的研究取得积极进展的话,我们就能够确立起适应社会主义建设需要的意识形态,并引导中国社会走向社会主义和谐社会。马克思主义总体性哲学在社会目标上表现为对和谐社会的追求,而在意识形态上则以合作的意识形态而出现。所以,在我国的社会主义和谐社会追求和合作意识形态建构过程中,马克思主义的总体性哲学是出发点和理论基础。

二、合作关系的生成

虽然 20 世纪后期结束了冷战状态,但是,社会主义与资本主义两种国家形态并存的现实并没有改变。在当今世界,社会主义国家依然在探索一条走向未来的道路。所以,在意识形态上,社会主义国家与资本主义国家有着根本性的不同。在资本主义国家,为了谋求形式合法性,它的意识形态必然会像法兰克福学派以及其他致力于批判现代资本主义的思想家们所揭露的那样,具有"虚假性"。而社会主义国家的意识形态选择,则是建立在社会发展的客观基础上的,因历史的发展和时代的要求而发生变化,是与时俱进的,属于科学意识形态的范畴。科学的意识形态必须反映具有生命力的、现实的客观社会关系。合作关系正是这种现实性的社会关系,所以,它会成为社会主义国家的意识形态的基本内容。

人类社会是冲突与合作并存的,在每一个历史阶段,都会既存在着冲突又存在着合作。但是,就人类历史总的历程来看,也存在着一个从冲突走向合作的趋势。

越是追溯到人类历史的早期阶段,我们看到,冲突越是直接。也就是说,在远古时期,所谓人类的冲突实际上是直接地存在于个体之间的,是个体的人之间的血肉相搏。随着社会的发展,个体的人之间的直接冲突越来越被看作为不文明的行为,反而,以群体形式出现的冲突似乎是一种文明的行动。就以群体冲突而言,在较早的时候,其主体往往是一些自然生成的群体,群体冲突发展到顶点的时候,也往往以使用简单暴力工具的械斗的形式出现。而到了后来,群体冲突的主体逐渐发展为民族、国家等理性化的、结构严谨的固定性的群体,而它们使用的工具也具有越来越更多的科学技术含量,而且,远距离的杀伤敌人代替了直接的血肉相搏。在这之中,包含着一个有趣的问题:个体之间直接的冲突,不需要与他人合作,而群体化的冲突不同,它为了在冲突中取胜,必须拥有群体内的合作。合作在一定程度上就是力量,人类战争史上所有以少胜多、以寡敌众的例子,都可以从超强度的合作中得到理解。个体的冲突在较多的情况下是感性的,而群体的冲突则拥有了理性的内容。其实,一切理性都生成在人的合作行为和合作关系中,合作造就了理性。有了理性,人们又能够去积极地认识冲突的根源,并努力去化解那些可能导致冲突的因素。这就是一个有趣的逻辑,它可以说明人类从冲突开始而步步走向合作的历史轨迹或未来趋势。事实上,当今世界对和平与发展的追求,反映了人们试图去印证这种逻辑的愿望。

如果说人类历史上有一个从个体的直接冲突向群体性冲突的演化史的话,那么,推动这个历史进程的秘密就在于利益意识的觉醒,特别是人的自利追求,促使人们采用合作的方式去应对冲突。同样,作为社会现象的冲突与合作此消彼长,也是由于利益意识所决定的。在很长一个历史阶段中,人们发现联合起来并凝聚起更大的群体力量去与其他群体相对立和冲突,可以获得利益实现的规模效应。但是,随着一种全球观念的形成,人们开始意识到普遍的合作比任何冲突都更能够在人类普遍利益实现的同时使个人利益最大化。这种更加理性的全球意识,也是确立普遍合作关系的前提。

在思考合作关系生成的基础时,德国学者鲍曼重申了亚当·斯密的思想:"对自利的理性追逐将导致选择合作的行为方式,它使所有相关者获益并由此考虑到相关伙伴的利益。……允许人自由追逐其个人目标的事实便恰恰不会导致人们试图以牺牲他人为代价毫无顾忌地追逐自己的目标,而是正相反,他们会认识到只有在尊重他人利益的前提下追求自己的目标才对自己有利,也即是说,他们在自己的行为中将遵循道德的基本规范。人在实现其愿望与目标时始终需要相互依赖,这种情况会使得符合道德和美德的行为与出于自利的行为自行合拍。"[①]"特别是合作性交换行为环环相扣、无穷无尽的市场不仅会提出一种无偿的经济协调机制,而且会通过温和强制确保市场参与者成为和平公民,他们以

---

① [德]米歇尔·鲍曼:《道德的市场》,11页,北京:中国社会科学出版社,2003。

道德上可以接受的方式去追逐自己的利益。在市场上理性地追求个人目标恰恰同采取特定的道德行为方式与态度具有同等的意义：温和、正直、值得信赖、可靠、忠诚、诚信或愿于做出妥协便成为市场上取得成功所不可缺的美德。"①在这里，鲍曼得出的是一个道德结论，即按照亚当·斯密的逻辑，从科学的前提开始，达致道德的结论。因而，合作关系就被作为一种伦理关系而被认识和理解了。如果说在人类近代史中存在着一个朝着道德目标进化的线索的话，那么合作关系的成长，是可以与走向道德目标的过程联系在一起思考的。所以，鲍曼对亚当·斯密思想的重申，不仅对于坚定人们关于未来合作社会的信念是有益的，而且对于认识和把握行进中的历史进程也是有益的。

但是，我们也可以从另一个角度来认识从冲突到合作的历史进程。不过，在这一进程中，合作关系尚未以一种现实的社会关系而存在，而是以一种客观的现实要求而被呼唤。

我们知道，人类历史在一个漫长的时期都处在农业社会阶段，近代社会则属于工业社会的历史时期。在整个农业社会和工业社会，基本的社会冲突是由物质方面的原因引起的，虽然文化及其价值观念也会成为直接的社会冲突的原因，但其背后，有着深刻的物质根源，是由于利益冲突而造成了文化及其价值观念的冲突，然后再由文化及其价值观念的冲突引发社会冲突。然而，20世纪后期，在走向后工业社会的过程中，大量的社会冲突却只能归因于文化及其价值观念的冲突，甚至有着利益共同基础的政治实体间，也会放弃利益实现的追求而进行斗争。特别是在国际社会，现在处处呈现出文化冲突的景象。这就是福山所说的："自从冷战结束以后，各种大规模制度的同化现象形成一幅幅讽刺的画面，其中之一就是现在全世界的人们甚至比以往更加意识到文化差异的现象。"②这种文化差异在世纪之交的时刻，以战争的形式来表现文明的冲突。这种

---

① [德]米歇尔·鲍曼：《道德的市场》，11页，北京：中国社会科学出版社，2003。
② [美]福山：《信任：社会道德与繁荣的创造》，9页，呼和浩特：远方出版社，1998。

冲突与以往的经济冲突、政治冲突和意识形态冲突有着根本性的不同，它主要不是根源于经济利益，而是直接根源于文化差异。也就是说，是由于文化认同上的原因造成了冲突。本来，缺乏文化认同是可以通过理解和互信达致和平共处与和谐共存的。然而，这种共处共存的状况没有出现，反而是陷入了野蛮的暴力征战状态。

对于这种现象，用传统的决定论是无法解释的，因而，拥有传统的决定论哲学理念的决策者总会感到困惑，由他们制定的政策在解决这些冲突方面也总会显得不得要领。其实，人类社会已经进入了一个需要信任和合作的历史阶段，到了以往每一个历史阶段中的征服策略都应废止的时候了。但是，由于没有实现观念的转变，在历史上形成的征服惯性仍然在支配着人们的行为。从而，阻碍了信任和合作的社会秩序的生成。因此，当前的任务是应当首先认识社会发展对信任和合作的需求，并顺应这种需求去构想信任和合作的秩序。也就是说，在走向后工业社会的过程中，人类的首要任务应当是弥合文化及其价值观念的隔膜，建立起不同政治实体和文化实体间能够相互理解、相互信任和相互合作的哲学。根据这种哲学，去构建合作的社会和普遍的合作关系。意识形态是哲学转化为社会行动的中介，合作的哲学只有首先被确立为合作的意识形态，才能为普遍性合作关系的生成提供"助力"。

三、作为信任文化的合作意识形态

意识形态属于精神文明的范畴，是作为文化体系的构成部分而存在的。合作的意识形态是与合作型的信任文化联系在一起的，是合作型信任文化的组成部分。

在现代儒学的视野中，中国社会拥有一种自古以来的信任文化。的确如此，"信"对于中国社会来说，发挥着巨大的文化整合的作用。但是，美国学者福山以及德国学者乌尔里希·贝克等人却断言中国是一个"低信任度"国家。都是基于现实的感受，为什么会得出完全不同的结论呢？这是因为对信任的理解不同。在儒学家们那里，所看到的是属于农业文明的信任文化,而在西方学者那里,中国社会缺少繁荣市场经济所必要的信任。前者所看到的是在日常生活中所存在的那种产生于农业社会的习俗型信任,它在中国社会中普遍存在,就它而言,中国社会其实是高信任度的;后者所要发现的是在现代化过程中生成的契约型信任,就这种信任而言,中国社会是匮乏的,所以可以依其匮乏而把中国社会定义为低信任度的。也就是说,中国社会在农业社会的信任类型方面是富有的,而在工业社会所应有的信任类型方面则是匮乏的。现在,人类社会正在从工业社会向后工业社会过渡,在这样一个历史转型时期,在这种条件下,我们应当确立起什么样的文化类型呢?显然,既不是向农业社会习俗型信任文化的回归,也不是对工业社会契约型信任文化的学习,而是应当站在更高的起点上,去实现对前两者的超越,即建构起适应后工业社会要求的合作型的信任文化。

文化的承载者是现实的社会关系中的人,信任文化是信任关系的反映。在信任关系中,我们看到,作为不同的信任文化类型基础的信任关系在主体上具有不同的特征。农业社会信任关系的主体主要是以个体形式存在的人。在人们之间的具体交往过程中,信任会以友谊的形式出现,而友谊又反过来增强着信任。现代人往往在极其模糊的意义上谈论友谊,其实,友谊是存在于个体的人之间的,在群体的意义上,虽然人们也把不同群体间的密切的交流和交往关系比喻为友谊,实际上,群体交往的理性色彩决定了群体之间是不存在友谊这一感性因素的。当然,会有一些感性化的群体相信它与其他群体间存在着友谊,这却是非常危险的,它将不可避免地为这种"自慰"式友谊付出高昂代价。国家间更是如此。既然群体间不存在友谊,也就没有基于友谊的合作。群体间的一切合作都必然是理性的。即使在个体的人那里,虽然友谊能够导致合作,因为友谊能够使人相互信任。但是,基于友谊的信任是非理性的信任,同样,基于友谊的合作也是非理性的合作。一般说来,基于友谊的合作都是不具有持久性的,即使在两个人之间由于友谊而终生合作,甚至会延续几代,也终有合作关系解体的时候。假定存在着世世代代延续下来的友谊和保持着永不褪色的合作关系,也只是特殊的合作事例,是无法在一个社会中推广的。所以,农业社会的习俗型信任尽管可以被理性地倡导,但毕竟是以感性的个体为承载的。到了工业社会,以社会化大生产为驱动力的群体性活动的增强,不断地冲击并最终瓦解了这种信任文化,代之以体现了法的精神的契约型信任文化,并成为工业社会制度体系的重要补充因素而存在,在这个社会中发挥着整合作用。

福山在工业社会经济生活的视角上考察了信任对于制度的补充作用,在他看来,"现代化制度固然很重要,但还不足以构成现代繁荣经济和社会福祉的充分条件,如果一套制度要运作顺畅,还必须配给若干传统的社会习惯与伦理习惯。契约的存在容许陌生人在缺乏互信基础下得以共事,但是当共事双方真的信任双方时,他们的合作过程绝对更有效率。法律模式如合资企业也许能使互相相关的人们携手合作,然而他们的合作顺利与否,就必须视他们能否和不具亲戚身份的他人融合相处。"①福山指出,就经济生活而言,"无疑的,契约和商业法这类制度是现代工业经济成型的先决条件,没有人会妄称只靠信任或道德义务就能取代这些正式的制度;但是如果我们假设这些法律制度已然存在,而把社会成员对彼此高度的信任当作额外的条件,那么这个经济体之下的经济效率会因为交易成本的降低而升高;如果以实质的行为来论,就是工商业界比较容易找到合适的买主或客户,比较愿意配合政府的规定,同时碰到纠纷或欺诈时,也可以强制履行契约内容。假如买卖双方于彼此基本的信任都怀有相当的信任感,那么做生意就容易多了,因为双方不必戒慎惶恐的预防意外事件,争执情况也会减少,即使有纠纷产生,也比较不须诉诸法律诉讼的手段。事实上,在某些高信任的关系里,买卖双方甚至不需要担心短期能否尽量赚到最多的钱,因为他们晓得一时固然呈现亏损,但是眼前的交易对象未来可能会带来源源不绝的获利。"②虽然

---

① [美]福山:《信任:社会道德与繁荣的创造》,171~172页,呼和浩特:远方出版社,1998。
② [美]福山:《信任:社会道德与繁荣的创造》,173页,呼和浩特:远方出版社,1998。

信任是文化而不直接地是法律制度，但是，工业社会中的信任是体现了法的精神的，是作为契约型的文化存在形式出现的。所以，他与法律制度不相冲突，反而能够成为其重要的补充因素。

当然，福山是在普特南的"社会资本"意义上来理解信任的，因而，在他看来："如果一个社会内部普遍存在不信任感，就好比对所有形态的经济活动课征税负，而高信任度社会则不须负担此类税负。"①所以会出现"交易成本"下降的趋势，甚至会把"交易成本"降低至最低限度。但是，通过福山的论述，我们看到，工业社会并不是人们通常认为的那样，仅有法律和制度，它也有自己的信任文化，而且，这种文化能够发挥着重要的社会整合作用，甚至能够使生产力的应有水平得到充分发挥。虽然在工业社会的历史条件下，信任就已经具有这种不可替代的功能，但是这还只是在法律制度框架下来观察信任时所看到的景象，如果信任不再是一种"额外的条件"，而是自身已经存在于制度安排之中的社会运行机制的话，那么整个社会的经济生活就会接受信任的规约，经济因素的顺畅运行也就会成为一种必然结果。进而，和谐的社会形态也就会出现。

总的说来，从文化的角度可以把人类历史看作为三种信任类型依次演进的过程，即从习俗型信任到契约型信任再到合作型信任的发展。习俗型的信任主要是出于情感的需要，基于这种信任的合作能够使情感实现物化和得到满足。但是，契约型信任摒除了情感需要，因而，基于契约型信任的合作也是服务于利益实现的目的的。在契约关系确立的时候，就已经作出了反复衡量，理性地计算出利益实现的可能性。合作型信任的实质理性特征是包含着情感因素的，一方面，合作型信任受客观的社会网络结构所决定，反映了社会网络结构的客观要求；另一方面，合作型的信任也同时满足信任主体的情感需求，无论是在个体还是群体那里，都是这样。所以说，合作型信任是理性与情感的统一。基于合作型信任关系的合作行为也就同时满足这两个方面的需求。在不同的社会历史

---

① [美]福山：《信任：社会道德与繁荣的创造》，37页，呼和浩特：远方出版社，1998。

背景中来考察这一问题，就会发现，习俗型信任发生的历史背景是社会的等级化，身份制度决定了人们需要借助于这种信任而融入到身份群体之中，没有这种信任，就会受到他所在的身份群体的排斥，从而被推向他所在的身份群体的边缘。契约型信任是发生在自由、平等的观念已经深入人心的条件下，等级化的身份实质内容丧失了，人们的交往关系仅仅在形式的层面上展开，依据形式上的自由、平等原则来确立信任关系和开展合作。他不需要考虑身份存在上的问题，只需要关注利益实现的情况。所以，是否忠于信任关系，是否忠实地开展合作活动，完全取决于对利益实现可能性的算计。合作型信任发生的历史背景是自由、平等的社会关系获得实质性内容的时代，虽然出于利益实现需求的工具理性依然会在社会关系的整合中发挥作用，但利益追求的动机开始在直接关注社会关系和交往关系健全的需求中呈现弱化的趋势。而社会关系和交往关系的健全，只能寄托于基于实质理性的制度安排及其科学的意识形态的确立。在这种条件下，信任和合作就成了其主体能否获得实质性自由、平等的途径。同时，信任和合作也是其主体存在合理性以及价值实现的证明。

可见，在历史的坐标中，中国社会虽然需要在工业化方面进行大量的"补课"，但是，面对着全球走向后工业化的进程，必须努力去建构代表历史发展趋势的后工业社会文化体系。这种文化体系以合作型信任为基本内容，它在意识形态上的表现也是一种合作的意识形态。只要我们建构起这种信任文化及其合作的意识形态，当前社会中所存在的各种各样问题都会得到事半功倍的解决，构建和谐社会的目标追求也就能够落到实处。

第九章　全球化与后国家主义

后工业化是与全球化同步发生的,在后工业化的进程中,全球化把人类带入了一个后国家主义的时代。在这个时代中,合作与和谐的呼声是时代的最强音。全球化是世界中心—边缘模式的彻底解构,它将要造就的是一个自主、平等的合作秩序,即把人类变成一个全球性的合作共同体。在这样一个时代,既有的民族国家界限开始日益模糊,无论是在全球的范围内还是在每一个地域中,都以合作治理去置换现有的分立、分治。合作治理既是合作的治理,又是自主的治理,是自治与共治的统一。

第一节　全球化中的合作与和谐

一、后工业化背景下的全球化

理论研究总是在舆论走向寂静的时候才开始。在 20 世纪后期,"全球化"一度是一个舆论热点,当舆论开始把人们的视线引向其他地方的时候,关于全球化的理论研究开始兴起了,学者们带着无限的热情欢呼全球化的来临。然而,随着美国征服阿富汗、入侵伊位克,人们开始感性地把全球化与征服和扩张联系了起来,把全球化看作是人类又一场悲剧的上演,逐渐丧失了欢呼全球化的热情。因而,近一个时期,关于全球化的理论探讨也冷却了下来。可是,全球化是一个客观的历史进程,关于它的研究可以缺乏热情,却不能回避和无视。如果关于全球化的理论研究也像舆论那样有始无终和缺乏持续性的话,那是理论工作者不负责任的表现。当前,中国政府在构建社会主义和谐社会的过程中,也用合作的理念处理国际关系,试图营建一个和谐的国际社会。这是顺应全球化的历史趋势而作出的正确选择。

现在,我们正处在一个后工业化的历史进程中,全球化与后工业化是否有着必然的联系,对这个问题的回答实际上包含着对全球化进行历史定位的内涵。在全球化问题的研究中,许多学者认为,全球化不是一个新的历史现象,它的源头可以追溯到15、16世纪。我们知道,大致从14世纪开始,西方一些国家进入了工业化的历史进程,当这些国家在工业化的过程中获得了一定的国内积累的时候,也就是从15世纪开始,展开了对外扩张。这种扩张主要是从属于两个方面的需求,第一,是获取工业生产所必需的廉价资源,其中也包括劳动力;第二,要为生产出来的产品谋求出路,即需要有一个能够把工业产品转化为商品的市场。这就是史书上所言的资本主义"地理大发现"和"海外市场"的扩展。如果把这个过程看作是当前正在发生的全球化进程的开始,肯定是有问题的。因为,这将导致对全球化的错误历史定位,进而会在全球化的走向、道路和模式设计上,都延续资本主义的世界扩张模式,结果也将造就一个全球性的世界集权结构。如果那样的话,考虑到人类社会在生活方式、交往关系和科学技术等各个方面已经发生的变化,将是一个不敢想象的悲剧。当然,从纯粹的形式方面,可以把人类一开始走出氏族、部落的行动就看作是全球化的逻辑起点,也可以把"元帝国"对欧亚大陆的征服看作是全球化的范例。其实不是这样的,全球化并不是历史上的"开放"、征服和扩张的延续,而是发生在后工业化这样一个特殊历史背景下的,是有着特定内涵的。如果把全球化看作是资本主义世界扩张的继续的话,那是无助于把握全球化的实质的。

因为，资本主义的世界扩张是一个运用强权征服世界的过程，是那些"获得了比其他文明更为优先的发展"①的国家对世界的殖民。而全球化则不同，它是国家和民族的开放，是在平等的基础上开展合作的过程。我们把人类历史划分为农业社会、工业社会和后工业社会这样三个基本阶段，实际上是说，农业社会向工业社会的转变过程是工业化的过程，相应地，从工业社会向后工业社会转变的过程则是后工业化的过程。在工业化过程中所发生的资本主义海外扩张的历史现象并不是一个全球化的过程，它是从一个中心出发而对边缘地带的侵略、征服和掠夺，扩张所及的世界是从属于某个中心的利益的，一切能够促进中心利益实现的地方都是需要征服的，而那些无助于中心利益实现的地方，则是可以弃置不顾的。由这种征服和扩张所编织起来的是一个有着中心—边缘结构的世界，中心国家所考虑的也只是以自己为中心的世界，它没有全球的概念，也不会考虑全球的发展以及全球问题与它的利益的相关性。所以，资本主义扩张充其量也只能称作为"世界化"，而不是全球化。

全球化不是工业社会世界中心—边缘结构的存续，它反对任何形式的世界霸权。一方面，全球化可以看作是近代以来人类交往的形式、范围、内容的结果，是全球走向融合的过程；另一方面，它又不是近代工业文明在空间意义上的简单延伸，而是走向后工业文明过程中的世界交往的新形式，它的功能在于把全球联系为一个互动的整体，跨越国家、民族间的交往障碍，消除国家、民族间在政治、经济、文化等各个方面的隔阂。全球化涉及到社会、经济、文化、政治等一切领域，是所有这些领域中的合作与互动。

美国学者理查德·隆沃思看到，全球化是一个含糊的、煽动性的字眼。拥护全球化者宣称它可以创造繁荣的未来和无穷的财富，批评全球化者则断言它会导致末世灾祸。全球化意义庞杂，成为包罗各种经济和

---

① [英]汤因比：《文明经受着考验》，60页，杭州：浙江人民出版社，1988。

社会变迁的代名词。① 之所以会出现这种状况，是由于全球化运动发生在工业化尚未在全世界范围内完成的时期，在一些国家和地区，依然处于农业社会的历史阶段，而在另一些国家和地区，已经开始向后工业社会迈进。正是全球范围内的社会形态和结构的复杂性，决定了全球化的过程中必然会出现多种矛盾和冲突交织在一起的性状。因而，也引起了对全球化认识上的差异。

无论如何，是不能够把全球化理解成工业社会征服模式的继续的。如果那样的话，它对发展中国家来说，就必将是一场灾难。那些已经实现了工业化的现代化国家，在政治、经济、文化等各个领域都处于优势地位，它在各个方面以及综合性的霸权地位是无可动摇的。虽然与农业社会的武力征服相比，它显得文明得多了。但是，它在征服过程中所具有的实质性的破坏力，则是历史上任何一种征服都无法比拟的。因为，它所破坏的不再是农田和城廓，而是整个生活方式、思维方式和行为模式，甚至是对自然的、社会的整个生存环境的破坏，发展中国家总是会首先成为这些破坏所造成的灾难的承担者。在一定程度上，不仅人类，而且我们今天所拥有的自然也已经无法承受工业社会征服模式所推动的那种"世界化"了。所以，我们所面对的全球化，必须建立在一种全新的理念上。在历史定位上，它是走向后工业社会过程中的全球化，是一种新的非征服的全球化，是走向后工业社会的必要步骤，它的目的是要为后工业社会在全球范围内开展合作去开拓空间。正如地理大发现为工业社会的到来开拓了空间一样，全球化是为后工业社会到来所作的历史性准备，它在本质上不同于地理大发现所代表的那种征服模式，它所展现的和希望构建的是一个平等交往、互惠合作的全球平台。

二、全球化与民族国家

孔子对人际关系的设定是"君子和而不同，小人同而不和。"②这是在

---

① 参见[美]理查德·隆沃思：《全球经济自由化的危机》，7页，北京：三联书店，2002。
②《论语·子路》

一个既定的体系或现实的平面上来谈论问题的,所以要根据人际关系的"和"与"同"而把人分成不同的类型,即"君子"与"小人"。如果我们把孔子的这一设定放置在历史的纵轴上看,也可以看到同样的现象,那就是在此之前的社会,总是追求社会的同质性,这是一种求"同"的社会,到了工业社会的后期,社会的复杂性、不确定性的增长以及多样化的社会构成要素,已经使社会的同质性追求变得不可能了。在这种情况下,求"和"的追求才会成为有益于社会存续和发展的理性行动。在后工业社会来临的时刻,求"同"的行动会导向非理性,因为,一切求"同"的追求总是倾向于消灭"同"所无法容纳的因素。在国际社会中,这一点表现得尤其明显,比如,求"同"思维在大国、强国那里就会以霸权的形式出现,而在小国、弱国那里就会以丧失自主性的附庸国的面目出现。

事实上,当今世界上的许多地区性冲突和战争,都是由于小国、弱国忤逆了大国、强国的求"同"追求而引起的。所以,在走向后工业社会的过程中,求"同"思维应当得到扬弃,转而用求"和"思维取而代之。求"和"追求是承认差异、包含差异和维护差异的,或者说,求"和"追求必须建立在差异的前提下。而且在行为表现上,求"和"追求所导向的是合作,这与求"同"追求要求首先消灭那些"同"所无法容纳的因素相比,是完全相反的。张岱年在诠释中国传统文化中的"和"范畴时说:"不同事物聚合而得其平衡,故能产生新事物,故云'和实生物',如果只是相同事物重复相加,那就还是原来事物,不可能产生新事物。"①这实际上是从事物发展的动态过程中赋予了"和"以新意。撇开事物发展的过程,在一个平面上来看这个问题,也会发现,求"和"思维所指向的是人们行为上的合作和人际关系上的和谐,进而,也是社会稳定平衡的状态。在国家之间,处理国际关系的时候,也是如此。也就是说,在走向后工业社会的今天,用中国传统文化中的"和"理念去认识国际关系,就会要求尊重世界各国在文化上、生活方式上以及社会治理和发展模式上的差异性;去经

---

① 张岱年:《中国古典哲学概念范畴要论》,127 页,北京:中国社会科学出版社,1989。

营人际关系,就会要求保持个人独立性、自主性的活动空间;在社会治理过程中,就会要求尊重地域、人文、经济等各个方面的差异,以引导的方式而不是控制的方式去创造和谐、稳定和发展的环境。这是后工业化条件下的基本原则。

人们对全球化表示担心是有理由的,因为,全球化如果是工业社会资本主义征服模式的继续,如果成为一个走向世界集权或霸权的过程,是可能包含着极其悲惨的结局的。就当今科学技术的水平以及资本的征服能力来看,集权或霸权在以往任何世纪中对"同质世界"的追求的不可能性,都正在转化为可能性。在这种情况下,全球化完全有可能变成一场彻底抹平一切差异的运动,有可能使多样性的世界一去不复返,从而把世界变成一个单一的世界。所以,存在着一个对全球化定位的问题,工业社会的同一性追求不应体现在全球化运动中,当前正在发生的全球化运动,应当是在后工业化的背景下进行的,因而,人们应当用后工业化的理念去促进全球化的运动。只有这样,全球化才不至于成为西方国家民主霸权的全球性扩张运动。

联邦德国前总理施密特指出:"……我们几乎不了解儒家思想及其影响力。……我们对印度教和佛教同样知之甚少,对伊斯兰教也几乎不甚了解。尽管如此,我们——德国人、欧洲人、美洲人——当中的一些人却傲慢狂妄,以为可以强迫自许多世纪、乃至数千年来就信奉各自的宗教的几十亿人接受我们关于宪法、民主、个人基本权利的观念。有些人甚至有目的地利用电信全球化来协助自己的这种敌对行为,还有些人以经济制裁相要挟,或者以他国的宪法或政府为由把这些国家宣布为无赖国家——当然,他们这样做时总是有选择的,并且总是根据自己的政治、经济利益来取舍。此类做法让我回想起用暴力方式实行的基督教使命——无论是欧洲中世纪时期还是南美殖民化时期——以及十字军东征。由于中世纪的教会把伊斯兰教错误地视为异端邪教,因此,它们不仅在当地烧死大批所谓的'女巫'和'异教徒',而且派遣十字军征讨其他国家。在今天看来,用现在的话来说,所有这一切不外乎残暴的基督教原教旨主义。"①可见，对同一性的追求是西方的传统，用这种传统来对待全球化，只不过是手段和方式的变化，其结果依然是把世界变成与西方"同一"的世界。应当看到，全球化可以实现人类文化经验的全球性共享。但是，它并不能消除文化差异，并不是把一切文化的独有特征都磨平为一个统一的文化模式。全球统一的文化是没有生气的，它将会把人类引入一个死寂状态中去，反而，民族国家文化上的独特性会赋予全球以活力。

全球化所要造就的是一个全球范围内的多元化、多样性和差异共融的国际社会，而不是用某一文化模式、制度框架或生活方式去把全球格式化成一个统一的世界。从一般性的理论上看，一个同质性较高的社会可能恰恰是合作关系不彰的社会，尽管同质性在小范围内是信任和合作行为频繁发生的基础，但是，在较大的范围，特别是在整个世界这个层面上，同质性却并未表现出对信任和合作的明显支持。在西方国家之间，拥有同质的文化、政治制度和行为模式，但它们之间的分歧甚至冲突也是经常发生的。这表明，在较大范围，特别是在全球整体的层面上，同质性不是必需的，反而，异质因素却能够导致社会构成因素的互补和交往互动。所以，不是同质性而是多元化，更倾向于提出信任和合作的要求。而且，也仅仅是在构成因素的复杂性和多元性条件下的信任和合作，才是积极的、开放的和代表着走向人类进步未来的合作。所以，全球化只有建立在民族国家的独立性、自主性得到尊重的前提下，才会拥有一个世界范围内的多元化和多样性，才会拥有合作和信任所必需的差异基础。总之，国家间的合作以及国际关系的和谐，不是建立在世界同一性的基础上的，反而恰恰是建立在民族国家间差异互补的基础上的。

三、中心—边缘模式的解构

工业化在打破农业社会的自然经济及其生活状态时，首先所造就的

---

① ［德］赫·施密特：《全球化与道德重建》，66～67页，北京：社会科学文献出版社，2001。

就是城市，然后，在城市的基础上编织起社会和国家。工业社会就是一个造就中心—边缘结构的社会，或者说，工业社会在自己的发展过程中，不断地强化社会构成上的中心—边缘结构。工业社会的中心—边缘结构在国内和国际上是同一的，发达国家把国内的那种依据中心—边缘结构而建立起来的治理模式推展到国际上去，建立了世界秩序，因而形成了世界秩序中的中心—边缘结构模式。即使在最近一个时期发生的国际事变中，我们依然可以看到中心—边缘模式作为一个思维惯性继续主导着确立国际秩序的行为。比如，美国把一些与美国相比的异质性国家称作为"无赖国家"，通过各种方式去迫使这些国家朝着它所要求的方向变革，特别是在用兵于阿富汗、伊拉克之后，要求这些国家按照美国的政治模式重建。所有这些，其目的都是要通过消除异质性因素而去建立一个同一性的世界，即建立一个以美国为中心，然后层层向外扩展的全球性的等级秩序，这个秩序在结构上表现出中心—边缘结构的特征。

一个组织、一个社会、一个国家及至全球，如果是作为一个控制体系而存在的话，它就必然在结构形态上以中心—边缘结构的形式出现。在这种中心—边缘结构中，必然有一个主导性的实体。在国际秩序上，这个主导性的实体必然会演化成终极性的霸权，即霸权国家的出现。在工业社会，特别是20世纪所生成的国际秩序，实际上一直是霸权主导下的，或者由一个霸权主导，或者由两个对立的霸权来主导。所谓"冷战"时期，无非就是由两个平等的霸权国家主导国际秩序。随着"冷战"时期的结束，国际社会作为一个控制体系而存在的合理性已经丧失，所以，以中心—边缘结构为特征的国际秩序也同时丧失了"合法性"。

在这一情况下，如果全球化是在中心—边缘结构中的霸权再度伸展的话，那么全球性的不公正性就会进一步的加剧，以至于导致冲突的剧烈化，而且道德标准和文化基础结构也会进一步地衰败下去。传统的民族国家意识在这个过程中不仅不会削弱，反而会不断地受到强化，发达国家与发展中国家的敌对也会不断地恶化。这样一来，全球化不仅阻力重重，而且会导致世界分裂和普遍的排外行为的泛滥。所以，走向后工业社会的全球化决不应当是世界的一体化，反而是世界的多样化。全球化决不意味着民族国家的终结，相反，全球化恰恰是民族国家再兴的一个重要机遇，即造就出适应后工业社会全球政治要求的新型民族国家。在当前，通过全球化的运动，民族国家会意识到必须用开放的胸怀去迎接它，从而使那些原先倾向于封闭和排外的民族国家转变成开放的民族国家。在开放的过程中融入全球化的浪潮中，通过开放获得发展的空间，获得更多的独立自主的能力和在更大的范围内开展广泛的合作。

当然，在全球化的过程中，人们发现，存在着复杂的阻碍全球化的因素，这些因素又往往无法归类。其实，在历史发展的纵向过程中看，就比较清楚了。在一定的社会历史阶段，凡是那些保守的、趋向于封闭的因素，都是从历史上继承而来的。在工业社会或者说现代化的过程中，那些从农业社会中继承而来的因素在维护民族心理、独特的价值和行为模式以及国家的政治、经济、文化边界方面，都表现出积极的功能，但是，这些因素往往有着强烈的"排异"倾向。那些在工业化、城市化的过程中新生成的因素，则表现出相反的特征，它积极地"求异"、开放和试图把一切外在于自己的因素都融合到自身之中来。甚至在更早的时期，比如农业社会的历史阶段，这一点就清楚地表现了出来。人们常说中国的儒家文化具有很强的包容性和融合性特征，那是它在农业社会的历史阶段中的表现，在工业化、城市化即现代化的过程中，它的包容性和融合性就会丧失掉。现在，我们将会看到另一种类似的情况：近代以来所出现的那些属于工业文明的因素，原先是以征服世界的开放性而展现给人的，而在走向后工业社会的过程中，这些因素将会表现出维护原有"开放模式"的封闭性，它要求维护世界性的中心—边缘结构，要求政治、经济、文化等霸权支配体系的不变……所有这些，都会成为阻碍后工业化的保守因素。

我们知道，近代以来，由于世界范围内的中心—边缘结构，造成了发展不平衡的结果，出现了发达的工业化国家与几乎处于停滞状态的农业文明共存的世界格局。而在发达的工业化国家中,又面临着走向后工业社会的课题。这样一来,就使全球化运动表现出极其复杂的情况,一方面,发达的工业化国家继续按照近代以来的世界征服模式把霸权加予那些尚处在农业文明阶段的国家,觊觎这些国家和地区所剩无几的那点最后的天然资源,从而造成所谓文明的冲突;另一方面,它又表现出拒绝后工业化的历史运动,要求把全球化纳入到它完全征服世界边缘地带的方向中去,成为平等合作意义上的全球化的障碍。因而,"对全球化文化的追求以及世界主义的理想不断地被现实的强权政治和文化的本质与特征所破坏。"①由于这些原因,产生了文明优劣的争论。对此,阿马蒂亚·森指出:"所有这些都包含一种严重的从当今'向后'推理到古代的趋势。由于欧洲启蒙运动和其他相对较晚的思想发展而成为常识、并得到广泛传播的那些价值观念,并不能真正地看作是古老的西方遗产——数千年以来实际存在于西方的文化——的一部分。在特定的西方经典作家(例如亚里士多德)的著作中,我们确实能找到的是对构成现代政治思想完整概念的某些组成部分的支持。但是对于这些组成部分的支持,也可以在亚洲传统中找到。"②所以,无所谓文明优势的问题,在走向后工业社会的过程中,一切文明都需要被放在平等、开放、合作的背景下去考察,凡是那些能够支持平等、开放、合作和共在相融的文明,就是代表人类进步的文明,就是有利于全球化的因素。

只有在工业社会的思维模式中,只有在中心—边缘结构模式中,只有在依据一个或一些中心而建立的"世界"中,才会有文明优劣的问题,才会存在着国家间的不平等,才会由一个或一些国家主导世界秩序,而其他国家处于不得不听命于强权国家的命运中。后工业化与全球化运动的同时出现,本身就意味着一场全新的走向人类未来的征程,它以打破现有的国际秩序模式为自己开辟道路。所以,全球化实际上是当今国际

---

① [英]安东尼·史密斯:《全球化时代的民族与民族主义》,19页,北京:中央编译出版社,2002。
② [印度]阿马蒂亚·森:《以自由看待发展》,236页,北京:中国人民大学出版社,2002。

秩序中的中心—边缘结构模式的解构,只有通过这一解构,才能重新确立起民族国家自主和平等共在的国际新秩序。

第二节 全球化与共同体建构

一、全球化不是征服运动

从近10多年全球化浪潮的涌动来看,它对我们的影响越来越大,它会越来越深刻地影响我们的生产、生活和观念,会对我们现有的治理结构提出挑战,甚至会对我们的行为模式提出变革的要求。就人类社会以往的发展历程而言,各个民族或国家,都主要是在其内部获得发展动力的。如上所述,虽然从15世纪开始,由于航海技术的发现,西方国家表现出强烈的海外扩张和征服世界的愿望,而且,在殖民化的过程中,西方国家曾经用自己的理念和需求去驯化殖民地。在整个20世纪,西方国家在推广自己的制度模式和治理方式方面更是无所不用其极。但是,西方国家的所有努力都未曾表现出如其主观愿望那样而把世界改变成它的复制品。相反,在第二次世界大战后,出现了大批按照自己的文明传承来重建国家的民族国家,这就是民族国家的兴起。以印度为例,自从"东印度公司"建立以来,西方国家一直试图控制它和改变它,但是,它的民族国家特征从来也没有被磨灭。然而,20世纪后期以来的全球化浪潮却给人以空前的全球一体化的发展映象。这是不是意味着西方国家在几个世纪以来通过武力和资本未能征服的世界而被全球化浪潮所改变呢?显然,这是一个重要的课题,如果我们不能对它给予回答,也就意味着我们将在全球化的过程中被动地接受全球化浪潮的裹挟。所以,认识全球化及其趋势,是一个国家自主自觉地去建构自己的社会的需要。

从近10多年东西方国家对全球化问题的态度来看,有着很大的不同。西方发达国家对全球化表现出极大的热情,极力倡导和推荐全球化。然而,发展中国家对全球化则表现出观望和怀疑的态度,即使是一些渴望开放的发展中国家,对于经济全球化抱持着欢迎的态度,而在政治上则表现得极其谨慎,甚至经常性地表现出怀疑甚至拒绝的态度。实际上,全球化是一个不可遏制的历史趋势,是一个客观性的必然进程。为什么东西方国家对于全球化会有着如此不同的态度呢?在很大程度上,是基于近代历史的经验而对全球化产生了误解。也就是说,无论是发达国家还是发展中国家,都把全球化理解成近代以来资本主义世界征服运动的延伸,认为它是在新的历史条件下西方国家继续征服世界的运动。如果持有这种观点的话,不仅不会把全球化看作为人类社会发展的一次机遇,反而会作出错误的行为选择。

由于东西方国家都把全球化误解成西方国家近代征服模式的延续,所以会对全球化持有两种完全相反的态度。西方发达国家在全球化中所看到的是再一次征服世界的机遇,因而会信心大增。而发展中国家则会再一次作出抗争的准备,时刻防范着西方国家任何一项征服行动的意向。从西方国家近些年的实际行动看,的确是在这种误解的基础上去动员一场世界征服运动的,只是新的征服运动不是在资本的名义下而是在文明的名义下进行的。比如,美国发动的在阿富汗以及伊拉克的战争,实际上都是在文明冲突的理论基础上所开展的行动。

文明决不是靠征服传播的,任何宣称传播文明的征服行为都是反文明的,即使它认定被征服的对象是野蛮的,它的征服行为也肯定比它所认定的对象还要低下。一般而言,西方文明代表了工业文明的最高成就,与其他没有经历工业化或工业化不充分的民族相比,达到了更高的文明程度,但是,如果西方人应用武力而把自己经济上和政治上的文明成就加予中东等其他地区的话,那么,只能说是暴露出了西方文明背后隐伏着比那些野蛮民族和国家更野蛮的一面。

近些年来,由于对全球化的误解,造成了一个奇怪的现象,那就是:一方面,经济全球化势不可挡;另一方面,"政治部落化"也表现出强劲的势头。其原因是,经济运行的客观性和资本的征服力量都较少地受到主观意志的干扰，而政治却更多地取决于人的安排，当人的观念还停留在对工业社会"分而治之"技巧的衷情时，不同国家、民族和地区间相对立、相冲突的意见就无法消弥。本来，在有限接触的情况下，意见相左仅仅造成间歇性的冲突，而经济全球化则使接触频繁化，所以，冲突必然加剧，而这种冲突又促使政治更加部落化。特别是经济全球化对弱小国家、欠发达地区造成一定程度伤害时，政治部落化就会进一步受到区域性的特定情绪的支持。毫无疑问，经济全球化如果被期望为健康的、稳定的的进程，就需要得到政治全球化的支持，而政治全球化决不能由某一或某些大国把自己的政治理念和模式强制推行到世界各地来实现。历史也必将证明，在21世纪初期美国用"反恐战争"的名义推行其政治模式的行为是错误的。经济全球化所需要的政治全球化应当是一个无法在历史上找到复制模本的过程，他需要全新的政治理念，需要在对合作秩序的追寻中进行。

由于政治的部落化，一些西方学者感叹西方国家的控制力减弱了。其实，西方国家对世界其他地区控制力的逐渐减弱并不意味着西方文明的衰落，反而是西方近代的工业文明得到普遍模仿和效法的结果。这说明，当近代工业文明征服了世界的时候，西方国家对世界其他地区的形式上的控制的情况下也能按照西方人的思维方式行事，做出合乎西方国家利益的行为选择。正如吉登斯所指出的："'西方的衰落'这一短语通常意味着历史变迁中的一种循环概念，现代文明据此被简单地看成是诸种文明中的一种区域性文明而已，而其他文明则已在世界其他地区先于现代世界出现了。文明有它们的青年期、成熟期和老年期，当它们被其他文明所取代时，全球权力的地区分布就开始发生变化。但是，……现代性不仅是种种文明中的一种。西方对世界其他地区控制的日渐减弱，并不是最早诞生于西方的种种制度的冲击力逐渐减弱的结果，倒是它们全球性扩张的结果。经济、政治和军事力量曾经给予西方最高权力，并且建立在……现代性的四个制度性层面的结合上，如今它们却再也不能如此明白无误地把西方和其他国家区别开了。我们可以把这个过程看成是全球化……的过程之一。"①如果全球化表现为这种情景的话,那是最合乎西方国家的利益的,所以,西方国家现在要做的工作仅仅是对那些尚未被西方工业文明所征服的地区加以征服,当代世界的冲突了也主要存在于这些地区。

然而,在这个"全球化"的过程中,我们看到了人类历史正处于一次新的转型过程中,西方国家的工业文明对世界的征服,促进了这次新的历史转型,为后工业社会的到来作了物质上的和科学技术上的准备;同时,作为工业文明构成部分的各种制度以及行为模式和思维方式,又会成为开辟后工业文明的障碍。正是在此意义上,吉登斯说:"我将把后现代性解析为脱离或'超越'现代性的各种制度的一系列内在转变。我们还没有生活在后现代的社会氛围中,但是,我们已经能够瞥见那不同于现代制度所孕育出来的生活方式和社会组织形式的缕缕微光。"②

二、全球化不是同质化

近代社会的全面分化滋养了黑格尔一系的同一性幻想,并对资本和暴力的征服提供了理论支持,似乎在"分无可分"的民主文化征服全球之时,也就是同一性最终实现之日。但是,普世一体的愿望永远都不可能实现,无论希特勒把地球仪拥抱得多紧,也不过是清梦一场,只是徒然无益地增多了战争和灾难,制造了更多的敌人。我们可以断言,西方世界即使把民主和选举成功地强加到阿拉伯世界,也只是制造出了更加强大的敌人而已。一切有意或无意的同一性追求,都无非是农业社会野蛮扩张的续篇,人类的无界交往越是频繁,同一性追求的危险就会越大。所以,全球化不应是用资本征服取代暴力征服的运动,反而,恰恰是尊重差异、尊重选择、承认多样性的社会进步。全球化的结果是差异的共在,多元文化的相互补充和相互促进,而不是征服、歧视和凌辱。就哲学史而

---

① [英]安东尼·吉登斯:《现代性的后果》,45页,南京:译林出版社,2000。
② [英]安东尼·吉登斯:《现代性的后果》,46页,南京:译林出版社,2000。

言,从康德经验性的"普遍立法"到黑格尔哲学直白式的"同一性",实际上都是近代社会强者的逻辑,只有抛弃这一逻辑,才是向后工业社会转型的正途,才会保证全球化的实践健康行进。

也就是说,全球化决不意味着造就出全球统一的同质社会,反而恰恰是把不同区域的差异性包容到一体化的社会之中,以通过排除族群、地域的边界而造就出社会的多元共存。在此意义上,全球化的结果也就必然是多元化。多元共存的社会之所以不会造成导致整个社会危机的冲突,在心理上和观念上取决于人们对差异的认同和包容;在行为上,则试图把差异性转化为互补性,在差异中获得整合力量,并让这种整合力量显示出了同质因素的集合力量所无法比拟的强势和优越性。如果说工业化和城市化造就了一个地域性的陌生人社会,那么全球化、信息化则造就了一个全球性的陌生人社会,它更需要人们能够与陌生人相处,尽可能快而稳固地与你所邂逅的陌生人之间建立起一种互信。

认真地考察可以发现,在世纪交替过程中的新一轮国际冲突、民族冲突或曰文化冲突的烽烟再度燃起依然是又一次拒绝多样性的两大阵营间的冲突,即一方试图把单一性的(比如民主的)制度、理念、文化等强加于另一方,以求实现全球在制度、理念、文化等各个方面的同一性,而另一方坚决拒绝自己所拥有的单一性被对方排斥、压抑和扫荡,从而出现了冲突。由于冲突双方在实力上的悬殊,就以一种极其"非常态"的形式出现了。但是,这决不应成为强势国家彻底消灭弱势国家的理由。相反,走向未来的解决冲突方案首先是确立承认多样性的理念,倡导民主的一方首先应放弃民主霸权,另一方也应学会在开放的环境中改善民族自身所拥有的一切,顺应历史走向未来多样性的客观趋势,根据多样性的理念处理各种各样不和谐的问题。这就是和平和合作的前景。根据多样性的原则建构共同体就能够最大可能地化解外部冲突和内部分化。因为,只有尊重多样性的原则,才会有积极的方案和积极的行动。这与传统共同体的形成是完全不同的。因为,传统的共同体形成于地域、血缘、历史或政治的基础上,基本上是消极的、被动的自然形成过程,它把多样性和差异的方面消蚀掉之后,才纳入共同体。积极建构的共同体不仅不排斥多样性和差异,反而从多样性和差异出发寻找治理共同体的方案。承认多样性、尊重多样性,就是共同体所拥有的一致性,有了这种一致性,共同体的建构就是开放的和积极的,普遍的合作治理也就拥有了坚实的基础。这就是卡蓝默所憧憬的境界:"一个地方的共同体重新制定当地的规则,这不但不危害国家及地球的一致性,反而赢得对其特性(通过共同创造的规定表现出来)的承认和对其属于一个更大的共同体的认可(通过考虑到普遍的指导原则体现出来)。"[1]

正如学者们看到的:"在'全球资本主义'理论的视野中,诉诸认同和差异的族群政治就不过是一种原质主义悖论:构成一个族群的原质——无论是语言还是肤色,邻里关系还是亲缘关系——早已全球化了,从而诉诸原质的族群政治不过是一种建构。因此,族群政治在一定程度上不是源自某种特殊的传统,而是源自对这种特殊传统的建构。"[2]其实,不仅政治的基础已经转化为一种建构性的事实,在全球化的进程中,一切领域都会表现出类似的情况,民族或地域传统的原质因素要么被解构、被消解,要么被改造为具有全球性新质的因素。原质性的存在如果不得到合理的改造,就不可能成为有生命力的存在物。而这个原质性存在的被改造过程,就会表现出复杂的情况,其中必然包含着各种各样主观设计的因素。人们以什么样的方式和朝着什么方向对原质存在进行改造,是一个主观选择的过程,在这种选择行动的意义上,决定论的原则往往受到忽视,其实也应当受到故意的忽视。决定论所能够解释的是什么样的改造成果被保留了下来,也就是说,通过对人类各民族、各地区原质性存在的改造而实现的具有全球性意义的建构如果得到历史的认可,就必然是合乎历史要求的。族群建构的成果可能会有一些如昙花一现,而更多的成果则会在全球范围发生影响,为其他族群所认同、接受和容纳,从而

---

[1] [法]皮埃尔·卡蓝默:《破碎的民主——试论治理的革命》,92页,北京:三联书店,2005。
[2] 汪晖:"文化与公共性·导论",载汪晖等主编:《文化与公共性》,8页,北京:三联书店,1998。

实现全球化。所以,全球化条件下的人类进程具有一种全新的特征。人类以往的历史进程表现为原质性存在的征服——传播——扩散——冲撞——融合——变异——新原质存在诞生,这几乎可以看作是一个自然选择的过程,除了一些极其微观状态下的个人行为之外,我们是无法谈论所谓主观建构的问题。全球化过程中对原质性存在的扬弃和超越,则完全是通过主观建构而实现的,从而让自主自觉的创造性建构活动来证明人类历史是可以加以规划的,我们应当拥有什么样的未来,是可以在对既往存在的原质性因素的改造中来加以建构的。

哈贝马斯说:"政治一体化把所有公民都联合了起来,但它所具有的伦理内涵对于国家内部围绕着各自善的观念而形成的伦理—文化共同体之间的差异必须保持'中立'。"①其实,政治一体化的结果并不仅仅是政治在各国、各民族的伦理差异之间保持"中立",在很大程度上,意味着原先那种意义上的政治日益式微,政治在用自己的普遍性征服世界的时候也丧失了自我。反而,各国、各民族的伦理差异成了相互认同的前提,甚至,正是这种伦理差异使各国、各民族在全球范围内通过相互承认而展开大范围的合作。就各国、各民族之间的合作而言,罗尔斯的政治上的"重叠共识"即不可能产生、存在,更不可能发挥作用。相反,只有伦理化的合作共识,才能成为各国各民族携手共建社会秩序的基础。例如,美国之所以遭到了阿拉伯世界的普遍敌视,就是因为它没有寻找伦理化合作共识的愿望和努力,它根据美国的全球利益不仅无法与阿拉伯世界建立重叠共识,甚至单元的利益共识也没有。如果美国与阿拉伯世界之间能够有着伦理化的相互尊重和承认,那么获得的就不是敌视、对立和冲突,而是全面的合作。从这个例子中,我们可以看到,在国际秩序的确立方面,甚至比国内政治更为敏感地反映了走向合作的需要。如果说国内政治在全球化的过程中还能一时固守原先的影响力的话,那么,在全

---

① [德]哈贝马斯:"民主法治国家的承认",载汪晖等主编:《文化与公共性》364页,北京:三联书店,1998。

球化以及政治一体化的过程中,国际政治的大国主导格局率先凸现了相互尊重相互承认的伦理需求,或者说,只有有了这种伦理定位,才能建立起新型的世界秩序。

不仅国际秩序的建立是这样,即使一些地区性的甚至被看作为国内冲突的问题,也需要通过伦理共识的获得来加以解决。以中国台湾为例,近些年来,由于引进西方式的政治思维方式,造成了政治共识与民族共识的冲突,这种情况如果续演下去,相信台湾社会的分裂是不可避免的。当然,台湾的执政者也可能通过强行推行政治共识的策略来扼杀民族认同的需要,那样的话,结果就会是持有民族认同的人离开台湾(因为,在政治一体化、全球化的背景下,这样做是完全可能的),从而使台湾社会"空洞化"和失去文化传承的根本。反之,台湾的执政者也可以恢复民族共识,结果就会走向与大陆的统一。如果基于后工业社会谋求伦理共识的需要,台湾社会把"统一"和"独立"的政治观念弃置一边,积极地与大陆以及整个世界谋求"多元合作"的路径,那样,台湾就会融入国际社会,特别是能够与大陆建立起良好的互动关系,从中所获得的益处自不待言。总之,政治一体化不仅像哈贝马斯认为的那样,意味着政治需要在"伦理—文化共同体"这样的个别领域中保持"中立",而是意味着政治的全面式微,在几乎每一个领域中,都不能固守原先的政治思维,而是需要用适应合作理念的伦理思维来取而代之。

三、"脱域化"与合作共同体

工业社会出现了吉登斯所说的"脱域机制",地点和地域的概念变得相当模糊起来。正如吉登斯所看到的,"脱域"化的进程是与工业化、城市化同步的,在整个被吉登斯称作为现代社会的发展历程中,人类一直在挣脱地域的羁绊。但是,长期以来,人们将此理解成人们活动区域的边界外移,是地域的扩大,直到走向后工业社会的时候,才被吉登斯准确地表述为"脱域"。吉登斯说:"前现代条件下地点的首要意义在很大程度上被脱域机制与时—空伸延消解掉了,地点变得令人捉摸不定,因为使地点得以建构起来的结构本身再也不是在地域意义上组织起来的了。换言之,地域性已无可避免地与全球性彼此关联起来。人们对某些地点的密切依恋与认同仍然存在着,但是这些地点本身已被脱域出来了:它们不仅是对基于地域性的实践与卷入的表述,而且也受到了日益增多的来自远距离的影响。例如,一个社区邻里中最小的杂货店里很可能也有来自世界各地的商品。地域性社区不再仅仅是一个浸透着为人熟悉的毋庸质疑的意义的环境,而在很大程度上已经是对远距关系的地域性情境的表现。所有生活在现代社会的不同场域的人都能意识到这一点。作为对地点的熟知的结果,无论个人所体验到的安全感是怎样的,它对脱域关系之稳固形式的依赖,与对地域之特殊性的依赖是相同的。"①

也就是说,全球化打破了地域,使地域消失,因而,全球化也可以被理解成"脱域"化,而且,"脱域"这个概念比全球化这个概念能更准确地揭示出世界一体化的实质性特征,能更多地包含社会关系变革的内涵。吉登斯的"脱域化"也被表述为"非地域化","非地域化的一个特性是我们进入了全球性的文化和信息环境之中,这意味着熟悉性与地域性不再像从前那样始终联系在一起了。可是,与其说这是一种源于地方的疏远现象,不如说它是在具有共享经验的全球化了的'社区'中的一种整合。隐蔽和暴露的边界都发生了变化,因为许多在以前看来是相当遥远的活动现在都展现在了一个公共范围中。"②面对着这样一个"脱域化"或"非地域化"的世界,在道德情感上空前强烈地提出了宽容的要求,在国家间、民族间要求文化上和政治上都更具包容性,即更加宽容;而在群体、个体间,则要求对他群体、他人的行为加以宽容地理解和对待。如果人们用中国传统文化中的"和"理念去认识国际关系的话,就会要求尊重世界各国在文化上、生活方式上以及社会治理和发展模式上的差异性;去经营人际关系,就会要求保持个人独立性、自主性的活动空间;在社会治理过

---

① [英]安东尼·吉登斯:《现代性的后果》,95 页,南京:译林出版社,2000。
② [英]安东尼·吉登斯:《现代性的后果》,124 页,南京:译林出版社,2000。

程中,就会要求尊重地域、人文、经济等各个方面的差异,以引导的方式而不是控制的方式去创造和谐、稳定和发展的环境。

"脱域化"是全球化的一个基本特征,但是,脱域化是从工业化的时候就开始了的。因而,如果简单地把全球化与脱域化相等同的话,就会在全球化中预设下两种结果:其一,它是工业社会的延伸,是一种从一个中心开始而对边缘地区的征服,这种征服不仅不能消除边缘性存在,反而会强化中心——边缘结构,它只是把那些尚未稳定地被吸纳到工业社会体系中的部分吸纳了进来,使它们被迫安置在边缘地带。其二,它是走向合作共同体的一个步骤或一个方面的运动,它重建世界经济和政治秩序,因而,打破工业社会塑就的全球中心——边缘格局,它把一切国家、一切地区都放置在一个政治、经济普遍合作的体系中,使它们处于有机互动的状态。所以,我们应当准确地去把握脱域化作为全球化特征的新内容,只有这样,才能确立合作共同体建构的目标。

就一个国家而言,正如卡蓝默所认为的那样,当今世界在政治生活中的一个重要现象是:"……共同体是一个源自历史的社会和政治建构,如果不经常去注意巩固其基础,它就总是脆弱的。因为一个共同体是需要建设的。共同体不能日日创新,但也不能仅靠一段共同的历史和过去创建时的神话或事件来维系。"[1]20世纪后期一些以国家的解体为特征的共同体分化甚至瓦解,都表明传统的"社会和政治建构"是有缺陷的,通过共同体创建时的"神话或事件"去强化共同体的同一性是有局限性的,一旦共同体创建时的那些"神话或事件"失去了对共同体的整合作用,那么维系共同体所花费的代价就会变得非常昂贵,以至于一个国家的政府很难有效地调动资源来支撑这一花费,即承担不起维护共同体的代价,从而使共同体走向瓦解。

当然,在共同体构成要素较为简单的情况下,运用传统做法维系共同体是很有效的,一旦共同体处在一个"失控了的开放环境"中,特别是共

---

[1] [法]皮埃尔·卡蓝默:《破碎的民主——试论治理的革命》,81页,北京:三联书店,2005。

同体自身构成要素的复杂性迅速增长,传统做法就很难奏效了。所以,需要去发现共同体赖以确立的新的基础。也就是说,让共同体无序的开放转化为与环境之间的有序互动,让共同体拥有更多根据环境变化和自身复杂性增长的实际状况去自我改造的能力。卡蓝默提出的方案是:"一个共同体的建设主要是依靠制定自己的规定,自己的架构宪章,以此作为基础并与他人联系的社会契约。在这一变化过程中,一个共同体不需要害怕在内部建立更小的共同体,而所需要的倒是相反。因为任何共同体,不论其规模大小,本身必然具有多样性。一致性与多样性的关系开始于地方这一层。将共同体建立在单一性的基础上必然要走进死胡同。"[①]

也许人们会争辩说,从几个世纪以前开始,我们就进入了一个多样性的世界。的确,在工业化、城市化的过程中,陌生人社会本身就意味着多样性超出了个人经验认知能力所能够把握的水平。但是,工业化所造就的多样性世界还属于简单多样性的范畴,是可以被匡定在同一性、单一性结构中的多样性,如果站在共同体的外部看,多样性是被掩蔽在单一性和同一性框架背后的。在走向后工业社会的过程中,由于共同体开放程度的提高,会迅速冲破单一性、同一性的框架,从而使多样性浮现出来。这样一来,我们就进入一个真正陌生人的社会。此时,工业社会人与人之间的经验性陌生也就开始转化为共同体现实与未来间的陌生,不确定的未来迫使社会治理放弃稳定的、不变的、固定的行为模式和结构,以至于必须用更多的灵活性去适时解决现实问题,求得未来不确定性程度的降低。

就历史前行的现实状况看,全球化的过程中将出现两类共同体:一类是泛共同体。人类会以一种全球共同体的形式出现,就这种共同体是全球性的、泛化了的共同体而言,它不再是传统意义上的相对封闭的,排外的与其他共同体并存的共同体了,而是一个全球性的共同体,它也同时

[①] [法]皮埃尔·卡蓝默:《破碎的民主——试论治理的革命》,81~82 页,北京:三联书店,2005。

意味着历史上曾经存在过的一切共同体形式的消失。在此意义上,"泛共同体"就是非共同体,因而,全球化也意味着非共同体化。另一类是核心共同体。如果说全球化是一种必然的历史趋势,是得到了科学、技术、制度及其人类行为的扩张本性支持的历史趋势,那么,人类既存的共同体必然会被全球化的过程撕裂、打碎。也就是说,既存的共同体的边界会被冲破,内部会出现分化和分裂,共同体中的大部分因素被全球化浪潮所裹挟,化作奔腾前进的洪流,而共同体中的另一部分则会背道而驰,形成一些规模较小但凝聚力很强的"核心共同体",并在反全球化的战场上积极斗争,甚至会不择手段,而且无所不用其极。这些核心共同体会遍布全球,会以各种各样的面目出现,恐怖的武力对抗只是其中的一种形式。实际上可能对人类造成更大威胁的还不是这种被称作为"恐怖"的形式,而是当民主和法制被推及全球后所包容的无数核心共同体之间的冲突,这种冲突以及冲突的解决会把人类导向错误的方向,甚至会出现人类走向消亡的危机。如果这样的话,那无疑是人类的悲剧,到了那个时候,人类再行意识到通过合作社会的建立来挽救人类的话,其代价之大是难以想象的。如果全球化是西方中心更大范围的向边缘地带的扩展,这种结果又是不可避免的。

由此看来,对于全球化问题,是需要有着明确目标和清醒意识的,全球化的过程是需要加以规划的,决不能任由全球化的过程盲目地陷入当今世界中心—边缘结构在更大范围的扩展。进一步地说,正在发生的全球化进程必须被确认为世界走向合作社会的桥梁,全球化本身并不是目的,目的是通过全球化而提升人类避免各类危机的能力,建立起一种全球性的合作秩序。所以说,全球化中是不允许存在征服的,无论是通过武力对人的征服还是通过资本对市场的征服,都是早期资本主义殖民化历程的再现,都是有害于全球化的。事实上,在当今国际政治格局中的强势国家与国内政治格局中的强势集团一样,所代表的都是保守的势力,他们都竭心尽力地试图维护已有的强势地位,试图阻挡任何能够改变已有格局和推动历史进步的创造性成就。所以,在走向合作共同体的进程中,反对力量在国际上来自于强势国家,而在国内,则来自于那些强势集团。但是,走向合作共同体的社会运动又是历史的必然,当前的强势国家在其枉然无力的阻挡中只会使自己走向衰落的命运。

总之,全球化决不应是中心—边缘结构更大范围的扩展,而应是中心—边缘结构的消解。如果全球化仅仅是某一中心的扩张,它的结果就是消灭多样性,消灭差异,消灭民族,最终也将从根本上把人消灭了。全球化应当是消灭"敌人"的过程,如果在消灭"敌人"的过程中也将"人"消灭了,无疑是一个不可逆转的悲剧性结局。其实,全球化的合理方向是把一切有对立倾向的人转化为同一共同体不可缺少的构成分子,即转化成合作者。因此,全球化决不能停留在形式上的统一化,它不是万流归宗地汇入主河道,既不是人类物质文明的汇流,也不是人类精神文明成就的大融合。相反,全球化要尊重人类既存的一切差异,即使对于那些起着消极作用的差异因素,也要引导到积极的方向上去。也就是说,全球化将打破陈腐的、封闭的政治和行政区划,把各种各样普遍联系的因素解放出来,形成世界范围的合作体系。我们也发现,全球化在中国几乎没有引起任何心理振荡,这一方面是由于开放的理念已经深入人心;另一方面,也可以从中国固有文化的包容性中找到答案。所以,全球化的文化心理支持可能存在于中国文化之中,正是中国人,应当担负起规划合作共同体的责任。

四、自主性基础上的合作秩序

近代社会,随着民族国家的兴起,世界是作为一个有限开放的分立式的政治单元体而存在的,民族国家间存在着有限的开放通道,但是,这种开放是受到严格限制和督察的。每一民族国家内部,存在着相对独立的自主秩序,用现代化的方式在较大的空间范围内延续着农业社会那种区域性的自主、自助和自足状态。然而,近些年来,随着全球化浪潮扑面而来,民族国家自主、自助和自足的状态不断地受到挑战,强烈地感受到不得不去迎接充分开放的压力,而在开放的条件下,原先那种分立形态中的自助与自足不得不被放弃,而民族国家的自主却是需要加以维护的,是任何一个民族国家都不愿放弃的最后防线。但是,如何才能在全球化即充分开放的条件下去维护民族国家的自主性呢?这无疑是一个全新的课题。

应当承认,全球化对民族国家的自主性造成了冲击,它正在不断地削弱民族国家的自主性。其一,经济的开放和全球市场的形成,会要求民族国家从属于统一的世界性的经济活动规则体系,甚至民族国家对国内经济活动的干预,也需要根据全球市场的要求而进行政策以及行为选择,这无疑是说民族国家的经济自主权已经受到了世界性的经济活动规则的限制,如果过激地理解的话,也许还会认为这是对民族国家经济活动自主权的剥夺。其二,全球化与信息化的同步发展,造就了世界性的舆论体系,它时时关注着民族国家的内部政治事务;同时,世界性的政治组织体系也不断地得到加强,在一切可能的情况下,它会介入到民族国家的国内政治事务中去,对民族国家的政治事务进行干预。这样一来,使民族国家的政治自主性受到了限制。其三,由于民族国家的开放和文化交流的频繁化,异域文化不断地在民族国家中掀起波澜,对民族国家的固有文化形成冲击,改变着人们的文化观念,也迫使民族国家政府在文化管理上不得不选择妥协退缩的方式,这也表现为文化自主性的削弱。但是,全球化仅仅意味着这样一种民族国家受到削弱,这种民族国家是一种"以拥有对一块领土的主权统治为特征的、在调控能力上胜过传统政治形式(如古老帝国或城市国家)的国家。"[1]如果民族国家在全球化的进程中,实现自身的转型,就不仅不会丧失自主性,反而能够增强自主性。这就需要对自主性的内容和性质进行梳理,去发现那些具有新的生命力的自主性。其实,在后工业化的背景下,在全球化的条件下,民族国家的自主性首先是合作的国际交往的自主性。

民族国家的存在以及自主性的拥有,是国际合作的前提,因为,统一

---

[1] [德]哈贝马斯:"超越民族国家?",载《全球化与政治》,78页,北京:中央编译出版社,2000。

的、格式化的和无差异的国际社会将意味着合作是没有意义的,而没有合作也就没有和谐。或者说,统一的、格式化的和无差异的国际社会只会是一个等级化的国际秩序,它只需要由一个国家或一个国际机构发号施令就足矣。至多,它也仅仅是以一种官僚制形式出现的等级化的协作体系而不是合作体系。所以,在文化上,全球化是一个民族国家间相互对话、相互合作的过程,而不是把所有的民族国家消磨成单一的同质性的世界体系构成因素,全球化所造就的世界共同体是一个多元化的、差异互补、和谐共存的世界,民族国家间是一种平等的关系。也就是说,迄今一直存在着的世界性的中心——边缘结构被彻底地解构了,不仅一极的霸权不具有存在的合理性,而且多极的霸权也不具有产生的合理性。也就是说,全球化所要构建的全球秩序必须以合作理念的确立为突破口。因为,有了合作理念,才会在这种理念的基础上生成全球意识,才能以开放宽容的心态面对多样性的世界,才能重塑拥有充分自主性的民族国家。

在回答"我们怎么才能建立一种非霸权的全球化模型"时,马丁·奥尔布罗说:"在这一时刻,我们必须认识到我们的思想已经停滞了很长时间,我们需要一个新的开始。"[①]也就是说,我们长期停留在工业社会的以征服为特征的全球扩张思维中,停留在世界的中心——边缘结构模式上,停留在反抗霸权而又不得不承认霸权的心态中。现在,我们需要拥有新的观念,这种观念的基本精神就是世界是由多样性的民族国家所构成,它们之间的差异是合作的前提,它们的自主性是合作的基础。进一步地说,它们的合作不是为了获取某一具体利益的途径,而是构建和谐国际的必要的行为模式。一旦确立起合作的理念,民族国家间就会通过平等讨论和协商去解决分歧,求同存异,尽可能多地去相互理解,尽可能多地去承担自己应当承担的责任,并在各自责任的承担过程中相互支持,共同追求和谐国际的目标。

[①] 见王宁、薛晓源:《全球化与后殖民批评》,78页,北京:中央编译出版社,1998。

总之，全球化时代的到来，使得以统治和服从为特征的强权型国际关系日益遭到世界范围内的反抗与抵制，以独立、平等和合作为特征的新型国际社会正在迅速生成。全球化将给我们带来一个合作与和谐的国际社会。而且，只有在这种合作与和谐的国际社会中，人类才能面对全球问题时共商解决方案。

第三节 "后国家主义"时代

一、后国家主义的出现

根据一般性的理解，国家是在原始社会的废墟上诞生的，当阶级出现的时候，也就出现了阶级统治，而阶级统治就是由国家来承担的。恩格斯在《家庭、私有制和国家的起源》一书中具体地考察了国家的起源，而且，关于国家产生的过程，现在已经成为常识。但是，我们需要指出，在相当长的一个历史时期中，人们并没有建立起国家主义的观念，在整个农业社会，虽然社会治理活动是由国家来承担的，而人们所持有的是一种"王朝"观念或"天下"观念，国家主义的观念是在近代社会生成的，是随着民族国家的生成而生成的。就国家的内部而言，则是在市民社会与公民国家分离的过程中产生了国家主义观念，在没有实现市民社会与公民国家分离的社会中，虽然民族国家在形式上已经出现，而在实质上依然存在着人对人的依附关系，国家尚未成为公民的国家，因而在很大程度上还受到"王朝"观念或"天下"观念的支配。所以，市民社会与公民国家的分离是国家主义生成的根本原因。

在整个近代社会，国家主义表现为两种形式：一种是自由主义的；另一种是福利国家的。在 20 世纪，随着"行政国家"的出现，这两种形式趋同化了。因而，市民社会受到了压抑和排挤，呈现出萎缩的景象。这也是国家主义极端化的表现。然而，到了 20 世纪 80 年代，市民社会开始再度中兴。在这一次市民社会的兴起中，却出现了新的迹象，那就是国家主义的消解,意味着人类将进入后国家主义的时代。可以相信,在一个很长的时期内,国家依然会存在。但是,国家主义的观念却会逐渐地受到削弱。这样一来,我们在人类历史上就看到了从"前国家主义"到"国家主义"再到"后国家主义"的历史发展模型。在这三个不同阶段中,分别存在着三种不同的社会治理方式。

市民社会的兴起是工业化、城市化的结果。根据哈贝马斯的研究,在欧洲,大致从13世纪末和14世纪初开始,在工业化、城市化的过程中,市民社会开始出现,这也就是公共领域与私人领域分离的过程。作为结果,是市民社会与公民国家分别成为两个既相互独立又相互作用的实体性存在。公民国家是公共领域的实体性存在,而市民社会则是私人领域的实体性存在。如果说国家是公民的交往领域的话,那么"'市民社会'被认为是一个区别于经济和国家的社会交往领域,突出地表现为自愿社团、公民大众、通讯媒体(在那时是印刷品)及一系列主观的法律权利。法治以及司法自治是市民社会的核心,因为,尽管后者能自发地形成,但它不能独立地使自己的规范和倾向('内心习惯')制度化或普遍化。使从业者们服从公平准则的法律制度和法律文化对于程序至关重要,依照程序,市民社会内部相互关联的个人的特殊目标和计划可以为现代宪政民主的普遍原则所体现、与现代宪政民主的普遍原则相一致、或者普遍化为现代宪政民主的普遍原则。"①也就是说,市民社会在与公民国家的分化中成长起来,两者又在相互影响和互动中得到发展。这就是近代社会早期市民社会与国家成长的过程。

在近代以来的整个历史发展过程中,市民社会经历了兴起又衰落的过程。美国学者琼·科恩论及美国市民社会的衰落时说:"更仔细的观察表明,损害市民社会的最重要方面是自70年代以来被误导的公共政策,它关注增长、再分配和权利而没有考虑道德关怀。这一政策导向既

---

① [美]琼·科恩:"信任、自愿社团与有效民主:当代美国的市民社会话语",载[美]马克·E.沃伦编:《民主与信任》,199页,北京:华夏出版社,2004。

是更深的分裂发展的结果又是其原因:一种有表现力的个人主义文化的成功,一种相应的社会生活分裂,以及我们公共话语的道德贫困。'程序共和体制',以及其对实体价值的中立和权利取向,不仅忽视了道德主体,而且极大地促进了道德衰败。"①也许经验感受确如科恩所说的这样。其实,科恩所列举的所有这些造成市民社会衰落的因素,都是早已存在了的。但市民社会恰恰是在这种环境中存续了几百年。虽然市民社会产生的历史源头可以追溯到中世纪,但是,自工业社会以及相应的启蒙运动作出近代社会规划以来,它一直在与科恩所说的这些因素的矛盾冲突中发展壮大。由此看来,所谓市民社会的衰落,实际上是另有原因的,那就是20世纪以凯恩斯主义为基础的政府干预模式的出现。这种政府干预模式不仅存在于经济领域,而且遍及整个社会,表现为政府干预渗透到了社会生活的一切方面。结果,政府迅速膨胀而达到了与国家相重合的地步,出现了"行政国家",而作为社会自治力量出现的市民社会则走向了衰落。

在今天,人们谈起市民社会时,往往是与社会自治联系在一起来加以考虑的,是把市民社会作为一种社会自治力量看待的。这是根源于托克维尔的贡献,正是托克维尔率先把市民社会与社会自治联系到了一起。从思想史上看,市民社会这一概念得以流行,可能是由于黑格尔的贡献。但是,黑格尔在对市民社会的分析中走向了强烈的国家主义立场上去了。因为,根据黑格尔的逻辑,市民社会所对应的是一种"自我意识",而公民国家所对应的则是"理性",即使市民社会包含着"自治",也是属于经验范畴的,是低级的和不可靠的。所以,他要求把市民社会置于国家的控制之下,并认为只有这种控制才能保证市民社会的完整性不受其内部的破坏因素所肢解。就此而言,黑格尔的逻辑推演是严谨的,也是严肃的,不像托克维尔那样仅仅凭借一些经验梳理就盲目地断定市民社会

---

① [美]琼·科恩:"信任、自愿社团与有效民主:当代美国的市民社会话语",载[美]马克·E.沃伦编:《民主与信任》,215页,北京:华夏出版社,2004。

具有自治能力。但是,黑格尔严谨的逻辑推演妨碍了他从市民社会中发现合作行为的价值以及合作关系成长的可能性,因而也就更不可能通过发现合作关系并提出重新建构社会的方案了。对于黑格尔,我们可以完全推给历史的局限性,他毕竟还处于工业社会刚刚兴起的阶段,这个社会需要突出的是人的竞争行为和关系。然而,当我们走向后工业社会的时候,社会对合作行为和合作关系的渴求远胜于对竞争关系的需要了,因而,黑格尔的理论错误也就自然而然地应当得到纠正。更进一步地说,我们应当基于合作行为和合作关系来建构组织和规划社会蓝图。

其实,从 20 世纪 80 年代起,人类社会进入了后工业化的进程,在这一过程中,市民社会再度中兴。比如,社区这一社会构成的新因素就意味着市民社会的复兴,公众生活以及在社区中所开展的活动也就是向社会自身的回归,这使近代以来的政治社会化过程以及把一切市民都改造为公民的运动出现了转折。政治系统不仅不再覆盖整个社会,反而其覆盖面会随着社区精神所及领域和范围的扩大而缩小。如果说近代社会早期的市民社会生成运动包含着摆脱政治统治的内涵的话,其实并没有达到目的,而仅仅是改变了统治的性质和方式,用管理取代了统治。在后工业化的过程中,市民社会的再度中兴,则有望告别一切形式的统治,用社会的自我管理取代由某种固定管理主体执行的具有统治形式的管理。也就是说,政府用服务代替了管理,如果说还存在着必要的管理的话,也是从属于服务的。同样,社会成员的公民资格也是服务于他作为市民社会成员的社会活动的,公民资格不仅不能代替和取消市民社会以及市民的社会生活和活动,反而恰恰是市民社会健全的必要因素。

从现象上看,人类社会又一次进入了市民社会与公民国家对立统一的状态中。所以,在当前的理论探讨中,人们往往根据工业化时期市民社会兴起的经验,以为会进一步强化权利观念。因而,在学者们关于现实社会的研究和思考中,"市民社会的狭隘概念掩盖和误解了一些重要问题,这倒不是这些问题不存在。毫无疑问,福利国家范式、相应的合法化形式,以及市民参与、政治参与和社会整合的固定模式,今天都处于危机中。"①"无可争辩的是,市民社会的四个主要领域——多元、公开、合法及隐私的具体表现,今天都在经历重大变化。对这些转型问题的理论和实践干预表明,研究议程是以推定的市民社会特性与当代市民社会的自然特性的对立为前提的。在当代语境中,只有由制度设计的问题所体现、与自反的现代化和民主化相适应的市民社会视角,才会起作用。"②实际上,在"新市民社会"兴起的条件下,所强化的不是权利观念,而是社会合作的理念。在合作理念中,权利观念不仅不会受到强化,反而会大大地削弱。尽管在一些后发展国家中因对工业化的补课需要而表现出了对权利观念的强化,但那不是历史潮流。摆在我们面前的全球性现实是后工业化的进程,是一个工业社会的意识形态式微和后工业社会合作理念逐渐成长的过程。这样一来,就不再是对市民社会传统的恢复要求,而是一种瞻望前景的研究视角了。也就是说,应当赋予市民社会的概念以新的内涵,以适应观察市民社会转型的需要。反过来,形成重建市民社会的理论和方案,从而保证后工业社会的治理体系也被建构在新型市民社会的坚实基础上。

所以说,在后工业化的过程中,市民社会呈现出复兴的景象,而市民社会的复兴又表现为"后国家主义"的出现。同时,它也意味着市民社会与公民国家之间的对立统一并不是历史的终点,相反,恰恰会在社会自治中得到超越。或者说,它不仅是对公民国家垄断社会治理的超越,而且也是市民社会自身的自我扬弃。就此而言,它与托克维尔等人所观察到的,以及黑格尔用思辨的"自我意识"概念所表述的早期市民社会的自治之间,有着实质性的差别。新的社会自治运动,是市民社会与公民国家分化历程的历史"合题",是近代以来"领域分化"历史的结束,在社会

---

① [美]琼·科恩:"信任、自愿社团与有效民主:当代美国的市民社会话语",载[美]马克·E.沃伦编:《民主与信任》,226页,北京:华夏出版社,2004。
② [美]琼·科恩:"信任、自愿社团与有效民主:当代美国的市民社会话语",载[美]马克·E.沃伦编:《民主与信任》,227页,北京:华夏出版社,2004。

自治力量的成长中,公民国家与市民社会的界限会变得模糊起来,进而使宪政民主原则下的整个治理体系发生根本性的变化。

二、新社会自治运动

福山说:"马克思理想的'国家萎缩'境界,只有在社会具备非常高度的自发性交往时,才有可能发生,届时所有行为的限制和规范都是人们内在自然流露出来,而不是外界强行施加的。"[①]这个境界的到来可能要在很远的未来。但是,在国家尚未明显地显示出萎缩的景象时,国家主义观念的式微却已经呈现了出来。在这种情况下,我们需要在社会自治以及自发性交往日益增加的现实中去作出行动方案的设计。其中,最为主要的就是去思考如何根据新的现实需要去进行社会治理模式的建构。

对于20世纪后期再度兴起的市民社会以及"新社会自治运动",人们往往提出了加以法律规范的愿望,要求将其纳入法制的框架,使其融入已有的治理体系之中。而且,由于受到近代以来所形成的思维定势的影响,社会自治主体在行为和交往过程中也习惯于根据契约的原则来确立人们之间的关系。但是,在这场新社会自治运动中,我们也隐约感觉到大量非契约化关系的存在。在具体的社会治理过程中,自治组织及其成员的行为往往表现出一种道义责任,是道德力量促成了这些行为的发生。如果根据契约论原则,有许多事是可做可不做的,而在做了比不做要好的可能性中,自治组织及其成员往往做了,这就是对契约以及契约原则的超越。在这类问题中,法律往往是无法明确规定自治组织及其成员必须去做的。同样,政府在社会治理的过程中也往往缺乏主动性的动力,事实上,依据官僚制模式而建立起来的政府,对社会治理过程中的那些可做可不做的事,往往采取逃避的态度,世界各国无一例外。只是在社会自治组织中,我们才看到更多的这一方面的积极表现。

在《自组织的宇宙观》一书的开篇中,美国学者埃里克·詹奇作了一

[①] [美]福山:《信任:社会道德与繁荣的创造》,371页,呼和浩特:远方出版社,1998。

篇意味深长的描述,他说:"从日常生活经历中,我们都很清楚打开水龙头时会出现什么情况,起初,水流是平稳的、透明的,呈圆柱形,物理学家称之为'片流'。但是我们若把水龙头开得更大,从而增大了水压,上述图象就会在某一确定点发生突然变化,水流变成了多股,它本身表现为一种动力学结构……这是一种典型的湍流,可以保持不变,但如果把水龙头开得更大些,这种状态又会转变为另外的结构相类似的湍流。看上去几乎是静止在那里的美丽的片流规则性消失了,无序似乎在这里取得了支配地位。"①对于这一现象,詹奇解释说"湍流中实际上存在着一种更高程度的有序法则。在片流中,各个水分子的运动遵循某种随机统计规律,而湍流则把水分子运动聚集成为具有整体效应的强水流,允许贯流增强。"②如果我们把詹奇所描述和解释的这一水流现象用来理解人类社会,也是完全适用的。

在农业社会的发展和运行过程,就似"片流";到了工业社会,社会发展和运行的速度、速率都增强了,所以表现为"湍流"。再到了后工业社会,社会运行的速度、速率又会进一步增强,因而会有着新的结构形态。20世纪后期开始出现的这场"新市民社会"及其"新社会自治运动"就是发生在从工业社会向后工业社会转型的过程中的,它在社会构成方面表现出了复杂性、多元性以及不确定性的与日俱增,在社会治理过程中则是以各种各样社会自治组织迅速而大量的涌现为标志的。这都说明社会的发展和运行由于速度、速率的增强而出现了新的结构形态。这种新的结构形态则意味着新的秩序。如果我们不能根据新的结构形态去捕捉新的秩序特征的话,社会就有可能陷入无序的振荡中去。

我们知道,当社会还是一个封闭系统的时候,它关注的核心问题是稳定。事实上,在常态情况下,权力体系的稳定功能也是非常有效的。相反,当一个社会是一个开放系统的时候,各种各样的复杂因素就会对系

---

① [美]埃里克·詹奇:《自组织的宇宙观》,27页,北京:中国社会科学出版社,1992。
② [美]埃里克·詹奇:《自组织的宇宙观》,27页,北京:中国社会科学出版社,1992。

统的稳定性造成冲击,系统中的许多要素都可能成为不确定的因素。这时,如果把系统的稳定作为直接目标的话,不仅非常困难,甚至是不可能的。所以,只有在社会的运行中选择诸如效率等其他因素作为直接目标而把稳定作为直接目标实现之后的必然结果来加以接受。在现代化的过程中,我们发现一些民族国家由封闭走向开放,但是,一般而言,这种开放如果能够避免剧烈振荡的话,都是从经济领域开始的,经济领域首先实现了开放,但文化的和政治的领域依然处于封闭状态。虽然这会造成文化、政治同经济之间的不谐和、不相适应,甚至会在一定程度上限制或阻碍经济的发展,但是,却能够有效地避免整个社会陷入某种突如其来的灾难。也就是说,这是一条分领域、分阶段地从封闭走向开放的渐变路线。实践证明,这样一条现代化道路是可行的。当然,需要指出,从封闭系统向开放系统的转变,并不只有效率可以作为系统运行的替代目标,其他作为社会核心价值的因素也可以作为稳定的替代目标出现。比如,公正也可以作为社会运行的直接目标。事实上,在现代化的过程中,效率和公正时常是作为社会运行的二元并行目标出现的。

在谈到自组织发展的未来走向时,詹奇又说:"未来将主要取决于两个因素。一个因素涉及等级控制的不断减弱,它不但与人类系统,而且与放弃单一的、孤立的文化引导形象的思想相联系。另一个因素则涉及子系统的自主性的不断增强,也就是说,意识的增强。"[①]其实,在当前这场后工业化的运动中,詹奇的论断已经在很大程度上得到了证实,特别是在社会治理过程中,大量的社会自治组织都在似乎有意识地证明詹奇的论断。就后国家主义的出现而言,它是以社会构成要素的多元化为特征的,也正是社会的多元性而不是同质性更便于社会自治的形成和发展。一般说来,当一个社会的同质性较高的时候,更倾向于在这个社会中形成集权模式,而在社会同质性较低而多元性较强的情况下,则倾向于助长社会自治组织的生成。所以,后工业社会的复杂性和多元性恰恰

[①] [美]埃里克·詹奇:《自组织的宇宙观》,292页,北京:中国社会科学出版社,1992。

是有利于社会自治组织成长的,是社会自治赖以扩展的巨大空间。

需要指出的是,根源于社会自治需要的非政府组织的成长,并不意味着政府将会关门歇业。但是,形式多样的非政府组织将会迫使政府改变自身的性质以及公共产品的供给方式,这是一个不争的事实。虽然到了工业社会的后期阶段,管理型政府在走向自己的典型形态的时候,也已经拥有了形式上的公共性,即已经属于公共组织的范畴,但它依然具有凌驾于社会之上的特征,在公共产品的生产和供给方面也属于垄断经营,政府自身在很大程度上就是社会治理体系的全部。然而,非政府组织的出现,将会使政府变成社会治理体系中的一个构成部分,从而失去了公共产品供给中的垄断地位。因为,非政府组织的出现,削弱了社会对政府的依赖,甚至有动摇政府存在基础的倾向。在这种情况下,政府就受到了迫使它不能再按原先方式运行的压力,它不得不改变自身,把过去那种凌驾于社会之上进行发号施令、被动地等待社会问题的出现再提出解决方案的行为方式,改变为主动地与非政府组织积极合作、共谋社会治理计策的行为取向。也就是说,政府在公共产品的生产和供给过程中,就必须与非政府组织开展有效的合作。

我们知道,从 20 世纪 80 年代开始,全球都进入了一个行政改革的季节。在行政改革的进程中,"第三部门"是有着一个从战术性考虑向战略性选择的转变过程的。在行政改革运动的初期,为了使所谓"私有化运动"平衡地进行,在公共部门和私人部门之间设立了一个缓冲地带,这就是第三部门。这个时期,第三部门具有临时性、过渡性的色彩。本来,随着"私有化运动"的完成,这个第三部门也就可以终结了。但是,随着行政改革运动的深入,第三部门存在和发展却成了"新社会自治运动"的标志,以"新市民社会"或非政府组织的形式而引起了人们的普遍关注。也许在人类社会较早的历史时期中,国家的产生在一开始也是出于秩序要求的偶然性选择,但是由于它适应了历史发展的必然性,因而成了统治秩序供给的战略性资源,甚至是一种可以绵延数千年的永久性战略资源。第三部门的出现也具有相近的特征。在一开始只是作为行政改革运动中的临时性措施,然而,一经出现就展示出了旺盛的生命力,成了新型社会治理主体的必要组成部分,成了政府联结社会的桥梁,成了与政府并立的、有着竞争可能性的公共物品供给者,成了公共物品的性质从管理向服务转变的变革者。

不过,应当看到,20世纪后期以来,非政府组织作为一种社会自治力量而登上历史舞台,这决不意味着由于在政府与社会之间出现了这一"第三种因素"而构成了一种新的等级结构。在政府与非政府组织之间,决不是一种等级关系,非政府组织决不是政府的延伸,也不是一种听命于政府和看政府眼色行事的组织,它与政府之间将会建构起一种平等的合作关系,在公共产品的生产和供给上将会开展有效的合作。如果说它们之间在职能上有什么区别的话,那就是:政府将更多地担负公共政策输出的职能,而非政府组织将更多地从事更具有直接性的公共服务。

总之,由于出于社会自治需要和服务于社会自治的非政府组织的出现,从而把政府置于同它们之间的相互依存、相互制约、相互监督的关系之中了。此时,政府作为组织在公共领域中的唯一性局面被打破了,而且成了众多从事公共产品的生产和供给组织中的一种,它的主要功能也不再是直接地从事社会治理活动,即使它不能够完全从直接的社会治理活动中退出,也不是把主要精力投入到直接的社会治理活动中去了。因为,各种各样专门性的非政府组织都能够在直接的社会治理活动中发挥更好的作用,政府的基本任务转向专门为多种多样的社会治理组织提供合作治理的制度环境方面,并通过规划、引导、商谈、协调和服务等方式为直接从事社会治理的非政府组织提供支持,聚合起社会治理的合力。在这一过程中,政府与社会之间的互动性也得到了进一步的增强。因而,我们看到的是整个社会治理结构的变革,原先存在于政府内部的社会治理结构转化为政府组织与非政府组织所结成的一种更为复杂的社会治理结构。正是这种复杂的社会治理结构决定了不同的社会治理力量必须依据合作的原则而开展社会治理行动。

三、后国家主义时代的社会治理特征

国家主义是与工业社会重合的,如梅因所说,工业化、城市化的历程开启了"从身份到契约"的社会运动之门。但是,在整个工业社会,人的身份标识并没有完全消失,在很多情况下,它往往以变异了的形式继续存在和发酵,并影响着人们的交往和生活。这是因为,工业社会虽然是一个陌生人社会,但它的开放性程度还很低,还不能发挥完全消解人的身份标识的功能。网络的出现,特别是网络所造就的这种新的陌生人社会,以其充分的开放性而把人的身份标识彻底摘除了。我们知道,在一切存在着身份标识的地方,人的自由和平等都受到了严格的限制,而身份标识的完全消除,首先就意味着人的自由和平等有了完全实现的社会基础。网络的自由性不仅使人摆脱了真实身份的限制,而且使人摆脱了各自的传统文化、道德规范的约束,人们之间能够进行跨地区、跨文化、跨民族的交往,充分地享有了自由。网络的开放性使世界失去了"中心"与"边缘"的区分,权威被摧毁,精英与大众的鸿沟被填平,从而处于一种真正平等的地位。网络的平等性使不同文化、不同历史传统、不同地区、民族、国家的人们可以平等交流与对话。网络的多元性又体现了网络的包容性,不同肤色、不同信仰、不同价值观的人们都可以被容纳。这样一来,人类走向后国家主义的时代也就势在必然。

在国家主义的时代,"由理性上经过深思熟虑的契约、国家立法和舆论构成的生活模式占了优势。契约代替了家族的和谐;立法代替了农村的风俗习惯和道德态度;而公共舆论取代宗教信仰。"① 在现代社会,"掌握舆论的人用来显示他们社会的和政治的权力的方法是,赞成或者不赞成政治事件,要求国家采取某些做法和消除某些弊端,坚决要求行政改革和立法措施,总之,为了某种所谓的共同利益,依据专为自己打算的判

---

① [英]约翰·基恩:《公共生活与晚期资本主义》,183~184 页,北京:社会科学文献出版社,1999。

断方法,作出批判性的判断。"① 所以,表面上看来公共舆论所代表的是公众,而实际上则是假公众之名而达到掌握这种公共舆论的少数人服务于私利实现的目的。公众受到欺骗反而陶醉在被欺骗的迷雾中。其实,"公共舆论富有说服力的力量据说同它的真实性成反比例。"② "公共舆论最经常地是占统治地位的城市的、有财产的和受过教育的阶级的舆论;'公共'一词通常把平民阶级排除在外。"③

也就是说,在国家主义时代,"政府不仅是有组织的权力系统,同时也是协调的手段。"④ 政府发挥着整合社会的功能,在不同的社会阶层、群体和集团之间进行整合,防止他们之间的矛盾演化成冲突,如果能够有效地实现社会协调的话,还能够带领整个社会朝着所确立的目标进步。但是,就政府对社会作出协调而言,这是一个专门化的职责,也是一个被垄断了的职责。更多的社会公众在社会治理过程中是不具有实质性的发言权的,无论工业社会的治理理论如何强调民主的价值,而在现实的社会治理过程中,公众所发挥的至多只能是一种补充性的作用。事实上,公众对治理过程的关注以及被动员参与到其中去的活动,主要是为了使治理体系拥有更多的合法性。即使是在20世纪后期被学者们所积极推荐的参与治理的模式中,公众也是听命于政府的,公众的参与活动也是受政府所操控的。所以,在社会治理过程中,不存在真正的合作治理的问题。

后工业化过程中的社会复杂性的增长,导致了集中管理无力的局面。在社会治理的过程中,我们一再地看到,政府公共产品供给的一般化和标准化与社会需求的复杂性和多样性之间的冲突日益剧烈,政府一般性的公共产品供给不再能够满足不同社群的具体要求。从道德的立场来

---

① [英]约翰·基恩:《公共生活与晚期资本主义》,184页,北京:社会科学文献出版社,1999。
② [英]约翰·基恩:《公共生活与晚期资本主义》,185～186页,北京:社会科学文献出版社,1999。
③ [英]约翰·基恩:《公共生活与晚期资本主义》,186页,北京:社会科学文献出版社,1999。
④ [美]斯蒂芬·埃尔金:《新宪政论》,148页,北京:三联书店,1997。

看,长期以来对政府的道德期望就是要求它能够公正。然而,在社会需要复杂化多样化的条件下,政府单纯拥有公正的愿望是无法达到公正的结果的,它即使"一视同仁"地公正对待不同社群,而结果也可能是极其不公正的。因为,复杂形态下的社会需求是差异巨大的,政府在多样性需求面前是无能为力的。在这种情况下,根据国家主义的观念去进行改革,即使谋求分散化的管理,也会导致管理的再整合。也就是说,管理主义的整合式管理最终还将形成以政府为中心的管理体系,政府自身必然是层级制的,政府与社会之间的管理格局也会在单一中心的基础上展开,变成一种层级制的关系。事实证明,这种管理模式已经不适应时代的要求。政府单一中心基础上的国家管理整合机制变得越来越无力。不过,非政府组织在这一方面却显示出了无比优势,它能够根据具体社群的特殊要求而提供具体的服务。

非政府组织是多样的,广泛分布在社会生活的各个领域,所以,在公共产品的供给方面,能够显得更加灵活而有效,并能够最大可能地满足社会各个领域的多样性需求。同时,由于非政府组织大多属于专业化的组织,由它们来提供公共产品会有更高的效率和更低的成本。而且,由于这类组织在公共产品供给方面具有非垄断的特征,它们之间完全可以建立起既竞争又合作的关系,从而大大优化公共产品供给的质量。正是这些,构成了后国家主义时代社会治理的基本特征。所以,沿着国家主义的思路,是无法解决复杂性问题的。只有彻底走出国家主义的窠臼,用合作主义取向的合作行为体系取代之,才是根本出路。其实,托夫勒早已看到了这一现象,他说:"今天,我们正将工业化抛在后面而迅速地变成一个非群体社会。结果是越来越难于(常常是不可能)动员多数人或者甚至动员一次国家管理上的联合。"[1]这意味着国家主义失去了历史合理性,而后国家主义却与后工业化的进程一道频繁地向我们展示它的现实性。

---

[1] [美]阿尔温·托夫勒:《第三次浪潮》,467页,北京:新华出版社,1997。

国家主义根源于社会的管理要求,而后国家主义则根源于社会的服务要求。从历史上看,当社会向政府的管理职能提出要求时,增强着政府的权威。虽然根据宪政原则要求对政府的权力加以限制,而在事实上,在政府的管理职能实现的过程中,则呈现出向行政国家迈进的趋势。但是,当社会向政府提出服务要求时,政府权威则没有呈现进一步增强的迹象。因为,政府这个时候无法用原先实施社会管理的方式来提供有效的和充分的社会服务,所以,它的权威不是得到增强,相反,则呈现弱化的趋势。在政府权威弱化的过程中,非政府组织的出现起到催化作用,同时,政府权威的弱化又为非政府组织的成长解除了束缚。非政府组织的成长是与政府公共服务不充分密切相关的,政府需要非政府组织加入到公共服务的过程中来,一道构成公共服务体系。的确,非政府组织在公共服务方面也能够补足甚至部分地替代政府。这样一来,非政府组织与政府之间就会在提供公共服务方面结成合作关系。

在一些西方学者那里,我们也看到,已经出现了许多从后国家主义视角来观察社会治理的研究成果,以德国学者米歇尔·鲍曼为例,正是从后国家主义的视点出发,他不同意霍布斯的经典判断,即认为个人之间"力量的角逐""必然导致所有人对所有人的战争"。在鲍曼看来,人们之间还有另一种可能性的交往关系,那就是"合作"。鲍曼说:"在无国家区域的'自然状态'中的自制的个人之间力量的自由角逐绝非必然导致所有人对所有人的战争,相反,它能够促使个人理性地看待其个人利益,从而进行持久的合作与和平交流。没有中央秩序权力的无政府状态并非一开始就比国家社会秩序处于劣势。"①在这里,鲍曼实际上所提出的是一个假设,那就是在没有政府管制的条件下,依靠个人的"自制"也可能获得良好的社会秩序。也就是说,在社会自身,存在着天然的合作力量,这种力量为人们之间合作关系的建立提供了客观基础,从而证明人们之间合作关系及其组织形式和体制在根本上不是来源于纯粹的主观设计。

---

① [德]米歇尔·鲍曼:《道德的市场》,8页,北京:中国社会科学出版社,2003。

当然,鲍曼并不是19世纪肤浅的"无政府主义者",鲍曼只是为了强调"自然状态"中存在着客观的合作力量才淡化了国家的作用。实际上,他对国家的意义给予了充分的肯定。鉴于在国家作用和个人理性的界限方面,近代以来的思想家们已经作出了极其深入的研究,鲍曼没有必要在这一点上对思想史加以推翻重建,在他的叙述中,所包含着的一个明确意旨就是,国家是必要的,但只是作为社会健全的"辅助性的"力量而存在才是合理的。根据鲍曼的主张:"完全放弃国家框架和国家的强制手段也是不适宜的,当然这样一来,国家的性质更多是辅助性的,因为,即使没有国家权力的完整性,人们也能够依赖合作的自我生效的'社会'力量。"①应当指出,承认社会中存在着客观的合作力量,无论在理论上还是实践上,都是积极的,尽管关于这一问题的证明会显得非常学究气,甚至非常困难。但是,只要我们细心地审视我们生活于其中的社会,在竞争甚至冲突的背后,一种要求合作的客观力量是不难被体验到的。

鲍曼是这样来证明后国家主义时代的社会治理特征的:"人们在开放社会中有充分理由不去寻找只对特定人群实践美德的个体,而是寻找随时随地持有这一立场的个体,他们在所遵循的规范中兼顾行为涉及的所有人的利益而不仅仅是特定类型的人的利益。拥有许多成员的社会、人际间客观和非人化的关系、社会群体间的流动、匿名性和流动性,这一切经常被视为分割和削弱完好无损的共同体及以人性为特点的关系的破坏力量。但这些现象也意味着,刚开始没有很多共同之外的人们可以发生联系并建立关系。这些现象的后果是,尽管存在种族、国家、社会或文化的差别,人们仍可以在一起生活和工作——只有在此条件下,以无限影响范围的规范为导向的个体才会对同类的利益变得珍贵。开放社会的匿名性、动态和流动性将或有规范及特殊规范的弊端和风险完全放大,与此相应,在规范制定者看来支持确立实质及普遍规范的理由便具

---

① [德]米歇尔·鲍曼:《道德的市场》,8页,北京:中国社会科学出版社,2003。

有了最大的分量。"①

鲍曼把近代以来的社会分为"旧经济学世界"和"新经济学世界"两个阶段,在他看来,"在旧经济学世界,之所以产生对中央国家机构的需求,是因为不存在提供公共产品的自发'社会'力量。然而在这种条件下,作为公共产品的国家也不可持续,它不可避免地会成为公共弊端。相反,如果在新经济学世界中存在着有效运转的道德市场,则也存在着对公共产品的'社会'生产。之所以产生对国家的需求,不是因为没有国家就产生不了公共产品。"②可见,非政府组织的出现不仅开辟了公共产品供给的多元渠道,而且在矫治政府垄断公共产品供给所造成的"公共弊端"方面具有积极意义。在今天,我们使用公共组织的概念的时候,实际上是泛指一切提供公共产品的组织,国家、政府以及社会中的从事公共产品生产和供给的各种各样的组织都属于公共组织的范畴。这说明,在公共领域中已经出现了复杂的结构,单一的以政府形式出现的公共组织已经为多元化的组织集合体结构所取代,政府组织内部的命令—服从结构体系在公共组织间的合作结构影响下发生变革,从而使包括政府在内的公共组织进入合作制组织的建构时期。

从理论上看,自由主义代表一种国家主义,而福利国家的观念也代表一种国家主义。随着整个国家主义在20世纪后期开始走向衰落,增进个人幸福的宗旨再一次在全球范围内被提到了显著位置。这在表面上看来是近代自由主义传统的再一次全面胜利进军,其实,则是对自由主义传统的一次最为深刻的挑战。因为,在如何增进个人幸福的问题上,一切自由主义的制度设计方案都将受到淘汰。如果说20世纪流行于北欧的国家主义运动还仅仅是对自由主义传统的怀疑和反叛的话,那么,随着国家主义的衰落,自由主义的传统必然会受到被超越和被扬弃的命运,人类需要用全新的制度框架来为全新的社会关系提供迅速生成的

---

① [德]米歇尔·鲍曼:《道德的市场》,473~474页,北京:中国社会科学出版社,2003。
② [德]米歇尔·鲍曼:《道德的市场》,524页,北京:中国社会科学出版社,2003。

"温房"。这场伟大的运动首先从组织形式的变革开始,即宣布合作制组织的出现。同时,也是人类普遍的合作关系的出现。继而,将在合作制组织中生成普遍社会意义的合作制度。对于这种制度,我们也称作为道德制度。也就是说,关于增进个人幸福的追求是永恒的,关键问题是如何实现。近代自由主义传统中的各种制度设计方案都不能达到这个目标,就此而言,20世纪的福利化的国家主义起来反对它是有理由的,同样,福利国家主义在增进全体公民福利方面所表现的也并不理想,"新自由主义"起来对它作出批评也是合理的。但是,国家主义的衰落却证明了自由主义的对立物也像它一样,对增进个人幸福而言,是找不到出路的。所以,根本问题是超越和扬弃无论是自由主义的还是福利化的国家主义传统。这样一来,自由主义与反自由主义的全部斗争史也就会一劳永逸地终结了。合作主义对自由主义的以及福利化的国家主义的取代,将是人类社会的一个全新的起点。

主要参考资料

1. [美]阿尔温·托夫勒:《第三次浪潮》,北京:新华出版社,1997。
2. [印度]阿马蒂亚·森:《以自由看待发展》,北京:中国人民大学出版社,2002。
3. [英]安东尼·吉登斯:《现代性的后果》,南京:译林出版社,2000。
3. [英]安东尼·史密斯:《全球化时代的民族与民族主义》,北京:中央编译出版社,2002。
5. [美]奥肯:《平等与效率——重大的权衡》,成都:四川人民出版社,1988。
6. [美]奥斯特罗姆:《美国公共行政的思想危机》,上海,上海三联书店,1999。
7. [美]奥斯特罗姆等:《制度分析与发展的反思——问题与抉择》,北京:商务印书馆,1992。
8. [美]埃里克·詹奇:《自组织的宇宙观》,北京:中国社会科学出版社,1992。
9. [英]艾耶尔:《语言、逻辑与真理》,上海:上海译文出版社,1981。
10. [美]贝尔:《后工业社会的来临》,北京,新华出版社,1997。
11. [美]伯尔曼:《法律与宗教》,北京:三联书店,1991。
12. [美]查尔斯·L·坎默:《基督教伦理学》,北京:中国社会科学出版社,1994。
13. [美]达尔:《现代政治分析》,上海:上海译文出版社,1987。
14. [英]达尔文:《物种起源》,北京:商务印书馆,1995。
15. [美]德沃金:《至上的美德——平等的理论与实践》,南京:江苏人民出版社,2003。
16. [德]狄尔泰:《人文科学导论》,北京:华夏出版社,2004。
17. [德]费希特:《伦理学体系》,北京:中国社会科学出版社,1995。
18. [德]费希特:《论学者的使命》,北京:商务印书馆,1984。
19. 费孝通:《乡土中国;生育制度》,北京:北京大学出版社,1999。

20. ［法］伏尔泰《风俗论》，北京：商务印书馆，1995。
21. ［法］福柯：《权力的眼睛：福柯访谈录》，上海：上海人民出版社，1997。
22. ［俄］弗兰克：《实在与人：人的存在的形而上学》，杭州：浙江人民出版社，2000。
23. ［美］弗雷德里克森：《公共行政的精神》，北京：中国人民大学出版社，2003。
24. ［美］福山：《信任：社会道德与繁荣的创造》，呼和浩特：远方出版社，1998。
25. ［美］古拉斯·亨利：《公共行政与公共事务》，北京：中国人民大学出版社，2002。
26. 顾丽梅：《信息社会的政府治理》，天津：天津人民出版社，2003。
27. ［德］哈贝马斯：《公共领域的结构转型》，上海：学林出版社，1999。
28. ［美］哈拉尔：《新资本主义》，北京：社会科学文献出版社，1999。
29. ［英］哈耶克：《致命的自负》，北京：中国社会科学出版社，2000。
30. ［英］哈耶克：《自由秩序原理》，北京：三联书店，1997。
31. ［德］黑格尔：《法哲学原理》，北京：商务印书馆，1996。
32. ［德］黑格尔：《历史哲学》，北京：三联书店，1956。
33. ［德］黑格尔：《哲学史讲演录》，北京：商务印书馆，1960。
34. 何怀宏：《良心论——传统良知的社会转化》，上海：上海三联书店，1998。
35. ［德］赫·施密特：《全球化与道德重建》，北京：社会科学文献出版社，2001。
36. ［英］霍布斯：《利维坦》，北京：商务印书馆，1985。
37. ［德］康德：《历史理性批判文集》，北京：商务印书馆，1996。
38. ［德］康德：《实践理性批判》，北京：商务印书馆，1999。
39. ［德］科斯洛夫斯基：《资本主义的伦理学》，北京：中国社会科学出版社，1996。
40. ［美］理查德·布隆克：《质疑市场经济》，南京：江苏人民出版社，2000。
41. ［美］理查德·隆沃思：《全球经济自由化的危机》，北京：三联书店，2002。
42. ［美］刘易斯：《经济增长理论》，上海：上海三联书店，1990。
43. ［法］卢梭：《论政治经济学》，北京：商务印书馆，1962。
44. ［法］卢梭：《社会契约论》，北京：商务印书馆，1996。
45. ［美］罗德里克·M. 克雷默，汤姆·R. 泰勒编：《组织中的信任》，北京：中国城市出版社，2003。
46. ［美］罗尔斯：《正义论》，北京：中国社会科学出版社，1988。
47. ［美］罗尔斯：《作为公平的正义——正义新论》，上海：上海三联书店，2002。
48. ［英］洛克：《政府论》，北京：商务印书馆，1995。
49. ［英］罗素：《伦理学与政治学中的人类社会》，北京：中国社会科学出版社，1992。
50. ［英］马尔萨斯：《人口原理》，北京：商务印书馆，1992。

51. [美]马克·E. 沃伦编:《民主与信任》,北京:华夏出版社,2004。
52. [德]马克斯·韦伯:《儒教与道教》,北京:商务印书馆,1995。
53. [德]马克斯·韦伯:《新教伦理与资本主义精神》,北京:三联书店,1992。
54. [美]麦金太尔:《德性之后》,北京:中国社会科学出版社,1995。
55. [美]麦金太尔:《伦理学简史》,北京:商务印书馆,2003。
56. [美]麦金太尔:《谁之正义?何种合理性?》,北京:当代中国出版社,1996。
57. [英]密尔:《论自由》,北京:商务印书馆,1982。
58. [德]米歇尔·鲍曼:《道德的市场》,北京:中国社会科学出版社,2003。
59. 苗力田主编:《亚里士多德全集》,8卷,北京:中国人民大学出版社,1994。
60. [美]尼布尔:《道德的人与不道德的社会》,贵阳:贵州人民出版社,1998。
61. [美]诺曼·杰·奥恩斯坦:《利益集团、院外活动和政策制订》,北京:世界知识出版社,1981。
62. 彭和平编译:《国外公共行政理论精选》,北京:中共中央党校出版社,1997。
63. [美]诺齐克:《无政府、国家与乌托邦》,北京:中国社会科学出版社,1991。
64. [法]皮埃尔·卡蓝默:《破碎的民主——试论治理的革命》,北京:三联书店,2005。
65. [美]彼得斯:《政府未来的治理模式》,北京:中国人民大学出版社,2001。
66. [英]齐格蒙特·鲍曼:《个体化社会》,上海:上海三联书店,2003。
67. [英]齐格蒙特·鲍曼:《后现代伦理学》,南京:江苏人民出版社,2003。
68. [英]齐格蒙特·鲍曼:《后现代性及其缺憾》,上海:学林出版社,2002。
69. [英]齐格蒙特·鲍曼:《流动的现代性》,上海:上海三联书店,2002。
70. [美]萨拜因:《政治学说史》,北京:商务印书馆,1986。
71. [美]塞缪尔·鲍尔斯,赫伯特·金蒂斯:《民主和资本主义》,北京:商务印书馆,2003。
72. [美]施特劳斯:《自然权利与历史》,北京,三联书店,2003。
73. [美]斯蒂芬·埃尔金:《新宪政论》,北京:三联书店,1997。
74. 孙志海:《自组织的社会进化理论:方法和模型》,北京:中国社会科学出版社,2004。
75. [美]特里·L·库珀:《行政伦理学:实现行政责任的途径》,北京:中国人民大学出版社,2001。
76. [英]汤因比:《文明经受着考验》,杭州:浙江人民出版社,1988。
77. [法]涂尔干:《道德教育》,上海:上海人民出版社,2001。
78. [法]托克维尔:《论美国的民主》,北京:商务印书馆,1995。
79. 万俊人:《现代西方伦理学史》,北京:北京大学出版社,1990。
80. 汪晖等:《文化与公共性》,北京:三联书店,1998。
81. 王良主编:《社会诚信论》,北京:中共中央党校出版社,2003。

82. 王宁,薛晓源:《全球化与后殖民批评》,北京:中央编译出版社,1998。

83. 王伟:《行政伦理概述》,北京,人民出版社,2001。

84. [德]乌尔里希·贝克:《世界风险社会》,南京:南京大学出版社,2004。

85. 吴忠民:《社会公正论》,济南:山东人民出版社,2004。

86. [英]西季威克:《伦理学方法》,北京:中国社会科学出版社,1993。

87. [日]西田几多郎:《善的研究》,北京:商务印书馆,1965。

88. [英]休谟:《人性论》,北京:商务印书馆,1980。

89. [古希腊]亚里士多德:《形而上学》,北京:商务印书馆,1959。

90. [古希腊]亚里士多德:《政治学》,北京:商务印书馆,1965。

91. [美]约翰·克莱顿·托马斯:《公共决策中的公民参与:公共管理者的新技能与新策略》,北京:中国人民大学出版社,2005。

92. [英]约翰·基恩:《公共生活与晚期资本主义》,北京:社会科学文献出版社,1999。

93. 张岱年:《中国古典哲学概念范畴要论》,北京:中国社会科学出版社,1989。

94. [美]珍妮·V·登哈特,罗伯特·B·登哈特:《新公共服务:服务,而不是掌舵》,北京:中国人民大学出版社,2004。

95. 周辅成:《西方伦理学名著选辑》,北京:商务印书馆,1964。

后　记

我写了也编了一些以"伦理"为名的书,可是,我没有学过伦理学,在我的全部受学阶段没有上过伦理学这门课。当然,我的档案里是否会有这门课的成绩,我已经记不得了。

我开始关注伦理学的问题是在取得了博士学位一段时间后。为什么会这样呢？我自己也时常向自己提出这个问题。也许是由于我对社会需求的感知所使然。虽然我经常写作伦理方面的东西,却很少读这一领域中的书籍,我思考这方面的问题,主要是从当前社会的现实出发的。所以,我从不承认自己是研究伦理学的学者,对于伦理学,我是个外行。

在我发表的作品中,由于关注点更多地集中在制度结构、运行机制和行为模式科学化程度都较高的社会治理领域,引来了很多怀疑的眼光。对此,我深深地理解。因为,所有的怀疑,我可能都思考过,可以说,我写下的所有可能引发读者怀疑的文字,都是我自己怀疑的结果,我写的是我自己作出怀疑而产生的答案。所以,我多么希望读者面对我的文字时产生了怀疑,又能对这种怀疑再怀疑一下。

当然,读者怀疑较多的是我对道德功能的期许。我完全赞成这种怀疑。但是,需要指出,所要怀疑的对象不应是我(的作品),而是现实。正是我们生活于其中的现实,在某种意义上也是我们推波助澜地促成了的现实,是我们需要怀疑的。由于我们对道德评价的滥用,由于我们把一些社会现象不究根底的归入不道德的范畴,败坏了道德的声誉,葬送了道德的权威。举个例子来说,20世纪90年代后期以来,在中国学术界,抄袭、剽窃等被称为学术腐败的现象逐渐蔚为"风气",对于被揭露出来的事例,人们往往对当事人的学术道德进行谴责,对此类事件进行道德评价。就中国学术界的抄袭、剽窃行为而言,首先不是一个学术道德的问题,而是学术体制以及官僚制度所造成的。其一,我们知道,20世纪后期以来,中国出现了所谓"跨世纪人才工程"、"百千万人才工程"、"新世纪人才工程"等名目繁多的人才"大跃进"的项目,它们构成了一个学术体制。它把某些人确定为人才,然后它又把是否被确定为人才的人作为标准。我们经常看到一些高校和科研部门在介绍自己的的成绩时,把拥有多少进入这些人才工程的人作为一项指标。其实,根据这一学术体制,很多并非真正人才的人被确定为人才了,从而被给予了难以承受的压力,使他们无法按照人才成长的规律成长,做出了抄袭、剽窃之事。当然,并不是所有的这些被确定为人才的人都做出了抄袭、剽窃的事。没做,只能说明他们的道德意识很强;做了,说明他们迎合了体制的要求而成为不道德的人。归根结底,并不是抄袭、剽窃者不道德,而是不道德的学术体制、人才体制的揠苗助长逼使他们做出了不道德的事。其二,中国有着悠久的"学而优则仕"的传统,一些在科研上做出成绩的人总会被迅速地提拔到各种类型的领导岗位上,加予了他们繁重的行政事务,给予他们权力去费尽心机地压抑人才,前者是他在领导岗位上承担的正式任务,后者则是他在领导岗位上不可能不承担的非正式任务。两项任务加在一起,使他完全失去了继续从事科研的时间和精力,而他又有着强烈的维持他原先学术地位的愿望。结果,他就不能不去抄袭、剽窃了。所以,是学术机构的官员选拔制度呼唤出了学术腐败,如果要对不道德作出认定的话,首先是这项制度不道德,至于那些抄袭剽窃的人,则成了这一制度的替罪羊。

我是一个除了读书之外再无其他爱好的人,可以说,读书是我唯一的爱好。当然，近年来学会了抽烟，但我的身体天生不适合抽烟，所以，我刚学会就又打算戒掉它。读书是我的生活，也成了我的生命的一部分，一天不读书，心里就会感到空荡荡的，就会心烦意乱。我写了不少东西，但我并不真正喜欢写东西，只不过想到了一些东西，用嘴说的时候，总是惹人厌烦，才写了出来。所幸的是，写了东西还能找到地方发表，从一开始一篇文章换几十元钱得到极大激励以来，到现在，已经成了我生活的一项大财源了。为了这个，我也有理由多写一些。我是一个除了工资之外几乎没有其他财路的人，每月能拿几百元稿费，对我的生活助益极大。我若不写，怎样活命！

近些年来，时常有人劝我：少写一些，写一些精品。我知道说这些话是善意的，但在我心底，生发出的是鄙视。我相信，凡是提到过所谓"学术精品"的人，肯定都是不懂得什么叫精品的人。看看先秦的作品，吕不韦那一字千金之作想必是精品了，而现在还有几人会去读它呢？《论语》肯定不算精品，后人为它起了个名称叫"对话体"。在当初，它可能是个不伦不类的作品，但是，今人所读之先秦的作品中，可能数它第一。而且，会读的也只读它的一半，那就是孔子所说的那一半。"半部《论语》治天下"，此之谓也。什么是精品？显然，被那些无知的人称作为"精品"的东西其实只是废品。反过来说，那些喜欢谈论"精品"的人，其实就是无知的人，作为人，也只能算是个废品，甚至是有害于科学和学术的废品。那些直接思考现实的、有感而发的作品虽然不被某种学术标准所接纳，却必然影响历史，会被一代又一代人读下去。

在中国的大学里做学问而又不求谋取"一官半职"，恰似在土地都成了领地之后才去开荒种地，只是在领地的边缘地带去小心翼翼地开辟那些无人问津的荒地。根据这一比喻，做学问肯定是边缘性的活动，而做学问的人，也就是边缘人。既然处在边缘，就难免会被来自中心的力量所挤压。如若这些边缘人能够辛勤劳作的话，总会有一点点收获的。不过，不要奢望雨露阳光会降临到你的身边。更需注意的是，你的辛勤劳作也应有度，你不能让禾苗长得过于旺盛，如果你田里的禾苗长得旺盛了,那些尽享雨露阳光的人就会看不顺眼了,就会千方百计地阻挠你、制裁你。面对这一切,你的愤懑不平、怨天尤人都只会徒增烦恼,无论在何种意义上,都是无益的。所以,做学问的人,最好都能读一点佛学。边学佛法边做你的学问,其中的乐趣也是很大的。甚至,那些欺压你的人也会纳闷:这老汉怎么就打不垮呢?!

年轻人爱谈英雄,年岁大了,逐渐爱谈自己了。借新书出版之际,我就谈了谈自己,放在书末,读者大可不读。

这本书是从行政伦理的话题谈起的。伦理及其道德是人类社会的永恒话题。此前,人们更多地是从个体的人的角度去思考这一问题,现在看来,是到了需要从制度的角度思考这一问题的时候了。个人不讲道德,产生了较为严重的不利于社会和不利于他人的结果时,有法律出来解决,而制度不道德的话,法律就难以解决了。可是,现在我们遇到的问题,恰恰是制度层面上的不道德。比如,我们看到,中国有着世界上最庞大的科研队伍,然而,中国在科研方面的自主创新成果却令人汗颜,为什么?因为一切优秀人才都在所工作的单位中受到排挤。对于这个问题,人们往往用一句"中国人喜欢窝里斗"就应付了过去。的确,中国的知识分子具有较强的这方面特征。但是,我们为什么不通过制度安排去解决这个问题呢?为什么一定要把人死拴在一个单位让他们把精力大都耗费在"斗"上呢?试想,如果我们有了人才自由流动的制度安排,将会释放出多大的生产力。"窝里斗"是不道德的行为,乐此不疲者显然是不道德的人。可是,不恰恰是因为有了封闭的、半封闭的人才制度,才有了这种不道德的行为和人吗。如果人才自由流动了,就不再有"窝里斗"的行为和人了,我们的知识分子也就不再会背负不道德的恶名了。

所以,从制度的层面去思考问题,才是正途。当然,本书并没有解决这个问题,而是出于解决这一问题的目标去呼吁更多的人共同关注它。面对这本书,如果还有人对作者怀有敌意的话,作者也一并表示原谅。因为,作者依然会把他的不道德心理归于制度、学术体制以及这个历史转型期。我所要表达的深切愿望是:希望有更多的人去关注中国的前途和命运,虽然我们人微言轻,虽然中国学者的力量非常微弱,但是,如果我们能够相互理解、相互尊重的话,也许我们能够对我们的下一代发挥一定的影响。至于我,水平是有限的,写出来的东西肯定会存在着许多不足,我欢迎来自各个方面的批评指正。但是,如果一个人没有认真读过我的作品而批评和指责我的话,我只能说他不是一个学者,我瞧不起他,我也希望他的学生都能鄙视他。

谈到制度或制度的不道德问题,我想说的是:任何一个社会都应有多种制度设计方案,最好是多种方案都能得到充分的讨论,它们之间的相互辩驳更会使实践过程有更多的选择并在任何情况下都能获得适切的治理方式。如果一个社会不能接纳多种异质制度设计方案的共存,那么这个社会即使走上了一条正确的发展道路,也会很快陷入困境。学者的任务是做出制度设计,但是一位学者只可能提出一种制度设计的方案,即使拥有雄才大智的学者试图整合各种制度设计方案,结果,他所提出的也仅仅是多种方案中的一种。从事社会治理实践的人们,特别是一个社会中处于核心位置的社会治理者,应当学会在学者们提出的各种制度设计方案中分辨良莠并付诸于制度安排。社会是有分工的,从事制度设计的学者不应拥有制度安排的权力,否则,他就会表现出妄自尊大和冥顽刚愎;从事制度安排的人们不应觊觎制度设计的工作,否则,他就会在社会治理实践中朝三暮四和自以为是。在这本书中,我并不妄求提出具体的制度设计方案,我的目的是尝试着揭示社会发展的一种趋势,而且,在很大程度上,很多学界同侪已经做出了大量的工作,我仅在这些工作的基础上再行呼喊,以求引起更广泛的关注。

张康之
2006 年 6 月 1 日

凤凰文库书目

一、马克思主义研究系列

《走进马克思》 孙伯鍨 张一兵 主编
《回到马克思：经济学语境中的哲学话语》（第三版） 张一兵 著
《当代视野中的马克思》 任平 著
《回到列宁：关于"哲学笔记"的一种后文本学解读》 张一兵 著
《回到恩格斯：文本、理论和解读政治学》 胡大平 著
《国外毛泽东学研究》 尚庆飞 著
《重释历史唯物主义》 段忠桥 著
《资本主义理解史》(6卷) 张一兵 主编
《阶级、文化与民族传统：爱德华·P.汤普森的历史唯物主义思想研究》 张亮 著
《形而上学的批判与拯救》 谢永康 著
《21世纪的马克思主义哲学创新：马克思主义哲学中国化与中国化马克思主义哲学》 李景源 主编
《科学发展观与和谐社会建设》 李景源 吴元梁 主编
《科学发展观：现代性与哲学视域》 姜建成 著
《西方左翼论当代西方社会结构的演变》 周穗明 王玫 等著
《历史唯物主义的政治哲学向度》 张文喜 著
《信息时代的社会历史观》 孙伟平 著
《从斯密到马克思：经济哲学方法的历史性诠释》 唐正东 著
《构建和谐社会的政治哲学阐释》 欧阳英 著
《正义之后：马克思恩格斯正义观研究》 王广 著
《后马克思主义思想史》 [英]斯图亚特·西姆 著 吕增奎 陈红 译
《后马克思主义与文化研究：理论、政治与介入》 [英]保罗·鲍曼 著 黄晓武 译
《市民社会的乌托邦：马克思主义的社会历史哲学阐释》 王浩斌 著
《唯物史观与人的发展理论》 陈新夏 著
《西方马克思主义与苏联：1917年以来的批评理论和争论概览》 [荷]马歇尔·范·林登 著
　　周穗明 译 翁寒松 校
《物与无：物化逻辑与虚无主义》 刘森林 著
《拜物教的幽灵：当代西方马克思主义社会批判的隐性逻辑》 夏莹 著
《新中国社会形态研究》 吴波 著
《"崩溃的逻辑"的历史建构：阿多诺早中期哲学思想的文本学解读》 张亮 著
《"超越政治"还是"回归政治"：马克思与阿伦特政治哲学比较》 白刚 张荣艳 著
《无调式的辩证想象：阿多诺〈否定的辩证法〉的文本学解读》(第二版) 张一兵 著
《马克思再生产理论及其哲学效应研究》 孙乐强 著
《希望的源泉：文化、民主、社会主义》 [英]雷蒙·威廉斯 著 祁阿红 吴晓妹 译
《后工业乌托邦》 [澳]鲍里斯·弗兰克尔 著 李元来 译
《未来考古学：乌托邦欲望和其他科幻小说》 [美]弗里德里克·詹姆逊 著 吴静 译

二、政治学前沿系列

《公共性的再生产：多中心治理的合作机制建构》 孔繁斌 著
《合法性的争夺：政治记忆的多重刻写》 王海洲 著

《民主的不满:美国在寻求一种公共哲学》　[美]迈克尔·桑德尔 著　曾纪茂 译
《权力:一种激进的观点》　[英]斯蒂芬·卢克斯 著　彭斌 译
《正义与非正义战争:通过历史实例的道德论证》　[美]迈克尔·沃尔泽 著　任辉献 译
《自由主义与现代社会》　[英]理查德·贝拉米 著　毛兴贵 等译
《左与右:政治区分的意义》　[意]诺贝托·博比奥 著　陈高华 译
《自由主义中立性及其批评者》　[美]布鲁斯·阿克曼 等著　应奇 编
《公民身份与社会阶级》　[英]T. H. 马歇尔 等著　郭忠华 刘训练 编
《当代社会契约论》　[美]约翰·罗尔斯 等著　包利民 编
《马克思与诺齐克之间》　[英]G. A. 柯亨 等著　吕增奎 编
《美德伦理与道德要求》　[英]欧若拉·奥尼尔 等著　徐向东 编
《宪政与民主》　[英]约瑟夫·拉兹 等著　佟德志 编
《自由多元主义的实践》　[美]威廉·盖尔斯敦 著　佟德志 苏宝俊 译
《国家与市场:全球经济的兴起》　[美]赫尔曼·M. 施瓦茨 著　徐佳 译
《税收政治学:一种比较的视角》　[美]盖伊·彼得斯 著　郭为桂 黄宁莺 译
《控制国家:从古雅典至今的宪政史》　[美]斯科特·戈登 著　应奇 陈丽微 孟军 李勇 译
《社会正义原则》　[英]戴维·米勒 著　应奇 译
《现代政治意识形态》　[澳]安德鲁·文森特 著　袁久红 译
《新社会主义》　[加拿大]艾伦·伍德 著　尚庆飞 译
《政治的回归》　[英]尚塔尔·墨菲 著　王恒 臧佩洪 译
《自由多元主义》　[美]威廉·盖尔斯敦 著　佟德志 庞金友 译
《政治哲学导论》　[英]亚当·斯威夫特 著　佘江涛 译
《重新思考自由主义》　[英]理查德·贝拉米 著　王萍 傅广生 周春鹏 译
《自由主义的两张面孔》　[英]约翰·格雷 著　顾爱彬 李瑞华 译
《自由主义与价值多元论》　[英]乔治·克劳德 著　应奇 译
《帝国:全球化的政治秩序》　[美]麦克尔·哈特 [意]安东尼奥·奈格里 著　杨建国 范一亭 译
《反对自由主义》　[美]约翰·凯斯 著　应奇 译
《政治思想导读》　[英]彼得·斯特克 大卫·韦戈尔 著　舒小昀 李霞 赵勇 译
《现代欧洲的战争与社会变迁:大转型再探》　[英]桑德拉·哈尔珀琳 著　唐皇凤 武小凯 译
《道德原则与政治义务》　[美]约翰·西蒙斯 著　郭为桂 李艳丽 译
《政治经济学理论》　[美]詹姆斯·卡波拉索 戴维·莱文著　刘骥 等译
《民主国家的自主性》　[英]埃里克·A. 诺德林格 著　孙荣飞 等译
《强社会与弱国家:第三世界的国家社会关系及国家能力》　[英]乔·米格德尔 著　张长东 译
《驾驭经济:英国与法国国家干预的政治学》　[美]彼得·霍尔 著　刘骥 刘娟凤 叶静 译
《社会契约论》　[英]迈克尔·莱斯诺夫 著　刘训练 等译
《共和主义:一种关于自由与政府的理论》　[澳]菲利普·佩蒂特 著　刘训练 译
《至上的美德:平等的理论与实践》　[美]罗纳德·德沃金 著　冯克利 译
《原则问题》　[美]罗纳德·德沃金 著　张国清 译
《社会正义论》　[英]布莱恩·巴利 著　曹海军 译
《马克思与西方政治思想传统》　[美]汉娜·阿伦特 著　孙传钊 译
《作为公道的正义》　[英]布莱恩·巴利 著　曹海军 允春喜 译
《古今自由主义》　[美]列奥·施特劳斯 著　马志娟 译
《公平原则与政治义务》　[美]乔治·格劳斯科 著　毛兴贵 译
《谁统治:一个美国城市的民主和权力》　[美]罗伯特·A. 达尔 著　范春辉 等译

《论伦理精神》 张康之 著
《人权与帝国:世界主义的政治哲学》 [英]科斯塔斯·杜兹纳 著 辛亨复 译
《阐释和社会批判》 [美]迈克尔·沃尔泽 著 任辉献 段鸣玉 译
《全球时代的民族国家:吉登斯讲演录》 [英]安东尼·吉登斯 著 郭忠华 编
《当代政治哲学名著导读》 应奇 主编
《拉克劳与墨菲:激进民主想象》 [美]安娜·M.史密斯 著 付琼 译
《英国新左派思想家》 张亮 编
《第一代英国新左派》 [英]迈克尔·肯尼 著 李永新 陈剑 译
《转向帝国:英法帝国自由主义的兴起》 [美]珍妮弗·皮茨 著 金毅 许鸿艳 译
《论战争》 [美]迈克尔·沃尔泽 著 任辉献 段鸣玉 译
《现代性的谱系》 张凤阳 著
《近代中国民主观念之生成与流变:一项观念史的考察》 闾小波 著
《阿伦特与现代性的挑战》 [美]塞瑞娜·潘琳 著 张云龙 译
《政治人:政治的社会基础》 [美]西摩·马丁·李普塞特 著 郭为桂 林娜 译
《社会中的国家:国家与社会如何相互改变与相互构成》 [美]乔尔·S.米格代尔 著 李杨 郭一聪 译 张长东 校
《伦理、文化与社会主义:英国新左派早期思想读本》 张亮 熊婴 编
《仪式、政治与权力》 [美]大卫·科泽 著 王海洲 译
《政治仪式:权力生产和再生产的政治文化分析》 王海洲 著
《论政治的本性》 [英]尚塔尔·墨菲 著 周凡 译

三、纯粹哲学系列
《哲学作为创造性的智慧:叶秀山西方哲学论集(1998—2002)》 叶秀山 著
《真理与自由:康德哲学的存在论阐释》 黄裕生 著
《走向精神科学之路:狄尔泰哲学思想研究》 谢地坤 著
《从胡塞尔到德里达》 尚杰 著
《海德格尔与存在论历史的解构:〈现象学的基本问题〉引论》 宋继杰 著
《康德的信仰:康德的自由、自然和上帝理念批判》 赵广明 著
《宗教与哲学的相遇:奥古斯丁与托马斯·阿奎那的基督教哲学研究》 黄裕生 著
《理念与神:柏拉图的理念思想及其神学意义》 赵广明 著
《时间性:自身与他者——从胡塞尔、海德格尔到列维纳斯》 王恒 著
《意志及其解脱之路:叔本华哲学思想研究》 黄文前 著
《真理之光:费希特与海德格尔论 SEIN》 李文堂 著
《归隐之路:20世纪法国哲学的踪迹》 尚杰 著
《胡塞尔直观概念的起源:以意向性为线索的早期文本研究》 陈志远 著
《幽灵之舞:德里达与现象学》 方向红 著
《形而上学与社会希望:罗蒂哲学研究》 陈亚军 著
《福柯的主体解构之旅:从知识考古学到"人之死"》 刘永谋 著
《中西智慧的贯通:叶秀山中国哲学文化论集》 叶秀山 著
《学与思的轮回:叶秀山 2003—2007 年最新论文集》 叶秀山 著
《返回爱与自由的生活世界:纯粹民间文学关键词的哲学阐释》 户晓辉 著
《心的秩序:一种现象学心学研究的可能性》 倪梁康 著
《生命与信仰:克尔凯郭尔假名写作时期基督教哲学思想研究》 王齐 著

《时间与永恒:论海德格尔哲学中的时间问题》 黄裕生 著
《道路之思:海德格尔的"存在论差异"思想》 张柯 著
《启蒙与自由:叶秀山论康德》 叶秀山 著
《自由、心灵与时间:奥古斯丁心灵转向问题的文本学研究》 张荣 著
《回归原创之思:"象思维"视野下的中国智慧》 王树人 著
《从语言到心灵:一种生活整体主义的研究》 黄益民 著
《身体、空间与科学:梅洛－庞蒂的空间现象学研究》 刘胜利 著
《超越经验主义与理性主义:实用主义叙事的当代转换及效应》 陈亚军 著

四、宗教研究系列

《汉译佛教经典哲学研究》(上下卷) 杜继文 著
《中国佛教通史》(15卷) 赖永海 主编
《中国禅宗通史》 杜继文 魏道儒 著
《佛教史》 杜继文 主编
《道教史》 卿希泰 唐大潮 著
《基督教史》 王美秀 段琦 等著
《伊斯兰教史》 金宜久 主编
《中国律宗通史》 王建光 著
《中国唯识宗通史》 杨维中 著
《中国净土宗通史》 陈扬炯 著
《中国天台宗通史》 潘桂明 吴忠伟 著
《中国三论宗通史》 董群 著
《中国华严宗通史》 魏道儒 著
《中国佛教思想史稿》(3卷) 潘桂明 著
《禅与老庄》 徐小跃 著
《中国佛性论》 赖永海 著
《禅宗早期思想的形成与发展》 洪修平 著
《基督教思想史》 [美]胡斯都·L.冈察雷斯 著 陈泽民 孙汉书 司徒桐 莫如喜 陆俊杰 译
《圣经历史哲学》(上下卷) 赵敦华 著
《如来藏经典与中国佛教》 杨维中 著
《儒佛道思想家与中国思想文化》 洪修平 主编
《基督教神学发展史》(一)、(二)、(三) 林荣洪 著

五、人文与社会系列

《环境与历史:美国和南非驯化自然的比较》 [美]威廉·贝纳特 彼得·科茨 著 包茂红 译
《阿伦特为什么重要》 [美]伊丽莎白·扬－布鲁尔 著 刘北成 刘小鸥 译
《现代性的哲学话语》 [德]于尔根·哈贝马斯 著 曹卫东 等译
《追寻美德:伦理理论研究》 [美]A.麦金太尔 著 宋继杰 译
《现代社会中的法律》 [美]R.M.昂格尔 著 吴玉章 周汉华 译
《知识分子与大众:文学知识界的傲慢与偏见,1880—1939》 [英]约翰·凯里 著 吴庆宏 译
《自我的根源:现代认同的形成》 [加拿大]查尔斯·泰勒 著 韩震 等译
《社会行动的结构》 [美]塔尔科特·帕森斯 著 张明德 夏遇南 彭刚 译
《文化的解释》 [美]克利福德·格尔茨 著 韩莉 译

《以色列与启示:秩序与历史(卷1)》 [美]埃里克·沃格林 著 霍伟岸 叶颖 译
《城邦的世界:秩序与历史(卷2)》 [美]埃里克·沃格林 著 陈周旺 译
《战争与和平的权利:从格劳秀斯到康德的政治思想与国际秩序》 [美]理查德·塔克 著 罗炯 等译
《人类与自然世界:1500—1800年间英国观念的变化》 [英]基思·托马斯 著 宋丽丽 译
《男性气概》 [美]哈维·C.曼斯菲尔德 著 刘玮 译
《黑格尔》 [加拿大]查尔斯·泰勒 著 张国清 朱进东 译
《社会理论和社会结构》 [美]罗伯特·K.默顿 著 唐少杰 齐心 等译
《个体的社会》 [德]诺贝特·埃利亚斯 著 翟三江 陆兴华 译
《象征交换与死亡》 [法]让·波德里亚 著 车槿山 译
《实践感》 [法]皮埃尔·布迪厄 著 蒋梓骅 译
《关于马基雅维里的思考》 [美]利奥·施特劳斯 著 申彤 译
《正义诸领域:为多元主义与平等一辩》 [美]迈克尔·沃尔泽 著 褚松燕 译
《传统的发明》 [英]E.霍布斯鲍姆 T.兰格 著 顾杭 庞冠群 译
《元史学:十九世纪欧洲的历史想象》 [美]海登·怀特 著 陈新 译
《卢梭问题》 [德]恩斯特·卡西勒 著 王春华 译
《自足语义学:为语义最简论和言语行为多元论辩护》 [挪威]赫尔曼·开普兰 [美]厄尼·利珀尔 著 周允程 译
《历史主义的兴起》 [德]弗里德里希·梅尼克 著 陆月宏 译
《权威的概念》 [法]亚历山大·科耶夫 著 姜志辉 译
《无国界移民》 [瑞士]安托万·佩库 [荷兰]保罗·德·古赫特奈尔 编 武云 译
《语言的未来》 [法]皮埃尔·朱代·德·拉戎布 海因茨·维斯曼 著 梁爽 译
《全球化的关键概念》 [挪]托马斯·许兰德·埃里克森 著 周云水 等译
《房地产阶级社会》 [韩]孙洛龟 著 芦恒 译
《政治创新与概念变革》 [美]特伦斯·鲍尔詹姆斯·法尔拉塞尔·L.汉森 编 朱进东 译
《依赖性的理性动物:人类为什么需要德性》 [美]阿拉斯戴尔·麦金太尔 著 刘玮 译
《理解俄国:俄国文化中的圣愚》 [美]埃娃·汤普逊 著 杨德友 译
《留恋人世:长生不老的奇妙科学》 [美]乔纳森·韦纳 著 杨朗 卢文超 译

六、海外中国研究系列
《帝国的隐喻:中国民间宗教》 [英]王斯福 著 赵旭东 译
《王弼〈老子注〉研究》 [德]瓦格纳 著 杨立华 译
《章学诚思想与生平研究》 [美]倪德卫 著 杨立华 译
《中国与达尔文》 [美]詹姆斯·里夫 著 钟永强 译
《千年末世之乱:1813年八卦教起义》 [美]韩书瑞 著 陈仲丹 译
《中华帝国后期的欲望与小说叙述》 黄卫总 著 张蕴爽 译
《私人领域的变形:唐宋诗词中的园林与玩好》 [美]王晓山 著 文韬 译
《六朝精神史研究》 [日]吉川忠夫 著 王启发 译
《中国社会史》 [法]谢和耐 著 黄建华 黄迅余 译
《大分流:欧洲、中国及现代世界经济的发展》 [美]彭慕兰 著 史建云 译
《近代中国的知识分子与文明》 [日]佐藤慎一 著 刘岳兵 译
《转变的中国:历史变迁与欧洲经验的局限》 [美]王国斌 著 李伯重 连玲玲 译
《中国近代思维的挫折》 [日]岛田虔次 著 甘万萍 译

《为权力祈祷》 [加拿大]卜正民 著　张华 译
《洪业:清朝开国史》 [美]魏斐德 著　陈苏镇 薄小莹 译
《儒教与道教》 [德]马克斯·韦伯 著　洪天富 译
《革命与历史:中国马克思主义历史学的起源,1919—1937》 [美]德里克 著　翁贺凯 译
《中华帝国的法律》 [美]D. 布朗 等著　朱勇 译
《文化、权力与国家》 [美]杜赞奇 著　王福明 译
《中国的亚洲内陆边疆》 [美]拉铁摩尔 著　唐晓峰 译
《古代中国的思想世界》 [美]史华兹 著　程钢 译刘东 校
《中国近代经济史研究:明末海关财政与通商口岸市场圈》 [日]滨下武志 著　高淑娟 孙彬 译
《中国美学问题》 [美]苏源熙 著　卞东波 译　张强强 朱霞欢 校
《翻译的传说:构建中国新女性形象》 胡缨 著　龙瑜宬 彭珊珊 译
《〈诗经〉原意研究》 [日]家井真 著　陆越 译
《缠足:"金莲崇拜"盛极而衰的演变》 [美]高彦颐 著　苗延威 译
《从民族国家中拯救历史:民族主义话语与中国现代史研究》 [美]杜赞奇 著　王宪明 高继美 李海燕 李点 译
《传统中国日常生活中的协商:中古契约研究》 [美]韩森 著　鲁西奇 译
《欧几里得在中国:汉译〈几何原本〉的源流与影响》 [荷]安国风 著　纪志刚 郑诚 郑方磊 译
《毁灭的种子:战争与革命中的国民党中国(1937－1949)》 [美]易劳逸 著　王建朗 王贤知 贾维 译
《理解农民中国:社会科学哲学的案例研究》 [美]李丹 著　张天虹 张胜波 译
《18世纪的中国社会》 [美]韩书瑞 罗友枝 著　陈仲丹 译
《开放的帝国:1600年的中国历史》 [美]韩森 著　梁侃 邹劲风 译
《中国人的幸福观》 [德]鲍吾刚 著　严蓓雯 韩雪临 伍德祖 译
《明代乡村纠纷与秩序》 [日]中岛乐章 著　郭万平 高飞 译
《朱熹的思维世界》 [美]田浩 著
《礼物、关系学与国家:中国人际关系与主体建构》 杨美慧 著　赵旭东 孙珉 译张跃宏 校
《美国的中国形象:1931—1949》 [美]克里斯托弗·杰斯普森 著　姜智芹 译
《清代内河水运史研究》 [日]松浦章 著　董科 译
《中国的经济革命:20世纪的乡村工业》 [日]顾琳 著　王玉茹 张玮 李进霞 译
《明清时代东亚海域的文化交流》 [日]松浦章 著　郑洁西 译
《皇帝和祖宗:华南的国家与宗族》 科大卫 著　卜永坚 译
《中国善书研究》 [日]酒井忠夫 著　刘岳兵 何英莺 孙雪梅 译
《大萧条时期的中国:市场、国家与世界经济》 [日]城山智子 著　孟凡礼 尚国敏 译
《虎、米、丝、泥:帝制晚期华南的环境与经济》 [美]马立博 著　王玉茹 译
《矢志不渝:明清时期的贞女现象》 [美]卢苇菁 著　秦立彦 译
《山东叛乱:1774年的王伦起义》 [美]韩书瑞 著　刘平 唐雁超 译
《一江黑水:中国未来的环境挑战》 [美]易明 著　姜智芹 译
《施剑翘复仇案:民国时期公众同情的兴起与影响》 [美]林郁沁 著　陈湘静 译
《工程国家:民国时期(1927－1937)的淮河治理及国家建设》 [美]戴维·艾伦·佩兹 著　姜智芹 译
《西学东渐与中国事情》 [日]增田涉 著　周启乾 译
《铁泪图:19世纪中国对于饥馑的文化反应》 [美]艾志端 著　曹曦 译
《危险的边疆:游牧帝国与中国》 [美]巴菲尔德 著　袁剑 译

《华北的暴力与恐慌:义和团运动前夕基督教传播和社会冲突》 [德]狄德满 著 崔华杰 译
《历史宝筏:过去、西方与中国的妇女问题》 [美]季家珍 著 杨可 译
《姐妹们与陌生人:上海棉纱厂女工,1919—1949》 [美]艾米莉·洪尼格 著 韩慈 译
《银线:19世纪的世界与中国》 林满红 著 詹庆华 林满红 译
《寻求中国民主》 [澳]冯兆基 著 刘悦斌 徐硙 译
《中国乡村的基督教:1860—1900江西省的冲突与适应》 [美]史维东 著 吴薇 译
《认知变异:反思人类心智的统一性与多样性》 [英]G.E.R.劳埃德 著 池志培 译
《假想的"满大人":同情、现代性与中国疼痛》 [美]韩瑞 著 袁剑 译
《男性特质论:中国的社会与性别》 [澳]雷金庆 著 [澳]刘婷 译
《中国的捐纳制度与社会》 伍跃 著
《文书行政的汉帝国》 [日]富谷至 著 刘恒武 孔李波 译
《城市里的陌生人:中国流动人口的空间、权力与社会网络的重构》 [美]张骊 著 袁长庚 译
《重读中国女性生命故事》 游鉴明 胡缨 季家珍 主编
《跨太平洋位移:20世纪美国文学中的民族志、翻译和文本间旅行》 黄运特 著 陈倩 译
《近代日本的中国认识》 [日]野村浩一 著 张学锋 译
《性别、政治与民主:近代中国的妇女参政》 [澳]李木兰 著 方小平 译
《狮龙共舞:一个英国人眼中的威海卫与中国文化》 [英]庄士敦 著 刘本森 译
《中国社会中的宗教与仪式》 [美]武雅士 著 彭泽安 邵铁峰 译 郭潇威 校
《大象的退却:一部中国环境史》 [英]伊懋可 著 梅雪芹 毛利霞 王玉山 译
《自贡商人:早期近代中国的企业家》 [美]曾小萍 著 董建中 译
《人物、角色与心灵:〈牡丹亭〉与〈桃花扇〉中的身份认同》 [美]吕立亭 著 白华山 译
《明代江南土地制度研究》 [日]森正夫 著 伍跃 张学锋 等译 范金民 夏维中 审校
《儒学与女性》 [美]罗莎莉 著 丁佳伟 曹秀娟 译
《权力关系:宋代中国的家族、地位与国家》 [美]柏文莉 著 刘云军 译
《行善的艺术:晚明中国的慈善事业》 [美]韩德林 著 吴士勇 王桐 史桢豪 译
《近代中国的渔业战争和环境变化》 [美]穆盛博 著 胡文亮 译
《工开万物:17世纪中国的知识与技术》 [德]薛凤 著 吴秀杰 白岚玲 译
《权力源自地位:北京大学、知识分子与中国政治文化,1898—1929》 [美]魏定熙 著 张蒙 译
《忠贞不贰?——辽代的越境之举》 [英]史怀梅 著 曹流 译
《两访中国茶乡》 [英]罗伯特·福琼 著 敖雪岗 译
《古代中国的动物与灵异》 [英]胡司德 著 蓝旭 译
《内藤湖南:政治与汉学(1866—1934)》 [美]傅佛果 著 陶德民 何英莺 译

七、历史研究系列

《中国近代通史》(10卷) 张海鹏 主编
《极端的年代》 [英]艾瑞克·霍布斯鲍姆 著 马凡 等译
《漫长的20世纪》 [意]杰奥瓦尼·阿瑞基 著 姚乃强 译
《在传统与变革之间:英国文化模式溯源》 钱乘旦 陈晓律 著
《世界现代化历程》(10卷) 钱乘旦 主编
《近代以来日本的中国观》(6卷) 杨栋梁 主编
《中华民族凝聚力的形成与发展》 卢勋 杨保隆 等著
《明治维新》 [英]威廉·G.比斯利 著 张光 汤金旭 译
《在垂死皇帝的王国:世纪末的日本》 [美]诺玛·菲尔德 著 曾霞 译

《美国的艺伎盟友》 [美]涩泽尚子 著　油小丽 牟学苑 译
《戊戌政变的台前幕后》 马勇 著
《战后东北亚主要国家间领土纠纷与国际关系研究》 李凡 著
《战后西亚国家领土纠纷与国际关系》 黄民兴 谢立忱 著
《民国首都南京的营造政治与现代想象(1927－1937)》 董佳 著
《战后日本史》 王新生 著
《衣被天下:明清江南丝绸史研究》 范金民 著

八、当代思想前沿系列
《世纪末的维也纳》 [美]卡尔·休斯克 著　李锋 译
《莎士比亚的政治》 [美]阿兰·布鲁姆 哈瑞·雅法 著　潘望 译
《邪恶》 [英]玛丽·米奇利 著　陆月宏 译
《知识分子都到哪里去了:对抗21世纪的庸人主义》 [英]弗兰克·富里迪 著　戴从容 译
《资本主义文化矛盾》 [美]丹尼尔·贝尔 著　严蓓雯 译
《流动的恐惧》 [英]齐格蒙特·鲍曼 著　谷蕾 杨超 等译
《流动的生活》 [英]齐格蒙特·鲍曼 著　徐朝友 译
《流动的时代:生活于充满不确定性的年代》 [英]齐格蒙特·鲍曼 著　谷蕾 武媛媛 译
《未来的形而上学》 [美]爱莲心 著　余日昌 译
《感受与形式》 [美]苏珊·朗格 著　高艳萍 译
《资本主义及其经济学:一种批判的历史》 [美]道格拉斯·多德 著　熊婴 译 刘思云 校
《异端人物》 [英]特里·伊格尔顿 著　刘超 陈叶 译
《哲学俱乐部:美国观念的故事》 [美]路易斯·梅南德 著　肖凡 鲁帆 译
《文化理论关键词》 [英]丹尼·卡瓦拉罗 著　张卫东 张生 赵顺宏 译
《齐格蒙特·鲍曼:后现代性的预言家》 [英]丹尼斯·史密斯 著　佘江涛 译
《公共领域中的伦理学》 [英]约瑟夫·拉兹 著　葛四友 主译
《文化模式批判》 崔平 著
《谁是罗兰·巴特》 汪民安 著
《身体、空间与后现代性》 汪民安 著
《时间、空间与伦理学基础》 [美]爱莲心 著　高永旺 李孟国 译

九、教育理论研究系列
《教育研究方法导论》 [美]梅雷迪斯·D.高尔等 著　许庆豫 等译
《教育基础》 [美]阿伦·奥恩斯坦 著　杨树兵 等译
《教育伦理学》 贾馥茗 著
《认知心理学》 [美]罗伯特·L.索尔索 著　何华 等译
《现代心理学史》 [美]杜安·P.舒尔茨 著　叶浩生 等译
《学校法学》 [美]米歇尔·W.拉莫特 著　许庆豫 等译

十、艺术理论研究系列
《弗莱艺术批评文选》 [英]罗杰·弗莱 著　沈语冰 译
《另类准则:直面20世纪艺术》 [美]列奥·施坦伯格 著　沈语冰 刘凡 谷光曙 译
《当代艺术的主题:1980年以后的视觉艺术》 [美]简·罗伯森 克雷格·迈克丹尼尔 著　匡骁 译
《艺术与物性:论文与评论集》 [美]迈克尔·弗雷德 著　张晓剑 沈语冰 译

《现代生活的画像:马奈及其追随者艺术中的巴黎》　[英]T. J. 克拉克 著　沈语冰 诸葛沂 译
《自我与图像》　[英]艾美利亚·琼斯 著　刘凡 谷光曙 译
《博物馆怀疑论:公共美术馆中的艺术展览史》　[美]大卫·卡里尔 著　丁宁 译
《艺术社会学》　[英]维多利亚·D. 亚历山大 著　章浩 沈杨 译
《云的理论:为了建立一种新的绘画史》　[法]于贝尔·达米施 著　董强 译
《杜尚之后的康德》　[比]蒂埃利·德·迪弗 著　沈语冰 张晓剑 陶铮 译
《蒂耶波洛的图画智力》　[美]斯维特拉娜·阿尔珀斯 [美]迈克尔·巴克森德尔 著　王玉冬 译
《伦勃朗的企业:工作室与艺术市场》　[美]斯维特拉娜·阿尔珀斯 著　冯白帆 译
《新前卫与文化工业》　[美]本雅明·布赫洛 著　何卫华 史岩林 桂宏军 钱纪芳 译
《现代艺术:19 与 20 世纪》　[美]迈耶·夏皮罗 著　沈语冰 何海 译
《重构抽象表现主义:20 世纪 40 年代的主体性与绘画》　[美]迈克尔·莱雅 著　毛秋月 译
《神经元艺术史》　[英]约翰·奥尼恩斯 著　梅娜芳 译
《实在的回归:世纪末的前卫艺术》　[美]哈尔·福斯特 著　杨娟娟 译
《德国文艺复兴时期的椴木雕刻家》　[德]巴克森德尔 著　殷树喜 译
《艺术的理论与哲学:风格、艺术家和社会》　[美]迈耶·夏皮罗 著　沈语冰 王玉冬 译

十一、中国经济问题研究系列
《中国经济的现代化:制度变革与结构转型》　肖耿 著
《世界经济复苏与中国的作用》　[英]傅晓岚 编　蔡悦 等译
《中国未来十年的改革之路》　《比较》研究室 编
《大失衡:贸易、冲突和世界经济的危险前路》　[美]迈克尔·佩蒂斯 著　王璟 译
《中国经济新转型》　[日]青木昌彦 吴敬琏 编　姚志敏 等译
《经济全球化与中国产业发展》　刘志彪 著

十二、艺术与社会系列
《艺术界》　[美]霍华德·S. 贝克尔 著　卢文超 译
《寻找如画美:英国的风景美学与旅游,1760—1800》　[英]马尔科姆·安德鲁斯 著　张箭飞 韦照周 译

十三、公共管理系列
《更快 更好 更省?》　[美]达尔·W. 福赛斯 著　范春辉 译
《公共行政的行动主义》　张康之 著
《美国能源政策:变革中的政治、挑战与前景》　[美]劳任斯·R. 格里戴维·E. 麦克纳布 著　付满 译

十四、智库系列
《经营智库:成熟组织的实务指南》　[美]雷蒙德·J. 斯特鲁伊克 著　李刚 等译 陆扬 校